출발의 습관은 수능날까지 계속됩니다.
형식적인 상담이나
관리하고 있다는 모습만 보이거나
학습에 전혀 도움이 되지 않는
보여주기식의 모든 것을 배척합니다.

쓸모없는 강좌와 할 수 없는 계획을 강요하거나
무모한 혹은 무리한 스케줄로
1년의 출발을 무의미하게 하지 않습니다.
형식은 모방해도 내용은 모방할 수 없습니다.

smart is sexy
Orbi.kr

개인의 능력을 극대화 시킬 모든 계획이 오르비학원에 있습니다.

기출의 파급효과

과탐
영역

지구과학 I
하

smart is sexy
Orbi.kr

지구과학 I (하)

기출의 파급효과

지구과학 I (하)

저자의 말

지구과학1은 과목 특성상 주어진 자료에 맞게 자신이 알고 있는 개념을 확장하여 풀어나가야 하는 과목입니다. 대부분의 학생은 개념에 대한 정확한 이해가 없는 상태에서 기출 문제를 조금만 변형시킨 문제가 나오게 된다면 손쉽게 틀려버립니다. 또한, 매년 많은 학생의 유입으로 지구과학1의 난이도는 상향 평준화가 되어가고 있습니다. 이러한 상황에서 문제를 해결하기 위해서는 정확한 기출 분석을 진행해야 합니다.

지구과학1은 모든 개념을 알고 있다고 해서 만점을 받을 수 있는 과목이 아닙니다. 여러 자료 분석을 통해 자신이 알고 있는 개념을 자료에 맞게 재해석할 수 있는 능력을 가져야 합니다.

다음을 통해 [기출의 파급효과 지구과학1]에 담긴 내용을 설명해드리도록 하겠습니다.

[기출의 파급효과 지구과학1]은 **'기출 문제로 알아보는 유형별 정리'**와 **'+시야 넓히기'**를 통해 지금까지 풀어왔던 문제들에 담긴 숨은 의미를 제시합니다. 또한, 흔히 킬러 파트라 불리는 유형들에 대한 문제 해결 방법을 제시해두었습니다. 흔히 함정 문제라 하는 유형들도 **'추가로 물어볼 수 있는 선지'**와 **'교과서로 알아보는 OX 정리'**를 통해 학습하여 새로운 유형을 대비할 수 있습니다. 또한, 각 Theme에 대한 내용을 모두 다루면 **'유제'**를 통해 복습할 수 있도록 구성했습니다.

현재 **1등급 ~ 만점**을 받는 학습자라면 이미 스스로 기출 분석은 완료하고 N회독을 진행하신 분들이실 겁니다. 킬러 파트 및 신유형 대비를 위해서 유형별 정리를 참고하고 N제와 모의고사를 풀면서 헷갈리는 유형들을 함께 정리한다면 훌륭한 참고서가 될 것이라 생각합니다.

2등급 ~ 3등급을 받는 학습자라면 자신이 이해하지 못하는 개념이 있거나 자료 해석에 대한 약점이 존재할 것입니다. 킬러/준킬러에 대한 개념 이해 및 유형별 정리를 통해 자신이 가진 약점을 극복할 수 있기를 바랍니다. 또한, 추가로 물어볼 수 있는 선지를 통해 항상 선지를 의심하는 마음을 가질 수 있기를 바랍니다.

4등급 이하의 학습자라면 개념 이해를 우선적으로 진행해야 합니다. 그 후 Theme 별로 한 유형씩 이해할 수 있도록 진행해야 합니다. 기출 문제 분석을 통해 유형별 정리를 진행한다면 성적 향상에 반드시 도움이 되리라고 생각합니다.

[기출의 파급효과 지구과학1]은 지구과학1을 선택했다면 가져야 할 수험생의 마음과 문제를 해결할 수 있는 방향을 제시합니다. 유형별 정리를 통해 "평가원이 어떤 마음으로 이러한 문제를 제시했나?"라는 생각을 가지며 문제를 해결할 수 있어야 합니다. 자신이 출제자가 되었다는 마음가짐으로 공부를 할 수 있기를 바랍니다.

파급의 기출효과

cafe.naver.com/spreadeffect
파급의 기출효과 NAVER 카페

기출의 파급효과 시리즈는 기출 분석서입니다. 기출의 파급효과 시리즈는 국어, 수학, 영어, 물리학 1, 화학 1, 생명과학 1, 지구과학 1, 사회・문화가 예정되어 있습니다.

준킬러 이상 기출에서 얻어갈 수 있는 '꼭 필요한 도구와 태도'를 정리합니다.

'꼭 필요한 도구와 태도' 체화를 위해 관련도가 높은 준킬러 이상 기출을 바로바로 보여주며 체화 속도를 높입니다. 단 시간 내에 점수를 극대화할 수 있도록 교재가 설계되었습니다.

학습하시다 질문이 생기신다면 '파급의 기출효과' 카페에서 질문을 할 수 있습니다.

교재 인증을 하시면 질문 게시판을 이용하실 수 있습니다.

기출의 파급효과 팀 소속 오르비 저자분들이 올리시는 학습자료를 받아보실 수 있습니다.
위 저자 분들의 컨텐츠 질문 답변도 교재 인증 시 가능합니다.

더 궁금하시다면 https://cafe.naver.com/spreadeffect/15에서 확인하시면 됩니다.

모킹버드

mockingbird.co.kr
수능 대비 온라인 문제은행

모킹버드는 수능 대비에 초점을 맞춘 문제은행 서비스입니다. AI 문항 추천 알고리즘을 통해 이용자의 학습에 최적화된 맞춤형 모의고사를 제공하여 효율적인 수능 성적향상을 목표로 합니다. **수학, 과탐을 서비스 중입니다.**

문항 제작과 검수에 기출의 파급효과 팀뿐만 아니라 지인선 님을 포함한 시대/강대/메가 컨텐츠 팀에서 근무하였고 여러 문항 공모전에서 수상한 이력이 있는 여러 문항 제작자들이 함께 하였습니다.
웹 개발과 알고리즘 개발에는 서울대 컴공, 카이스트 전산학부 출신 개발자들이 참여하였습니다.

모킹버드를 통해 싸고 맛좋은 실모를 온라인으로 뽑아 풀어보고,
AI 문항 추천 알고리즘 기술의 도움을 받아 학습 효율을 극대화해보세요.
가입만 해도 기출은 무제한 무료 이용 가능하고, 자작 실모 1회도 무료로 제공됩니다.

Theme

06

항성

Chapter

01 별의 물리량

별의 물리량 - 표면 온도

1. 별의 색과 표면 온도

흑체는 가상의 물체로, 입사되는 전자기파를 모두 흡수하고 모두 방출하는 이상적인 물체이다. 흑체는 모든 영역의 파장에서 전자기파를 방출하는데, **흑체의 표면 온도는 최대 에너지를 방출하는 파장(λ_{max})에 반비례**한다.
별은 흑체가 아니지만, 파장에 따른 복사 에너지의 분포를 보면 흑체와 매우 유사하다. 따라서 별은 흑체와 같이 복사한다고 가정한 후 표면 온도와 광도를 알 수 있다.

흑체는 표면 온도가 높을수록 최대 에너지를 방출하는 파장(λ_{max})이 짧아진다. 이를 **빈의 변위 법칙**이라 한다.
흑체가 복사하는 파장에 따른 복사 에너지 세기를 나타낸 곡선을 플랑크 곡선이라고 한다.
따라서 최대 에너지를 방출하는 파장의 크기를 이용하여 별의 표면 온도를 알아낼 수 있다는 것을 알 수 있다.

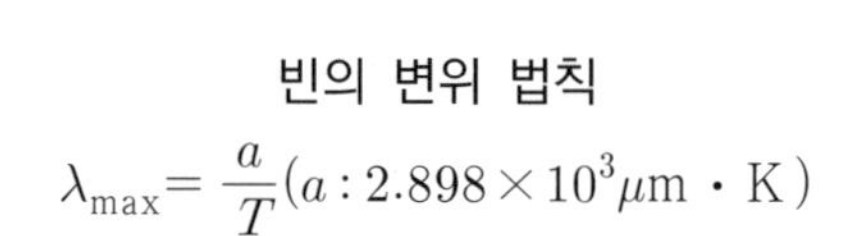

빈의 변위 법칙
$\lambda_{max} = \frac{a}{T} (a : 2.898 \times 10^3 \mu m \cdot K)$

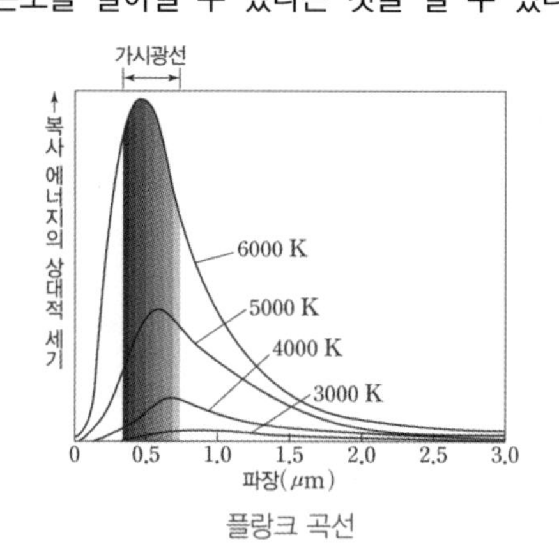

플랑크 곡선

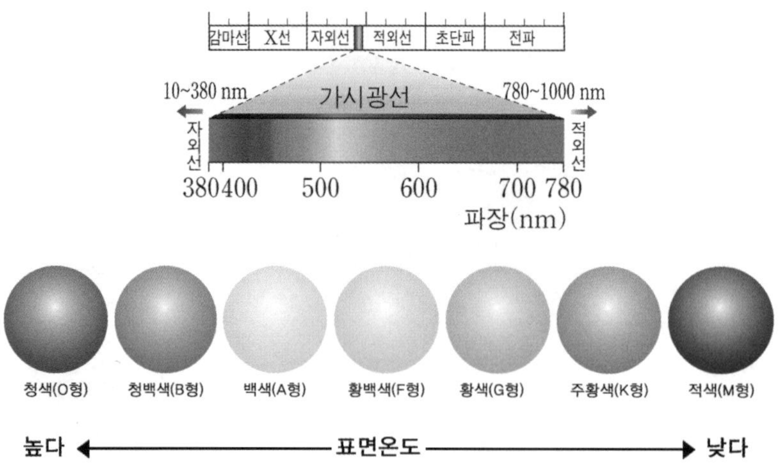

가시광선 영역의 전자기파의 파장을 보면 파장이 짧을수록 청색이고 파장이 길수록 적색으로 보인다. 빈의 변위 법칙에 의해 **표면 온도가 높은 별일수록 최대 에너지를 방출하는 파장이 짧아져 청색으로 보이고, 표면 온도가 낮은 별일수록 최대 에너지를 방출하는 파장이 길어져 적색**으로 보인다. 따라서 우리는 **파장을 이용해서 별의 색과 표면 온도를 추정할 수 있다.**

2. 별의 색지수와 표면 온도

색지수에서 '지수'는 기준을 잡고 그 기준을 통해 대상을 비교할 때 사용한다.
색지수란 사진 등급(m_P)에서 안시 등급(m_V)을 뺀 값($m_P - m_V$)으로 10000K의 표면 온도를 보일 때의 색지수를 **0** 으로 하여, 10000K 보다 고온의 별은 (−)값을 가지고 저온의 별은 (+)값을 가진다.

	고온의 별(청색 별)	10000K의 별(백색 별)	저온의 별(적색 별)
m_P	↓	–	↑
m_V	↑	–	↓
$m_P - m_V$	(−)	0	(+)

사진 등급(m_P)	안시 등급(m_V)
• 별을 사진으로 찍어서 관측했을 때의 밝기 등급 • 사진의 경우 파란색에 민감하기 때문에 파란색이 더 밝게 나타난다. • 푸른색이 강할수록 등급이 작게 나타난다.	• 별을 육안으로 관측했을 때의 밝기 등급 • 눈은 노란색에 민감하기 때문에 노란색이 더 밝게 나타난다. • 노란색이 강할수록 등급이 작게 나타난다.

사진 등급, 안시 등급 외에 B, V필터를 이용해 색지수를 나타낼 수 있다. B필터는 $0.44\mu m$, V필터는 $0.54\mu m$ 부근 파장의 빛만을 통과시킨다. 이 필터들로 정해지는 겉보기 등급을 각각 B등급, V등급이라고 한다. **사진 등급은 B등급과 유사하고, 안시 등급은 V등급과 유사하므로 B-V를 색지수로 사용**한다.
표면 온도가 높은 별은 파장이 짧아 에너지를 많이 방출하기 때문에 B등급은 작고, 표면 온도가 낮은 별은 파장이 길어 에너지를 많이 방출하기 때문에 V등급이 작다.

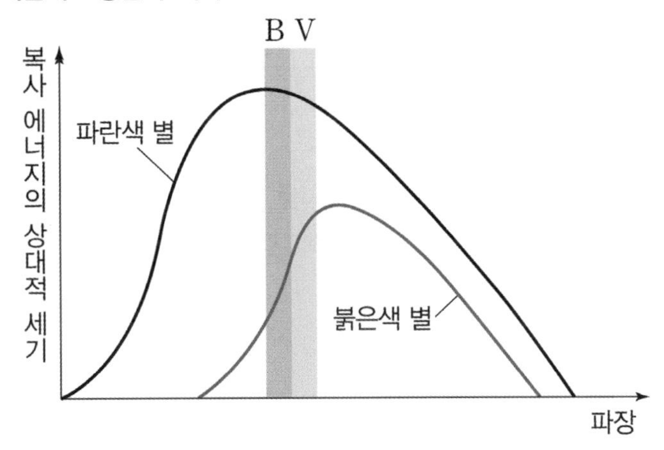

▲ 별의 색과 B, V 필터의 파장에 따른 빛의 투과 영역

	고온의 별(푸른 별)	10000K의 별(백색 별)	저온의 별(붉은 별)
B	↓	–	↑
V	↑	–	↓
B − V	(−)	0	(+)

3. 별의 표면 온도

별의 스펙트럼을 관측하는 것을 분광 관측이라고 한다. 분광 관측은 별의 물리량 파악에 매우 중요한 역할을 한다. 스펙트럼의 종류는 크게 연속 스펙트럼, 흡수 스펙트럼, 방출 스펙트럼이 있다.

연속 스펙트럼	• 넓은 파장 범위에 걸쳐 색이 무지개처럼 연속적으로 나타나는 스펙트럼이다. 백열등의 빛이 프리즘을 통과하면 관측할 수 있다.
흡수 스펙트럼	• 연속 스펙트럼이 나타나는 빛을 온도가 낮은 기체에 통과시키면 연속 스펙트럼 위에 검은색 흡수선이 나타나는데, 이를 흡수 스펙트럼이라고 한다. 별의 중심부에서 방출하는 빛이 저온의 기체를 통과할 때 특정 파장의 빛이 흡수되어 흡수 스펙트럼이 나타난다.
방출 스펙트럼	• 기체가 고온으로 가열될 때 불연속적인 파장의 빛이 방출되는데, 특정 파장에 해당되는 빛의 밝은 방출선이 나타나는 스펙트럼을 방출 스펙트럼이라고 한다.

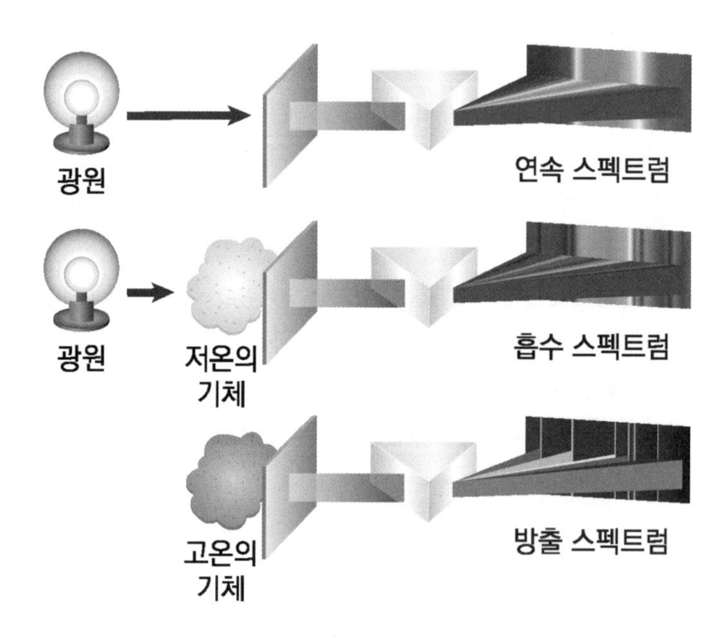

별빛이 대기를 통과할 때 대기에 존재하는 원소들이 특정 파장의 에너지를 흡수한다. **별의 대기**는 중심부에 비해 온도가 매우 낮으므로 광원에서 저온의 기체를 통과할때 **흡수 스펙트럼**이 나타난다.

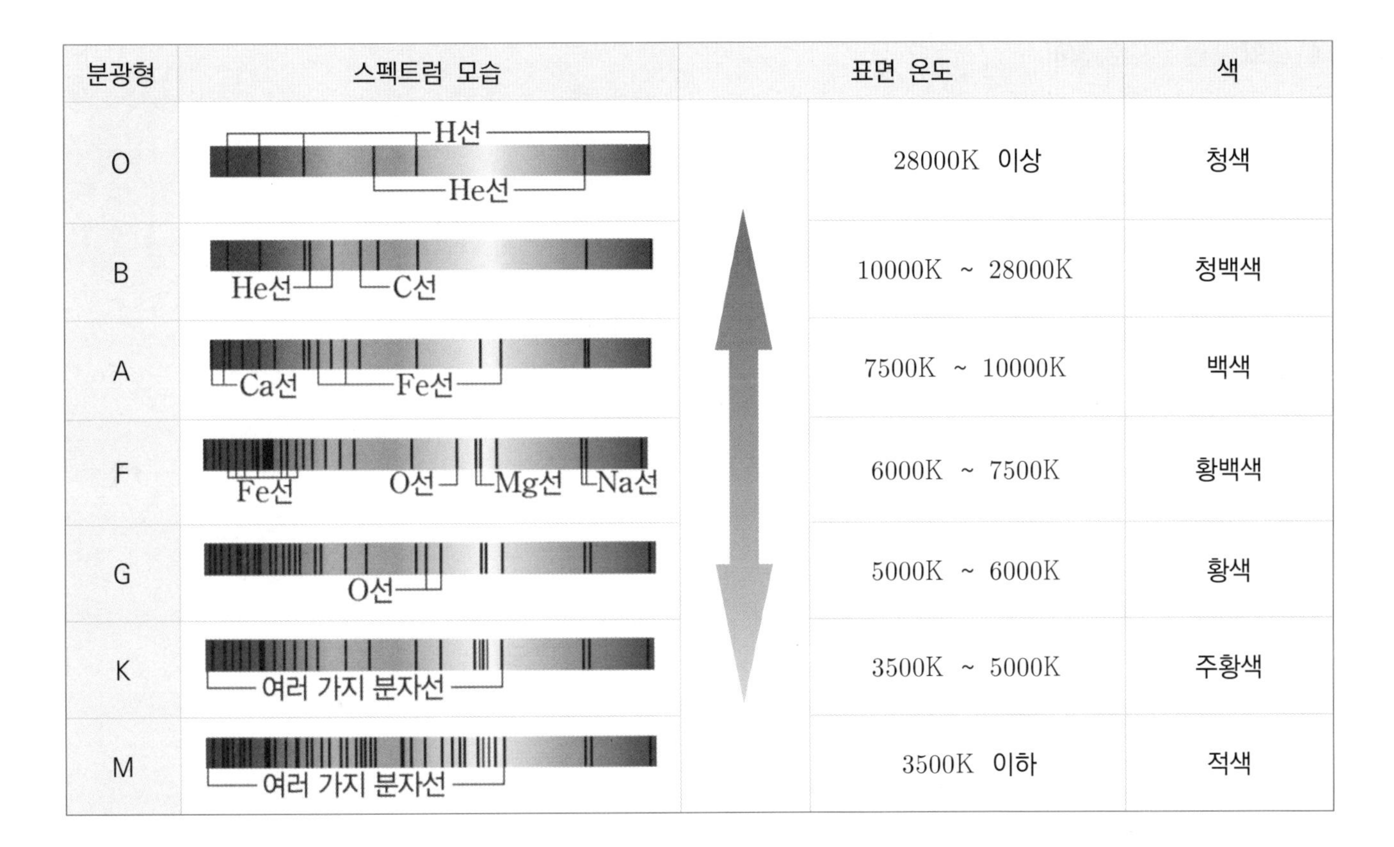

분광형	스펙트럼 모습	표면 온도	색
O	H선, He선	28000K 이상	청색
B	He선, C선	10000K ~ 28000K	청백색
A	Ca선, Fe선	7500K ~ 10000K	백색
F	Fe선, O선, Mg선, Na선	6000K ~ 7500K	황백색
G	O선	5000K ~ 6000K	황색
K	여러 가지 분자선	3500K ~ 5000K	주황색
M	여러 가지 분자선	3500K 이하	적색

위의 분광형을 토대로 분광형에 따른 흡수선의 종류와 세기를 표로 나타내면 다음과 같다.

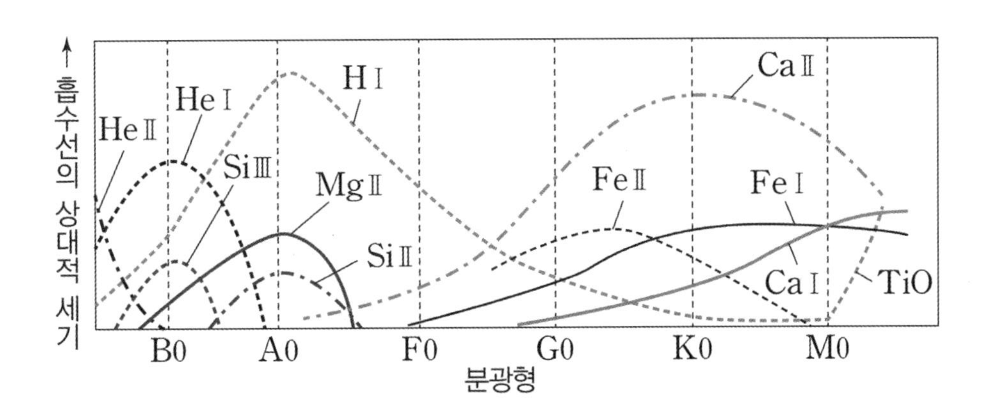

- O형 : 이온화된 헬륨 흡수선(He Ⅱ)이 강하게 나타난다.
  A형 : 수소(H) 흡수선이 가장 강하게 나타난다.
  G, K, M형 : 금속 원소들과 분자에 의한 흡수선이 강하게 나타난다.

4. 별의 표면 온도 총정리

별의 표면 온도는 파장, 색, 색지수, 분광형을 통해 알 수 있다.

표면 온도	파장	최대 에너지를 방출하는 파장이 짧을수록 고온의 별	
	색	청색	고온의 별
		백색	10000K의 별
		적색	저온의 별
	색지수	(−)	고온의 별
		0	10000K의 별
		(+)	저온의 별
	분광형	O	가장 고온의 별
		B	0~9단계로 세분화(ex. B2, F8, G2, K0) (숫자가 작을수록 고온의 별이다.)
		A	
		F	
		G	
		K	
		M	가장 저온의 별

※ 지금까지 별의 표면 온도와 관련된 물리량에 대해서 모두 알아봤다. 문제를 풀 때 분광형, 파장, 색지수, 색을 준다는 의미는 표면 온도를 제공했다는 의미로 받아들이자. 각기 다른 물리량이지만 결국 원하는 것은 표면 온도로 다 알 수 있다.

별의 물리량 - 광도

1. 별의 광도

광도는 별이 단위 시간 동안 전체 면적(표면)에서 방출하는 에너지의 총량이다. 이는 **별의 실제 밝기**로, 별이 방출하는 에너지의 총량을 나타내는 것이기 때문에 관측자와의 **거리에 관계없이 일정한 값을 갖는다**.
이렇게 알아낸 별의 밝기는 등급으로 나타낸다. 별의 실제 밝기는 절대 등급, 관측지에서 관측된 겉보기 밝기는 겉보기 등급으로 나타낸다. 이때 **등급은 작을수록 밝고, 클수록 어둡다**는 것을 꼭 숙지하고 있어야 한다.

절대 등급(M)	겉보기 등급(m)
• 별이 지구로부터 10pc의 거리에 있다고 가정했을 때의 관측 밝기를 등급으로 나타낸 것 • 모든 별이 동일한 거리에 있다고 가정하고 나타낸 등급이기 때문에 실제 밝기를 나타내며, **별의 광도를 나타낼 수 있다**.	• 관측지(태양계)에서 실제로 관측된 밝기를 등급으로 나타낸 것 • **관측자(지구)와 별 사이의 거리가 겉보기 등급에 영향을 줌** • 광도가 같은 두 별의 경우 거리가 가까우면 겉보기 등급이 작고, 거리가 멀면 겉보기 등급이 크다.

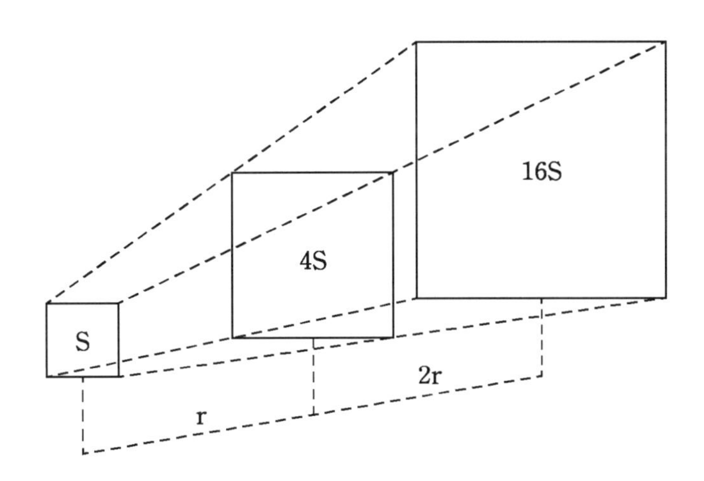

겉보기 등급과 절대 등급에 차이가 있는 이유를 알아보자. 다음과 같이 면적 S에서 방출되는 에너지는 거리 r인 지점에서 같은 양의 에너지를 면적 4S로 나눠야 하고, 거리 $2r$인 지점에서는 면적 16S와 나눠야 한다.
이를 통해 **별의 겉보기 밝기(l)는 거리(r)의 제곱에 반비례함을 알 수 있다.**

별의 밝기와 거리

$$l \propto \frac{1}{r^2}$$

별의 광도를 알아내기 위해선 우리가 측정할 수 있는 물리량을 통해 계산해야 한다. 실제로 별을 10pc의 거리로 가져올 수 없으므로, **지구에서 관측하는 모든 등급은 겉보기 등급일 수밖에 없다**. 겉보기 등급을 통해 절대 등급을 알아내려면 별까지의 거리를 알아야 하는데, 별까지의 거리는 연주 시차를 통해 측정할 수 있다. 따라서 연주 시차와 겉보기 등급 측정을 통해 절대 등급을 알아낼 수 있다. (연주 시차는 교과 외 과정이다. 이름 정도만 알아두자.)

별까지의 거리		별의 겉보기 등급		절대 등급
연주 시차 측정을 통해 별까지의 거리를 구한다.	+	지구에서 관측하는 별의 밝기를 통해 겉보기 등급을 구한다.	→	별까지의 거리와 거리 지수를 통해 절대 등급을 구한다.

별의 등급에 있어 **5등급 사이의 밝기 차는 100배**이다. 따라서 1등급인 별의 광도는 6등급인 별의 광도보다 100배 크다. 여기서 주의할 점은 한 등급 간의 별의 광도 차가 아닌 광도비이기 때문에 $x^5 = 100$에서 $x = 100^{\frac{1}{5}}$ 즉, **1등급 차이 밝기비는** $100^{\frac{1}{5}} \fallingdotseq 2.5$ **즉, 2.5배만큼의 차이**가 난다.

별의 물리량 - 크기(반지름)

1. 별의 크기

광도를 직접 구할 수 없듯이 별의 크기 또한 직접 구할 수 없다. 매우 먼 거리에 있어 지구에서 관측하면 점으로 보이기 때문이다. 따라서 앞서 측정한 다양한 물리량을 통해 크기를 계산해야 한다.

별의 크기를 구하기 위해서는 슈테판-볼츠만 법칙을 알고, 이를 통해 유도되는 광도 식을 알아야 한다. 슈테판-볼츠만 법칙은 **흑체가 단위 시간 동안 단위 면적에서 방출하는 에너지양(E)은 표면 온도(T)의 4제곱에 비례**한다는 내용이다.

슈테판-볼츠만 법칙

$$E = \sigma T^4 (\sigma = 5.670 \times 10^{-8} \mathrm{W} \cdot \mathrm{m}^{-2} \cdot \mathrm{K}^{-4})$$

이를 통해 별의 광도를 구할 수 있다. 앞서 별의 **광도는 별이 단위 시간 동안 전체 면적(표면)에서 방출하는 에너지의 총량**이라고 했다. 슈테판-볼츠만 법칙을 자세히 보면 **흑체가 단위 시간 동안 단위 면적에서 방출하는 에너지양(E)은 표면 온도(T)의 4제곱에 비례**한다고 되어있다. 별은 흑체와 같이 복사한다고 했기 때문에 광도와 슈테판-볼츠만 법칙은 방출하는 복사 에너지가 전체 면적인지와 단위 면적인지의 차이뿐이다. 즉, 슈테판·볼츠만 법칙에 별의 전체 면적을 곱해준다면 광도 식을 구할 수 있다.
별은 구형으로 생겼으므로 반지름이 R인 구의 표면적 공식인 $4\pi R^2$ 을 곱해주면 광도 식을 구할 수 있다.

별의 광도

$$L = 4\pi R^2 \cdot \sigma T^4$$

여기서 별의 크기를 구하기 위해서는 표면 온도(T)와 광도(L)를 알아야 한다.
앞서 공부한 내용을 다시 복습해보면, 표면 온도는 별의 파장, 색, 색지수, 분광형을 통해서 알 수 있었다. 광도는 별까지의 거리와 겉보기 등급을 통해 구할 수 있다.

태양의 물리량은 반드시 알아두는 것이 좋다.

태양의 물리량
절대 등급 : 4.8등급
표면 온도 : 약 5800K
분광형 : G2
색 : 황색
가장 강하게 나타나는 흡수선 : 이온화된 칼슘(Ca Ⅱ)

memo

Theme 06 - 1 별의 물리량

2022학년도 수능 지Ⅰ 13번

1. 표는 별 (가), (나), (다)의 분광형, 반지름, 광도를 나타낸 것이다.

별	분광형	반지름 (태양=1)	광도 (태양=1)
(가)	(　)	10	10
(나)	A0	5	(　)
(다)	A0	(　)	10

<보　기>

ㄱ. 복사 에너지를 최대로 방출하는 파장은 (가)가 가장 짧다.
ㄴ. 절대 등급은 (나)가 가장 작다.
ㄷ. 반지름은 (다)가 가장 크다.

① ㄱ　② ㄴ　③ ㄷ　④ ㄱ, ㄴ　⑤ ㄴ, ㄷ

추가로 물어볼 수 있는 선지

1. 겉보기 등급이 같은 두 별 A, B가 있다. 이때 A의 절대 등급이 B의 절대 등급보다 5등급 크다면 A는 B보다 10배 멀리 있다. (O , X)
2. 흑체가 단위 시간 동안 단위 면적에서 방출하는 복사 에너지양은 표면 온도의 네제곱에 비례한다. (O , X)
3. 색지수가 클수록 별의 표면 온도는 높다. (O , X)

정답 : 1. (X), 2. (O), 3. (X)

01 2022년도 수능 지Ⅰ 13번

KEY POINT #슈테판-볼츠만 법칙, #표면 온도, #광도, #반지름

문항의 발문 해석하기

슈테판-볼츠만 법칙으로 유도되는 광도를 구하는 공식을 생각해야 한다.

문항의 자료 해석하기

별	분광형	반지름(태양=1)	광도(태양=1)
(가)	(　)	10	10
(나)	A0	5	(　)
(다)	A0	(　)	10

1. 문제에서 알려주는 분광형은 표면 온도에 대한 물리량이다. 위 문제에서 나타난 반지름과 광도의 물리량은 태양을 기준으로 정했다. 따라서 표면 온도 역시 태양을 기준으로 비교하자.
   태양의 표면 온도는 약 5800K이고, A0의 표면 온도는 10000K이다. 따라서 10000K은 태양의 표면 온도에 약 1.72배에 해당하는 값이다. 문제를 빠르게 풀기 위해서는 근접한 값을 대입시켜보도록 하자.
   태양의 표면 온도를 6000K으로 생각하면 10000K은 3:5의 비율로 표면 온도를 나타낼 수 있다.

	L	=	R^2	×	T^4
태양	1	=	1^2	×	1^4
(가)	10	=	10^2	×	$\left(\frac{1}{\sqrt[4]{10}}\right)^4$

	L	=	R^2	×	T^4
태양	81	=	1^2	×	3^4
(나)	$(5)^6$	=	5^2	×	$(5)^4$
(다)	810	=	$\left(\frac{9\sqrt{10}}{5^2}\right)^2$	×	$(5)^4$

2. 위와 같이 LRT 표에 각각에 해당하는 물리량을 대입할 수 있어야 한다. 이때, 태양의 표면 온도를 6000K으로 나타냈다고 해서 불안해하지 말자. 왜냐하면 이렇게 물리량을 설정했음에도 불구하고 각 별의 물리량 차이가 매우 큰 것을 확인할 수 있기 때문이다.

TIP.

위 자료와 같이 광도, 반지름, 분광형(표면 온도)에 대한 자료가 나온다면 지문 옆에 LRT(슈테판 볼츠만 법칙으로 유도되는 광도 계산 식)표를 위와 같이 그려두자.

선지 판단하기

ㄱ 선지 복사 에너지를 최대로 방출하는 파장은 (가)가 가장 짧다. (X)

복사 에너지를 최대로 방출하는 파장은 표면 온도에 반비례한다. 이때 (가)의 표면 온도가 가장 낮으므로 복사 에너지를 최대로 방출하는 파장은 (가)가 가장 길 것이다.

ㄴ 선지 절대 등급은 (나)가 가장 작다. (O)

광도가 클수록 절대 등급은 작다. 이때 (나)의 광도가 가장 크기 때문에 절대 등급이 가장 작을 것이다.

ㄷ 선지 반지름은 (다)가 가장 크다. (X)

계산한 LRT 표를 확인하면 (다)의 반지름이 가장 작은 것을 확인할 수 있다.

기출문항에서 가져가야 할 부분

1. LRT 표 나타내는 연습하기
2. 표면 온도와 관련된 물리량 암기하기 (ex. 파장, 색, 색지수, 분광형)
3. 태양의 물리량 암기하기

기출 문제로 알아보는 유형별 정리

[LRT 표]

1 슈테판 볼츠만 법칙을 이용한 광도 계산 식

① 절대 등급은 광도를 이용해서 구하자. 2023학년도 9월 모의평가 14번

표는 별 ㉠, ㉡, ㉢의 표면 온도, 광도, 반지름을 나타낸 것이다. ㉠, ㉡, ㉢은 각각 주계열성, 거성, 백색 왜성 중 하나이다.

별	표면 온도(태양=1)	광도(태양=1)	반지름(태양=1)
㉠	$\sqrt{10}$	(　　)	0.01
㉡	(　　)	100	2.5
㉢	0.75	81	(　　)

ㄴ. (㉠의 절대 등급 - ㉡의 절대 등급) 값은 10이다. (O)

- 절대 등급을 구하기 위해 슈테판-볼츠만 법칙으로 유도되는 광도 계산 식을 이용해야 한다.
  아래와 같이 LRT그래프를 그려 자료에 나타나지 않은 물리량을 찾을 수 있도록 하자.
  ㉠은 태양보다 100배 어두운 별이고, **㉡은 태양보다 100배 밝은 별**이다. 따라서 태양의 절대 등급을 5라 하면 ㉠은 10등급, ㉡은 0등급인 별이므로 (㉠의 절대 등급 - ㉡의 절대 등급) 값은 10이다.
- 이처럼 표면 온도, 광도, 반지름 중 2가지를 알고 있다면 LRT그래프를 통해 나머지 물리량을 구할 수 있다. 모든 문제 옆에 아래와 같이 LRT그래프를 그릴 수 있도록 하자.
- 절대 등급은 별의 밝기를 나타내는 물리량으로 **광도가 100배 밝은 별은 절대 등급이 5등급 낮다**.
  위 문제에서는 광도가 10000배 차이가 났으므로 등급은 10등급 차이가 난 것이다.
- 위 문제와 별개로 등급 간의 밝기 차이를 정확하게 이해하고 넘어가도록 하자.
  1등급 차이 : 밝기 약 2.5배 차이, $(2.5)^1 = 2.5$
  2등급 차이 : 밝기 약 6.25배 차이, $(2.5)^2 = 6.25$
  3등급 차이 : 밝기 약 16배 차이, $(2.5)^3 \simeq 16$
  4등급 차이 : 밝기 약 40배 차이, $(2.5)^4 \simeq 40$
  5등급 차이 : 밝기 약 100배 차이, $(2.5)^5 \simeq 100$
  9등급 차이 : 밝기 약 4000배 차이, $(2.5)^9 \simeq 4000$ or $(2.5)^4 \times (2.5)^5 \simeq 4000$
  10등급 차이 : 밝기 약 10000배 차이, $(2.5)^{10} \simeq 100$ or $(2.5)^5 \times (2.5)^5 \simeq 10000$

	L	=	R^2	×	T^4
㉠	$\frac{1}{100}$	=	$(\frac{1}{100})^2$	×	$(\sqrt{10})^4$
㉡	100	=	$\left(\frac{5}{2}\right)^2$	×	2^4
㉢	81	=	16^2	×	$\left(\frac{3}{4}\right)^4$

② 거리에 따라 달라지는 겉보기 밝기 2023학년도 수능 16번

표는 태양과 별 (가), (나), (다)의 물리량을 나타낸 것이다. (가), (나), (다) 중 주계열성은 2개이고, (나)와 (다)의 겉보기 밝기는 같다.

별	복사 에너지를 최대로 방출하는 파장(㎛)	절대 등급	반지름 (태양=1)
태양	0.50	+4.8	1
(가)	(㉠)	-0.2	2.5
(나)	0.10	( )	4
(다)	0.25	+9.8	( )

ㄷ. 지구로부터의 거리는 (나)가 (다)의 1000배이다. (O)

- 우선 절대 등급을 구하기 위해 슈테판-볼츠만 법칙으로 유도되는 광도 계산 식을 이용해야 한다.
  아래와 같이 LRT그래프를 그려 자료에 나타나지 않은 물리량을 찾을 수 있도록 하자.
  (나)의 광도는 태양의 10000배 즉, 10^4배이고, (다)의 광도는 태양의 $\frac{1}{100}$ 즉, 10^{-2}배이다. 따라서 **두 별의 광도 차이는 10^6 배**이다.
  이때, 발문에서 두 별의 겉보기 밝기는 같다고 했으므로 지구와의 거리에 관계가 있음을 생각하자.
  두 별의 광도가 다름에도 별의 겉보기 밝기가 같다는 의미는 실제로는 **매우 밝은 (나)가 10^3배 멀리 있다는 것이다.** 따라서 지구로부터의 거리는 (나)가 (다)의 1000배이다.
- 우리는 **'겉보기'**라는 용어를 주의 깊게 살펴봐야 한다. 겉보기란 말 그대로 겉으로 보기에는 누가 더 밝아 보인다~ 라는 뜻과 같다. 즉, **실제 밝기가 아닌 지구와의 거리에 따라 달라지는 밝기인 것이다.**
- 별의 밝기와 거리 계산 식은 다음과 같다. **별의 겉보기 밝기(l)는 거리(r)의 제곱에 반비례**함을 이해하자.
  $l \propto \frac{1}{r^2}$

	L	=	R^2	×	T^4
태양	1	=	1^2	×	1^4
(가)	100	=	$\left(\frac{5}{2}\right)^2$	×	2^4
(나)	10000	=	4^2	×	5^4
(다)	$\frac{1}{100}$	=	$\left(\frac{1}{40}\right)^2$	×	2^4

③ 슈테판-볼츠만 법칙으로 유도되는 광도 식으로 별의 크기 구하기 2021년 7월 학력평가 17번

그림은 별 A ~ D의 상대적 크기를, 표는 별의 물리량을 나타낸 것이다. 별 A ~ D는 각각 ㉠ ~ ㉣ 중 하나이다.

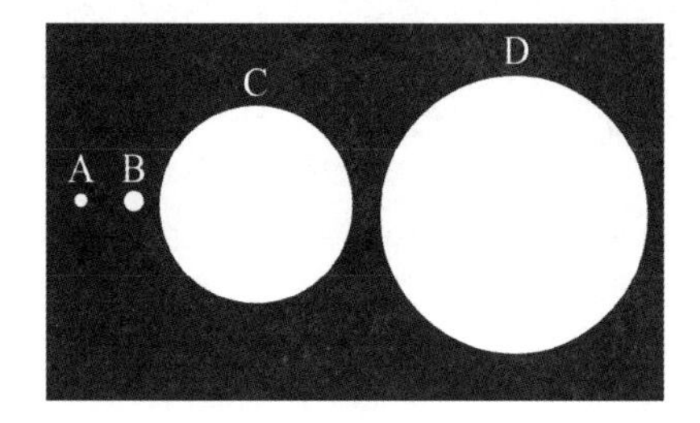

별	광도(태양=1)	표면 온도(태양=1)
㉠	0.01	1
㉡	1	1
㉢	1	4
㉣	2	1

ㄴ. 광도는 B가 D보다 작다. (O)

- 각 별을 찾기 위해 슈테판-볼츠만 법칙으로 유도되는 광도 계산 식을 이용해야 한다.
  LRT그래프를 그려 반지름을 찾아 각 별을 ㉠ ~ ㉣에 대입하자.
  아래와 같이 반지름을 찾아 대입해보면 ㉠은 B, ㉡은 C, ㉢은 A, ㉣은 D인 것을 알 수 있다.
  따라서 광도는 B인 ㉠이 D인 ㉣보다 작다.
- 이처럼 별의 물리량을 보고 각 별의 반지름을 찾을 수 있어야 한다.

	L	=	R^2	×	T^4
㉠	0.01	=	$\left(\frac{1}{10}\right)^2$	×	1^4
㉡	1	=	1^2	×	1^4
㉢	1	=	$\left(\frac{1}{16}\right)^2$	×	4^4
㉣	2	=	$(\sqrt{2})^2$	×	1^4

추가로 물어볼 수 있는 선지 해설

1. B의 절대 등급이 A보다 5등급 높으므로 광도는 100배 어둡다. 이때 겉보기 등급은 같은데, 이는 겉보기 밝기와 거리가 제곱에 반비례한다는 사실을 기억해야 한다. 겉보기 등급이 같을 때 B의 광도가 A의 광도보다 100배라는 것은 10배 가까이 있다는 것이다. 따라서 A는 B보다 10배 가까이 있다.
2. 단위 시간 동안 단위 면적에서 방출하는 복사 에너지양은 슈테판-볼츠만 법칙에 의해 표면 온도의 네제곱에 비례한다.
   ⇒ 단위 시간 동안 방출하는 복사 에너지 양은 표면 온도의 네제곱 및 반지름의 제곱에 비례한다.
3. 색지수가 클수록 표면 온도는 작아진다.
   ⇒ 색지수가 0일 때 표면 온도는 10000K이라는 것을 함께 기억하자.

Theme 06 - 1 별의 물리량

2022학년도 6월 모의평가 지Ⅰ 14번

그림은 분광형이 서로 다른 별 (가), (나), (다)가 방출하는 복사 에너지의 상대적 세기를 파장에 따라 나타낸 것이다. (가)의 분광형은 O형이고, (나)와 (다)는 각각 A형과 G형 중 하나이다.

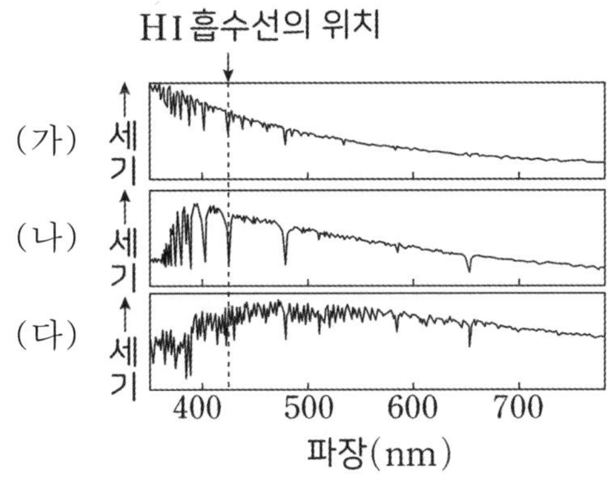

이 자료에 대한 설명으로 옳은 것만을 <보기>에서 있는 대로 고른 것은?

<보 기>

ㄱ. HⅠ 흡수선의 세기는 (가)가 (나)보다 강하게 나타난다.
ㄴ. 복사 에너지를 최대로 방출하는 파장은 (나)가 (다)보다 길다.
ㄷ. 표면 온도는 (나)가 태양보다 높다.

① ㄱ ② ㄴ ③ ㄷ ④ ㄱ, ㄴ ⑤ ㄴ, ㄷ

추가로 물어볼 수 있는 선지

1. 주계열성에서 B0형보다 표면 온도가 높은 별일수록 HⅠ 흡수선 세기가 강해진다. (O , X)
2. 태양의 구성 물질 중 가장 많은 원소는 CaⅡ 이다. (O , X)
3. HeⅠ은 이온화된 헬륨이다. (O , X)

정답 : 1. (X), 2. (X), 3. (X)

02 2022학년도 6월 모의평가 지Ⅰ 14번

KEY POINT #분광형, #복사 에너지의 세기, #파장

문항의 발문 해석하기

별의 분광형에 따라 다르게 나타나는 흡수선의 종류를 떠올릴 수 있어야 한다.

문항의 자료 해석하기

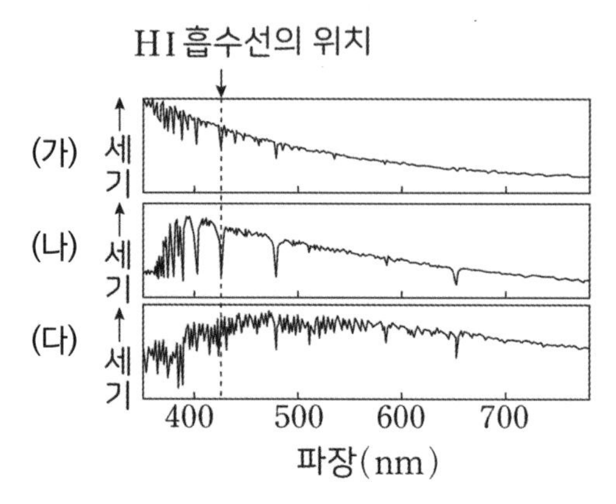

위 자료에서 (가)는 O형 별이고 HⅠ 흡수선의 위치에 대한 정보가 나와있다. (나)는 (다)보다 HⅠ의 흡수가 많이 일어나므로 A형 별이라고 판단할 수 있다. 따라서 (다)는 G형 별이다.
또한, 최대 복사 에너지의 세기가 나타나는 곳의 파장을 보고도 분광형을 구분할 수 있어야 한다.
최대 복사 에너지의 세기가 나타나는 곳의 파장이 짧은 (나)가 A형 별, 따라서 (다)가 G형 별임을 알 수 있어야 한다.

선지 판단하기

ㄱ 선지 HⅠ 흡수선의 세기는 (가)가 (나)보다 강하게 나타난다. (X)

수소 흡수선의 세기는 분광형이 A형일 때 가장 강하게 나타난다. 따라서 (나)가 가장 강하게 나타난다.

ㄴ 선지 복사 에너지를 최대로 방출하는 파장은 (나)가 (다)보다 길다. (X)

(나)의 분광형은 A형, (다)의 분광형은 G형이므로 복사 에너지를 최대로 방출하는 파장은 표면 온도가 더 높은 (나)가 더 짧다.

ㄷ 선지 표면 온도는 (나)가 태양보다 높다. (O)

(나)의 분광형은 A형, 태양의 분광형은 G형이므로 표면 온도는 A형인 (나)가 더 높다.

기출문항에서 가져가야 할 부분

1. 각 분광형에서 가장 강하게 나타나는 흡수선의 종류 암기하기 (ex. A형 HⅠ, G형 CaⅡ)
2. 분광형과 표면 온도 사이의 관계 암기하기
3. 복사 에너지의 상대적 세기와 파장 그래프에서 흡수선의 의미 이해하기

▎기출 문제로 알아보는 유형별 정리

[별의 물리량]

1 복사 에너지 세기와 파장 그래프 해석 방법

① 복사 에너지의 세기가 최대인 파장은 별의 표면 온도와 반비례한다. 2021년 7월 학력평가 16번

그림은 지구 대기권 밖에서 단위 시간 동안 관측한 주계열성 A, B, C의 복사 에너지 세기를 파장에 따라 나타낸 것이다.

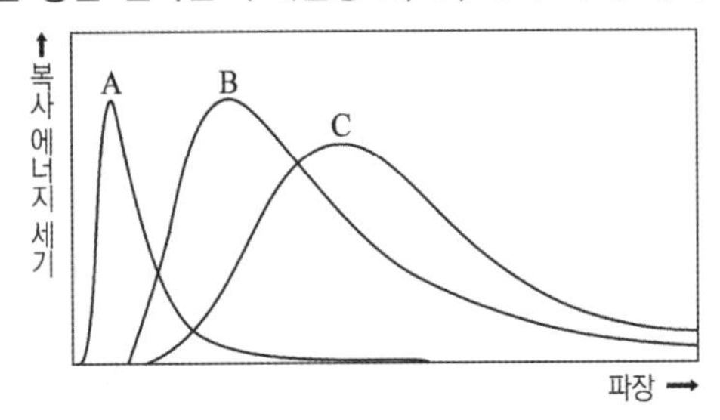

ㄱ. 표면 온도는 A가 B보다 높다. (O)

- 복사 에너지 세기와 파장 그래프에서 각 별의 표면 온도를 나타내는 물리량인 **파장은 오른쪽 그림과 같이 복사 에너지의 세기가 최대인 곳의 파장이다.** 따라서 파장이 가장 짧은 A의 표면 온도가 가장 높을 것이다.

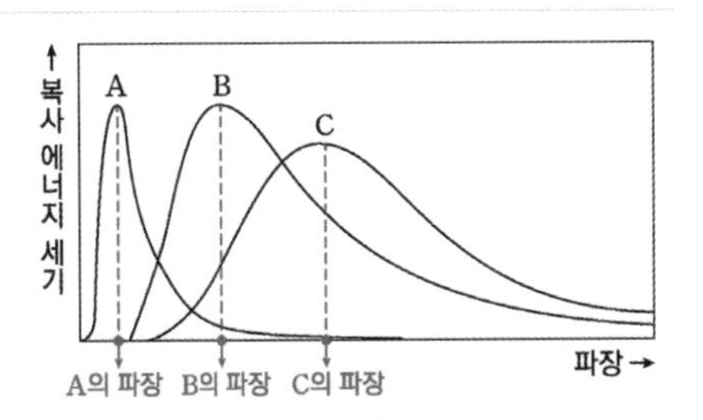

- 이렇게 자료를 해석해야 하는 이유는 빈의 변위 법칙에 의해 **최대 에너지를 방출하는 파장이 온도에 반비례하기 때문이다.** 항상 에너지의 세기가 최대인 곳의 파장을 읽도록 하자.
- **표면 온도가 높을수록 최대 에너지를 방출하는 파장은 짧고, 표면 온도가 낮을수록 최대 에너지를 방출하는 파장은 길다.**

② 단위 시간 복사 에너지 그래프 아래 면적은 광도와 비례한다. 2022년 10월 학력평가 10번

그림은 단위 시간 동안 별 ㉠과 ㉡에서 방출된 복사 에너지 세기를 파장에 따라 나타낸 것이다. 그래프와 가로축 사이의 면적은 각각 S, 4S이다.

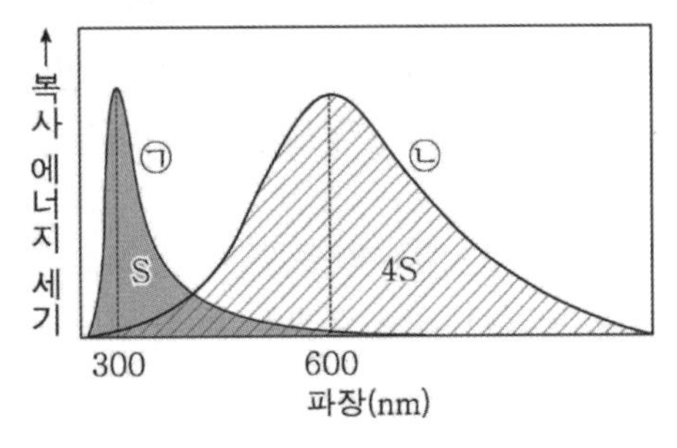

ㄱ. 광도는 ㉡이 ㉠의 4배이다. (O)

- 단위 시간 복사 에너지 그래프에서 **각 곡선을 적분한 값 즉, 그래프와 가로축 사이의 면적은 그 별의 광도에 비례한다.** ㉡의 면적이 ㉠의 4배이므로 광도 또한 4배이다.
- 슈테판-볼츠만 법칙으로 유도되는 광도 계산식에서 **단위 시간 동안 방출하는 에너지가 광도에 해당하므로 '별에서 방출하는 총 에너지'가 그래프 아래 면적에 비례하는 것이다.**

③ 단위 면적당 단위 시간 복사 에너지 그래프 아래 면적은 표면 온도의 네제곱에 비례한다. 2022년 3월 학력평가 16번

표는 별 A, B의 표면 온도와 반지름을, 그림은 A, B에서 단위 면적당 단위 시간에 방출되는 복사 에너지의 파장에 따른 세기를 ㉠과 ㉡으로 순서 없이 나타낸 것이다.

별	A	B
표면 온도(K)	5000	10000
반지름(상댓값)	2	1

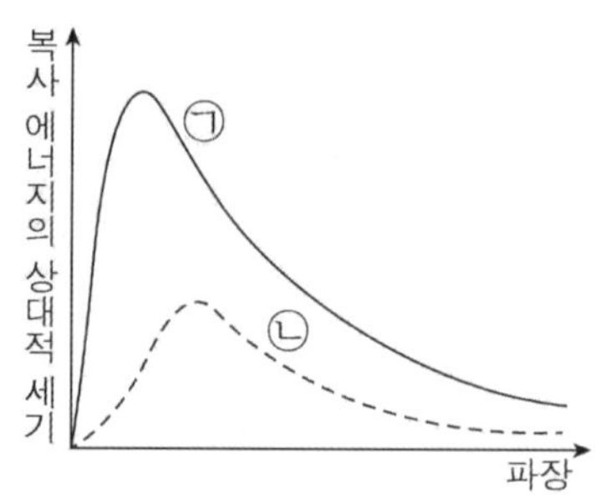

ㄱ. A는 ㉡에 해당한다. (O)

- 별 A는 별 B보다 표면 온도가 낮으므로 파장이 더 길 것이다. 이때, 복사 에너지와 파장 그래프에서 복사 에너지의 세기가 최대인 곳의 파장을 보면 ㉡이 더 긴 것을 확인할 수 있다. 따라서 A는 ㉡에 해당한다.
- 이처럼 일반적으로 표면 온도와 파장의 관계를 이용해서 문제를 풀 수 있다.
  이때, 우리는 그림을 집중해서 살펴보자. 그림은 **'단위 면적당' 단위 시간에 방출되는 복사 에너지**의 파장에 따른 세기를 나타내주고 있다. 따라서 **그래프 아래 면적은 슈테판-볼츠만 법칙에 의해 표면 온도의 네제곱에 비례할 것이다.**

2 분광형에 따른 흡수선의 상대적 세기

① 흡수선 그래프 2021학년도 6월 모의평가 3번

그림은 별의 분광형에 따른 흡수선의 상대적 세기를 나타낸 것이다.

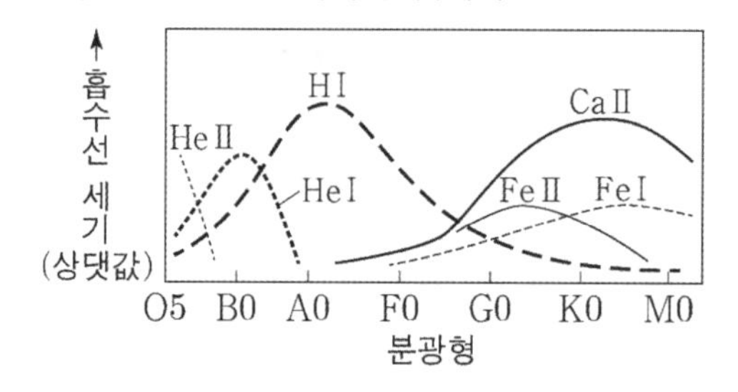

ㄷ. 태양과 광도가 같고 반지름이 작은 별의 Ca II 흡수선은 G2형 별보다 강하게 나타난다. (X)

- 태양과 **광도가 같고 반지름이 작은 별은 표면 온도가 태양보다 높은 별일 것이다**. 따라서 위 자료에서 분광형은 G2보다 왼쪽에 위치할 것이다. 이때, 자료를 보면 G2보다 표면 온도가 높을수록(왼쪽으로 갈수록) Ca II 흡수선의 세기는 약해지고 있는 것을 확인할 수 있다.
- 우선 슈테판-볼츠만 법칙으로 유도되는 광도 계산식을 머릿속으로 떠올릴 수 있어야 한다.
  그 후 분광형과 표면 온도 사이의 관계를 파악해서 각 분광형에 나타나는 흡수선의 세기에 대한 내용을 이해할 수 있어야 한다.
  분광형을 **표면 온도가 높은 순서대로 나타내면 O, B, A, F, G, K, M이다.**
- **최초의 분광형은 수소 흡수선이 강하게 나타나는 순서대로 A, B, C, D...로 나타냈었다.** 이후 표면 온도가 높은 순서대로 다시 배열한 것이다. 간단하게 알아두자.

② H I, Ca II 흡수선은 반드시 암기하도록 하자. 2023학년도 9월 모의평가 6번

그림 (가)는 H-R도에 별 ㉠, ㉡, ㉢을, (나)는 별의 분광형에 따른 흡수선의 상대적 세기를 나타낸 것이다.

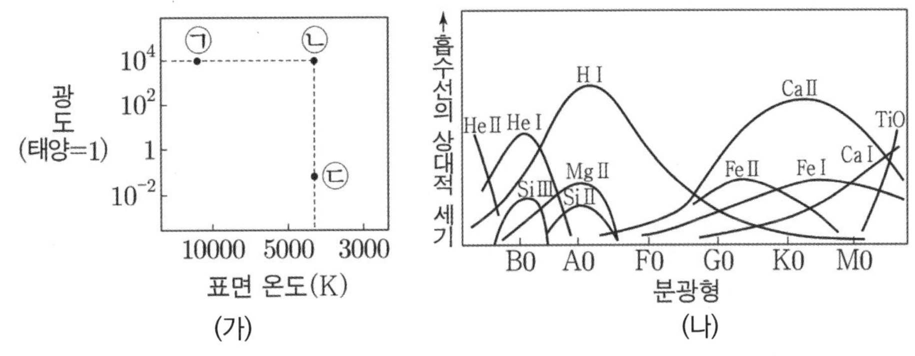

ㄷ. ㉢에서는 H I 흡수선이 Ca II 흡수선보다 강하게 나타난다. (X)

- (가) 자료에서 ㉢의 표면 온도는 5000K보다 낮게 나타나고 있다. G0의 표면 온도는 6000K이므로 (나) 자료에서 G0보다 오른쪽에 나타난 분광형일 것이다. 따라서 H I 흡수선보다 Ca II 흡수선이 강하게 나타난다.
- **분광형 A0와 G0의 물리량과 특징은 암기할 수 있도록 하자.**
  A0 : 10000K, 색지수 0, 흰색, H I 흡수선이 가장 강하게 나타남
  G0 : 6000K, 주황색, Ca II 흡수선이 가장 강하게 나타남

③ 흡수선의 세기가 강하다 = 원소가 많다? 2020년 10월 학력평가 15번

그림은 세 별 (가), (나), (다)의 스펙트럼에서 세기가 강한 흡수선 4개의 상대적 세기를 나타낸 것이다. (가), (나), (다)의 분광형은 각각 A형, O형, G형 중 하나이다.

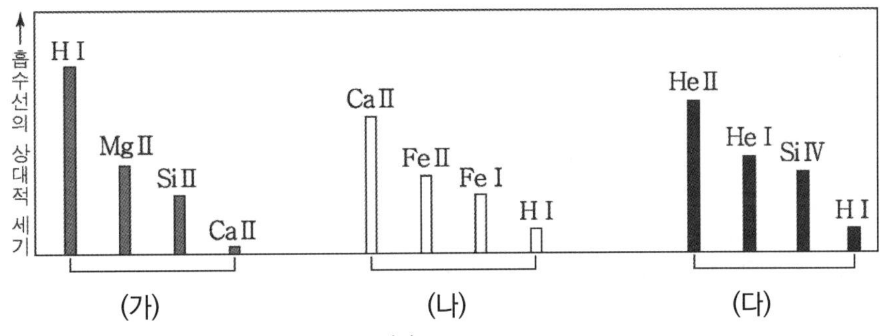

ㄴ. (나)의 구성 물질 중 가장 많은 원소는 Ca이다. (X)

- (나)는 Ca II 이 가장 강하게 나타나므로 분광형은 G형이다. 그러나 구성 물질 중 가장 많은 원소는 Ca이 아닌 H이다.
- 우리가 착각하지 말아야 할 것이 있다. 분광형은 **표면 온도에 따라서 특정 물질의 흡수되는 세기가 달라지는 것이다.** 따라서 **구성 물질과는 전혀 관련이 없다. 별의 주요 구성 성분은 별의 표면 온도와 상관없이 거의 동일하며, 수소와 헬륨이 대부분을 차지하고 있다.**
  (이는 Theme 08 빅뱅 우주론에서 자세하게 다룬다.)

④ 스펙트럼상에서 수소 흡수선의 세기를 통한 분광형 구분 2023년 4월 학력평가 13번

그림은 서로 다른 별의 스펙트럼, 최대 복사 에너지 방출 파장(λ_{max}), 반지름을 나타낸 것이다. (가), (나), (다)의 분광형은 각각 A0Ⅴ, G0Ⅴ, K0Ⅴ 중 하나이다.

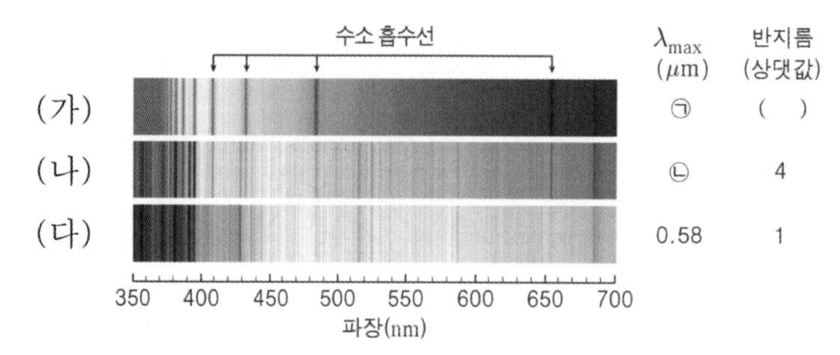

ㄱ. (가)의 분광형은 A0Ⅴ이다. (O)

- 수소 흡수선이 나타나는 영역 중 (가)에서 가장 많이 흡수되었다는 것을 알 수 있다. 따라서 (가) 자료는 수소 흡수선의 세기가 가장 강한 A0Ⅴ이다.
- 위 자료와 같이 수소 흡수선의 세기 비교는 스펙트럼에서 흡수된 정도로 비교한다는 것을 알 수 있다.

3 색지수와 등급

① 흡수선 그래프 지Ⅱ 2016년 10월 학력평가 11번

그림은 주계열성의 색지수(B-V)와 표면 온도의 관계를 나타낸 것이다.

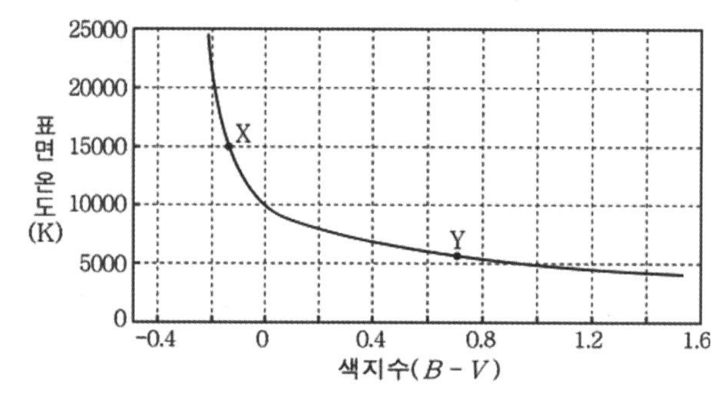

ㄴ. 표면 온도가 5000K인 별은 B 등급이 V 등급보다 크다. (O)

- 위 자료를 통해 표면 온도가 5000K인 별의 색지수는 0.8 정도인 것을 확인할 수 있다.
  따라서 B 등급이 V 등급보다 크다.
- **태양의 색지수는 약 0.65**라는 것을 알아두자.

 # 4 슈테판-볼츠만 법칙 = 에너지

① 슈테판-볼츠만 법칙은 별이 내뿜는 에너지에 관한 공식이다. 2020년 7월 학력평가 12번

그림은 별 A와 B에서 단위 시간당 동일한 양의 복사 에너지를 방출하는 면적을 나타낸 것이다. A의 광도는 B의 40배이다. (단, A, B는 흑체로 가정한다.)

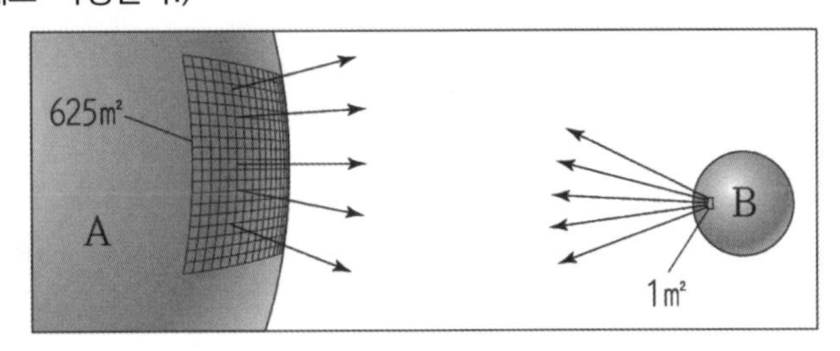

ㄱ. 표면 온도는 B가 A보다 5배 높다. (O)

- 자료에는 A와 B가 단위 시간 동안 동일한 양의 복사 에너지를 방출하는 면적이 나타나 있다. 따라서 **단위 시간 동안 단위 면적에서 방출하는 에너지는 B가 A의 625배**이다.
  슈테판-볼츠만 법칙에 의해 단위 시간 동안 단위 면적에서 방출하는 복사 에너지는 표면 온도에 네제곱에 비례하므로 **표면 온도는 B가 A보다 5배 높다**.
- 이처럼 슈테판-볼츠만 법칙은 같은 시간 동안 같은 면적에서 내뿜는 에너지라고 생각하면 된다.

추가로 물어볼 수 있는 선지 해설

1. HⅠ 흡수선의 세기는 표면 온도가 10000K인 A0일 때 가장 강하게 나타난다. 표면 온도가 A0보다 높아진다면 HⅠ 흡수선의 세기는 감소하므로 B0보다 표면 온도가 높은 별 또한 세기가 약하다.
2. 태양의 구성 물질 중 가장 많은 원소는 H이다.
   ⇒ CaⅡ은 태양과 같은 분광형이 G형인 별에서 흡수선의 세기가 가장 강한 원소일 뿐이다.
3. HeⅠ은 중성 원자 상태의 헬륨이다.
   ⇒ HeⅡ이 이온화된 상태의 헬륨이다.

Chapter

02 H-R도와 별의 진화

H-R도와 별의 진화 - H-R도

1. H-R도의 특징

H-R도는 여러 별의 분포를 나타내는 그래프로 물리량에 따라서 구분한다. 가로축에는 표면 온도와 관련된 물리량이, 세로축에는 광도와 관련된 물리량이 올 수 있다. 이를 따라서 별들을 구분한다면 특정한 분포를 보이는데 이 분포를 따라서 별을 구분한다.

가로축과 세로축에 들어갈 수 있는 물리량은 다음과 같다.

가로축 : 표면 온도, 분광형, 색, 색지수 등
세로축 : 별의 광도, 절대 등급 등

H-R도에서 **위로 갈수록 광도가 커진다.** 이때 **절대 등급은 위로 갈수록 작아진다**는 사실을 기억해야 한다. 또한, **왼쪽으로 갈수록 표면 온도가 높아진다.** (수학처럼 오른쪽으로 갈수록 커지는 것이 아니다. 축의 증가 방향을 잘 보자.)

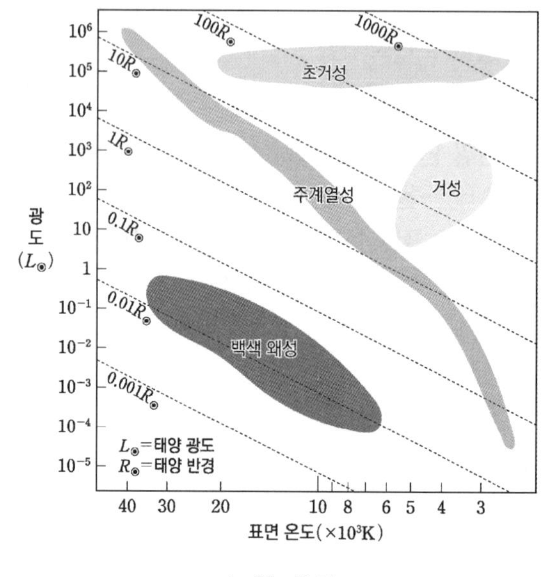

▲ H-R도

2. H-R도와 별의 종류

H-R도는 별들의 지도라고 생각하면 편하다. 여러 별의 분포를 나타내는 그래프이기 때문에 H-R도를 직접 그려보며 별의 종류를 파악할 수 있다. 주계열성, 백색 왜성, 거성, 초거성이 H-R도에 포함되어 있다. 다음을 통해 각 별의 특징들을 파악하고 이해하자.

① **주계열성 : H-R도의 왼쪽 위에서부터 오른쪽 아래까지 대각선의 좁은 띠 영역에 분포**하는 별들이다. 관측되는 전체 별의 약 80~90% 정도가 주계열성이다. (태양 또한 주계열성에 속한다.)
주계열성은 다른 별들과는 다르게 특별한 성질을 가지고 있는데 **왼쪽 위에 분포하는 별일수록 표면 온도가 높고 광도가 크며 질량과 반지름이 크다.** (주계열성이라는 단어가 나오면 바로 이 내용을 기억하자.)

② **거성 : H-R도에서 주계열성 오른쪽 위에 분포**한다. 대체로 **표면 온도가 낮아 붉은색**을 띤다. 표면 온도는 낮지만, **반지름이 매우 크기 때문에 광도가 크다.** 반지름은 태양의 약 10배~100배이며, 광도는 태양의 10배~1000배까지 차이가 난다. 반지름이 매우 크기 때문에 부피 또한 커서 평균 밀도가 작다.

③ **초거성 : H-R도에서 거성보다 더 위쪽인 최상단에 분포**한다. **반지름이 태양의 수백 배~1000배** 이상인 거대한 별이다. **광도는 태양의 수만 배~수십만 배로 매우 밝다.** 반지름이 거성보다 더 크기 때문에 평균 밀도는 더 작다.

④ **백색 왜성 : H-R도에서 주계열성 왼쪽 아래에 분포**한다. **표면 온도가 높아서 백색**으로 보인다. 그러나 **반지름은 지구 정도의 크기로 매우 작기 때문에 광도가 작다.** 또한 반지름이 작아서 평균 밀도는 매우 크다.

3. 광도 계급

광도 계급이란 **별들을 광도에 따라 계급으로 나눈 것**을 말한다. 같은 분광형을 갖는 별들의 표면 온도는 모두 같다. 이때 별의 밀도가 작을수록 흡수선의 폭이 좁아지는데 이를 바탕으로 계급을 나누었다. 광도 계급은 로마자로 나타내며 광도 계급의 숫자가 작을수록 광도가 밝다.

광도 계급은 H-R도에 나타낼 수 있다. 태양은 표면 온도가 약 5800K이고 주계열성에 해당하므로 태양의 분광형과 광도 계급은 G2V로 나타낼 수 있다.

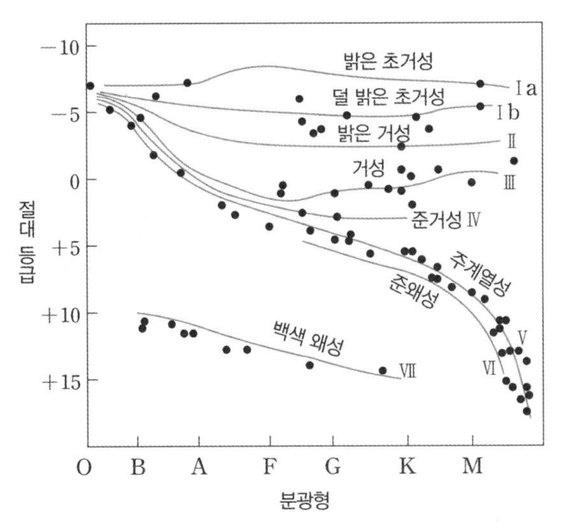

▲ H-R도로 나타낸 광도 계급

광도 계급	별의 종류
Ia	밝은 초거성
Ib	덜 밝은 초거성
Ⅱ	밝은 거성
Ⅲ	거성
Ⅳ	준거성
Ⅴ	주계열성(왜성)
Ⅵ	준왜성
Ⅶ	백색 왜성

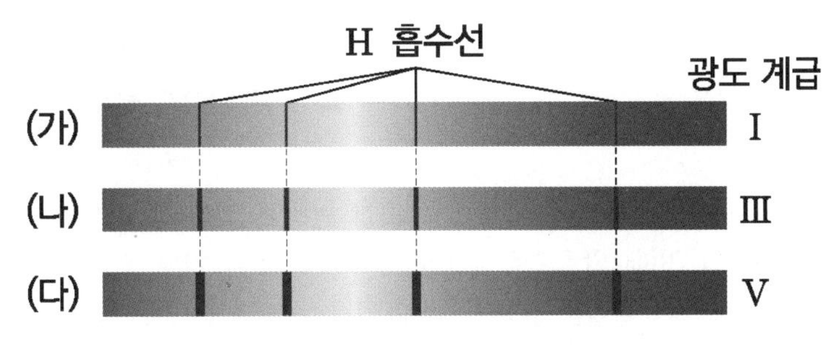

▲ 분광형이 A0인 별들의 수소 흡수선

※ **광도가 클수록 대체로 별 표면의 밀도는 작다**. 따라서 광도 계급의 숫자가 작을수록 흡수선의 두께가 얇아진다. 따라서 분광형이 같을 때 광도가 가장 큰 초거성의 흡수선의 두께는 얇고 광도가 가장 작은 백색 왜성의 흡수선의 두께가 두껍다는 것을 반드시 암기해두자.

H-R도와 별의 진화 - 별의 진화

1. 원시별에서 주계열성으로

별은 밀도가 크고 온도가 낮은 성운에서 만들어진다. 성운을 구성하는 성간 물질이 모여 서로의 중력에 의해 거대한 성운은 회전하면서 수축한다. 이 과정에서 성운은 중력에 의해 부피는 작아지고 밀도는 커지며 원시별이 형성된다. 이때 **중력에 의해 수축하면서 발생하는 힘을 '중력 수축 에너지'**라 한다. 중력 수축 에너지는 원시별 내부 온도를 상승시키고 **표면 온도가 약 1000K 에 이르면 가시광선을 방출**하기 시작한다. 이때 원시별은 '전주계열성'에 도달했다 한다. 원시별이 중력 수축을 계속하여 **중심부의 온도가 약 1000만 K 이 되면 중심부에서는 막대한 양의 에너지를 생산하는 수소 핵융합 반응**이 일어나고 이때 주계열성에 도달했다 한다. **원시별의 질량이 클수록** 중력이 강해지므로 중력 수축 에너지는 커지며 중력 수축 에너지가 강할수록 올라가는 내부 온도도 빠르게 증가하므로 **빠르게 주계열성에 도달**한다.

(1) H-R도에서의 진화 경로

- H-R도에서 왼쪽 위의 주계열성에 도달하는 원시별일수록 진화 시간이 짧다.
- H-R도에서 **질량이 큰 원시별일수록 수평 방향**으로 진화하고, (광도는 거의 유지되고 표면 온도만 상승) **질량이 작은 별일수록 수직 방향**으로 진화한다. (광도는 감소하고 표면 온도는 거의 유지)

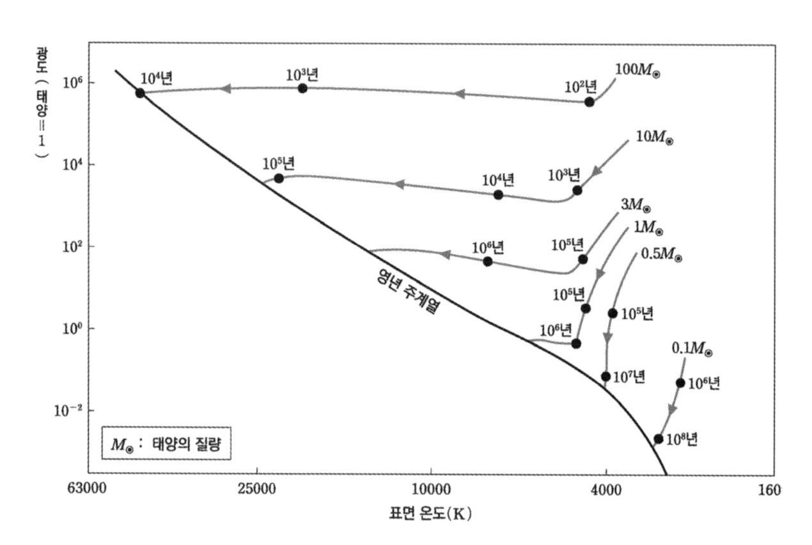

▲ 질량에 따른 원시별의 진화 시간

2. 주계열성

주계열성은 **중심핵에서 수소 핵융합을 하는 별**이다. 수소 핵융합 반응에 의해 생성된 에너지가 기체 압력을 증가시켜 밖으로 팽창하려 하는 힘이 증가한다. 이때 안쪽으로 수축하려는 중력 또한 함께 작용하므로 주계열성은 이 힘이 평형을 이루어 **정역학 평형 상태**에 도달한다. 별들은 일생의 약 90%를 주계열 단계에 머무른다. 따라서 관측되는 별 중에서 주계열성이 가장 많다.

분광형	색지수 (B－V)	표면 온도 (K)	반지름 (태양 반지름=1)	질량 (태양 질량=1)	광도 (태양 광도=1)	주계열성의 수명(년)
O5 V	-0.33	40000	12	40	500,000	100만
B0 V	-0.3	28000	7	18	20,000	1000만
A0 V	0	10000	2.5	3.2	80	5억
F0 V	+0.3	7400	1.3	1.7	6	27억
G0 V	+0.58	6000	1.05	1.1	1.2	90억
K0 V	+0.81	4900	0.85	0.8	0.4	140억
M0 V	+1.4	3500	0.6	0.5	0.06	2000억

▲ 주계열성의 주요 물리량

3. 주계열성의 특징

여러 별 중 주계열성만이 갖는 물리적인 특징이 존재한다. 그 이유는 주계열성의 질량에 있다. **질량이 커질수록 별 내부의 중력은 커지므로 중심 온도가 더욱 증가**한다. 중심 온도가 높아지면 더욱 많은 수소 핵융합 반응이 일어나기 때문에 소모되는 수소의 양이 증가하여 막대한 에너지를 생산해낸다.
따라서 광도가 커지고 반지름이 커지며 표면 온도가 높아지게 되는 것이다. 그러나 중심부의 수소가 빨리 고갈되기 때문에 수명은 짧아진다.

- 문제에 **주계열성이라는 단어가 등장하면 다음과 같은 생각을 할 수 있도록 하자**.

$$\text{질량} \fallingdotseq \text{반지름} \fallingdotseq \text{표면 온도} \fallingdotseq \text{광도} \fallingdotseq \frac{1}{\text{수명}}$$

4. 주계열성 이후의 진화

중심핵의 **수소가 모두 고갈**되면 더 이상 중심핵에서 수소 핵융합 반응이 일어나지 못한다. (이때부터는 주계열성이 아니다. 왜냐하면 주계열성은 '중심핵에서 수소 핵융합 반응을 하는 별'이기 때문이다.) 따라서 별은 더 높은 단계의 핵융합을 하기 위해서 수축하게 되는데 이때, 질량이 태양과 비슷한 주계열성과 질량이 태양보다 큰 주계열성의 진화 경로가 다르다.

(1) 질량이 태양과 비슷한 주계열성의 진화

① 주계열성 → 거성

- 주계열성 중심부의 수소가 모두 소모되어 **헬륨만으로 이루어진 중심핵**이 되면 수소 핵융합 반응이 일어나지 않으므로 중심핵은 수축한다.
- 이 과정에서 중력 수축 에너지에 의해 중심핵 온도가 상승한다. 이때 **중심핵 부근 또한 함께 온도가 상승**한다. 주계열성 단계에서 수소 핵융합 반응이 일어나지 않았던 **중심핵 부근의 온도가 1000만 K이 넘게 되면** 수소 핵융합 반응이 일어나므로 다시 별의 외곽 부근은 팽창하기 시작한다. 이때 중심핵 주위에서 일어나는 수소 핵융합 반응을 '**수소 껍질 연소**'라 한다. 이 과정에서 **별의 반지름은 커지고 표면 온도는 감소**한다.
- 그 후 별의 **중심핵의 온도가 1억 K에 도달**하면 중심핵에서 **헬륨 핵반응**이 일어나 탄소와 산소를 생성하는 거성 단계가 된다. 주계열성일 때에 비해 반지름이 매우 커졌으므로 거성의 **밀도는 매우 작아진다**.

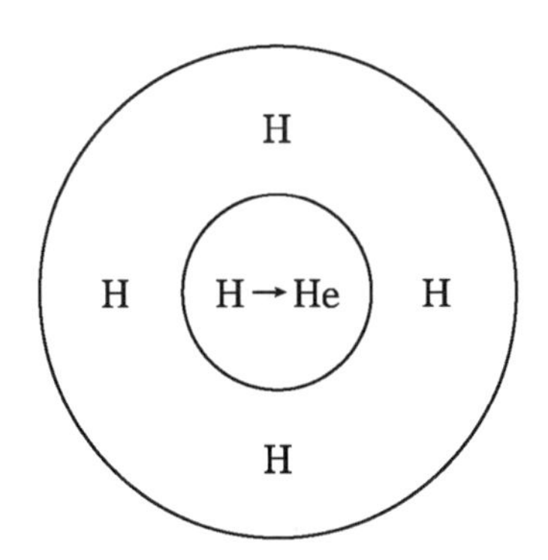

▲ 주계열 단계의 내부 구조

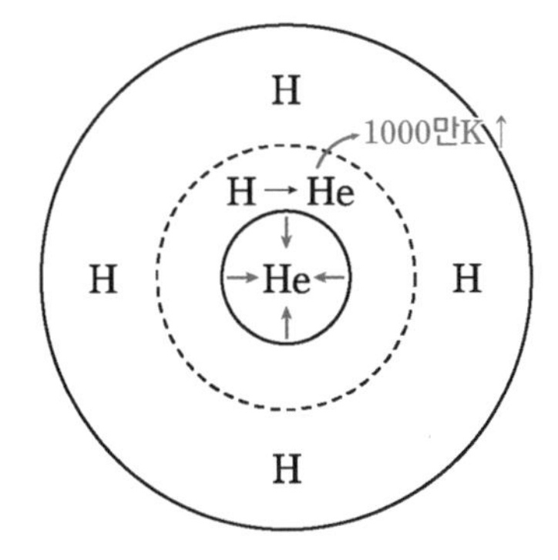

▲ 주계열 단계 이후 내부 구조

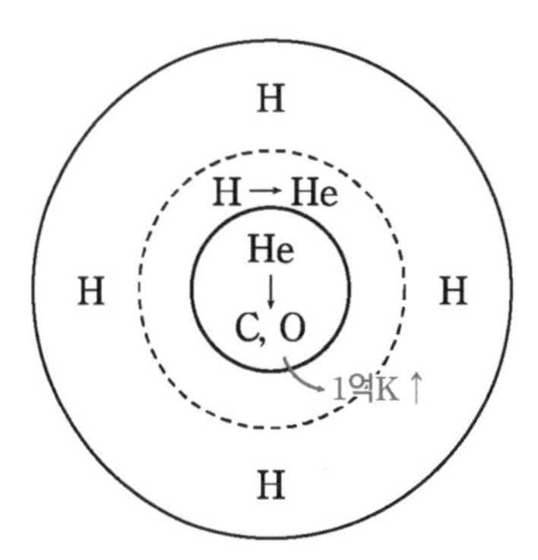

▲ 거성의 내부 구조

② 거성 → 행성상 성운, 백색 왜성

- 거성 중심부의 헬륨이 모두 소모되어 **탄소와 산소만으로 이루어진 중심핵**이 되면 중심핵에서 헬륨 핵반응이 일어나지 않으므로 중심핵은 수축한다.
- 중심 부근은 계속 수축하고, 별의 외곽 부근은 정역학 평형 상태를 이루기 위해 수축과 팽창을 반복하여 반지름과 표면 온도, 광도가 주기적으로 변하는 **맥동 변광성 단계**를 거친다.
- 질량이 태양 정도인 거성의 중심핵은 중력 수축 에너지가 높지 않아서 탄소 핵융합 반응이 일어나는 온도에 도달하지 못한다. 따라서 중심 부근의 수축은 서서히 멈추게 되며 중력이 약해져 별의 외곽 부근 물질이 우주 공간으로 방출되는 행성상 성운이 만들어진다.
- **남은 중심핵은 백색 왜성이 되어** 서서히 식어가며 종말을 맞이한다. 이때 백색 왜성의 크기는 **지구 정도**로 질량은 태양과 비슷하지만, 반지름이 매우 작아져 **밀도가 매우 커지게 된다**.

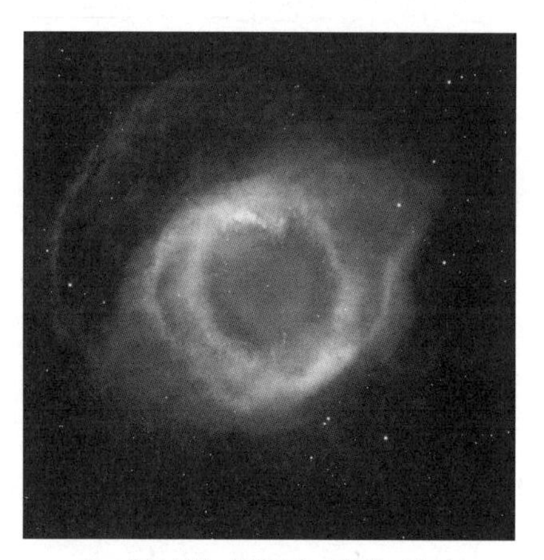

▲ 행성상 성운과 백색 왜성

(2) 질량이 태양보다 큰 주계열성의 진화

① 주계열성 → 초거성

- 질량이 작은 주계열성의 진화와 마찬가지로 중심핵의 수소가 모두 소모되어 헬륨으로 된 핵이 만들어지면 중심핵은 수축하여 온도를 올린 후 1억 K에 도달하면 헬륨 핵반응이 일어난다.
- 그 후 중심핵 부근의 헬륨이 모두 고갈되면 중심핵은 더욱 수축하여 온도를 올린 후 탄소 핵융합 반응이 일어난다. 충분히 질량이 크기 때문에 높은 단계의 핵융합이 계속해서 일어난다. 따라서 중심핵에서는 더 무거운 질량의 원소를 생산해낸다.
- **모든 별 내부**에서 핵융합 반응에 의해 최종적으로 생성될 수 있는 원소는 철이다. 철로 이루어진 중심핵이 만들어지는 단계를 초거성 단계라 한다.

② 초거성 → 초신성 폭발

- 중심부에 철로 이루어진 핵이 만들어지면 더 무거운 원소를 만들기 위해 중심핵은 수축한다. 그러나 철은 별 내부에서 만들 수 있는 원소들 중 가장 안정한 원소이기 때문에 **이보다 더 높은 핵융합을 진행하게 되면 불안정**해진다. 따라서 핵융합을 진행하기 위해 중력 수축을 하는 순간 거대한 폭발이 일어나며 우주 공간으로 흩어지는데 이를 **초신성 폭발**이라 한다.
- **초신성 폭발 과정에서 엄청난 에너지가 방출되는데 이 에너지에 의해** 철보다 무거운 원소의 합성이 일어난다. 폭발로 인해 흩어진 물질들은 초기의 성간 물질과 함께 성운의 일부가 되고 새로운 별을 만드는 재료가 된다.

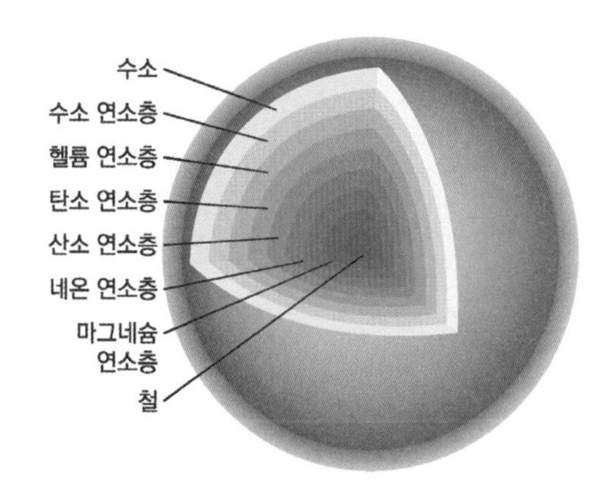

▲ 여러 연소층이 나타나는 초거성의 내부 구조

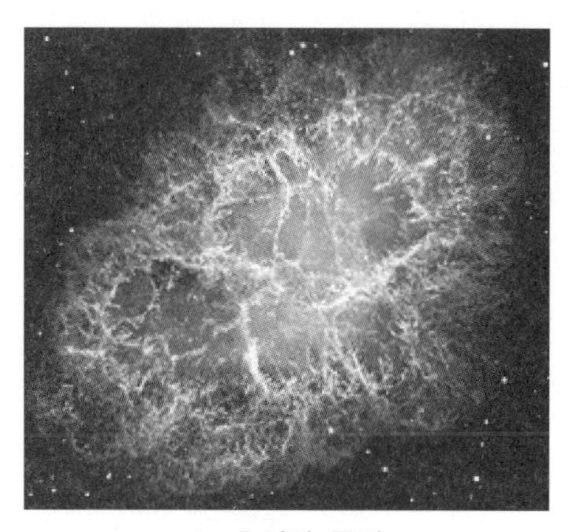
▲ 초신성 폭발

③ 초신성 폭발 → 중성자별, 블랙홀

- 초신성 폭발 이후 남은 중심핵은 고밀도로 수축하게 되는데 **태양 질량의 10배~25배인 별**(숫자를 굳이 외울 필요는 없다. 태양보다 질량이 크다는 것만 알아두자.)은 중성자로 이루어진 **중성자별**이 되어 종말을 맞이한다. 백색 왜성에 비해 질량은 크지만, 반지름은 훨씬 작아 **밀도가 더 크다.** (매우 작은 천체이기 때문에 중성자별의 근접 관측 자료는 존재하지 않는다.)
- **태양 질량의 25배 이상인 별**은 중력이 매우 강해서 빛조차도 빠져나올 수 없는 **블랙홀**이 된다. 빨려 들어간 빛이 탈출하지 못할 정도로 중력이 매우 강해서 보이지 않는다는 뜻의 '블랙'홀로 불린다. 중성자별에 비해서 질량이 크고 반지름은 훨씬 작으므로 **밀도가 매우 큰 천체**이다.

▲ 이론상의 천체였던 블랙홀의 실제 관측 사진

memo

Theme 06 - 2 H-R도와 별의 진화

2021학년도 6월 모의평가 지Ⅰ 12번

표는 질량이 서로 다른 별 A~D의 물리적 성질을, 그림은 별 A와 D를 H-R도에 나타낸 것이다. L⊙는 태양 광도이다.

별	표면 온도(K)	광도(L⊙)
A	(　　)	(　　)
B	3500	100000
C	20000	10000
D	(　　)	(　　)

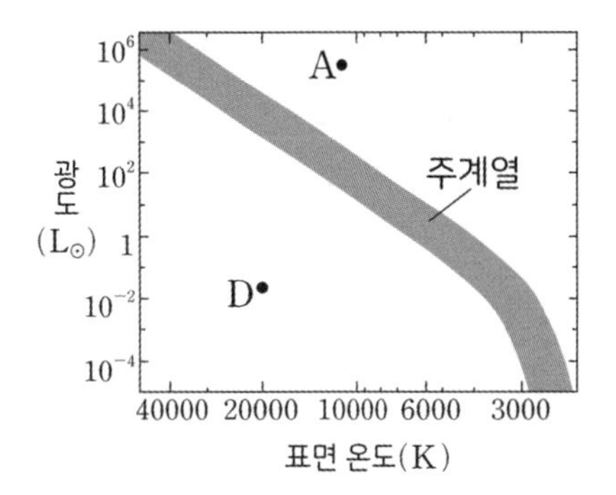

이 자료에 대한 설명으로 옳은 것만을 <보기>에서 있는 대로 고른 것은?

<보　기>

ㄱ. A와 B는 적색 거성이다.
ㄴ. 반지름은 B > C > D이다.
ㄷ. C의 나이는 태양보다 적다.

① ㄱ　② ㄷ　③ ㄱ, ㄴ　④ ㄴ, ㄷ　⑤ ㄱ, ㄴ, ㄷ

추가로 물어볼 수 있는 선지
1. 분광형이 같을 때 광도가 서로 다른 별들의 스펙트럼에 나타나는 흡수선의 폭은 같다. (O , X)
2. 별의 중심부의 온도는 A와 C 중 A가 높다. (O , X)
3. 별의 중심부의 평균 밀도는 A와 C 중 A가 크다. (O , X)

정답 : 1. (X), 2. (O), 3. (O)

01 2021학년도 6월 모의평가 지Ⅰ 12번

KEY POINT #별의 종류, #거성, #별의 나이

문항의 발문 해석하기

H-R도의 특성을 생각하며 각 별의 종류를 파악할 수 있어야 한다. 태양 광도를 알려주었으니 태양의 표면 온도, 절대 등급을 떠올려 비교할 수 있어야 한다.

문항의 자료 해석하기

별	표면 온도(K)	광도(L☉)
A	( )	( )
B	3500	100000
C	20000	10000
D	( )	( )

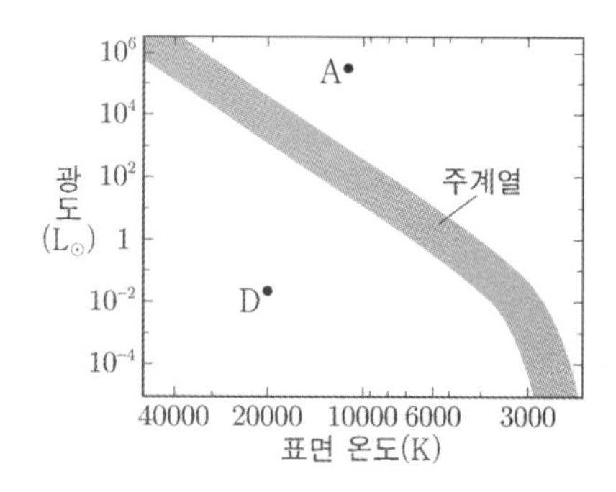

1. 표에는 별 B와 C에 대한 물리량이, H-R도에는 A와 D에 대한 물리량이 나와 있다. H-R도에 나타난 물리량을 표에 적어둘 수 있도록 하자. 또, 표에 나타난 물리량을 H-R도에 적어둘 수 있도록 하자.
2. H-R도에 나타난 별들의 위치를 보면 A와 B는 초거성, C는 주계열성, D는 백색 왜성인 것을 알 수 있다.

선지 판단하기

ㄱ 선지 A와 B는 적색 거성이다. (X)

A는 H-R도 상의 위치로 보아 초거성인 것을 알 수 있고, B는 H-R도 상의 위치와 광도로 보아 초거성인 것을 확인할 수 있다. 따라서 두 별은 모두 초거성이다.
또한, A의 표면 온도는 10000K이므로 별의 색은 적색이 아닌 흰색이다.

ㄴ 선지 반지름은 B 〉 C 〉 D이다. (O)

별의 정확한 반지름은 슈테판-볼츠만 법칙을 이용한 광도 계산으로 구할 수 있다. 하지만 별의 종류를 보고 판단할 수도 있는데 B는 초거성, C는 주계열성, D는 백색 왜성이다.
별의 종류에 따른 반지름은 초거성 〉 주계열성 〉 백색 왜성이므로 맞는 선지이다.

ㄷ 선지 C의 나이는 태양보다 적다. (O)

C는 주계열성이다. 이때, 표면 온도와 광도를 보고 태양보다 질량이 매우 큰 주계열성임을 알 수 있다. 따라서 C는 태양보다 진화 속도가 빠른 별이므로 같은 주계열성일 때 태양보다 나이가 적다는 것을 알 수 있다.

기출문항에서 가져가야 할 부분

1. H-R도에 별들의 위치를 나타내보기
2. 주계열성의 특징 암기하기
   ex. 주계열성은 질량이 클수록 표면 온도, 광도, 반지름 등이 크다. 그러나 수명은 짧다.
3. 별의 질량과 수명 관계 이해하기

▎기출 문제로 알아보는 유형별 정리

[H-R도와 별의 물리량]

1 H-R도

① H-R도를 보고 별의 종류를 찾자. 2020년 3월 학력평가 12번

그림은 H-R도에 별 (가)~(라)를 나타낸 것이다.

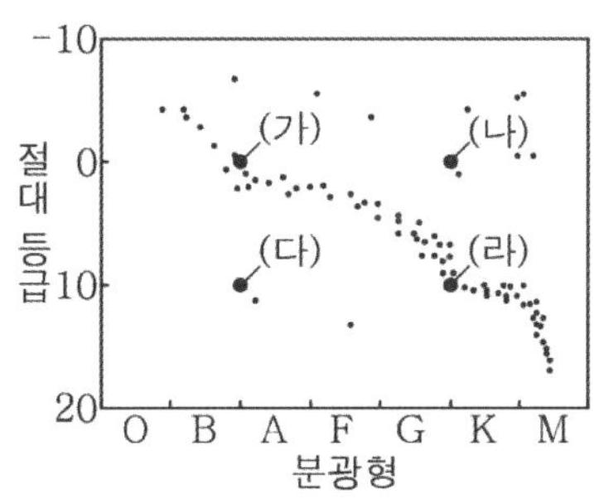

ㄱ. 별의 평균 밀도는 (가)가 (나)보다 크다. (O)

- H-R도에서 (가)와 (라)는 주계열성, (나)는 거성, (다)는 백색 왜성이다. 이때 **별의 평균 밀도는 백색 왜성 〉 주계열성 〉 거성 〉 초거성**이므로 주계열성인 (가)가 거성인 (나)보다 크다.
- 이처럼 H-R도에 나타난 별의 위치를 보고 별의 종류를 찾을 수 있어야 한다. 반드시 암기하도록 하자.

② 표면 온도? 중심 온도? 지Ⅱ 2019학년도 수능 13번

그림은 같은 성단의 별 a~d를 H-R도에 나타낸 것이다.

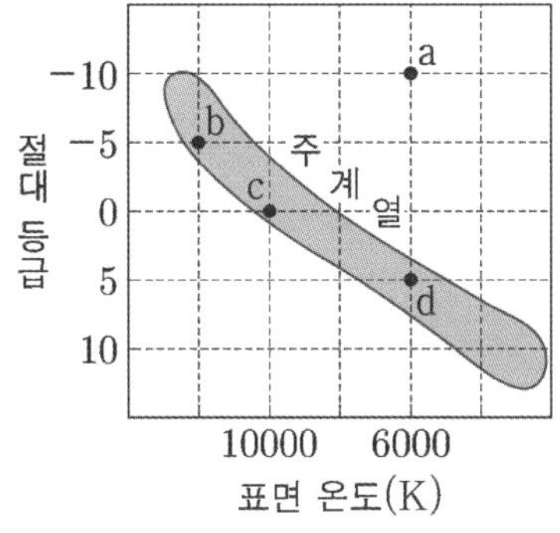

ㄴ. 중심 온도가 가장 높은 별은 b이다. (X)

- H-R도에 나타난 별의 물리량은 표면 온도, 광도와 관련된 물리량만 알 수 있다. 이때, 별의 표면 온도는 b에서 가장 높게 나타난다.
  그러나 a는 초거성, b는 주계열성이므로 중심부의 온도는 a가 가장 높게 나타난다.
- **주계열성의 중심부에서는 수소 핵융합 반응**을 하고 **초거성의 중심부에서는 수소 핵융합 반응보다 더 높은 단계의 핵융합을 진행할 것이다**. 따라서 중심부의 온도는 초거성인 a가 높은 것이다.
- **표면 온도와 중심 온도는 전혀 다른 것임을 이해할 수 있어야 한다**.

2 별의 종류와 물리량

① 별의 종류와 광도 계급 2020년 10월 학력평가 16번

표는 별 ㉠~㉣의 절대 등급과 분광형을 나타낸 것이다. ㉠~㉣ 중 주계열성은 2개, 백색 왜성과 초거성은 각각 1개이다.

별	절대 등급	분광형
㉠	+12.2	B1
㉡	+1.5	A1
㉢	-1.5	B4
㉣	-7.8	B8

ㄷ. 광도 계급의 숫자는 ㉡이 ㉣보다 크다. (O)

- 별의 종류를 구분하기 위해서는 태양과 비교하자.
  ㉠은 태양보다 광도가 작고 표면 온도가 높으므로 백색 왜성이다. ㉡은 태양보다 광도가 크고 표면 온도가 높으므로 주계열성이다. ㉢은 태양보다 광도가 크고 표면 온도가 높으므로 주계열성이다. ㉣은 태양보다 광도가 훨씬 크고 표면 온도가 높으므로 초거성이다.
  이때, 광도 계급은 **초거성이** Ⅰ, **거성이** Ⅲ, **주계열성이** Ⅴ, **백색 왜성이** Ⅶ이다.
  따라서 광도 계급의 숫자는 주계열성인 ㉡이 초거성인 ㉣보다 크다.
- 이처럼 별의 물리량을 보고 별의 종류를 판단할 수 있어야 한다. 또한, 별의 종류에 따른 광도 계급도 암기할 수 있도록 하자.

② H-R도에 직접 나타내보기 2021학년도 수능 9번

표는 별 (가), (나), (다)의 분광형과 절대 등급을 나타낸 것이다.

별	분광형	절대 등급
(가)	G	0.0
(나)	A	+1.0
(다)	K	+8.0

ㄱ. (가)의 중심핵에서는 주로 양성자 · 양성자 반응(p-p 반응)이 일어난다. (X)

- (가), (나), (다)의 별을 H-R도에 나타내어 별의 종류를 찾아보자. (가)는 태양과 분광형이 같지만 광도가 더 크므로 거성이다. 거성은 중심핵에서 p-p 반응이 일어나지 않는다.
- 오른쪽 그림과 같이 별의 물리량을 보고 H-R도에 표시해보는 연습을 하자. 이때 **항상 태양의 위치를 고정해두고 다른 별을 찾을 수 있도록 하자**.
- 태양의 **표면 온도는 약 5800 K**(G형), **절대 등급은 +4.8**이다.

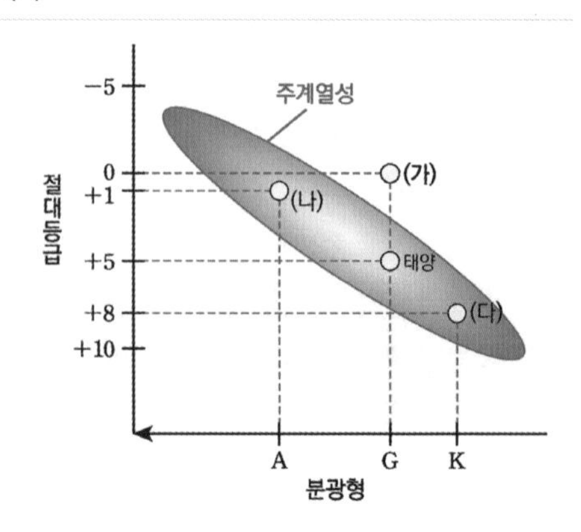

③ 초거성의 광도는 비슷하다. 2023년 7월 학력평가 15번

표는 별 S_1~S_6의 광도 계급, 분광형, 절대 등급을 나타낸 것이다. (가)와 (나)는 각각 광도 계급 Ⅰb(초거성)와 Ⅴ(주계열성) 중 하나이다.

별	광도 계급	분광형	절대 등급
S_1	(가)	A0	(㉠)
S_2		K2	(㉡)
S_3		M1	-5.2
S_4	(나)	A0	(㉢)
S_5		K2	(㉣)
S_6		M1	9.4

ㄷ. |㉠ − ㉢| < |㉡ − ㉣|이다. (O)

- S_3와 S_6의 광도를 비교할 때, S_3의 광도가 매우 크므로 (가)가 초거성이라는 것을 알 수 있다.
  오른쪽 그림과 같이 H-R도를 떠올려보면 초거성의 절대 등급은 표면 온도에 상관없이 비슷한 것을 알 수 있다.
  그러나 주계열성은 표면 온도가 낮을수록 광도가 작아지므로
  |㉠ − ㉢| < |㉡ − ㉣|이다.
- 초거성의 광도는 표면 온도와 상관없이 비슷하다는 것을 반드시 알아두자.
- **분광형이 같은 초거성과 주계열성의 광도 차이는 표면 온도가 낮을수록 많이 난다.**

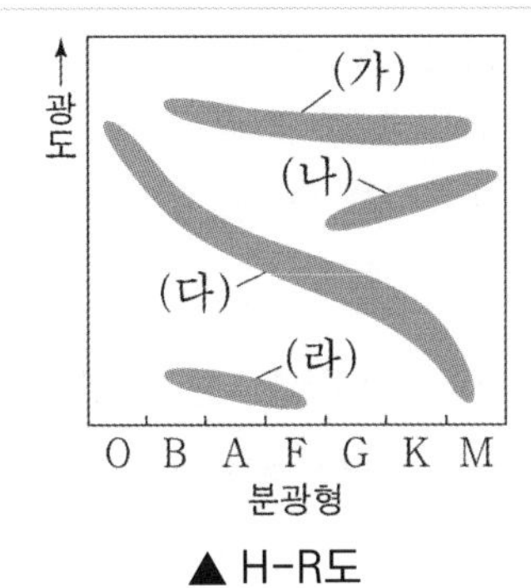

▲ H-R도
(2024학년도 9월 모의고사 2번)

3 주계열성의 특징

①-1 주계열성끼리는 물리량이 비례해야 한다. 2022년 7월 학력평가 13번

표는 별 A ~ D의 특징을 나타낸 것이다. A ~ D 중 주계열성은 3개이다.

별	광도(태양=1)	표면 온도(K)
A	20000	25000
B	0.01	11000
C	1	5500
D	0.0017	3000

ㄷ. 별의 평균 밀도가 가장 큰 것은 D이다. (X)

- A는 태양보다 광도와 표면 온도의 값이 크므로 주계열성이다. C는 광도가 태양과 같고 표면 온도 또한 태양과 유사하므로 주계열성이다. D는 태양보다 광도와 표면 온도 값이 작으므로 주계열성이다.
  그러나 **B는 태양보다 광도가 작지만 표면 온도가 높다**. 따라서 주계열성이 아닌 **백색 왜성**이다.
  주계열성보다 백색 왜성의 반지름이 더 작으므로 백색 왜성의 평균 밀도가 더 크다.
- 이처럼 태양과 물리량을 비교하여 주계열성을 찾을 수 있어야 한다. **주계열성끼리는 질량과 광도, 표면 온도, 반지름은 비례하고 수명은 반비례한다는 것을 반드시 기억하자**.

①-2 주계열성끼리는 물리량이 비례해야 한다. 2022학년도 6월 모의평가 17번

그림 (가)는 별의 질량에 따라 주계열 단계에 도달하였을 때의 광도와 이 단계에 머무는 시간을, (나)는 주계열성을 H-R도에 나타낸 것이다. A와 B는 각각 광도와 시간 중 하나이다.

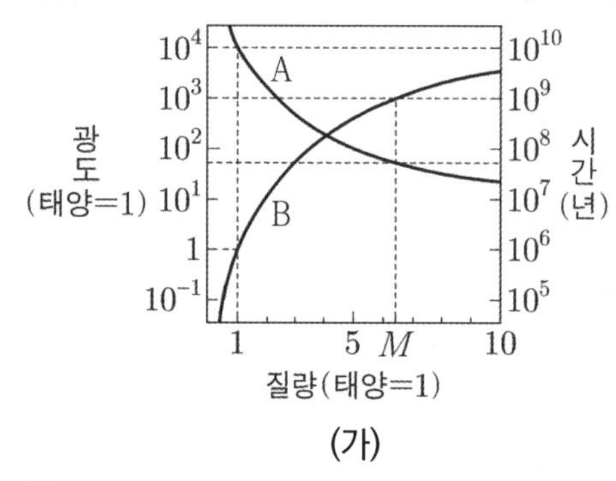

(가)

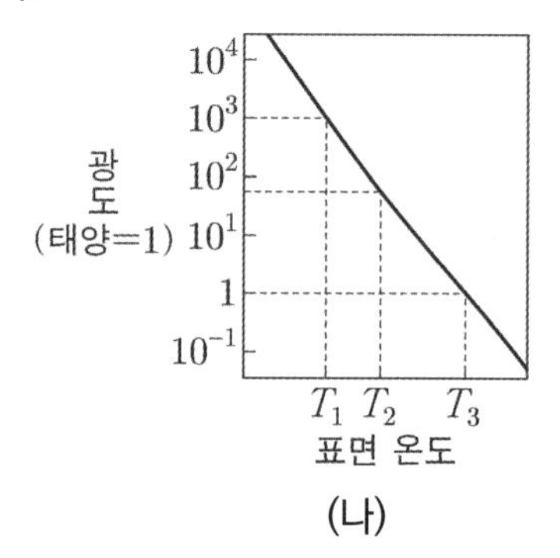

(나)

ㄱ. B는 광도이다. (O)

- (가) 자료를 보면 질량이 커질수록 A는 감소하고 B는 증가하고 있다. 주계열성은 질량이 커질수록 광도가 증가하므로 B는 광도이다.
- 위 자료와 같이 **'주계열성'**이라는 단어가 나오면 머릿속으로 바로 '주계열성은 **질량, 광도, 표면 온도, 반지름은 비례하고 수명은 반비례한다**.'라는 내용을 떠올릴 수 있어야 한다.
- 자료를 해석해보면 (가)의 A는 주계열 단계에 머무르는 시간 즉, 수명을 이야기하는 것이고, (나) 자료에서는 광도가 커질수록 표면 온도는 증가해야 하므로 $T_1 > T_2 > T_3$이다.

② 질량과 수명이 반비례하는 이유 2022년 3월 학력평가 12번

표는 주계열성 A, B의 물리량을 나타낸 것이다.

주계열성	광도(태양=1)	질량(태양=1)	예상 수명(억 년)
A	1	1	100
B	80	3	X

ㄷ. 중심핵의 단위 시간당 질량 감소량은 A가 B보다 많다. (X)

- A는 광도와 질량이 태양과 같은 주계열성이고 B는 태양보다 질량이 큰 주계열성이다.
  주계열성의 질량이 클수록 중심핵에서 핵융합에 의해 소모되는 수소의 양은 증가한다. 이때, **핵융합 과정에서 질량 결손이 발생**하므로 질량이 큰 B가 단위 시간당 질량 감소량이 더 크다.
- **질량이 크면 클수록 중심부의 온도는 높아 수소를 소모하여 더 많은 에너지를 생산한다**.
  따라서 주계열 단계에서는 질량이 클수록 수소의 양이 빨리 바닥나 수명이 짧은 것이다.

추가로 물어볼 수 있는 선지 해설

1. 분광형이 같을 때 광도가 클수록 스펙트럼에 나타나는 흡수선의 폭이 좁아진다.
2. A는 초거성, C는 주계열성이다. 표면 온도는 C가 크지만 중심부의 온도는 수소 핵융합보다 더 높은 단계의 반응을 하고 있는 초거성인 A가 더 높을 것이다.
3. A는 초거성, C는 주계열성이다. 별의 평균 밀도는 반지름이 더 큰 초거성이 작지만, 중심부의 밀도는 중심부의 수축이 더 많이 일어난 초거성이 크다.

memo

2021학년도 수능 지Ⅰ 16번

그림은 주계열성 A와 B가 각각 A′와 B′로 진화하는 경로를 H-R도에 나타낸 것이다. B는 태양이다.

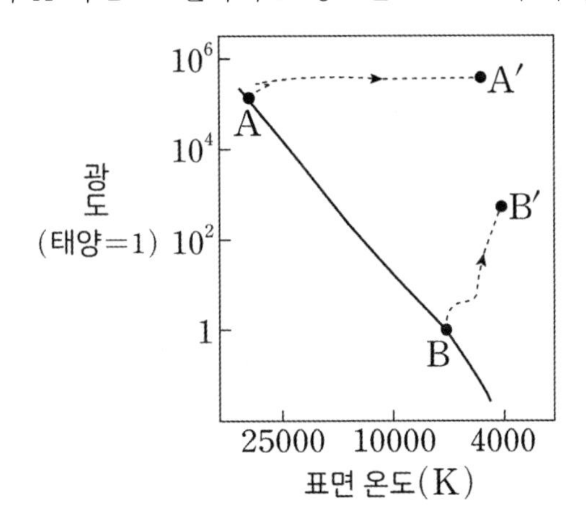

이에 대한 설명으로 옳은 것만을 <보기>에서 있는 대로 고른 것은?

<보 기>

ㄱ. A가 A′로 진화하는 데 걸리는 시간은 B가 B′로 진화하는 데 걸리는 시간보다 짧다.
ㄴ. B와 B′의 중심핵은 모두 탄소를 포함한다.
ㄷ. A는 B보다 최종 진화 단계에서의 밀도가 크다.

① ㄱ ② ㄷ ③ ㄱ, ㄴ ④ ㄴ, ㄷ ⑤ ㄱ, ㄴ, ㄷ

추가로 물어볼 수 있는 선지

1. $\frac{\text{A}'\text{의 반지름}}{\text{A의 반지름}} > \frac{\text{B}'\text{의 반지름}}{\text{B의 반지름}}$이다. (O , X)
2. A′과 B′의 내부에서는 수소 핵융합 반응이 일어나지 않는다. (O , X)
3. 별의 나이는 A′이 B′보다 적다. (O , X)

정답 : 1. (O), 2. (X), 3. (O)

02 2021학년도 수능 지Ⅰ 16번

KEY POINT #주계열성, #별에 포함된 원소, #최종 진화 단계

문항의 발문 해석하기

주계열성의 특징을 생각하여 물리량을 비교할 수 있어야 한다. H-R도에 태양의 위치를 표시할 수 있어야 한다.

문항의 자료 해석하기

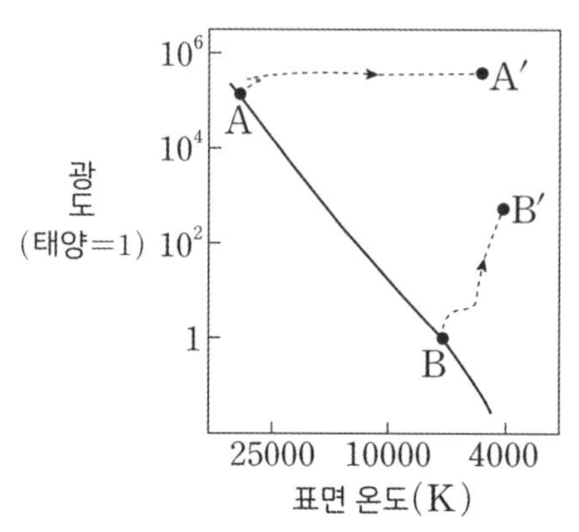

1. 질량이 다른 주계열성의 진화 경로를 나타내주고 있다. 이때, A는 B보다 질량이 큰 주계열성이라는 것을 알 수 있다. 또한, B는 태양이므로 관련된 물리량을 태양과 비교할 수 있도록 하자.
   질량이 태양보다 큰 A는 초거성으로 진화하고, 태양인 B는 거성으로 진화하고 있다.

선지 판단하기

ㄱ 선지 A가 A′로 진화하는 데 걸리는 시간은 B가 B'로 진화하는 데 걸리는 시간보다 짧다. (O)

A는 태양보다 질량이 큰 별이다. 따라서 A는 B보다 진화 속도가 빠르므로 진화하는데 걸리는 시간이 더 짧다.

ㄴ 선지 B와 B′의 중심핵은 모두 탄소를 포함한다. (O)

B는 별의 중심부에서 수소 핵융합을 하는 주계열성, B′은 별의 중심부에서 헬륨 핵반응을 하는 거성이다. 따라서 B′에서는 탄소가 생성되지만, B에서는 탄소가 생성되지 못한다.
그러나 B에도 탄소가 포함되어 있다. B는 수소 핵융합의 종류 중 CNO 순환 반응을 하므로 탄소(C)가 포함된 것이다.

ㄷ 선지 A는 B보다 최종 진화 단계에서의 밀도가 크다. (O)

A는 태양보다 질량이 큰 주계열성이므로 중성자별 또는 블랙홀로 진화하고, B는 태양이므로 백색 왜성으로 진화한다. 백색 왜성에 비해 반지름이 매우 작은 중성자별이나 빛조차도 빠져나오지 못하는 중력을 가진 블랙홀의 밀도가 더 크다.

기출문항에서 가져가야 할 부분

1. 태양은 주계열 단계에서 탄소를 생성하지 못하지만 포함하고 있음을 이해하기
2. 주계열성의 특징 암기하기
   ex. 주계열성은 질량이 클수록 표면 온도, 광도, 반지름 등이 크다. 그러나 수명은 짧다.
3. 별의 최종 진화 단계에서의 밀도는 블랙홀 〉 중성자별 〉 백색 왜성임을 암기하기

▍기출 문제로 알아보는 유형별 정리

[별의 진화]

1 원시별에서 주계열성

① 원시별 단계에서 변화하는 물리량 2023학년도 수능 13번

그림은 질량이 태양 정도인 어느 별이 원시별에서 주계열 단계 전까지 진화하는 동안의 반지름과 광도 변화를 나타낸 것이다. A, B, C는 이 원시별이 진화하는 동안의 서로 다른 시기이다.

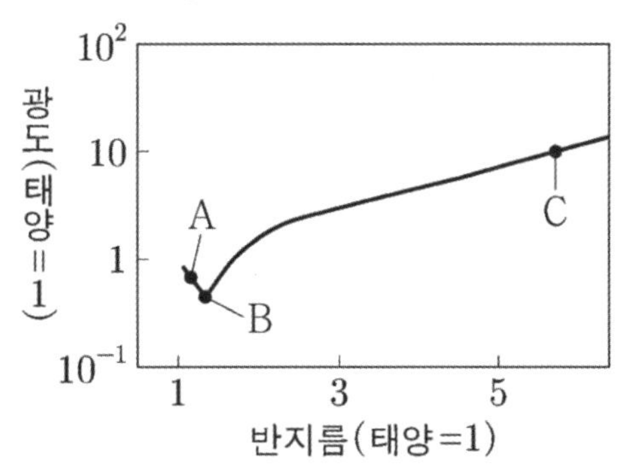

ㄱ. 평균 밀도는 C가 A보다 작다. (O)

- 원시별은 주계열 단계에 도달하기 위해 중력 수축을 하며 중심부의 온도를 높인다. 따라서 시간에 따른 원시별의 순서는 C → B → A이다. 반지름이 더 큰 C의 평균 밀도가 더 작을 것이다.
- **원시별이 진화하는 과정에서 반지름과 광도는 감소하고 표면 온도는 증가한다**는 사실을 기억하자.

② 질량과 진화 속도 2020년 7월 학력평가 15번

그림은 주계열성 A, B, C가 원시별에서 주계열성이 되기까지의 경로를 H-R도에 나타낸 것이다.

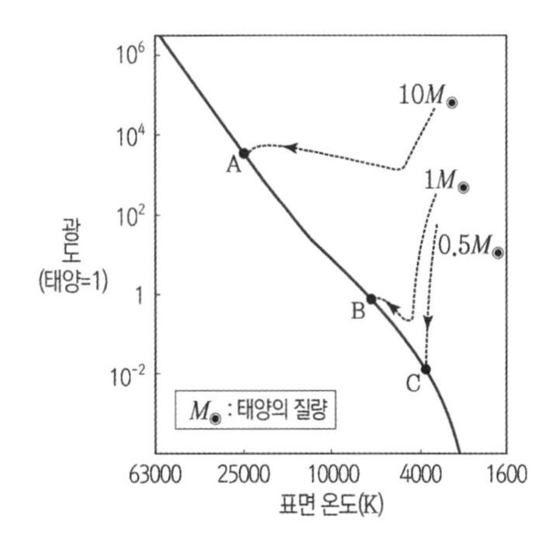

ㄱ. 주계열성이 되는 데 걸리는 시간은 A가 B보다 길다. (X)

- A는 B보다 원시별일 때의 질량이 더 크다. **질량이 큰 원시별일수록 중력이 강해 원시별이 더 빠르게 수축하여 중심부의 온도를 올리므로 주계열성이 되는 데 걸리는 시간이 줄어든다**. 따라서 A가 B보다 짧다.
- 이처럼 질량이 큰 원시별일수록 주계열 단계에 빨리 도달한다는 사실을 기억하자. 또한, **질량이 큰 원시별일수록 가로 방향으로 진화, 질량이 작은 원시별일수록 세로 방향으로 진화**한다는 사실도 기억하자.

2 주계열 단계 이후

① 질량에 따른 별의 진화 과정 지Ⅱ 2018년 7월 학력평가 10번

그림은 별의 진화 과정을 나타낸 것이다.

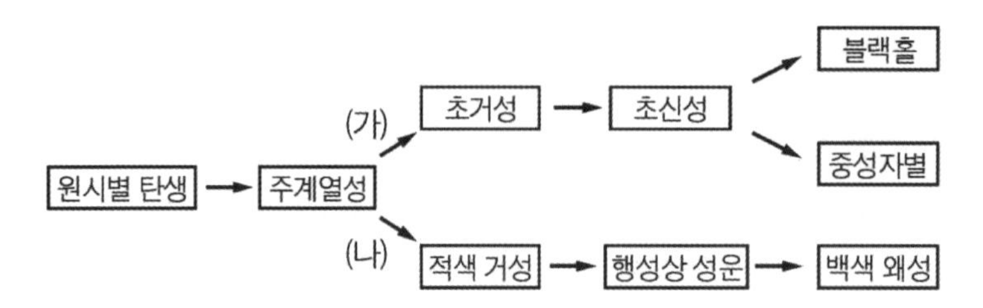

ㄴ. 태양 정도의 질량인 별은 (가) 과정을 따라 진화한다. (X)

- 태양은 주계열성 중 질량이 그렇게 크지 않은 편에 속한다. 따라서 질량이 작은 별의 진화 과정인 (나) 과정을 따라 진화한다.
- 위 자료와 같이 별의 진화 순서는 반드시 암기하고 있어야 한다.
  질량이 작은 주계열성은 (나) 과정으로 진화한다.
  질량이 큰 주계열성은 (가) 과정으로 진화한다.

② 거성으로의 진화 중 광도 변화량 2021년 7월 학력평가 13번

그림은 주계열성 A와 B가 각각 거성 A′와 B′로 진화하는 경로의 일부를 H-R도에 나타낸 것이다.

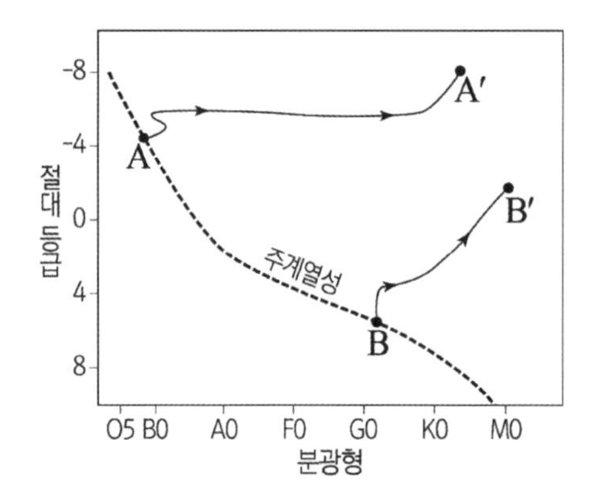

ㄴ. 절대 등급의 변화량은 A가 A′로 진화했을 때가 B가 B′로 진화했을 때보다 크다. (X)

- 대략 A에서 A′으로 진화할 때는 -4등급에서 -8등급이 되었고, B에서 B′으로 진화할 때는 6등급에서 -2등급이 되었다. 따라서 절대 등급의 변화량은 B가 B′으로 진화했을 때가 더 크다.
- **A는 질량이 큰 주계열성이므로 초거성으로 진화**하고 **B는 질량이 작은 주계열성이므로 거성으로 진화**한다. 이때 **A는 가로 방향으로 진화, B는 세로 방향으로 진화**를 하고 있으므로 절대 등급 변화량은 질량이 작은 주계열성인 B가 더 큰 것이다.
- 만약 위 문제에서 **광도의 변화량을 물어봤다면 A의 변화량이 더 크다**. 각각의 별의 절대 등급을 광도로 표현해보자.
  6등급인 별의 광도를 1이라 하면 -2등급은 약 1600, -4등급은 10000, -8등급은 약 400000이다.
  따라서 B는 진화하면서 1599만큼 광도가 증가했지만, A는 진화하면서 390000만큼 광도가 증가했다.
  이처럼 절대 등급의 변화량과 광도의 변화량은 차이가 있다는 사실을 함께 기억하자.

3 별의 최종 진화 단계

① 질량에 따른 별의 진화 과정 지Ⅱ 2014학년도 9월 모의평가 14번

표는 주계열성 (가), (나), (다)의 질량(M)과 최종 진화 단계를 나타낸 것이다.

주계열성	질량(태양=1)	최종 진화 단계
(가)	$0.26 \le M \le 1.5$	A
(나)	$8 \le M < 25$	중성자별
(다)	$M \ge 25$	블랙홀

ㄷ. A는 백색 왜성이다. (O)

- (가)는 태양 질량의 0.26배에서 1.5배 사이의 별인 것을 알 수 있다. **태양 정도인 질량의 별의 최종 진화 단계는 백색 왜성**이므로 A는 백색 왜성이다.
- 이처럼 별의 질량에 따른 진화 과정을 이해할 수 있어야 한다. 위 자료는 별의 전체 질량에 따른 별의 최종 진화 단계이고, **중심핵의 질량에 따른 별의 최종 진화 단계**도 아래 표를 통해 알아두자.

별의 중심핵 질량(태양=1)	별의 최종 진화 단계
$M < 1.4$	백색 왜성
$1.4 < M < 3$	중성자별
$M > 3$	블랙홀

추가로 물어볼 수 있는 선지 해설

1. A는 초거성으로, B는 적색 거성으로 진화를 한다. 이때 주계열 단계보다 반지름이 훨씬 더 커지는 것은 초거성이므로 $\frac{\text{A}'\text{의 반지름}}{\text{A의 반지름}} > \frac{\text{B}'\text{의 반지름}}{\text{B의 반지름}}$이다.
2. A'과 B'은 모두 주계열 단계를 벗어났으므로 중심부에서 수소 핵융합 반응은 일어나지 않는다. 그러나 중심부 주변에서 수소각 연소가 일어나므로 수소 핵융합 반응은 일어난다.
3. 주계열성인 A와 B 중 질량이 큰 별은 A이다. 따라서 주계열성의 특징에 따라 진화 속도가 빠른 A의 수명은 짧다. 따라서 별의 나이는 A'이 B'보다 적다.

Chapter
03 별의 에너지원과 내부 구조

별의 에너지원과 내부 구조 - 별의 에너지원

1. 원시별의 에너지원

별이 에너지를 생산하는 과정은 진화 단계에 따라서 달라진다.

① 원시별의 에너지원은 **중력 수축 에너지**이다. 성간 물질이 중력에 의해 수축하면서 위치에너지의 감소로 에너지가 방출되는데 일부는 복사 에너지로 방출되고, 나머지는 원시별 내부의 온도를 높이는 데 사용된다. 중력 수축 에너지는 별이 만들어지는 초기 단계에서 **핵융합이 일어날 수 있을 때까지 내부 온도를 높이는 데 사용**되는 매우 중요한 에너지원이다.

▲ 성운의 수축 → ▲ 원시별의 형성 → ▲ 내부의 밀도와 온도 상승

2. 주계열성의 에너지원

① 태양이 만들어내는 중력 수축 에너지로 현재의 태양 광도에 도달하기 위해 방출하는 에너지양은 현재 태양 광도와 비교했을 때 약 1600만 년 동안 방출한 양에 해당한다. 태양의 나이는 46억 년이므로 중력 수축 에너지만으로는 현재 태양이 방출하는 에너지의 양을 설명할 수 없다. (태양의 수명은 약 100억 년이다.)

② **주계열성**의 주된 **에너지원**은 **수소 핵융합 반응**이다. 온도가 1000만 K 이상인 주계열성의 중심부**에서 일어난다**. 4개의 수소 원자핵이 융합하여 1개의 헬륨 원자핵을 만드는 반응으로, 핵융합 반응에서 0.7%만큼의 질량 결손이 발생하는데 질량-에너지 등가 원리에 의해 줄어든 질량만큼 에너지로 전환된다.

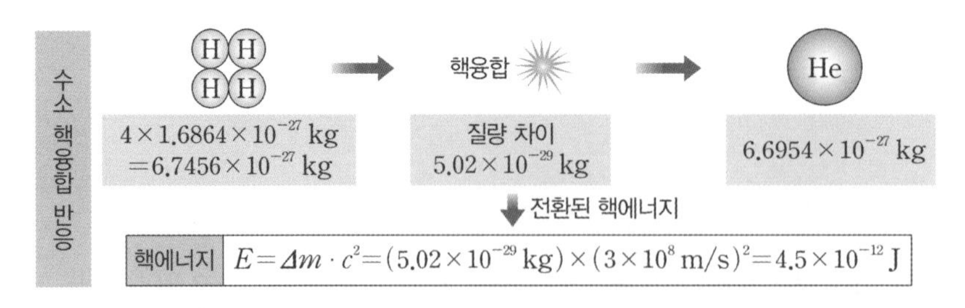

▲ 수소 핵융합 반응의 원리

③ 수소 핵융합 반응이 일어나기 위해서는 (+)전하를 띠는 수소 원자핵 사이의 강한 전기적 반발력을 이길 수 있는 충분한 에너지가 필요하므로 별 내부 온도가 1000만 K 이상이 되어야 한다.
주계열성에서 일어나는 수소 핵융합 반응의 종류로는 크게 두 가지가 있는데 **양성자-양성자 반응(p-p 반응)과 탄소-질소-산소 순환 반응(CNO 순환 반응)**이 있다.

구분	양성자-양성자 반응(p-p반응)	탄소-질소-산소 순환 반응(CNO 순환 반응)
특징	• 질량이 태양과 비슷하여 중심부 온도가 1800만 K 이하인 별에서 우세하게 일어난다.	• 질량이 태양보다 커 중심부 온도가 1800만 K 이상인 별에서 우세하게 일어난다.
반응 과정	• 수소 원자핵 6개가 충돌하여 1개의 헬륨 원자핵이 생성되고 2개의 수소 원자핵이 방출된다.	• 수소 원자핵 4개가 반응에 참여하여 헬륨 원자핵이 만들어진다. **탄소, 산소, 질소는 촉매 역할만 한다.**

④ **태양 중심핵의 온도는 약 1500만 K**이다. 따라서 p-p반응이 우세하다. 그러나 CNO 순환 반응이 일어나지 않는 것은 아니다. **두 반응 모두 일어나지만 단지 p-p 반응이 우세한 것**이다.
핵의 온도가 높아질수록 p-p 반응, CNO 순환 반응으로 생성되는 에너지의 양은 급격하게 많아진다. 따라서 **온도가 높은 주계열성에서는 수소 소모량이 커 수명이 짧아지는 것**이다.

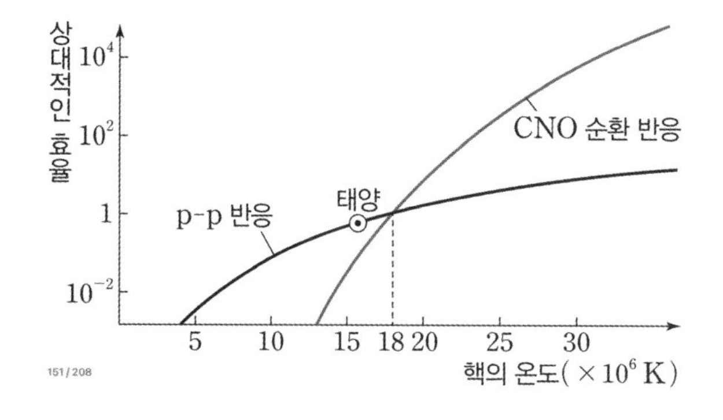

중심핵의 온도가 약 1800만 K을 경계로 우세한 반응이 달라진다.
온도가 높으면 CNO 순환 반응이, 온도가 낮으면 p-p 반응이 우세하다.

⑤ **태양의 수명 계산 방법**

- 핵융합 반응에 참여한 수소의 질량($4\times1.6864\times10^{-27}$kg)에 대한 질량 결손 비율은 다음과 같다.

$$\Rightarrow \frac{(4\times1.6864\times10^{-27}\text{kg})-(6.6954\times10^{-27}\text{kg})}{4\times1.6864\times10^{-27}\text{kg}}\times100=\frac{5.02\times10^{-29}\text{kg}}{6.7456\times10^{-27}\text{kg}}\times100 \fallingdotseq 0.7\%$$

- 태양의 질량(2×10^{30}kg)중 수소 핵융합 반응에 참여하는 중심핵의 질량을 전체의 10%라 할 때, 태양이 수소 핵융합 반응으로 방출할 수 있는 총 에너지는 다음과 같다.

$$\Rightarrow E=\Delta mc^2=(2\times10^{30}\text{kg})\times0.1\times0.007\times(3\times10^8\text{m/s})^2=1.26\times10^{44}\text{J}$$

- 태양의 수명을 구한다. 수소 핵융합 반응으로 방출할 수 있는 에너지를 현재 태양의 광도인 4×10^{26}J/초로 나누면 3.15×10^{17}초가 되는데 이를 계산하면 약 100억년이다.

현재 태양의 나이는 약 50억 년이므로 남은 50억 년 동안 태양은 현재의 광도로 빛날 것이다.

+ 시야 넓히기 : 주계열성 내부의 수소와 헬륨의 구성비

주계열성의 중심핵에서는 수소 핵융합 반응으로 인해 시간이 지나면서 수소의 비율은 줄어들고 헬륨의 비율은 증가하고 있다. 이때, 아래 자료에서 중심핵이라고 부를 수 있는 지역은 중심으로부터의 거리에서 수소와 헬륨의 비율이 변화하는 지점까지이다.

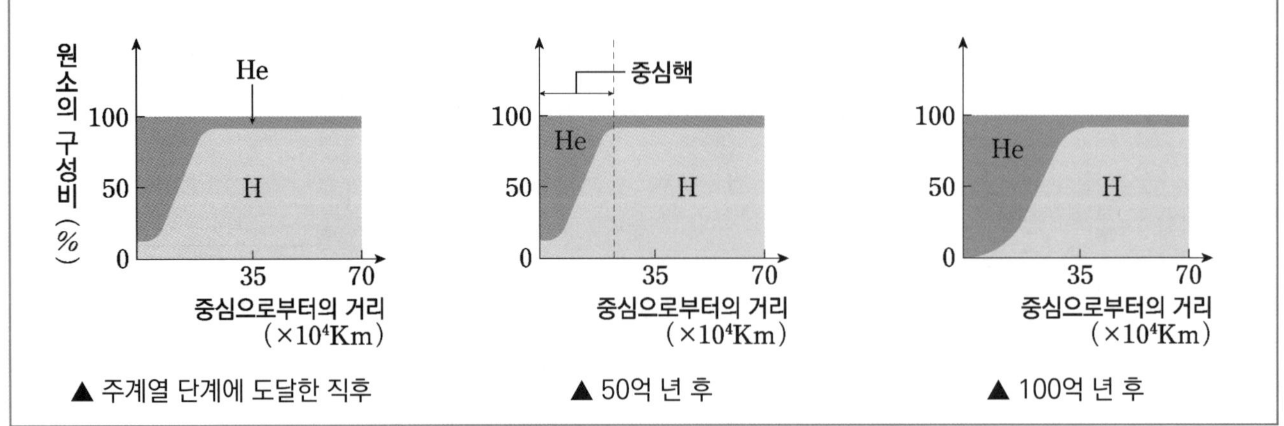

▲ 주계열 단계에 도달한 직후　　▲ 50억 년 후　　▲ 100억 년 후

3. 거성과 초거성의 에너지원

질량이 태양과 비슷한 거성의 경우에는 **헬륨 핵융합 반응까지만** 일어날 수 있다. **질량이 훨씬 큰 주계열성**이 진화한 초거성은 중심부 온도가 더 높기 때문에 **계속된 핵융합**으로 네온, 마그네슘, 규소, 철까지 만들어진다.

(1) 헬륨 핵반응 반응

중심부의 온도가 1억 K 이상이 되면 3개의 헬륨 원자핵이 반응하여 1개의 탄소 원자핵을 만드는 헬륨 핵반응이 일어난다. 두 개의 헬륨 원자핵이 핵융합하여 베릴륨 원자핵을 만들고 다시 헬륨 원자핵과 반응하여 탄소 원자핵을 만든다.

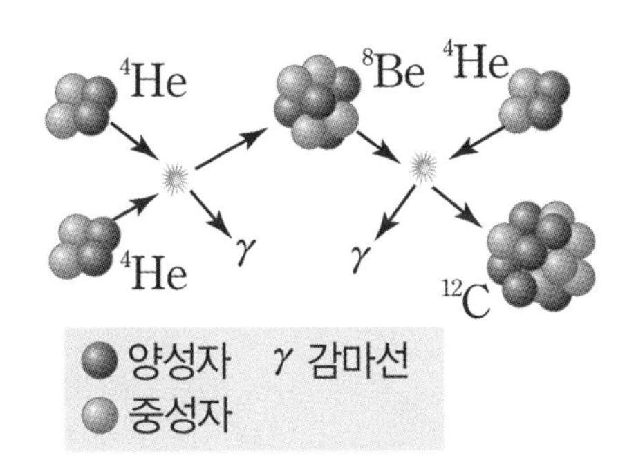

(2) 더 무거운 원소의 핵융합 반응

질량이 큰 별은 더 높은 에너지를 생산할 수 있으므로 중심부의 온도가 더 높아 헬륨보다 무거운 원소들의 핵융합 반응이 일어날 수 있다. 별의 질량이 클수록 중심부에서는 헬륨 이후에 탄소, 산소, 네온, 마그네슘, 규소 등의 핵융합 반응이 순차적으로 일어나고 **최종적으로 철이 만들어진다**.

핵융합 반응의 순서 : H→He→C→ ⋯ →Fe(철은 핵융합 X)

핵융합 반응	주 연료	주요 생성물	반응 온도
수소 핵융합	수소(H)	헬륨(He)	1×10^{7}K 이상
헬륨 핵융합	헬륨(He)	탄소(C)	1×10^{8}K 이상
탄소 핵융합	탄소(C)	산소(O), 네온(Ne), 나트륨(Na), 마그네슘(Mg)	8×10^{8}K
네온 핵융합	네온(Ne)	산소(O), 마그네슘(Mg)	1.5×10^{9}K
산소 핵융합	산소(O)	마그네슘(Mg) ~ 황(S)	2×10^{9}K
규소 핵융합	마그네슘(Mg) ~ 황(S)	철(Fe)	3×10^{9}K

▲ 별 내부에서 일어나는 주요 핵융합 반응

별의 에너지원과 내부 구조 - 별의 내부 구조

1. 정역학 평형 상태

① 별의 중심핵에서 내부 온도가 상승하여 핵융합을 진행하면서 발생하는 에너지에 의해 **바깥쪽으로 팽창하려는 힘**이 작용하는데, 이 힘을 **기체 압력 차에 의한 힘**이라 한다. 우주에서 질량이 있는 모든 물체는 중력을 가지고 있다. 주계열성의 내부에서는 바깥쪽으로 팽창하려는 기체 압력 차에 의한 힘과 중심 쪽으로 수축하려는 중력이 평형을 이루고 있는데 이를 **정역학 평형 상태**라 한다.

② **주계열 단계**에서는 정역학 평형 상태를 유지하기 때문에 **반지름이 일정하게 유지**된다.

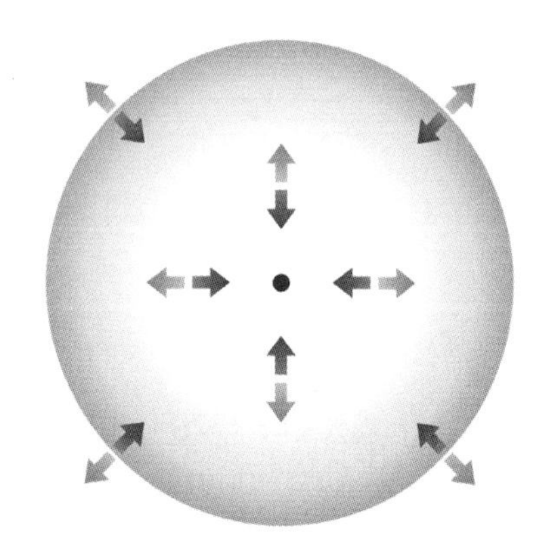

▲ 정역학 평형 상태의 별

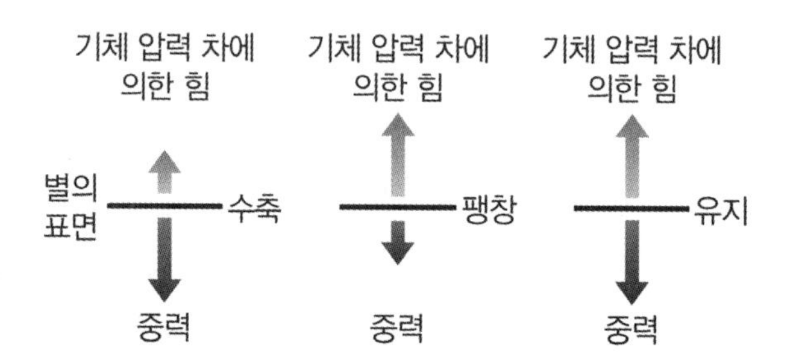

▲ 별의 표면에서 힘과 평형 관계

2. 주계열성의 내부 구조

태양을 포함한 주계열성은 정역학 평형 상태에서 안정적으로 에너지를 생산해낸다. 이때 에너지가 전달되는 방식은 주로 복사와 대류 두 가지 방법으로 나누어진다.

(1) 복사

물질의 이동 없이 에너지가 빛과 같은 **전자기파의 형태로 전달되는 것을 의미한다.** (태양 복사 에너지가 태양 빛을 통해 지구로 전달되는 것과 같다.)

(2) 대류

물질이 직접 이동하거나 순환에 의해 에너지가 전달되는 것을 의미한다. 대류는 별 내부의 온도 차이가 클 때 에너지를 효과적으로 전달한다.

질량이 태양과 비슷한 주계열성	질량이 태양의 2배 이상인 주계열성
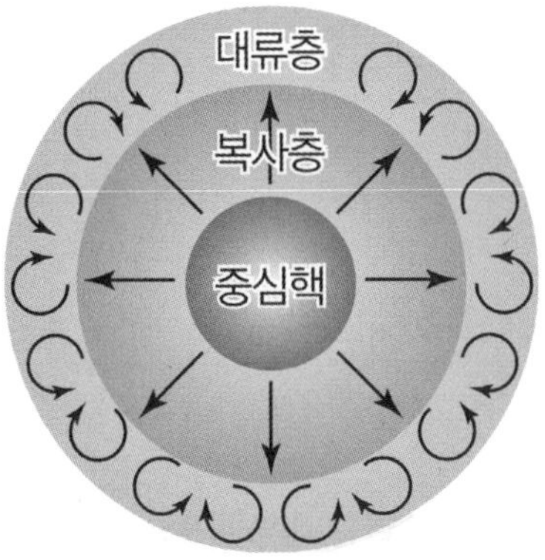 대류층 복사층 중심핵	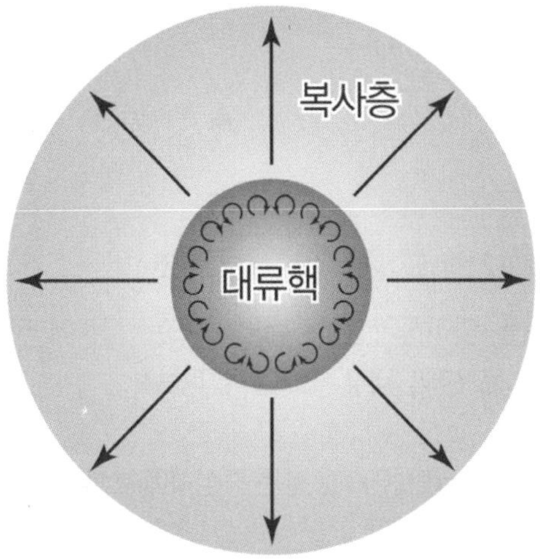 복사층 대류핵
• 중심핵 : 주로 **p-p 반응에 의한 수소 핵융합 반응**이 일어나며 복사가 우세하다. • 복사층 : 중심부에서 생성된 에너지가 복사의 형태로 전달되는 영역으로 중심으로부터 별의 반지름 약 70%에 이르는 거리까지에 해당된다. • 대류층 : 표면 쪽으로 갈수록 온도가 낮아지며 에너지가 대류의 형태로 전달된다.	• 대류핵 : 주로 **CNO 순환 반응에 의한 수소 핵융합 반응**이 일어나며 에너지를 효과적으로 전달하기 위해 대류가 우세하다. • 복사층 : 질량이 작은 별에 비해 별 내부의 온도가 높기 때문에 복사의 형태로 에너지가 전달된다.

3. 거성으로 진화할 때의 내부 구조

주계열성에서 중심부의 수소가 모두 소모되어 **헬륨으로 이루어진 중심핵이 되면 중심부는 수축하기 시작한다.** 이때 별의 중심부가 수축하면서 발생한 열에 의해 중심핵 주변의 온도가 1000만 K 이상이 되면 중심핵 주변에서 수소 핵융합 반응이 발생하게 된다. 이를 수소각 연소 또는, **수소 껍질 연소**라 부르고 **중심핵에서는 질량에 따라 더 높은 단계의 핵융합 반응이 일어나게 된다.**

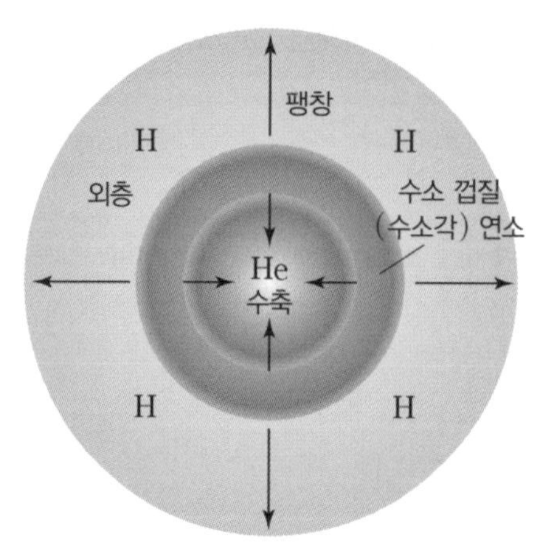

▲ 주계열성 → 거성(초거성)으로 진화할 때의 내부 구조

4. 별의 마지막 단계에서의 내부 구조

별이 최후를 맞이하기 전의 내부 구조는 질량에 따라 다른 모습을 보인다. 태양 정도의 질량을 가진 별과 태양보다 질량이 매우 큰 별의 내부 구조를 살펴보자.

- **태양 정도 질량**을 가진 별은 중심핵에서 **헬륨 핵반응까지만 일어난다.** 핵융합이 끝난 내부 구조의 중심부는 탄소와 소량의 산소가 존재한다.
- **태양보다 매우 큰 질량**을 가진 별은 질량이 매우 크기 때문에 중심부의 온도가 충분히 높아 더 **높은 단계의 핵융합 반응**이 일어나고, 핵융합 반응으로는 최종적으로 철까지 만들어진다.
  (이러한 구조는 양파 껍질같이 겹겹이 쌓여 있기에 양파 껍질과 같은 구조를 이룬다고 한다.)

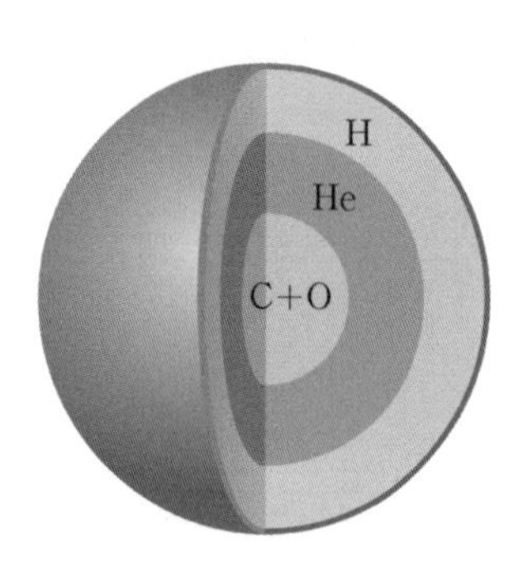

▲ 질량이 태양 정도인 별

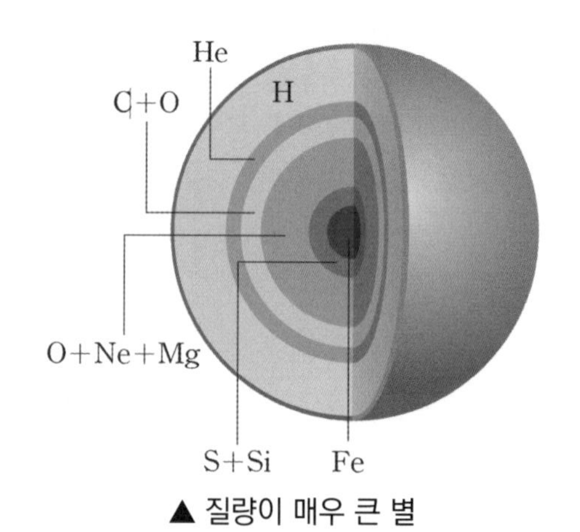

▲ 질량이 매우 큰 별

Theme 06 - 3 별의 에너지원과 내부 구조

2021학년도 6월 모의평가 지Ⅰ 19번

그림 (가)와 (나)는 주계열에 속한 별 A와 B에서 우세하게 일어나는 핵융합 반응을 각각 나타낸 것이다.

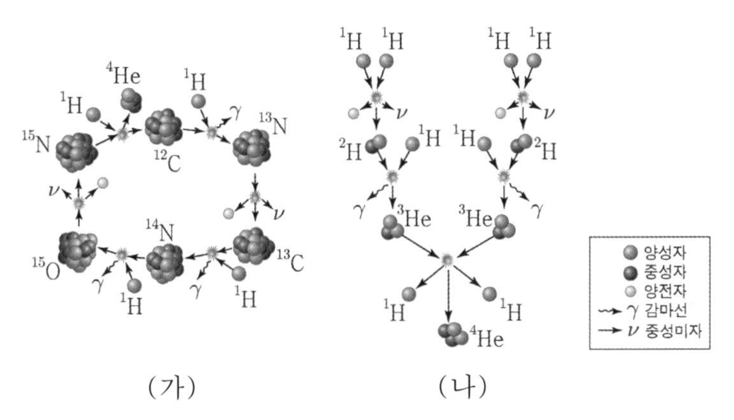

(가) (나)

이에 대한 설명으로 옳은 것만을 <보기>에서 있는 대로 고른 것은?

<보 기>

ㄱ. 별의 내부 온도는 A가 B보다 높다.

ㄴ. (가)에서 ^{12}C는 촉매이다.

ㄷ. (가)와 (나)에 의해 별의 질량은 감소한다.

① ㄱ ② ㄷ ③ ㄱ, ㄴ ④ ㄴ, ㄷ ⑤ ㄱ, ㄴ, ㄷ

추가로 물어볼 수 있는 선지

1. 태양의 중심부 온도는 약 2000만 K이므로 p-p 반응이 우세하다. (O , X)
2. CNO 순환 반응의 평균 온도는 헬륨 핵반응 반응의 평균 온도보다 높다. (O , X)
3. 태양보다 질량이 큰 주계열성에서 CNO 순환 반응으로 만들어지는 에너지의 양은 태양에서보다 크다. (O , X)

정답 : 1. (X), 2. (X), 3. (O)

01 2021학년도 6월 모의평가 지Ⅰ 19번

KEY POINT #수소 핵융합 반응의 종류, #촉매, #내부 온도

문항의 발문 해석하기

주계열 단계에서 일어나는 핵융합 반응은 수소 핵융합 반응이고, 수소 핵융합 반응의 종류는 p-p 반응과 CNO 순환 반응이 있음을 떠올려야 한다. 또한, 질량에 따라 우세한 반응이 달라지는 것을 알 수 있어야 한다.

문항의 자료 해석하기

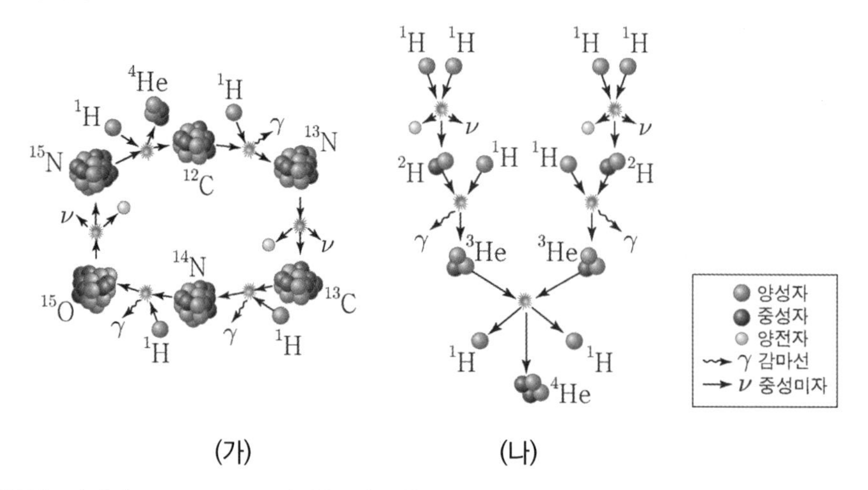

(가) (나)

1. (가)의 핵융합 과정에 C, N, O 등의 원소가 있는 것으로 보아 CNO 순환 반응임을 알 수 있다.
   (나)의 핵융합 과정에 수소(H) 6개가 참여하는 것으로 보아 p-p 반응임을 알 수 있다.
   이때, 두 핵융합 반응 중 중심부의 온도가 1800만 K 이상일 때 우세한 반응은 CNO 순환 반응이므로 별 A의 중심부 온도가 더 높은 것을 알 수 있다.

선지 판단하기

ㄱ 선지 별의 내부 온도는 A가 B보다 높다. (O)

CNO 순환 반응이 우세하게 일어나는 별 A의 내부 온도가 더 높다.

ㄴ 선지 (가)에서 ^{12}C는 촉매이다. (O)

CNO 순환 반응은 수소로 헬륨을 만드는 수소 핵융합 반응이다. 이때 C, N, O는 융합을 촉진하는 촉매의 역할을 한다.

ㄷ 선지 (가)와 (나)에 의해 별의 질량은 감소한다. (O)

(가)와 (나)는 모두 수소 핵융합 반응이다. 이때, 핵융합 과정에서 0.7%만큼의 질량 결손이 발생하므로 별의 질량은 시간이 지나며 점점 감소한다.

기출문항에서 가져가야 할 부분

1. 태양 정도 질량의 주계열성은 p-p 반응과 CNO 순환 반응 중 p-p 반응이 우세함을 암기하기
2. 중심부의 온도가 높을수록 에너지 생산량이 증가해 진화 속도가 빨라짐을 이해하기
3. 핵융합 과정에서 별의 질량은 감소함을 암기하기

기출 문제로 알아보는 유형별 정리

[별의 에너지원]

1 원시별의 에너지원

① 중력 수축 에너지 2022년 10월 학력평가 16번

그림은 원시별 A, B, C를 H-R도에 나타낸 것이다. 점선은 원시별이 탄생한 이후 경과한 시간이 같은 위치를 연결한 것이다.

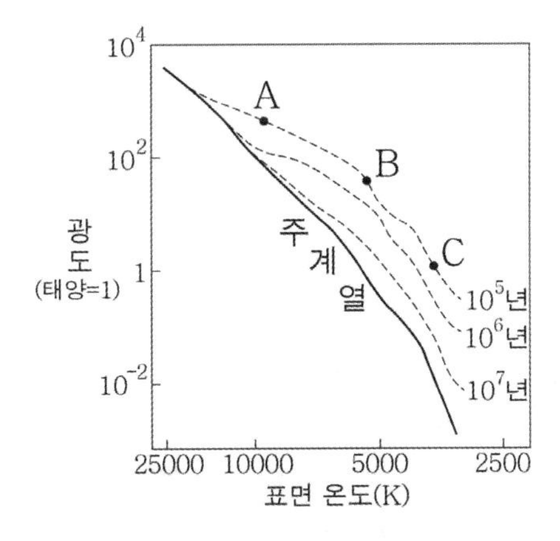

ㄷ. C는 표면에서 중력이 기체 압력 차에 의한 힘보다 크다. (O)

- A, B, C는 모두 원시별이다. 원시별의 에너지원은 중력 수축 에너지인데, 이는 기체 압력 차에 의한 힘보다 **중력이 더 강해 원시별이 수축하면서 발생하는 에너지**이다.
- 원시별은 중심부의 온도가 1000만 K보다 낮아 수소 핵융합 반응을 진행할 수 없다.
  따라서 **수소 핵융합 반응을 진행하기 전까지는 중력 수축 에너지로 중심부의 온도를 계속해서 올린다.**

2 주계열성의 에너지원

① p-p 반응과 CNO 순환 반응 2021학년도 9월 모의평가 11번

그림 (가)의 A와 B는 분광형이 G2인 주계열성의 중심으로부터 표면까지 거리에 따른 수소 함량 비율과 온도를 순서 없이 나타낸 것이고, ㉠과 ㉡은 에너지 전달 방식이 다른 구간을 표시한 것이다. (나)는 별의 중심 온도에 따른 p-p 반응과 CNO 순환 반응의 상대적 에너지 생산량을 비교한 것이다.

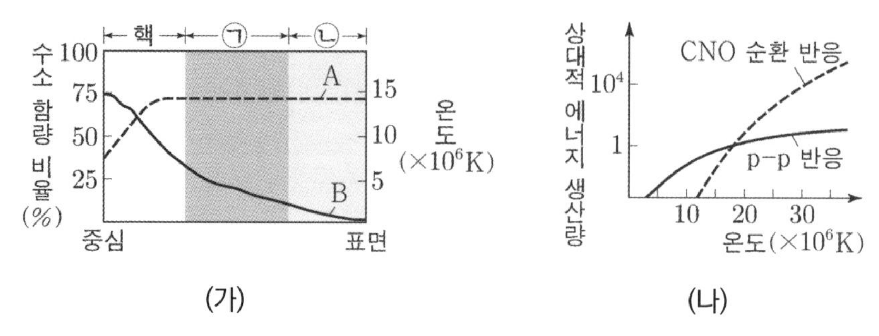

(가) (나)

ㄴ. (가)의 핵에서는 CNO 순환 반응보다 p-p 반응에 의해 생성되는 에너지의 양이 많다. (O)

- 분광형이 G2인 주계열성은 태양과 물리량이 비슷하다. 따라서 질량이 태양 정도인 주계열성의 중심핵에서는 CNO 순환 반응보다 p-p 반응이 우세하므로 p-p 반응에 의해 생성되는 에너지의 양이 많다.
- 주계열성은 중심핵에서 수소 핵융합 반응을 한다. 이때 **태양 정도의 질량을 가진 주계열성은 p-p 반응이 우세하고, 태양보다 질량이 더 큰 주계열성**(약 2배)은 **CNO 순환 반응이 우세**하다.
- 이때, 어느 한쪽이 우세하다고 해서 다른 한 반응이 일어나지 않는 것이 아니다. (나) 자료를 보면 알 수 있듯이 **두 반응이 모두 일어나지만 어느 한쪽이 우세할 뿐이다**.
- (가) 자료를 보고 A가 수소 함량 비율인 것을 알 수 있어야 한다. 왜냐하면 A는 중심 쪽으로 갈수록 비율이 줄고 있는데, 이는 중심핵에서 일어나는 수소 핵융합 반응 때문이다.

② p-p 반응과 CNO 순환 반응의 우세 온도 2020년 7월 학력평가 16번

그림은 중심부 온도에 따른 p-p 반응과 CNO 순환 반응에 의한 광도를 A, B로 순서 없이 나타낸 것이다.

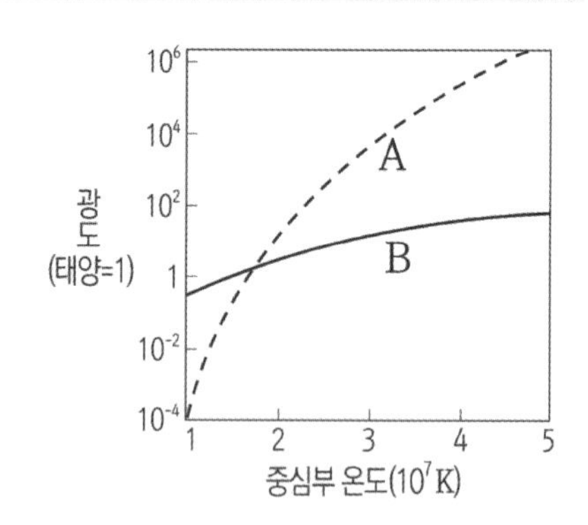

ㄴ. 태양의 중심부 온도는 2000만 K이다. (X)

- 태양의 중심부에서는 p-p 반응이 더 우세하다. 이때, 1800만 K 이상부터 우세한 A가 CNO 순환 반응이고 B가 p-p 반응이다. 따라서 2000만 K에서는 CNO 순환 반응이 우세하므로 태양의 중심부 온도는 2000만 K보다 낮을 것이다.
- 우리는 **중심부의 온도가 1800만 K보다 낮을 경우 p-p 반응이 우세**하고, **1800만 K보다 높을 경우 CNO 순환 반응이 우세**한 것을 알아야 한다. 또한, **태양의 중심부 온도는 약 1500만** K이라는 것을 암기하자.
- 위 자료를 통해 중심부의 온도가 올라갈수록 p-p 반응과 CNO 순환 반응 모두 에너지 생산량이 늘어나므로 광도 또한 증가한다는 것을 알 수 있다. 이때, A가 더 급격히 증가하므로 **온도에 따른 CNO 순환 반응의 에너지 생산량의 변화량이 더 큰 것을 알 수 있다**.

3 주계열보다 진화한 별의 에너지원

① 헬륨 핵융합 반응　　　　2021년 10월 학력평가 12번

그림 (가)는 H-R도를, (나)는 별 A와 B 중 하나의 중심부에서 일어나는 핵융합 반응을 나타낸 것이다.

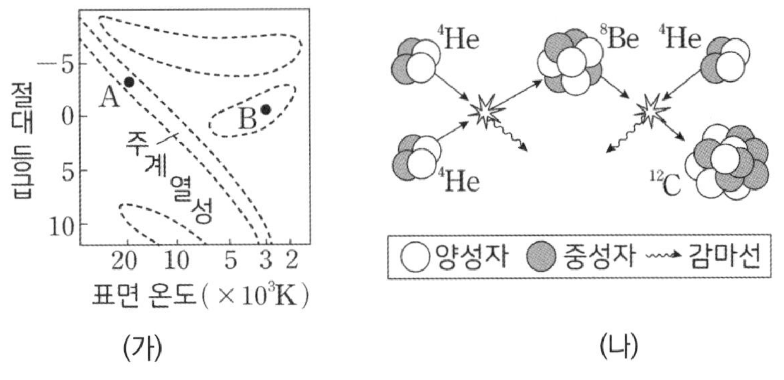

(가)　　　　(나)

. (나)는 A의 중심부에서 일어난다. (X)

- (가)에서 A는 H-R도에서 주계열성에 위치한다. (나)는 헬륨을 이용하여 탄소를 만드는 헬륨 핵반응이다. A는 주계열성이므로 중심핵에서 헬륨 핵반응이 일어날 수 없다.
- **헬륨 핵반응은 주계열 단계를 떠나 B와 같이 거성으로 진화하게 되면 중심부에서 일어날 수 있다.** (나) 자료와 같이 헬륨 핵반응의 모습을 기억할 수 있도록 하자.

② 별 내부에서 합성되는 원소, 그 외의 원소　　　　2021년 10월 학력평가 9번

그림은 중심부의 핵융합 반응이 끝난 별 (가)와 (나)의 내부 구조를 나타낸 것이다.

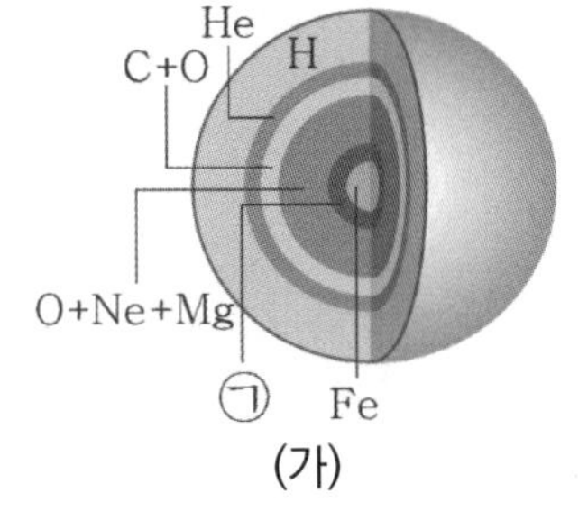

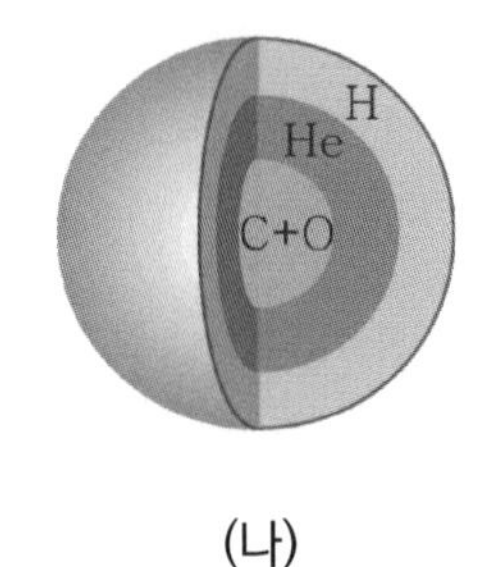

(가)　　　　(나)

ㄷ. (가)는 이후의 진화 과정에서 초신성 폭발을 거친다. (O)

- (가)는 중심부에 철이 생성되어 있는 것을 확인할 수 있다. 따라서 질량이 매우 큰 초거성이며, 이후 초신성 폭발을 거쳐 중성자별이나 블랙홀로 진화할 것이다.
- **태양 정도의 질량을 가진 주계열성**은 거성으로 진화하며 이후 (나)와 같은 내부 구조가 나타난다. 질량이 작아 **중심핵에서 헬륨 핵반응에 의해 탄소와 소량의 산소까지만 형성된다. 태양보다 질량이 훨씬 큰 주계열성**은 초거성으로 진화하며 (가)와 같은 내부 구조가 나타난다. 질량이 충분히 크므로 **중심부에서 계속된 핵융합으로 인해 네온, 마그네슘, 규소 등이 형성되고 철까지 형성되면 핵융합 반응이 멈춘다.**
- **철보다 무거운 원소**는 (가)와 같이 질량이 매우 큰 초거성이 **초신성 폭발을 할 때 엄청난 양의 에너지가 방출되며 형성된다.**

추가로 물어볼 수 있는 선지 해설

1. 태양 중심부 온도는 약 1500만 K이다. 중심부의 온도가 1800만 K 보다 낮아 p-p 반응이 우세하다.
   ⇒ 중심부의 온도가 1800만 K보다 높다면 CNO 순환 반응이 우세하게 일어난다.
2. CNO 순환 반응은 수소 핵융합의 종류 중 하나이다. 따라서 헬륨 핵반응이 더 높은 온도에서 일어난다.
3. CNO 순환 반응에 의한 에너지 생성률은 중심부의 온도가 올라갈수록 급격하게 증가한다.
   따라서 태양보다 질량이 큰 주계열성은 중심부의 온도가 태양보다 높으므로 에너지 생성량 또한 더 많을 것이다.

2021년 4월 학력평가 지Ⅰ 16번

그림 (가)는 별의 중심부 온도에 따른 수소 핵융합 반응의 에너지 생산량을, (나)는 주계열성 A와 B의 내부 구조를 나타낸 것이다. A와 B의 중심부 온도는 각각 ㉠과 ㉡ 중 하나이다.

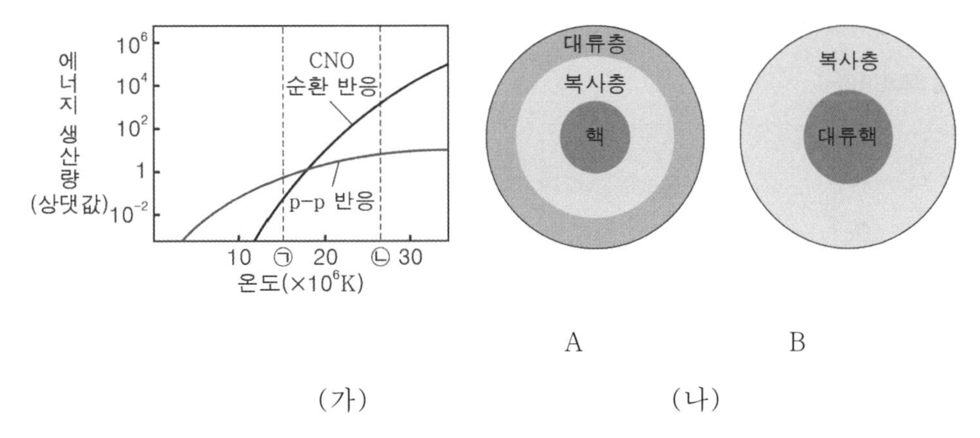

A B

(가) (나)

이에 대한 설명으로 옳은 것만을 <보기>에서 있는 대로 고른 것은? (단, 별의 크기는 고려하지 않는다.)

<보 기>

ㄱ. 중심부 온도가 ㉠인 주계열성의 중심부에서는 CNO 순환 반응보다 p-p 반응이 우세하게 일어난다.
ㄴ. 별의 질량은 A보다 B가 크다.
ㄷ. A의 중심부 온도는 ㉡이다.

① ㄱ ② ㄷ ③ ㄱ, ㄴ ④ ㄴ, ㄷ ⑤ ㄱ, ㄴ, ㄷ

추가로 물어볼 수 있는 선지
1. A와 B 모두 정역학적 평형 상태에 있다. (O , X)
2. 태양보다 질량이 매우 큰 별의 내부에서는 철보다 무거운 원소가 만들어진다. (O , X)
3. 대류가 일어나는 영역의 평균 온도는 A가 B보다 높다. (O , X)

정답 : 1. (O), 2. (X), 3. (X)

02 2021년 4월 학력평가 지Ⅰ 16번

KEY POINT #중심부의 온도, #복사층, #대류층

문항의 발문 해석하기

수소 핵융합 반응의 두 종류를 떠올리고, 질량에 따른 주계열성의 내부 구조를 알 수 있어야 한다.

문항의 자료 해석하기

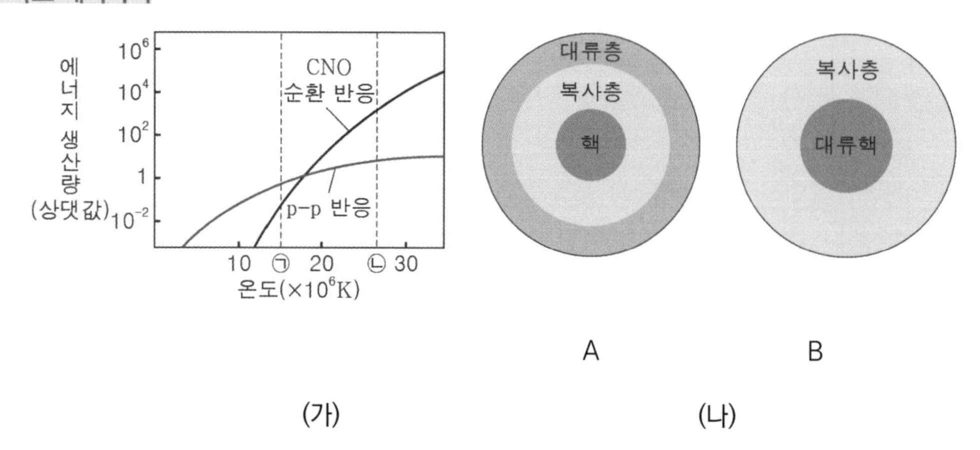

(가) (나)

1. (가)에서 p-p 반응과 CNO 순환 반응의 에너지 생성량에 대해서 알려주고 있다. 중심부의 온도가 1800만 K보다 낮으면 p-p 반응이 우세하고, 1800만 K보다 높으면 CNO 순환 반응이 우세하다.
2. (나)에서 A는 중심 부근에 복사층, 외곽 부근에 대류층이 분포하므로 태양 정도의 질량을 가진 주계열성이고, B는 중심부에 대류핵, 외곽 부근에 복사층이 분포하므로 태양보다 질량이 큰 주계열성이다.
   따라서 ㉠은 A의 온도, ㉡은 B의 온도이다.

선지 판단하기

ㄱ 선지 중심부 온도가 ㉠인 주계열성의 중심부에서는 CNO 순환 반응보다 p-p 반응이 우세하게 일어난다. (O)
중심부의 온도가 ㉠인 주계열성의 중심부에서는 CNO 순환 반응, p-p 반응 모두 일어나지만, p-p 반응이 더 우세하다.

ㄴ 선지 별의 질량은 A보다 B가 크다. (O)
별의 질량은 중심부가 대류핵으로 이루어진 B가 더 크다.

ㄷ 선지 A의 중심부 온도는 ㉡이다. (X)
A는 중심 부근에 복사층, 외곽 부근에 대류층이 분포하므로 태양 정도인 질량을 가진 주계열성이다. 따라서 태양 정도의 질량을 가진 주계열성은 p-p 반응이 우세하므로 중심부의 온도는 ㉠이다.

기출문항에서 가져가야 할 부분

1. 핵융합 반응이 우세하게 일어남의 의미 이해하기
2. 중심핵에서 우세한 수소 핵융합 반응의 종류를 보고 별의 질량 파악하기
3. 중심부의 온도가 높을수록 에너지 생산량이 증가해 진화 속도가 빨라짐을 이해하기

▎기출 문제로 알아보는 유형별 정리

[별의 내부 구조]

1 주계열성의 내부 구조

①-1 질량에 따른 주계열성의 내부 구조 지Ⅱ 2019학년도 9월 모의평가 12번

그림 (가)는 원시별 A와 B가 주계열성으로 진화하는 경로를, (나)의 ㉠과 ㉡은 A와 B가 주계열 단계에 있을 때의 내부 구조를 순서 없이 나타낸 것이다.

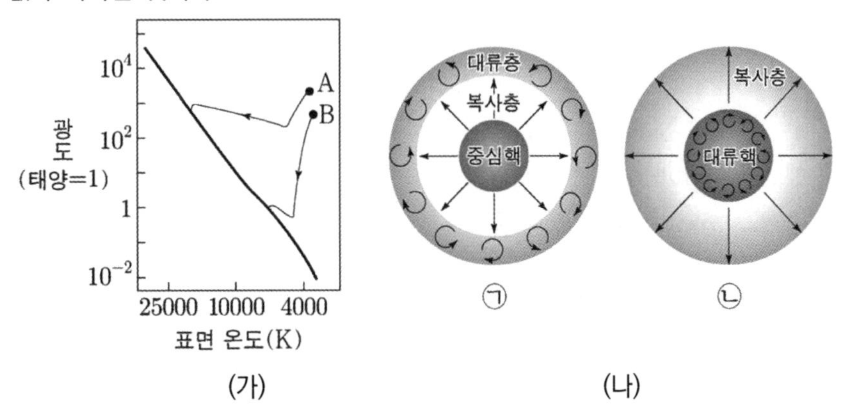

(가) (나)

ㄴ. A가 주계열 단계에 있을 때의 내부 구조는 ㉡이다. (O)

- 원시별 A가 주계열 단계에 도착했을 때의 위치를 보면 태양보다 질량이 큰 주계열성인 것을 알 수 있다.
  태양보다 질량이 큰 주계열성은 중심부에서 대류의 형태로 에너지를 전달한다.
  따라서 A가 주계열 단계에 있을 때 내부 구조는 ㉡이다.
- **태양 정도의 질량을 가진 주계열성**의 내부 구조는 ㉠**과 같은 형태**를 보이고, **태양보다 질량이 큰 주계열성**의 내부 구조는 ㉡**과 같은 형태**를 보인다는 것을 기억하자.

①-2 질량에 따른 주계열성의 복사, 대류 영역 2022년 4월 학력평가 15번

그림은 주계열성 내부의 에너지 전달 영역을 주계열성의 질량과 중심으로부터의 누적 질량비에 따라 나타낸 것이다. A와 B는 각각 복사와 대류에 의해 에너지 전달이 주로 일어나는 영역 중 하나이다.

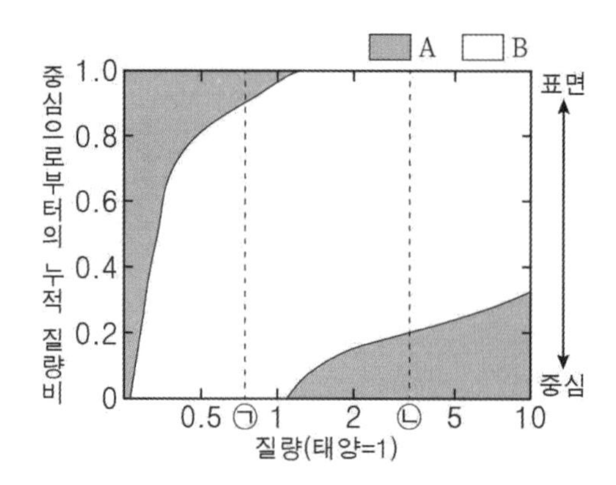

ㄴ. B는 복사에 의해 에너지 전달이 주로 일어나는 영역이다. (O)

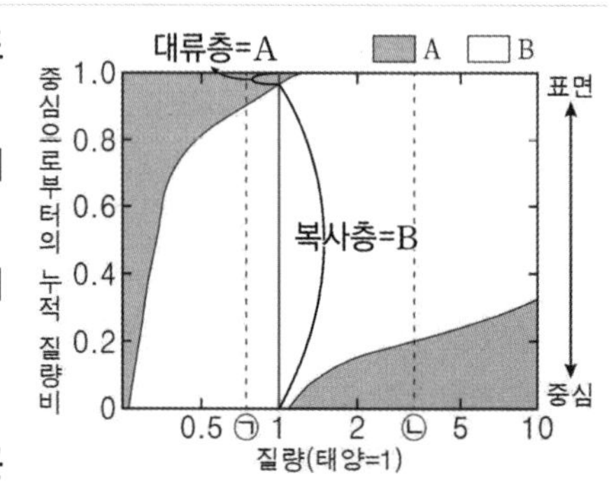

- 중심으로부터의 누적 질량비(세로축 물리량)에서 **0 = 중심부, 1 = 별의 표면**을 이야기하는 것이다.
  태양과 같은 질량을 가진 주계열성은 중심 부근에 복사층이 존재하고 **외곽 부근에 대류층**이 존재한다.
  따라서 질량이 1(태양)로 나타나는 곳을 보면 중심 부근에 B가, 외곽 부근에 A가 나타난 것을 확인할 수 있다.
  따라서 A는 대류, B는 복사에 의해 에너지가 주로 전달되는 곳이다.
- 별의 질량에 따른 내부 구조를 이해할 수 있도록 하자. **태양보다 질량이 큰 주계열성은 내부에 대류층, 외곽부에 복사층**이 나타난다.

② 주계열성의 정역학 평형 상태 2020년 4월 학력평가 16번

그림은 질량이 서로 다른 주계열성 A와 B의 내부 구조를 나타낸 것이다.

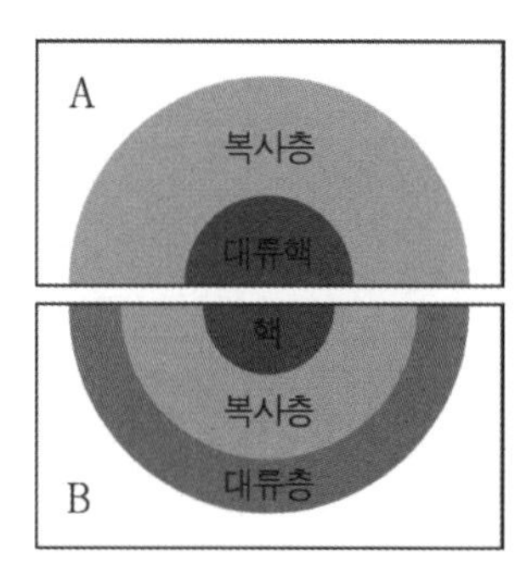

ㄴ. A와 B는 정역학적 평형 상태에 있다. (O)

- A와 B는 주계열성이므로 정역학적 평형 상태에 있다.
- **모든 주계열성은 기체 압력 차의 힘과 중력이 평형을 이루어 별의 크기가 변하지 않는 정역학 평형 상태**에 놓여 있다.
- A는 질량이 태양보다 큰 주계열성, B는 질량이 태양 정도인 주계열성이다.
  질량이 다르다고 하더라도 주계열성이라면 모두 정역학 평형 상태를 유지한다.

2 주계열 단계 이후의 내부 구조

① 수소 껍질 연소 2023학년도 9월 모의평가 12번

그림은 질량이 태양 정도인 별이 진화하는 과정에서 주계열 단계가 끝난 이후 어느 시기에 나타나는 별의 내부 구조이다.

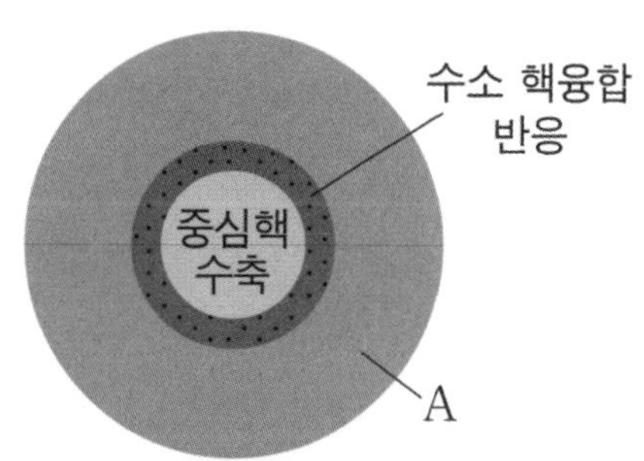

ㄷ. 수소 함량 비율(%)은 중심핵이 A 영역보다 높다. (X)

- 위 자료의 별은 주계열 단계가 끝난 이후의 별이다. 따라서 **중심부의 수소는 모두 소모되어 헬륨으로 이루어진 헬륨핵이 수축하고 있는 것이다. 별의 외곽부인 A는 핵융합 반응이 일어나지 않으므로** 수소 함량 비율이 더 높을 것이다.
- 주계열 단계 이후 중심핵이 수축하면서 중심핵은 온도는 상승한다. 이때 중심핵 주변도 함께 온도가 올라가면서 1000만 K 이상이 되면 수소 핵융합 반응이 일어난다. 이때 **중심핵 주변에서 일어나는 수소 핵융합 반응을 수소 껍질 연소**라 한다.
- **우주의 존재하는 원소의 99% 이상은 수소와 헬륨**이다. 따라서 별을 이루는 대부분의 원소가 수소와 헬륨이므로 A 영역에는 수소의 비율이 높은 것이다. (이는 Theme 08 빅뱅 우주론에서 더욱 자세하게 배운다.)

② 중심부의 핵반응 2022년 3월 학력평가 20번

그림 (가)는 질량이 태양과 같은 어느 별의 진화 경로를, (나)의 ㉠과 ㉡은 별의 내부 구조와 핵융합 반응이 일어나는 영역을 나타낸 것이다. ㉠과 ㉡은 각각 A와 B 시기 중 하나에 해당한다.

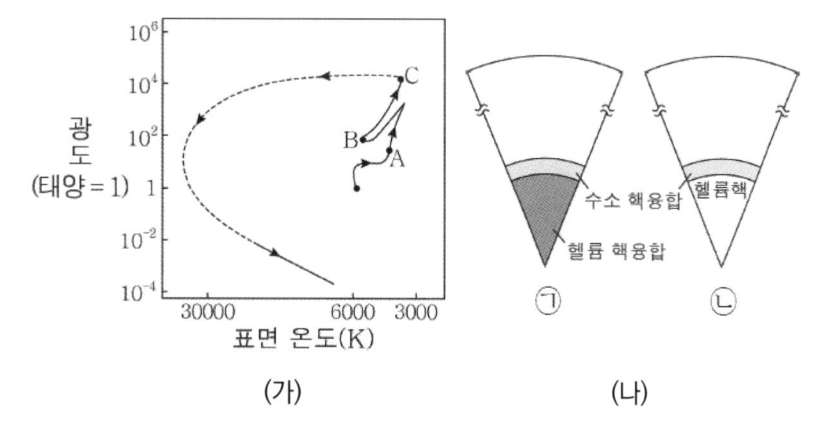

(가) (나)

ㄷ. C 시기 이후 중심부에서 탄소 핵융합 반응이 일어난다. (X)

- (가)는 질량이 태양과 같은 별의 진화 경로를 나타낸 것이므로 중심부에서 탄소 핵융합 반응은 일어나지 않는다.
- **태양 정도의 질량을 가진 별**은 진화 과정 중 내부에서 **수소 핵융합 반응과 헬륨 핵반응 반응만 일어난다**.
- (나)의 중심부에서 핵융합 반응의 유무로 별의 진화 과정을 이해할 수 있어야 한다.
  ㉡은 중심부에서 핵융합 반응이 일어나지 않으므로 주계열 단계를 떠나 **거성으로 진화하는** A, **㉠은 중심핵에서 헬륨 핵융합이 일어나므로 좀 더 진화한** B인 것을 알 수 있다.

#3 별의 부피

① 반지름으로 별의 부피 구하기 2023년 3월 학력평가 20번

그림은 태양 중심으로부터의 거리에 따른 밀도와 온도의 변화를 나타낸 것이다.

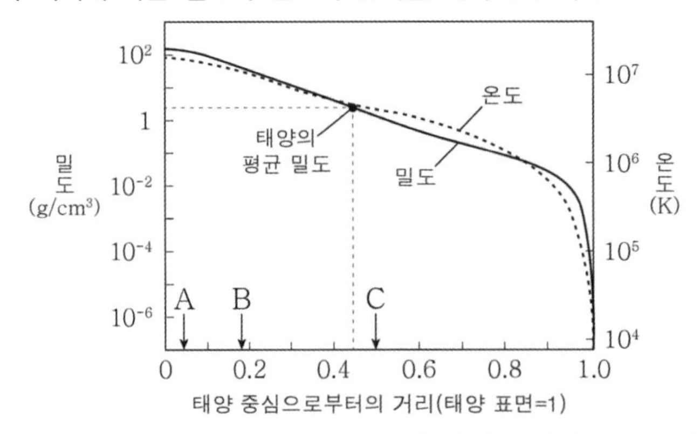

ㄷ. 태양 내부에서 밀도가 평균 밀도보다 큰 영역의 부피는 태양 전체 부피의 40%보다 크다. (X)

- 자료를 통해 평균 밀도보다 큰 영역은 중심으로부터 0.4 ~ 0.5라는 것을 알 수 있다.
  구의 부피는 반지름의 세 제곱에 비례하므로 태양의 반지름을 10이라 한다면, 평균 밀도보다 밀도가 큰 영역의 영역은 중심으로부터 4 ~ 5까지이다. 이를 세 제곱한다면 태양의 전체 부피는 1000, 밀도가 큰 영역의 부피는 64 ~ 125가 된다. 백분율로 나타내면 6.4% ~ 12.5%이므로 40%보다 작다.
- 이처럼 **별의 부피는 구의 부피를 구하는 공식을 통해 계산**할 수 있다.

추가로 물어볼 수 있는 선지 해설

1. A와 B는 주계열성의 내부 구조를 나타낸 것이다. 주계열성은 중력과 기체 압력 차에 의한 힘이 평형을 이루는 정역학적 평형 상태에 놓여 있다.
2. 태양보다 질량이 매우 큰 별은 초신성 폭발 과정에서 철보다 무거운 원소가 만들어진다. 별 내부에서는 철까지 만들어질 수 있다.
3. A는 질량이 태양 정도인 별, B는 질량이 태양보다 큰 별이다. 따라서 A의 대류층은 표면과 가깝게, B의 대류층은 중심 부근에 위치하므로 평균 온도는 B가 더 높다.

memo

01 2021학년도 6월 모의평가 3번

그림은 별의 분광형에 따른 흡수선의 상대적 세기를 나타낸 것이다.

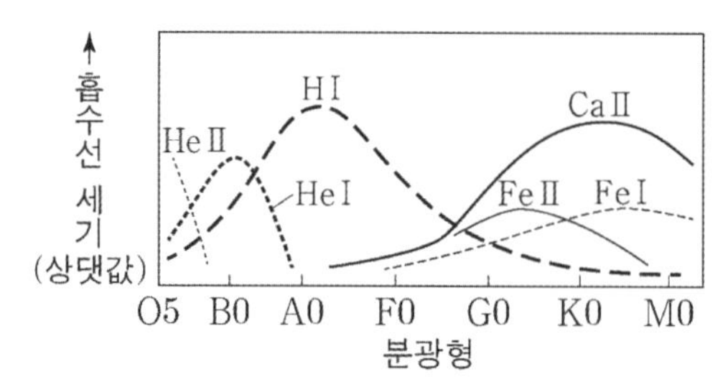

이 자료에 대한 설명으로 옳은 것만을 <보기>에서 있는 대로 고른 것은?

<보 기>

ㄱ. 흰색 별에서 H I 흡수선이 Ca II 흡수선보다 강하게 나타난다.
ㄴ. 주계열에서 B0형보다 표면 온도가 높은 별일수록 H I 흡수선의 세기가 강해진다.
ㄷ. 태양과 광도가 같고 반지름이 작은 별의 Ca II 흡수선은 G2형 별보다 강하게 나타난다.

① ㄱ ② ㄴ ③ ㄱ, ㄷ ④ ㄴ, ㄷ ⑤ ㄱ, ㄴ, ㄷ

02 2020년 3월 학력평가 11번

그림은 태양과 별 (가), (나)의 파장에 따른 복사 에너지 분포를, 표는 세 별의 절대 등급을 나타낸 것이다.

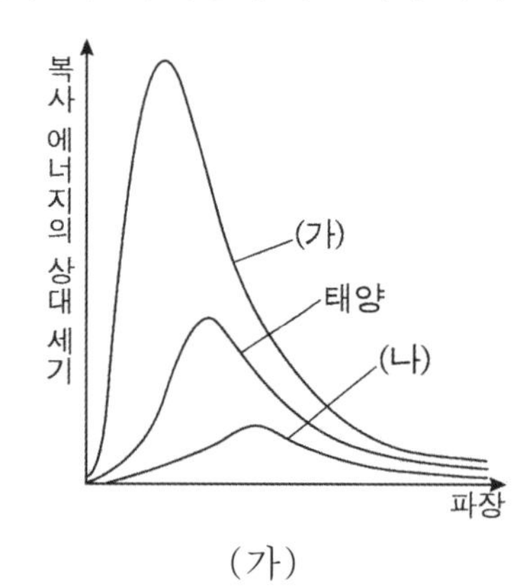

(가)

별	절대 등급
태양	+4.8
(가)	+1.0
(나)	−4.0

(나)

이에 대한 옳은 설명만을 <보기>에서 있는 대로 고른 것은? [3점]

<보 기>

ㄱ. 별이 단위 시간 동안 단위 면적에서 방출하는 에너지양은 (가)가 태양보다 많다.
ㄴ. (나)는 파란색 별이다.
ㄷ. 별의 반지름은 (나)가 (가)의 10배이다.

① ㄱ ② ㄷ ③ ㄱ, ㄴ ④ ㄴ, ㄷ ⑤ ㄱ, ㄴ, ㄷ

03 2020년 7월 학력평가 12번

그림은 별 A와 B에서 단위 시간당 동일한 양의 복사 에너지를 방출하는 면적을 나타낸 것이다. A의 광도는 B의 40배이다.

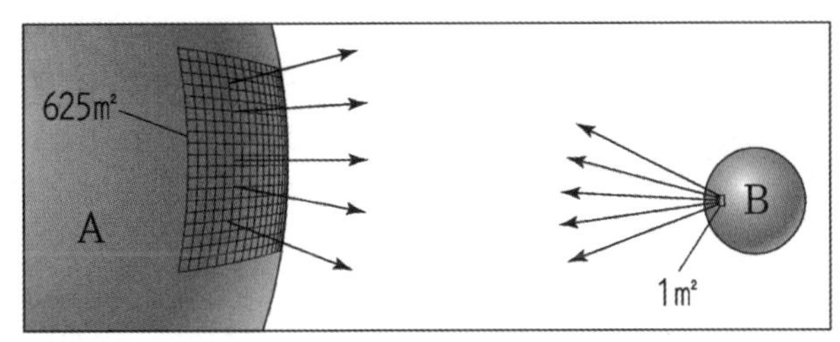

이에 대한 설명으로 옳은 것만을 <보기>에서 있는 대로 고른 것은? (단, A, B는 흑체로 가정한다.) [3점]

<보　기>

ㄱ. 표면 온도는 B가 A보다 5배 높다.
ㄴ. 반지름은 A가 B보다 150배 이상이다.
ㄷ. 최대 에너지를 방출하는 파장은 B가 A보다 길다.

① ㄱ　② ㄷ　③ ㄱ, ㄴ　④ ㄴ, ㄷ　⑤ ㄱ, ㄴ, ㄷ

04 2021학년도 6월 모의평가 12번

표는 질량이 서로 다른 별 A~D의 물리적 성질을, 그림은 별 A와 D를 H-R도에 나타낸 것이다. L⊙는 태양 광도이다.

별	표면 온도 (K)	광도 (L⊙)
A	( )	( )
B	3500	100000
C	20000	10000
D	( )	( )

(가)

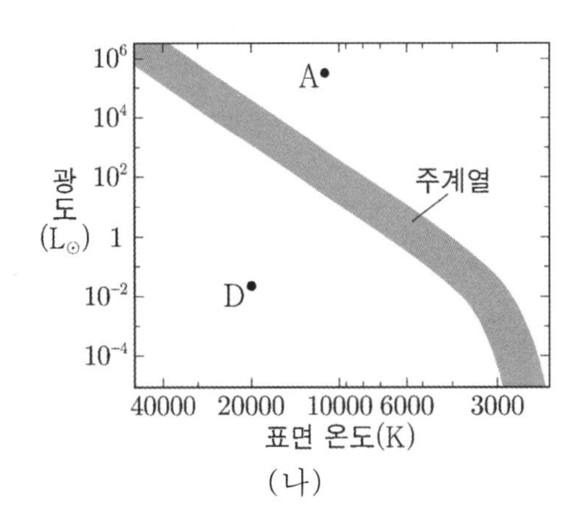

(나)

이 자료에 대한 설명으로 옳은 것만을 <보기>에서 있는 대로 고른 것은? [3점]

<보　기>

ㄱ. A와 B는 적색 거성이다.
ㄴ. 반지름은 B > C > D이다.
ㄷ. C의 나이는 태양보다 적다.

① ㄱ　② ㄷ　③ ㄱ, ㄴ　④ ㄴ, ㄷ　⑤ ㄱ, ㄴ, ㄷ

05 2021학년도 9월 모의평가 3번

그림은 분광형과 광도를 기준으로 한 H−R도이고, 표의 (가), (나), (다)는 각각 H−R도에 분류된 별의 집단 ㉠, ㉡, ㉢의 특징 중 하나이다.

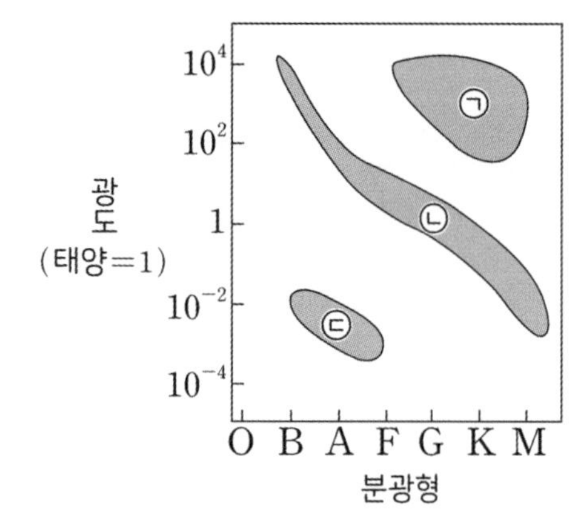

구분	특징
(가)	별이 일생의 대부분을 보내는 단계로, 정역학 평형 상태에 놓여 별의 크기가 거의 일정하게 유지된다.
(나)	주계열을 벗어난 단계로, 핵융합 반응을 통해 무거운 원소들이 만들어진다.
(다)	태양과 질량이 비슷한 별의 최종 진화 단계로, 별의 바깥층 물질이 우주로 방출된 후 중심핵만 남는다.

(가), (나), (다)에 해당하는 별의 집단으로 옳은 것은?

	(가)	(나)	(다)
①	㉠	㉡	㉢
②	㉡	㉠	㉢
③	㉡	㉢	㉠
④	㉢	㉠	㉡
⑤	㉢	㉡	㉠

06 2021학년도 9월 모의평가 15번

그림은 별의 스펙트럼에 나타난 흡수선의 상대적 세기를 온도에 따라 나타낸 것이고, 표는 별 A, B, C의 물리량과 특징을 나타낸 것이다.

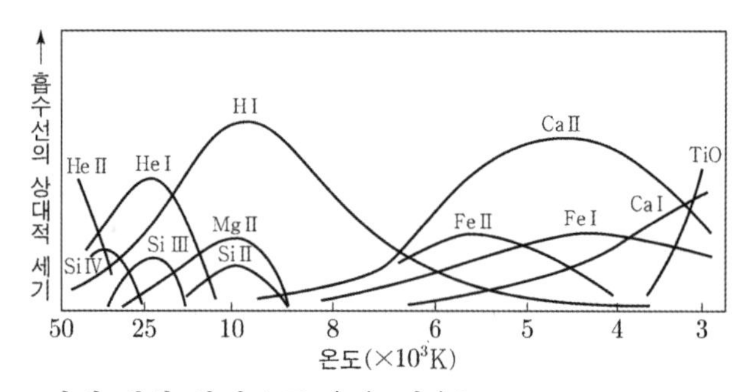

별	표면 온도(K)	절대 등급	특징
A	(　　)	11.0	별의 색깔은 흰색이다.
B	3500	(　　)	반지름의 C의 100배이다.
C	6000	6.0	(　　)

이에 대한 설명으로 옳은 것은?

① 반지름은 A가 C보다 크다.
② B의 절대 등급은 −4.0보다 크다.
③ 세 별 중 Fe I 흡수선은 A에서 가장 강하다.
④ 단위 시간 당 방출하는 복사 에너지양은 C가 B보다 많다.
⑤ C에서는 Fe II 흡수선이 Ca II 흡수선보다 강하게 나타난다.

07 2020년 10월 학력평가 15번

그림은 세 별 (가), (나), (다)의 스펙트럼에서 세기가 강한 흡수선 4개의 상대적 세기를 나타낸 것이다. (가), (나), (다)의 분광형은 각각 A형, O형, G형 중 하나이다.

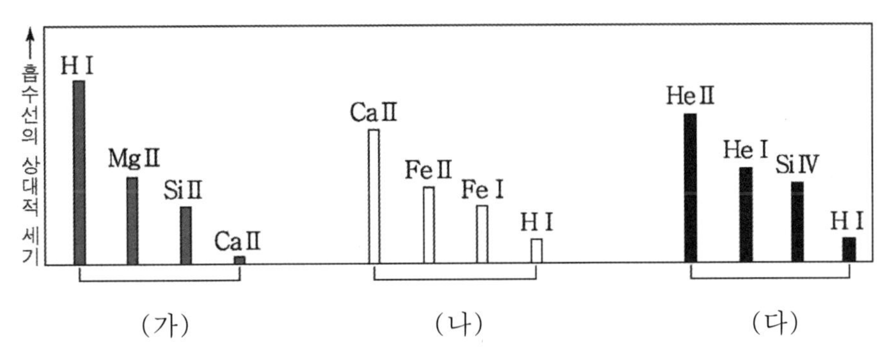

이에 대한 옳은 설명만을 <보기>에서 있는 대로 고른 것은? [3점]

<보 기>

ㄱ. 표면 온도가 태양과 가장 비슷한 별은 (가)이다.
ㄴ. (나)의 구성 물질 중 가장 많은 원소는 Ca이다.
ㄷ. 단위 시간당 단위 면적에서 방출되는 에너지양은 (나)가 (다)보다 적다.

① ㄱ ② ㄷ ③ ㄱ, ㄴ ④ ㄴ, ㄷ ⑤ ㄱ, ㄴ, ㄷ

08 2021학년도 대학수학능력시험 14번

그림은 별 A, B, C의 반지름과 절대 등급을 나타낸 것이다. A, B, C는 각각 초거성, 거성, 주계열성 중 하나이다.

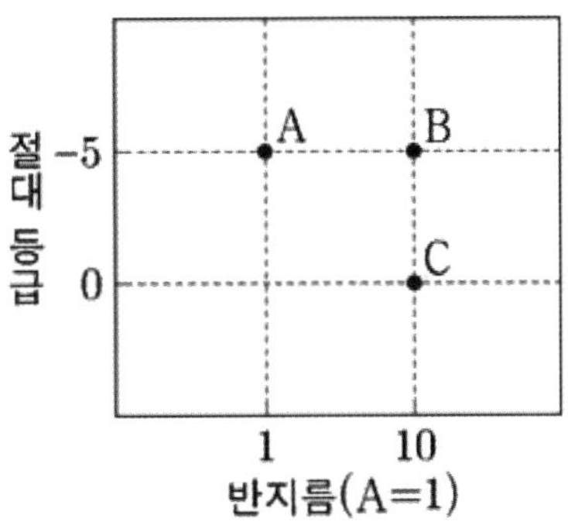

A, B, C에 대한 설명으로 옳은 것만을 <보기>에서 있는 대로 고른 것은? [3점]

<보 기>

ㄱ. 표면 온도는 A가 B의 $\sqrt{10}$ 배이다.
ㄴ. 복사 에너지를 최대로 방출하는 파장은 B가 C보다 길다.
ㄷ. 광도 계급이 V인 것은 C이다.

① ㄱ ② ㄴ ③ ㄷ ④ ㄱ, ㄷ ⑤ ㄴ, ㄷ

09 2022학년도 6월 모의평가 17번

그림 (가)는 별의 질량에 따라 주계열 단계에 도달하였을 때의 광도와 이 단계에 머무는 시간을, (나)는 주계열성을 H－R도에 나타낸 것이다. A와 B는 각각 광도와 시간 중 하나이다.

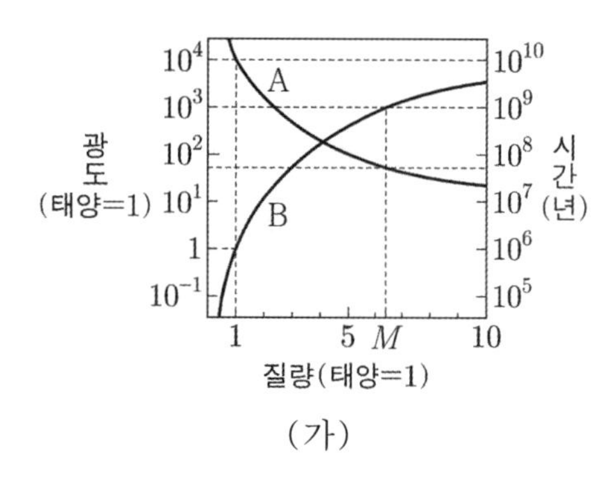

(가)

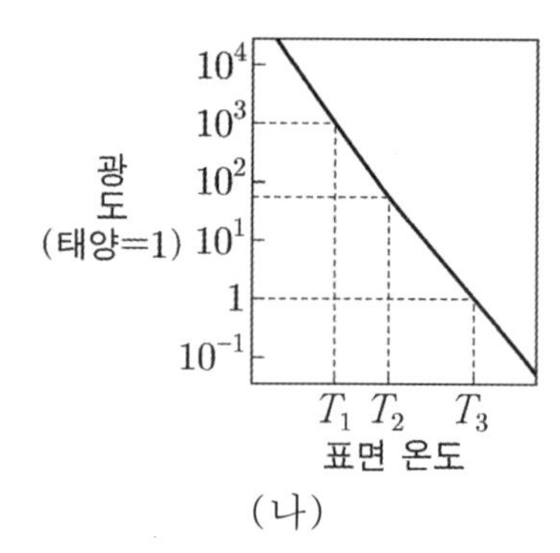

(나)

이 자료에 대한 설명으로 옳은 것만을 <보기>에서 있는 대로 고른 것은? [3점]

<보 기>

ㄱ. B는 광도이다.

ㄴ. 질량이 M인 별의 표면 온도는 T_2이다.

ㄷ. 표면 온도가 T_3인 별은 T_1인 별보다 주계열 단계에 머무는 시간이 100배 이상 길다.

① ㄱ ② ㄴ ③ ㄱ, ㄷ ④ ㄴ, ㄷ ⑤ ㄱ, ㄴ, ㄷ

10 2022학년도 6월 모의평가 14번

그림은 분광형이 서로 다른 별 (가), (나), (다)가 방출하는 복사 에너지의 상대적 세기를 파장에 따라 나타낸 것이다. (가)의 분광형은 O형이고, (나)와 (다)는 각각 A형과 G형 중 하나이다.

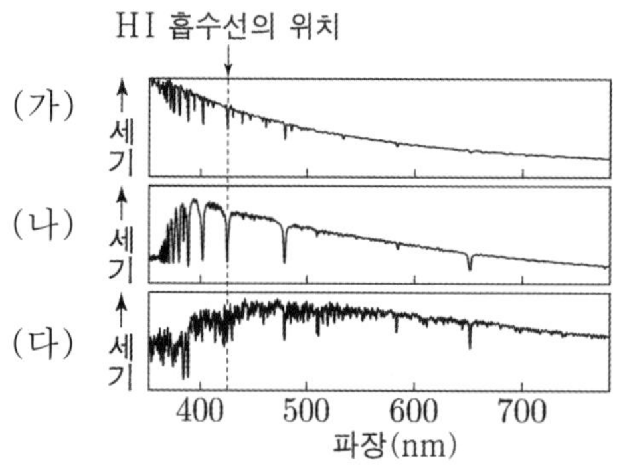

이 자료에 대한 설명으로 옳은 것만을 <보기>에서 있는 대로 고른 것은? [3점]

<보 기>

ㄱ. H I 흡수선의 세기는 (가)가 (나)보다 강하게 나타난다.

ㄴ. 복사 에너지를 최대로 방출하는 파장은 (나)가 (다)보다 길다.

ㄷ. 표면 온도는 (나)가 태양보다 높다.

① ㄱ ② ㄴ ③ ㄷ ④ ㄱ, ㄴ ⑤ ㄴ, ㄷ

11 2022학년도 9월 모의평가 14번

표는 여러 별들의 절대 등급을 분광형과 광도 계급에 따라 구분하여 나타낸 것이다. (가), (나), (다)는 광도 계급 Ib(초거성), III(거성), V(주계열성)를 순서 없이 나타낸 것이다.

분광형 \ 광도 계급	(가)	(나)	(다)
B0	−4.1	−5.0	−6.2
A0	+0.6	−0.6	−4.9
G0	+4.4	+0.6	−4.5
M0	+9.2	−0.4	−4.5

이 자료에 대한 설명으로 옳은 것만을 <보기>에서 있는 대로 고른 것은?

<보 기>

ㄱ. (가)는 V(주계열성)이다.
ㄴ. (나)에서 광도가 가장 작은 별의 표면 온도가 가장 낮다.
ㄷ. (다)에서 별의 반지름은 G0인 별이 M0인 별보다 작다.

① ㄱ ② ㄴ ③ ㄷ ④ ㄱ, ㄴ ⑤ ㄱ, ㄷ

12 2021년 10월 학력평가 13번

그림은 주계열성 (가)와 (나)가 방출하는 복사 에너지의 상대적인 세기를 파장에 따라 나타낸 것이다. (가)와 (나)의 분광형은 각각 A0형과 G2형 중 하나이다.

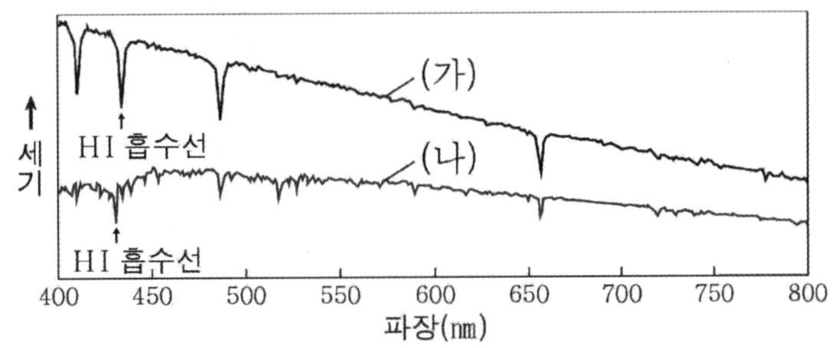

이 자료에 대한 옳은 설명만을 <보기>에서 있는 대로 고른 것은? [3점]

<보 기>

ㄱ. HⅠ 흡수선의 세기는 (가)가 (나)보다 약하다.
ㄴ. 복사 에너지를 최대로 방출하는 파장은 (가)가 (나)보다 길다.
ㄷ. 별의 반지름은 (가)가 (나)보다 크다.

① ㄱ ② ㄷ ③ ㄱ, ㄴ ④ ㄴ, ㄷ ⑤ ㄱ, ㄴ, ㄷ

13 2022학년도 대학수학능력시험 13번

표는 별 (가), (나), (다)의 분광형, 반지름, 광도를 나타낸 것이다.

별	분광형	반지름 (태양=1)	광도 (태양=1)
(가)	(　)	10	10
(나)	A0	5	(　)
(다)	A0	(　)	10

(가), (나), (다)에 대한 설명으로 옳은 것만을 <보기>에서 있는 대로 고른 것은? [3점]

<보　기>

ㄱ. 복사 에너지를 최대로 방출하는 파장은 (가)가 가장 짧다.
ㄴ. 절대 등급은 (나)가 가장 작다.
ㄷ. 반지름은 (다)가 가장 크다.

① ㄱ　② ㄴ　③ ㄷ　④ ㄱ, ㄴ　⑤ ㄴ, ㄷ

14 지II 2019학년도 대학수학능력시험 8번

표는 질량이 서로 다른 별 (가)와 (나)의 진화 과정을 나타낸 것이다.

별	진화 과정
(가)	주계열성 → 적색 초거성 → 초신성 폭발 → 중성자별
(나)	주계열성 → 적색 거성 → 행성상 성운 → 백색 왜성

이에 대한 옳은 설명만을 <보기>에서 있는 대로 고른 것은?

<보　기>

ㄱ. 주계열 단계에 머무르는 기간은 (가)가 (나)보다 길다.
ㄴ. 주계열 단계의 수소 핵융합 반응 중에서 CNO 순환 반응이 차지하는 비율은 (가)가 (나)보다 크다.
ㄷ. (가)의 진화 과정에서 철보다 무거운 원소가 생성된다.

① ㄱ　② ㄷ　③ ㄱ, ㄴ　④ ㄴ, ㄷ　⑤ ㄱ, ㄴ, ㄷ

15 2020년 4월 학력평가 16번

그림은 질량이 서로 다른 주계열성 A와 B의 내부 구조를 나타낸 것이다.

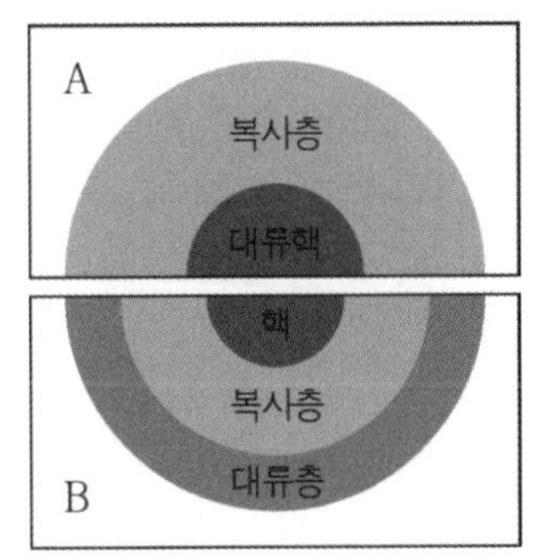

이에 대한 설명으로 옳은 것만을 <보기>에서 있는 대로 고른 것은? (단, 별의 크기는 고려하지 않는다.)

<보 기>

ㄱ. 별의 질량은 A보다 B가 작다.
ㄴ. A와 B는 정역학적 평형 상태에 있다.
ㄷ. 수소 핵융합 반응 중 CNO 순환 반응이 차지하는 비율은 A보다 B가 높다.

① ㄱ ② ㄷ ③ ㄱ, ㄴ ④ ㄴ, ㄷ ⑤ ㄱ, ㄴ, ㄷ

16 지II 2018년 10월 학력평가 13번

그림 (가)는 질량이 다른 주계열성 ㉠, ㉡의 내부 구조를, (나)는 중심핵의 온도에 따른 p－p 연쇄 반응과 CNO 순환 반응에 의한 에너지 생성량을 순서 없이 A, B로 나타낸 것이다.

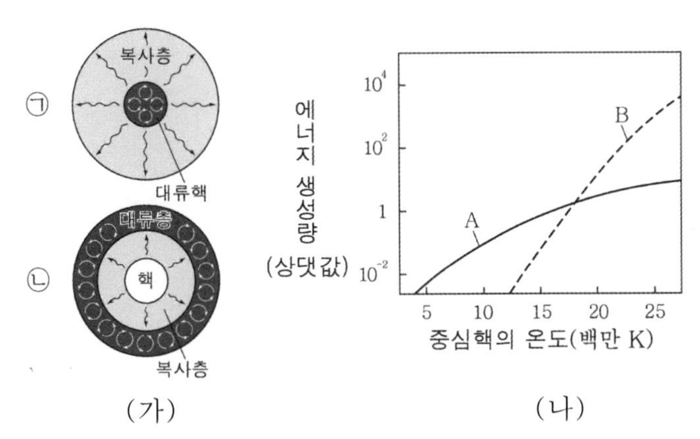

(가) (나)

이에 대한 설명으로 옳은 것만을 <보기>에서 있는 대로 고른 것은? (단, ㉠과 ㉡의 크기는 고려하지 않는다.) [3점]

<보 기>

ㄱ. 별의 질량은 ㉠이 ㉡보다 작다.
ㄴ. A는 p－p 연쇄 반응에 의한 에너지 생성량이다.
ㄷ. CNO 순환 반응에 의한 에너지 생성량은 ㉡이 ㉠보다 많다.

① ㄱ ② ㄴ ③ ㄱ, ㄷ ④ ㄴ, ㄷ ⑤ ㄱ, ㄴ, ㄷ

17 2020년 4월 학력평가 15번

그림은 서로 다른 질량의 주계열성 A_1과 B_1이 진화하는 경로의 일부를 H－R도에 나타낸 것이다. A_2와 A_3, B_2와 B_3은 별 A_1과 B_1이 각각 진화하는 경로상에 위치한 별이고, A_3과 B_3의 중심핵에서는 헬륨 핵융합 반응이 일어난다.

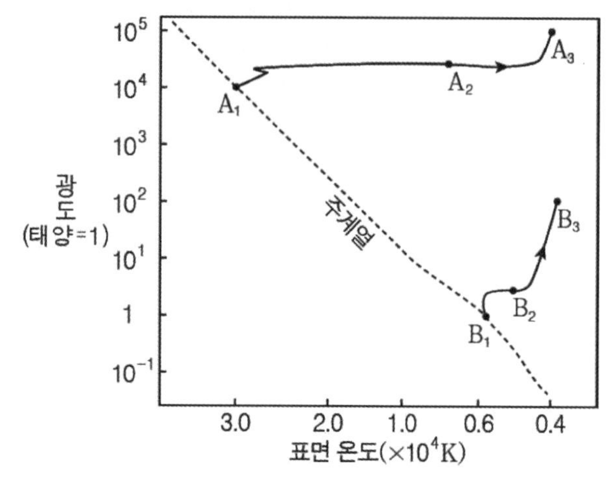

이에 대한 설명으로 옳은 것만을 <보기>에서 있는 대로 고른 것은? [3점]

<보 기>

ㄱ. 별의 질량은 A_1보다 B_1이 크다.

ㄴ. A_2와 B_2의 내부에서는 수소 핵융합 반응이 일어나지 않는다.

ㄷ. $\frac{A_3\text{의 반지름}}{A_1\text{의 반지름}} > \frac{B_3\text{의 반지름}}{B_1\text{의 반지름}}$이다.

① ㄱ ② ㄷ ③ ㄱ, ㄴ ④ ㄴ, ㄷ ⑤ ㄱ, ㄴ, ㄷ

18 지Ⅱ 2020학년도 9월 모의평가 14번

그림 (가)는 별 ㉠~㉣의 분광형과 절대 등급을 H－R도에 나타낸 것이고, (나)는 중심핵에서 수소 핵융합 반응을 하는 어느 별의 내부 구조를 나타낸 것이다.

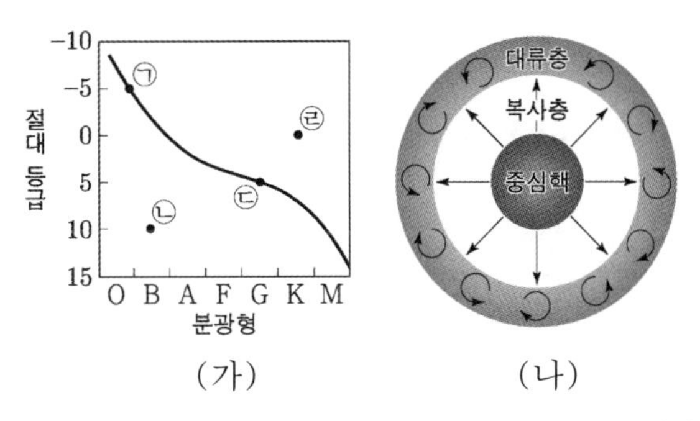

(가) (나)

별 ㉠~㉣에 대한 설명으로 옳은 것만을 <보기>에서 있는 대로 고른 것은?

<보 기>

ㄱ. 질량이 가장 큰 별은 ㉠이다.
ㄴ. 표면에서의 중력 가속도는 ㉣이 ㉡보다 크다.
ㄷ. (나)와 같은 내부 구조를 갖는 별은 ㉢이다.

① ㄱ ② ㄴ ③ ㄱ, ㄷ ④ ㄴ, ㄷ ⑤ ㄱ, ㄴ, ㄷ

19 2021학년도 6월 모의평가 19번

그림 (가)와 (나)는 주계열에 속한 별 A와 B에서 우세하게 일어나는 핵융합 반응을 각각 나타낸 것이다.

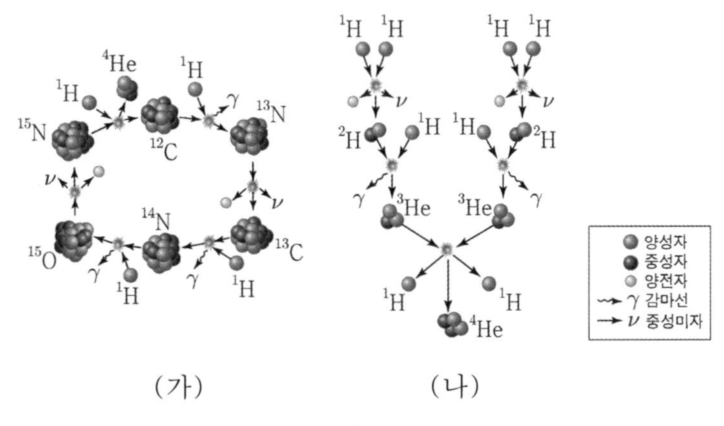

(가) (나)

이에 대한 설명으로 옳은 것만을 <보기>에서 있는 대로 고른 것은?

<보 기>

ㄱ. 별의 내부 온도는 A가 B보다 높다.
ㄴ. (가)에서 ^{12}C는 촉매이다.
ㄷ. (가)와 (나)에 의해 별의 질량은 감소한다.

① ㄱ ② ㄷ ③ ㄱ, ㄴ ④ ㄴ, ㄷ ⑤ ㄱ, ㄴ, ㄷ

20 2021학년도 9월 모의평가 11번

그림 (가)의 A와 B는 분광형이 G2인 주계열성의 중심으로부터 표면까지 거리에 따른 수소 함량 비율과 온도를 순서 없이 나타낸 것이고, ㉠과 ㉡은 에너지 전달 방식이 다른 구간을 표시한 것이다. (나)는 별의 중심 온도에 따른 p－p 반응과 CNO 순환 반응의 상대적 에너지 생산량을 비교한 것이다.

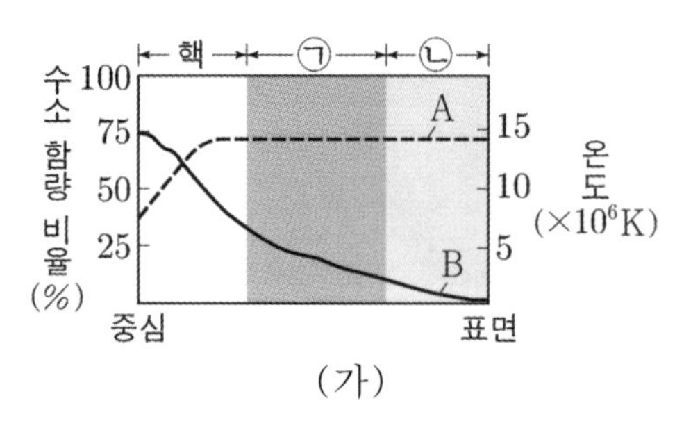

(가)

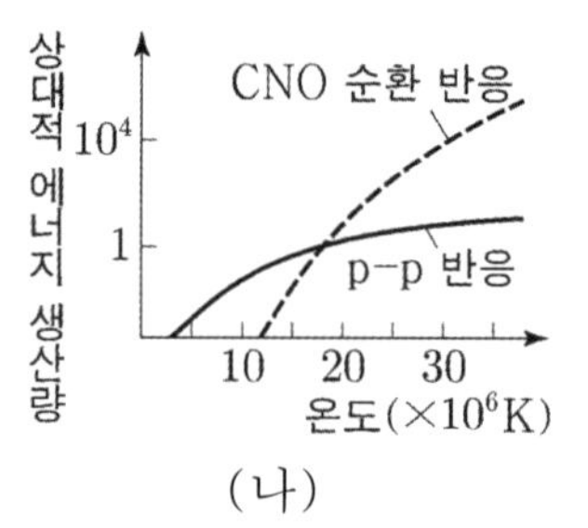

(나)

이에 대한 설명으로 옳은 것만을 <보기>에서 있는 대로 고른 것은?

<보 기>

ㄱ. A는 온도이다.

ㄴ. (가)의 핵에서는 CNO 순환 반응보다 p－p반응에 의해 생성되는 에너지의 양이 많다.

ㄷ. 대류층에 해당하는 것은 ㉡이다.

① ㄱ ② ㄴ ③ ㄱ, ㄷ ④ ㄴ, ㄷ ⑤ ㄱ, ㄴ, ㄷ

21 2020년 10월 학력평가 12번

그림 (가)와 (나)는 서로 다른 두 시기에 태양 중심으로부터의 거리에 따른 수소와 헬륨의 질량비를 나타낸 것이다. A와 B는 각각 수소와 헬륨 중 하나이다.

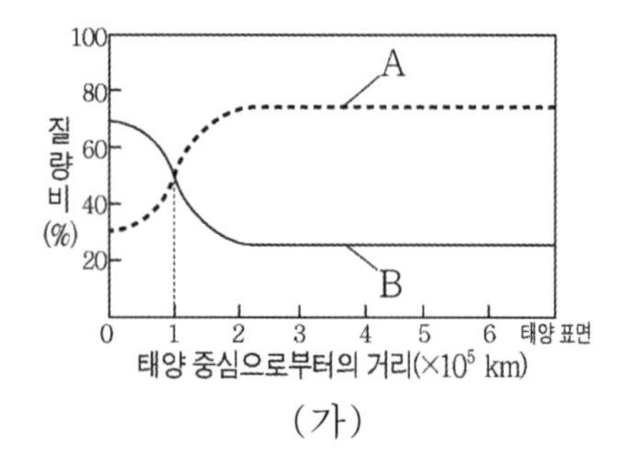

(가)

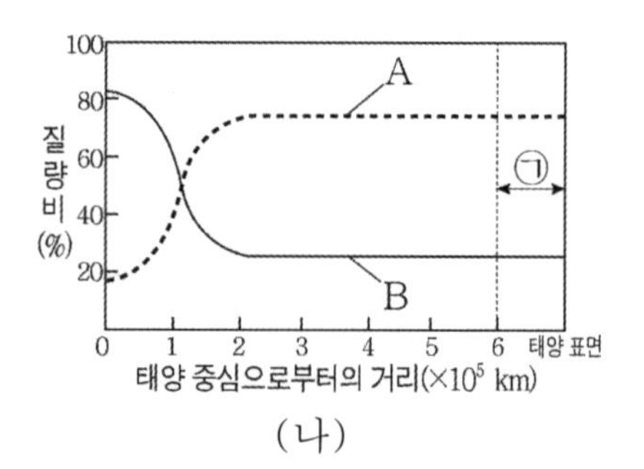

(나)

이에 대한 옳은 설명만을 <보기>에서 있는 대로 고른 것은? [3점]

<보 기>

ㄱ. 태양의 나이는 (가)보다 (나)일 때 많다.

ㄴ. (가)일 때 핵의 반지름은 1×10^5km보다 크다.

ㄷ. ㉠에서는 주로 대류에 의해 에너지가 전달된다.

① ㄱ ② ㄴ ③ ㄱ, ㄷ ④ ㄴ, ㄷ ⑤ ㄱ, ㄴ, ㄷ

22 2021학년도 대학수학능력시험 9번

표는 별 (가), (나), (다)의 분광형과 절대 등급을 나타낸 것이다.

별	분광형	절대 등급
(가)	G	0.0
(나)	A	+1.0
(다)	K	+8.0

(가), (나), (다)에 대한 설명으로 옳은 것만을 <보기>에서 있는 대로 고른 것은? [3점]

<보 기>

ㄱ. (가)의 중심핵에서는 주로 양성자·양성자 반응(p－p 반응)이 일어난다.

ㄴ. 단위 면적당 단위 시간에 방출하는 에너지양은 (나)가 가장 많다.

ㄷ. (다)의 중심핵 내부에서는 주로 대류에 의해 에너지가 전달된다.

① ㄱ ② ㄴ ③ ㄷ ④ ㄱ, ㄴ ⑤ ㄴ, ㄷ

23 2021학년도 대학수학능력시험 16번

그림은 주계열성 A와 B가 각각 A′와 B′로 진화하는 경로를 H－R도에 나타낸 것이다. B는 태양이다.

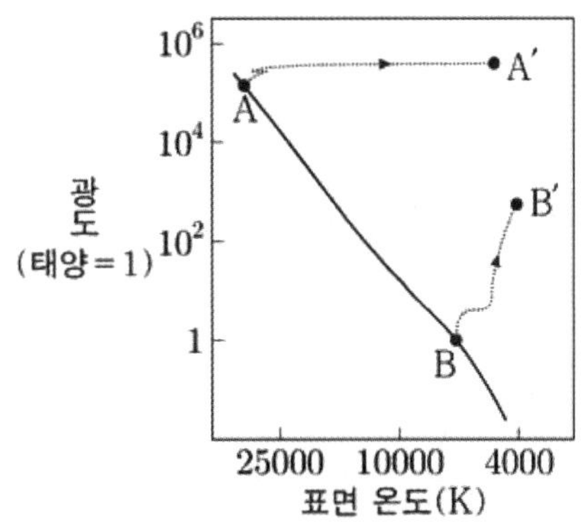

이에 대한 설명으로 옳은 것만을 <보기>에서 있는 대로 고른 것은?

<보 기>

ㄱ. A가 A′로 진화하는 데 걸리는 시간은 B가 B′로 진화하는 데 걸리는 시간보다 짧다.

ㄴ. B와 B′의 중심핵은 모두 탄소를 포함한다.

ㄷ. A는 B보다 최종 진화 단계에서의 밀도가 크다.

① ㄱ ② ㄷ ③ ㄱ, ㄴ ④ ㄴ, ㄷ ⑤ ㄱ, ㄴ, ㄷ

24 2022학년도 6월 모의평가 7번

그림 (가)는 질량이 태양과 같은 주계열성의 내부 구조를, (나)는 이 별의 진화 과정을 나타낸 것이다. A와 B는 각각 대류층과 복사층 중 하나이다.

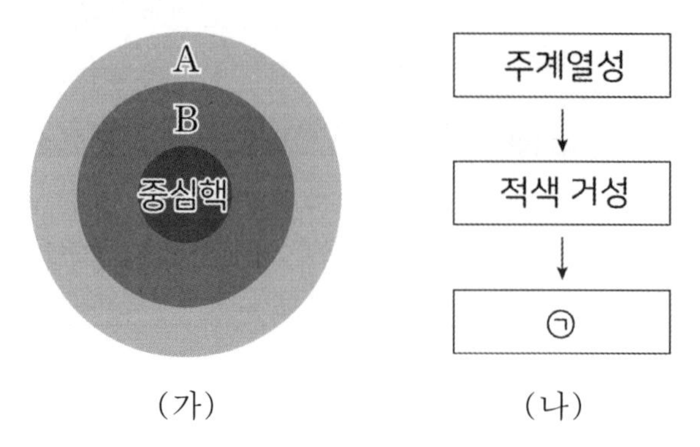

이에 대한 설명으로 옳은 것만을 <보기>에서 있는 대로 고른 것은?

<보 기>

ㄱ. 복사층은 B이다.
ㄴ. 적색 거성의 중심핵에서는 주로 양성자·양성자 반응 (p－p 반응)이 일어난다.
ㄷ. ㉠ 단계의 별 내부에서는 철보다 무거운 원소가 생성된다.

① ㄱ ② ㄴ ③ ㄱ, ㄷ ④ ㄴ, ㄷ ⑤ ㄱ, ㄴ, ㄷ

25 2022학년도 9월 모의평가 11번

그림은 주계열성 ㉠, ㉡, ㉢의 반지름과 표면 온도를 나타낸 것이다.

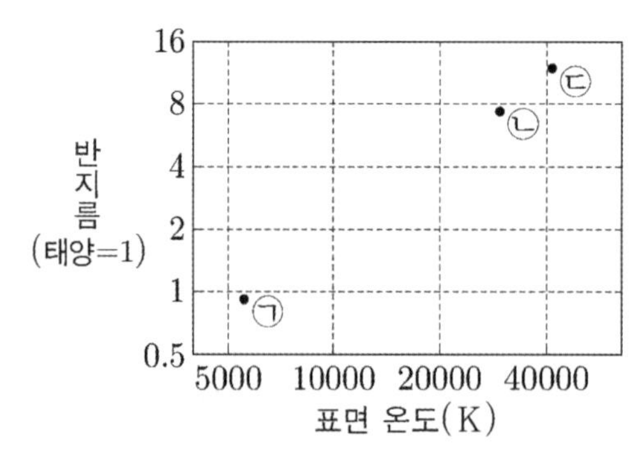

이에 대한 설명으로 옳은 것만을 <보기>에서 있는 대로 고른 것은? [3점]

<보 기>

ㄱ. ㉠이 주계열 단계를 벗어나면 중심핵에서 CNO 순환 반응이 일어난다.
ㄴ. ㉡의 중심핵에서는 주로 대류에 의해 에너지가 전달된다.
ㄷ. ㉢은 백색 왜성으로 진화한다.

① ㄱ ② ㄴ ③ ㄷ ④ ㄱ, ㄴ ⑤ ㄴ, ㄷ

26 2022학년도 대학수학능력시험 18번

그림은 별 A와 B가 주계열 단계가 끝난 직후부터 진화하는 동안의 반지름과 표면 온도 변화를 나타낸 것이다. A와 B의 질량은 각각 태양 질량의 1배와 6배 중 하나이다.

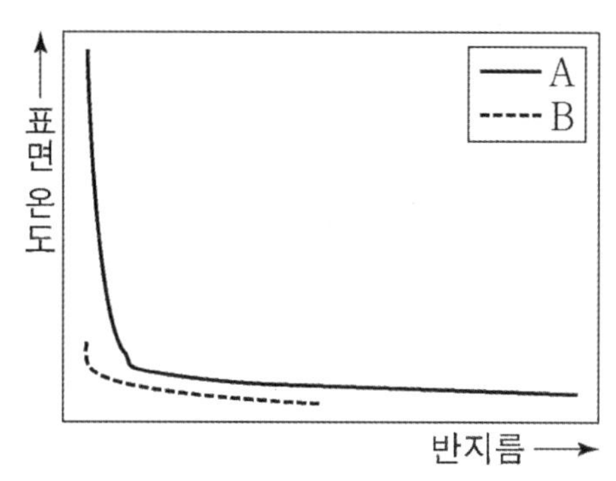

이 자료에 대한 설명으로 옳은 것만을 <보기>에서 있는 대로 고른 것은? [3점]

<보 기>

ㄱ. 진화 속도는 A가 B보다 빠르다.
ㄴ. 절대 등급의 변화 폭은 A가 B보다 크다.
ㄷ. 주계열 단계일 때, 대류가 일어나는 영역의 평균 온도는 A가 B보다 높다.

① ㄱ ② ㄴ ③ ㄱ, ㄷ ④ ㄴ, ㄷ ⑤ ㄱ, ㄴ, ㄷ

memo

Theme

07

외계 행성계와 생명 가능 지대

Chapter

01 외계 행성계 탐사

외계 행성계 탐사

1. 외계 행성계와 외계 행성

태양이 아닌 다른 항성 주위를 공전하는 행성을 **외계 행성**이라 한다. 이때 다른 항성 주위를 공전하는 행성이 이루는 계를 **외계 행성계**라 한다. 행성은 별에 비해 크기가 작고 스스로 빛을 내지 않아 매우 어둡기 때문에 직접 관측하는 것은 거의 불가능하다. 따라서 외계 행성을 찾아내기 위해서는 **중심별이 나타내는 특별한 주기나 현상을 이용**하여 중심별이 행성을 가지고 있다는 것을 간접적으로 알아낸다.

2. 중심별의 시선 속도 변화

중심별과 행성은 공통 질량 중심을 기준으로 공전하므로 **별빛의 시선 속도 변화**에 의해 도플러 효과가 나타난다.

도플러 효과란 중심별의 공전에 의해 중심별의 시선 속도가 변하면 중심별의 스펙트럼에 변화가 나타나는데, **별이 지구로부터 멀어지면 적색 편이, 가까워지면 청색 편이**가 나타나는 것이다. (이때, 중요한 것은 행성이 아닌 별의 스펙트럼을 관측해 변화를 판단한다. 행성은 직접 관측하기 어려우므로 중심별의 스펙트럼을 통해 간접적으로 행성이 존재한다는 것을 알 수 있다.)

적색 편이와 청색 편이를 통해 시선 속도 변화를 관측하면 별이 **공전 궤도 상에서 어느 위치에 있는지 파악할 수 있다. 시선 속도 변화로 중심별은 행성을 가지고 있다는 것을 파악할 수 있다.**

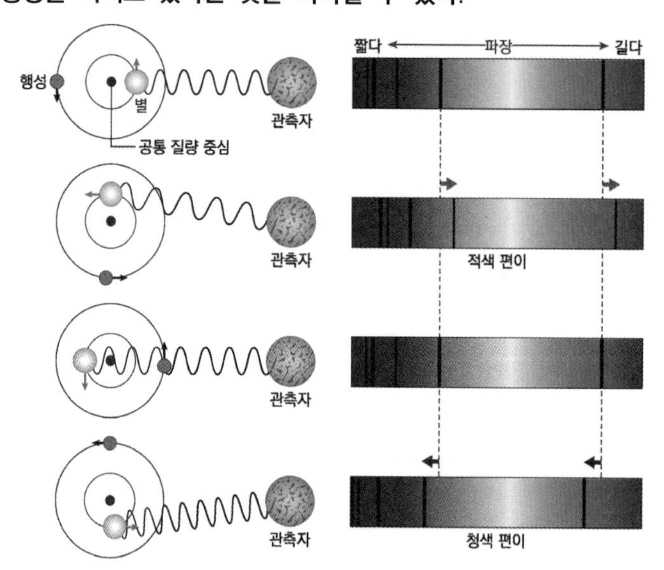

▲ 도플러 효과

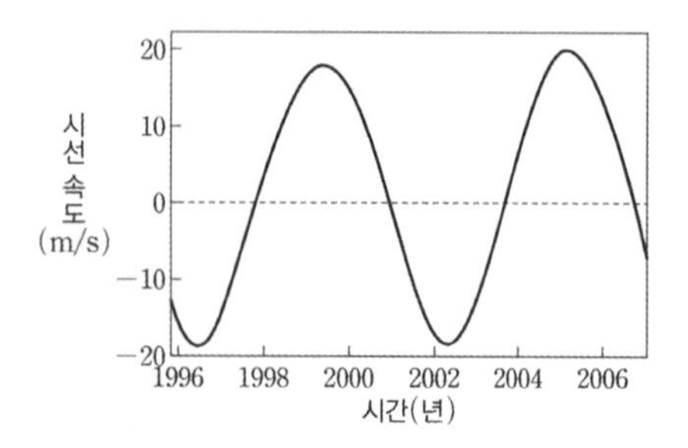

▲ 시선 속도 변화가 큰 별

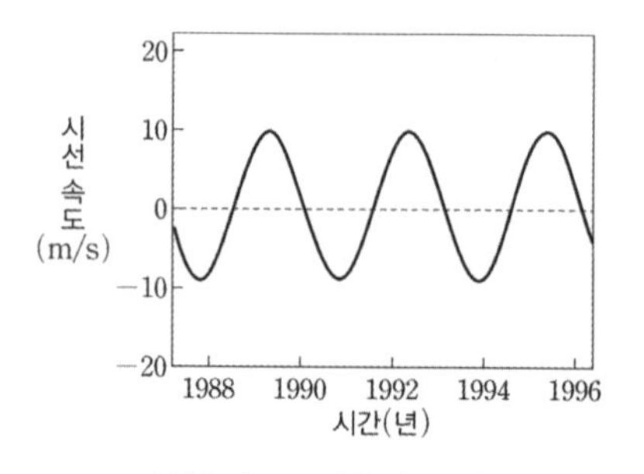

▲ 시선 속도 변화가 작은 별

+ 시야 넓히기 : 구급차를 통해 알아보는 도플러 효과

살면서 구급차나 소방차가 다가오고 멀어지는 소리를 들어본 경험이 있을 것이다.
구급차가 다가올 때는 "삐용삐용삐용~"과 같이 사이렌 소리가 빠르게 들리지만, 구급차가 멀어질 때는 "삐~용~삐~용~"과 같이 사이렌 소리가 천천히 들린 경험이 있을 것이다.
사이렌 소리는 결국 음파 즉, 파장이다. 사이렌을 중심으로 음파는 퍼져나간다.
이때, **구급차가 다가오는 상황**에서는 **음파의 주기가 빠르게 반복되어 들리게 되는 것**이고,
구급차가 멀어지는 상황에서는 **음파의 주기가 느리게 반복되어 들리는 것**이다.

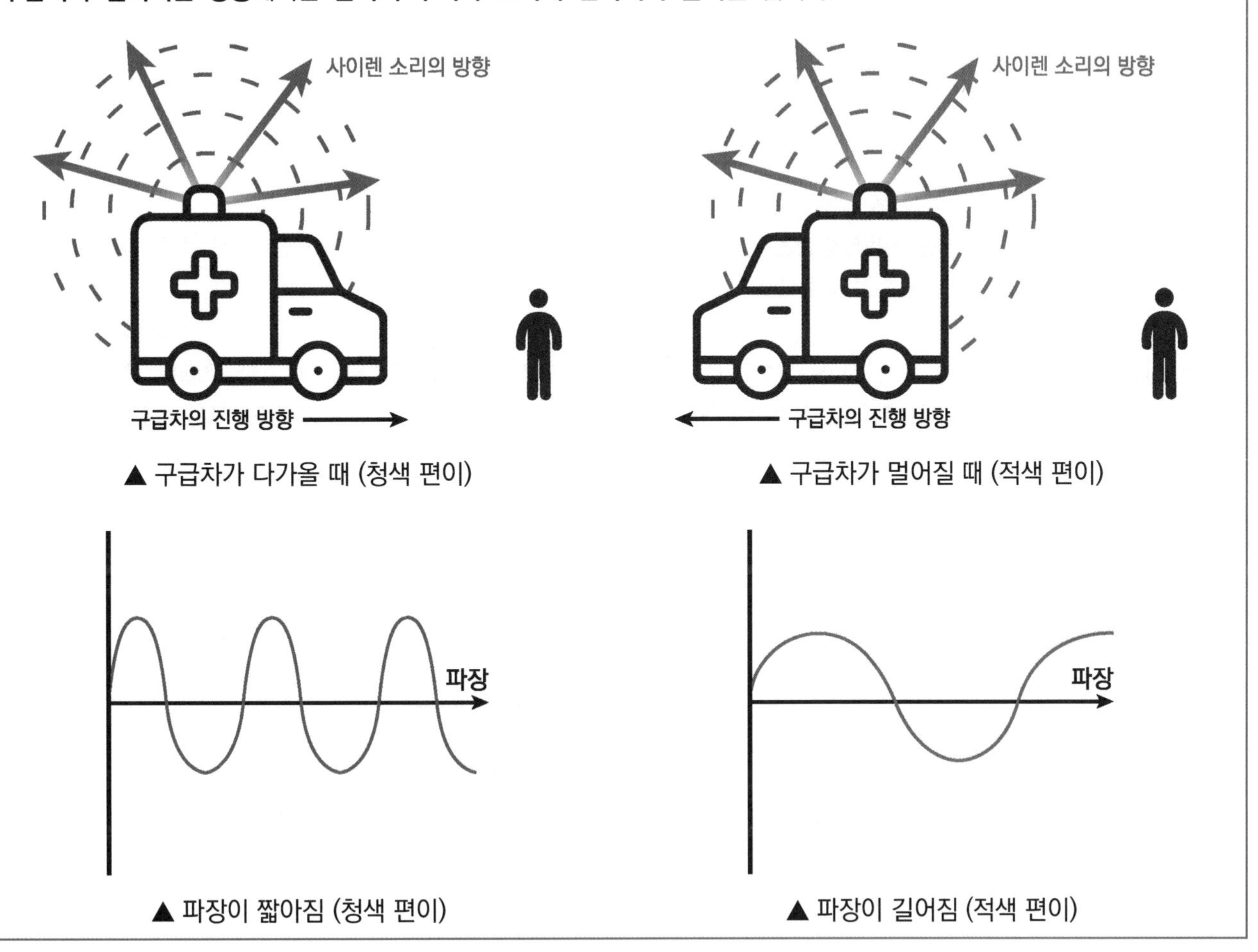

▲ 구급차가 다가올 때 (청색 편이)

▲ 구급차가 멀어질 때 (적색 편이)

▲ 파장이 짧아짐 (청색 편이)

▲ 파장이 길어짐 (적색 편이)

+ 시야 넓히기 : 공통 질량 중심이란?

우리가 사는 지구는 태양 주위를 공전하고 있다. 태양은 중력을 가지고 있기에 그 중력에 이끌려 지구는 태양 주위를 돌고 있는 것이다. 그렇다면 태양은 가만히 멈춰 있는 것일까?
아니다. 태양 역시 지구 주위를 공전하고 있다. 그 이유는 지구 또한 중력을 가지고 있기 때문이다.
(태양은 지구뿐만 아니라 태양계의 모든 행성의 중력의 영향을 받는다.)

중심별과 행성은 안정적인 궤도를 돌아야 하므로 **중심별과 행성의 무게 중심을 기준으로 공전**한다.
(이는 지구과학2 케플러 법칙에 의한 것이다. 우선은 그렇다고 생각하자.)

이는 시소 모형을 통해 쉽게 알 수 있다. (효과적으로 내용을 전달하기 위해 극단적인 상황을 가정했음을 이해하자. 중심별과 행성 중 질량은 중심별이 압도적으로 크다.) 시소가 평형을 이루기 위해서는 지렛대가 중심별 가까이 위치해야 할 것이다. 이때, 지렛대가 바로 공통 질량 중심이다.
행성의 질량이 커질수록 공통 질량 중심은 중심별에서 멀어지므로 중심별의 공전 궤도는 더욱 커질 수밖에 없다. 따라서 **행성의 질량이 커질수록 중심별의 시선 속도 변화는 크게 나타난다.**

사실 별과 행성은 타원 궤도로 공전하는 경우가 대부분이다. 그러나 우리가 만나게 될 기출 문제는 대부분 원 궤도로 공전한다고 가정한다. **원 궤도로 공전**하게 되면 별과 행성이 어느 위치에 있든 각각의 **공전 속도가 일정**하기 때문이다.

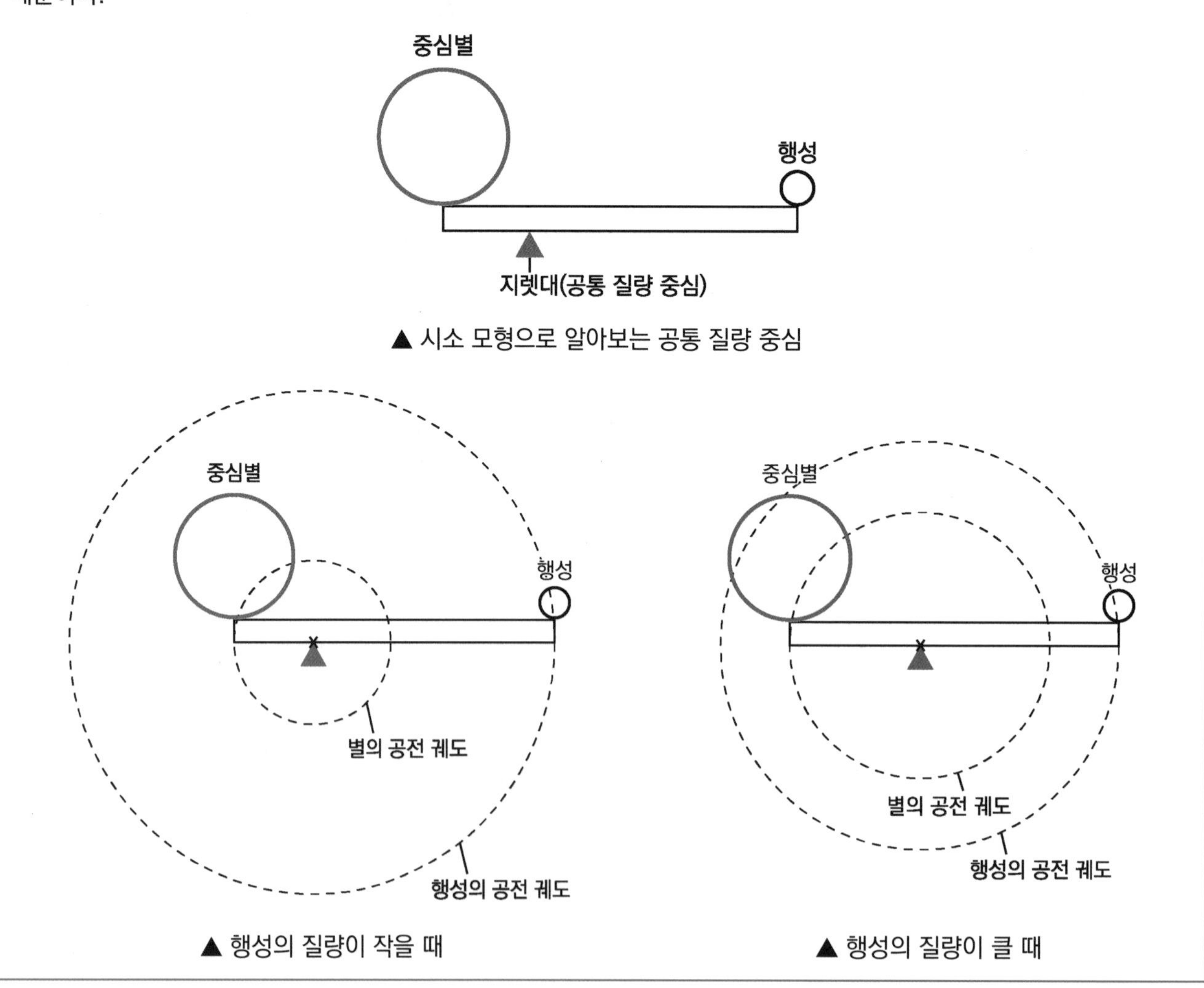

▲ 시소 모형으로 알아보는 공통 질량 중심

▲ 행성의 질량이 작을 때 ▲ 행성의 질량이 클 때

3. 식 현상

중심별 주위를 공전하는 **행성이 중심별의 앞면을 지나갈 때 행성에 의해 중심별의 일부가 가려지는 식 현상**이 나타난다. 식 현상에 의한 중심별의 겉보기 밝기 변화를 관측하여 외계 행성의 존재를 간접적으로 확인할 수 있다.

(1) 식 현상의 겉보기 밝기 변화

- 아래와 같이 행성이 중심별 앞을 지나갈 때 중심별의 일부가 가려지고, **가려진 영역만큼의 밝기가 줄어들게 보인다.**
- 이때, $T_1 \sim T_2$ 기간은 행성이 중심별을 가리기 시작하여 행성 전체가 중심별 앞을 가릴 때까지의 기간이다. 시간이 지나며 점점 중심별 앞을 가리는 면적이 커지므로 겉보기 밝기가 감소하는 B에 해당한다.
- 행성으로 인한 겉보기 밝기 변화는 $T_1 \sim T_3$ 기간 동안 지속된다. 이 기간을 식 현상이 지속되는 기간이라 하며 A에 해당한다.
- 행성의 면적 전부가 중심별 앞을 가리게 되었을 때의 밝기 변화는 C이며, **행성의 반지름이 클수록 단면적이 커지므로 중심별을 많이 가려 겉보기 밝기 변화량이 커진다.**
- D는 식 현상의 주기를 의미하며 이는 행성의 공전 주기와 같다.

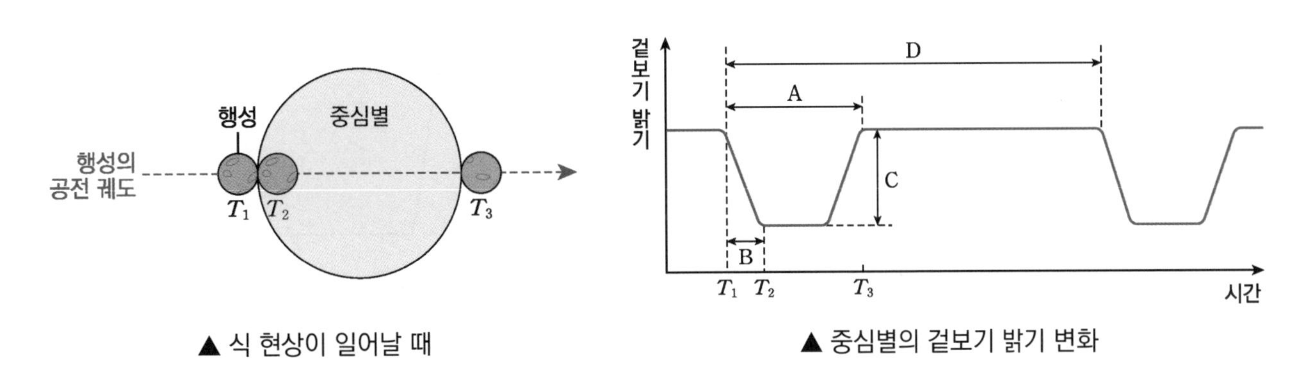

▲ 식 현상이 일어날 때

▲ 중심별의 겉보기 밝기 변화

(2) 식 현상이 나타나는 조건

- **중심별 주위를 공전한다고 해서 반드시 식 현상이 나타나는 것은 아니다.** 식 현상이 나타나기 위해서는 중심별 주위를 공전하는 행성이 중심별 앞을 가려야 한다. 이때, **공전 궤도면이 시선 방향에 수직이라면 식 현상은 나타날 수 없다.**
- 아래 그림과 같이 공전 궤도면이 시선 방향과 나란해야 행성이 중심별 앞을 가려 식 현상이 잘 나타날 수 있다. 만약 행성이 중심별 앞을 가리지 않는다면 **식 현상은 나타나지 않는다.**

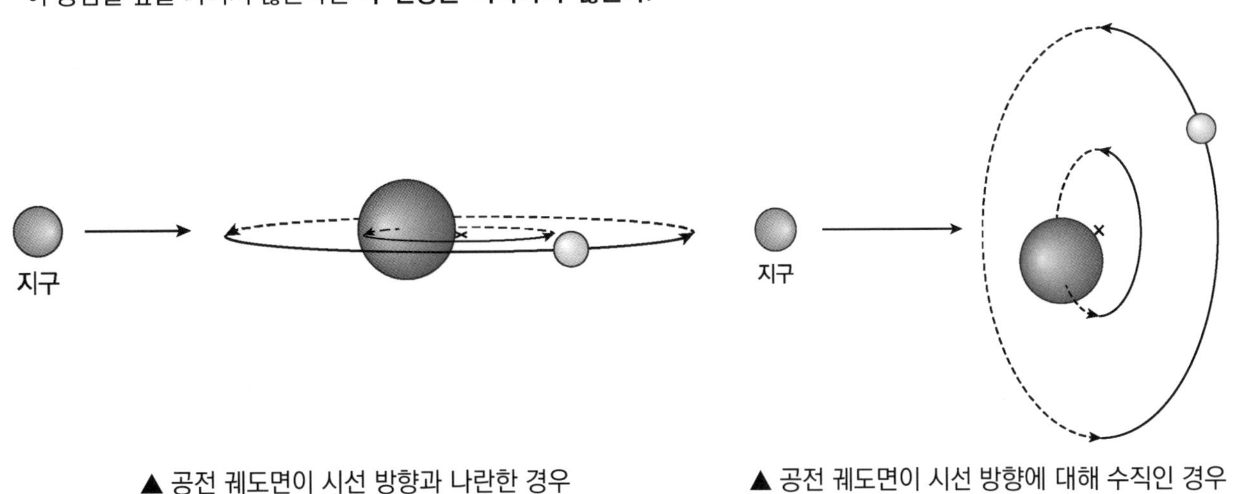

▲ 공전 궤도면이 시선 방향과 나란한 경우

▲ 공전 궤도면이 시선 방향에 대해 수직인 경우

(3) 겉보기 밝기의 변화

- 식 현상이 나타날 때 겉보기 밝기 변화는 별과 행성의 반지름 비율에 따라 다르게 나타난다.
- **행성의 반지름이 클수록 식 현상이 일어날 때 중심별을 가리는 면적이 커진다.** 따라서 식 현상이 일어날 때 겉보기 밝기의 변화 정도로 행성의 반지름을 비교할 수 있다.
- **식 현상에서 겉보기 밝기 변화량은 행성 반지름의 제곱에 비례한다.** 행성은 관측될 때 원의 형태로 보이고, 원의 면적은 πr^2이기 때문이다.

+ 시야 넓히기 : 식 현상을 통해 별과 행성의 반지름 비율 계산하기

서로 다른 별 주위를 돌고 있는 행성 A와 B가 있다. 이때, 행성 A와 B에 의해 식 현상이 일어났다. 두 외계 행성계의 공전 궤도는 시선 방향과 중심별의 반지름은 같다.
이때 두 외계 행성의 반지름은 몇 배 차이일까?

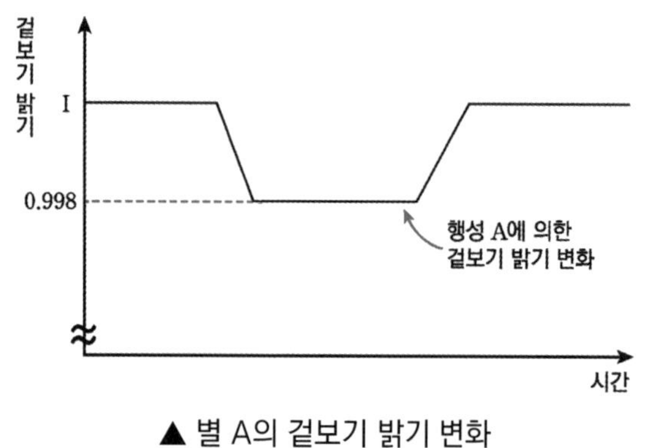

▲ 별 A의 겉보기 밝기 변화

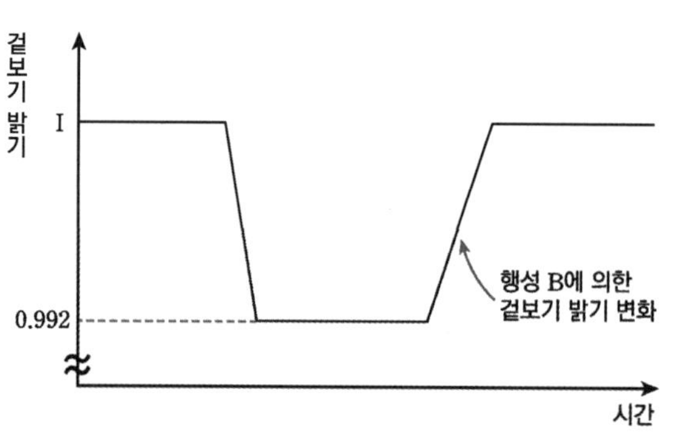

▲ 별 B의 겉보기 밝기 변화

- 행성 A에 의해 겉보기 밝기가 0.002만큼 감소했으므로 A의 중심별과 행성 A의 면적 비율은 1000 : 2이다. 따라서 반지름 비율은 루트를 씌운 $\sqrt{1000} : \sqrt{2}$ 이다.
  마찬가지로 행성 B에 의해 겉보기 밝기가 0.008만큼 감소했으므로 B의 중심별과 행성 B의 면적 비율은 1000 : 8이다. 따라서 반지름 비율은 루트를 씌운 $\sqrt{1000} : \sqrt{8}$ 이다.
  두 행성의 중심별의 반지름은 같으므로 행성 A와 행성 B의 반지름은 $\sqrt{2} : \sqrt{8}$ 즉, $\sqrt{2} : 2\sqrt{2}$ 이므로 2배 차이가 난다.
- 위 문제를 풀 때 **밝기 차이가 4배이므로 반지름 또한 4배라고 생각하면 안 된다.** 식 현상은 행성과 별의 면적 차이로 인해 발생하는 것이므로 **밝기 차이가 4배라면 반지름은 2배 차이가 나는 것**이다.

4. 미세 중력 렌즈 현상

거리가 다른 두 별이 **같은 시선 방향에 있을 때** 뒤쪽 별의 별빛은 앞쪽 별의 중력에 의해 미세하게 굴절되어 휘어지며 **뒤쪽 별의 밝기가 변한다**. 이를 **미세 중력 렌즈 현상**이라고 하며, **앞쪽의 별이 행성을 가지고 있으면** 행성에 의한 미세 중력 렌즈 현상으로 **뒤쪽 별의 밝기가 추가적으로 변한다**. 이를 이용하여 앞쪽 별을 공전하는 행성이 있다는 것을 알 수 있다.

(1) 중력 렌즈 현상

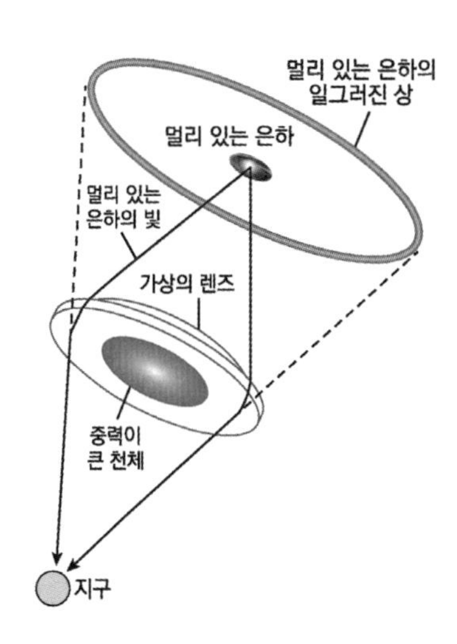

- 중력 렌즈 현상을 이해하기 위해서는 질량과 중력의 관계를 먼저 알아야 한다. 우주에 존재하는 모든 물체는 질량을 가지고 있다. 질량은 가진 모든 물체는 중력을 가지는데, **중력은 공간을 휘어지게 만든다**.
- 오른쪽 그림과 같이 지구-천체-은하가 일직선상에 있다면 천체가 은하를 가려 은하의 모습이 보이지 않아야 한다.
  그러나 다른 곳으로 방출되던 은하의 빛이 천체의 중력에 의해 빛의 경로가 휘어져서 지구로 도착하게 된다. 따라서 **앞쪽의 천체가 만들어낸 중력이 렌즈와 같은 역할을 하여 기존에 보이던 은하의 밝기보다 더 큰 밝기로 관측되는 것**이다.
- 이처럼 중력이 매우 큰 천체가 만들어내는 중력 렌즈 효과도 존재하고 **별과 같이 질량이 상대적으로 작은 천체가 만들어내는 미세 중력 렌즈 효과도 존재한다**.

(2) 미세 중력 렌즈 현상

- 멀리 있는 별 즉, **배경별**과 렌즈 역할을 하는 **중심별**과 지구가 일직선상에 위치할 때 미세 중력 렌즈 현상이 나타난다.
  이때, **움직이는 것은 중심별**이며 **밝기 변화는 배경별의 밝기 변화를 관측하는 것**이다.

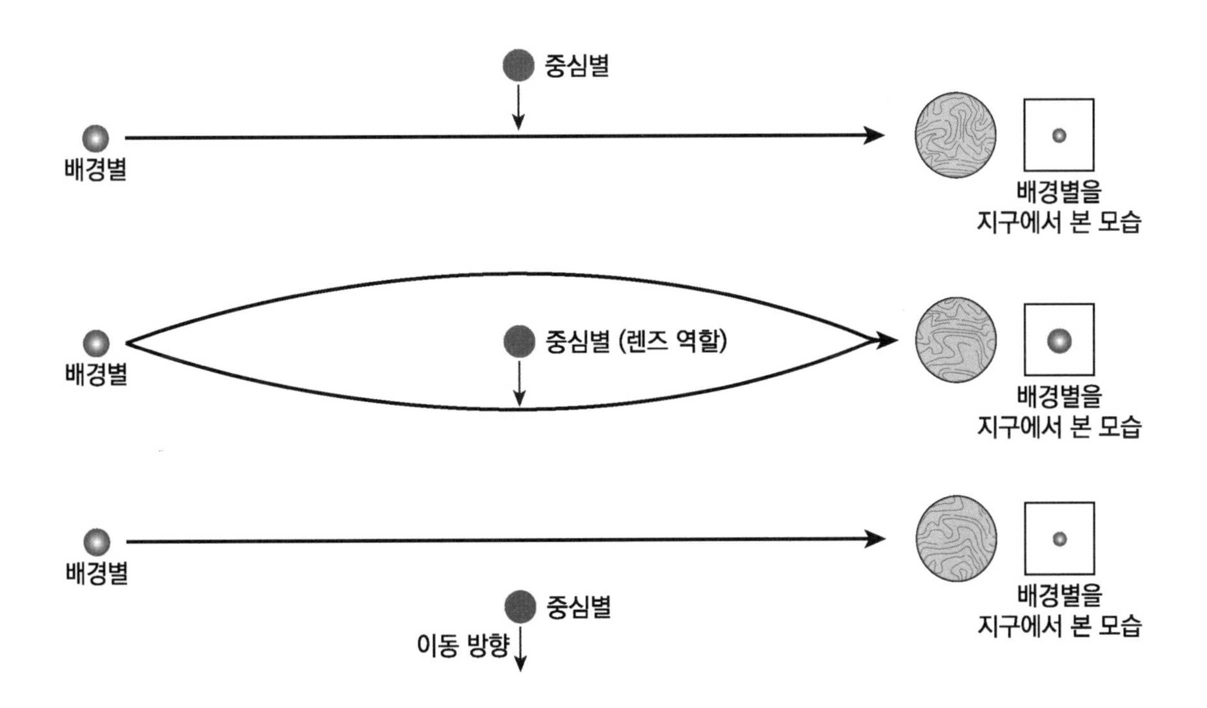

- 앞쪽의 별이 행성을 가지고 있다면 행성의 중력에 의해 추가적인 밝기 증가가 나타나 배경별의 밝기 변화가 불규칙해진다.
- 아래 그림과 같이 **미세 중력 렌즈 현상 도중 추가적인 밝기 변화가 나타나면 배경별-행성-지구가 일직선상에 놓인 것임을 알 수 있다.**
- **중심별에 의한 밝기 변화가 행성에 의한 밝기 변화보다 크게 나타나는 것은 중심별이 가진 질량이 더 크기 때문**이다.

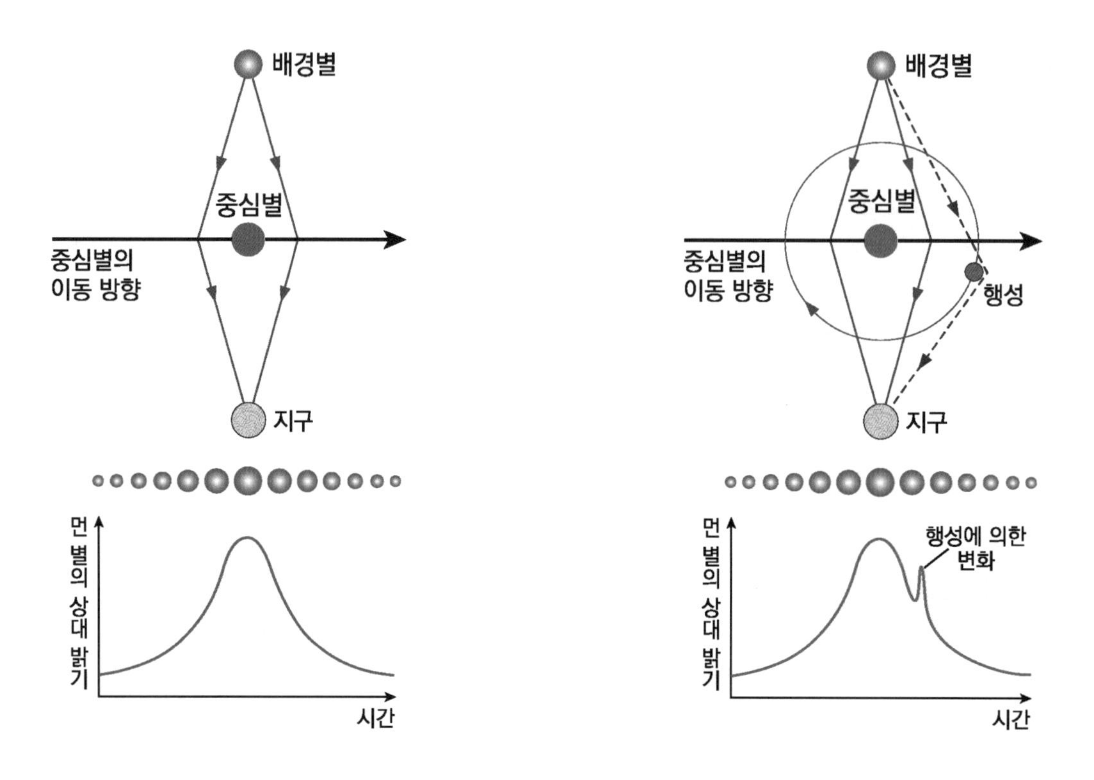

▲ 배경별 앞을 행성을 가지지 않은 중심별이 지나갈 때

▲ 배경별 앞을 행성을 가진 중심별이 지나갈 때

5. 직접 관측

외계 행성은 스스로 빛을 내지 않아 중심별에 비해 매우 어두우므로 **직접적으로 관측하기 매우 어렵다**.
따라서 중심별을 가리고 행성을 직접 촬영하여 존재를 확인한다. 이때, 행성은 대부분 적외선 영역의 에너지를 방출하므로 **적외선 영역에서 촬영한다**.

- 행성은 가시광선을 거의 방출하지 않아 적외선 영역에서 중심별을 가리고 찾는다.
- 지구에서 외계 행성까지의 거리가 가까울수록, 행성의 반지름이 클수록, 행성의 표면 온도가 높을수록 적외선의 세기가 강하므로 직접 촬영하여 행성의 존재를 파악하기 쉽다.

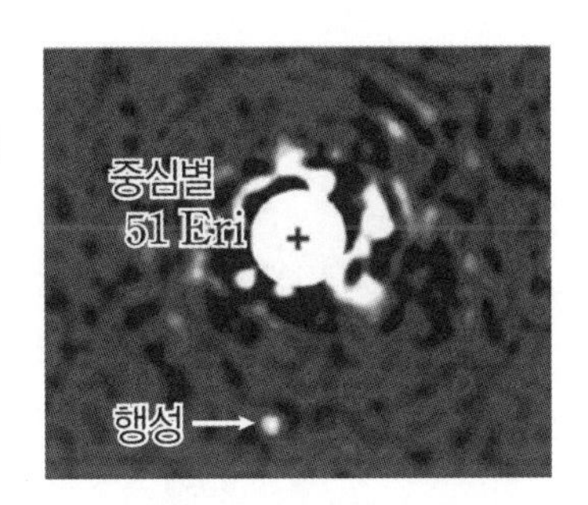

▲ 직접 촬영한 외계 행성

6. 여러 외계 행성계 탐사 방법으로 알아낸 행성들의 특징

외계 행성계를 탐사하는 여러 방법을 통해 현재까지 수천 개의 외계 행성을 발견했다. 이때 방법마다 발견한 행성들의 특징이 다른데 다음을 통해 알아보자.

① 중심별의 시선 속도 변화 이용 방법 : 대부분 질량이 큰 행성들이 발견됐다.
② 식 현상 이용 방법 : 대부분 공전 궤도 반지름이 작다.
③ 미세 중력 렌즈 현상 이용 방법 : 대부분 공전 궤도 반지름이 크다.

지금까지 발견된 외계 행성의 대부분은 목성과 같이 질량이 큰 기체형 행성(목성형 행성)이었지만, 최근에는 생명체가 존재할만한 암석형 행성(지구형 행성)을 중심으로 탐사하고 있다.

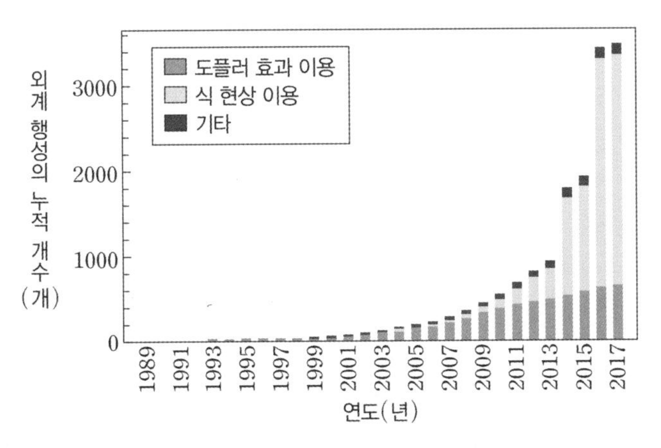

▲ 지금까지 발견한 외계 행성의 누적 수

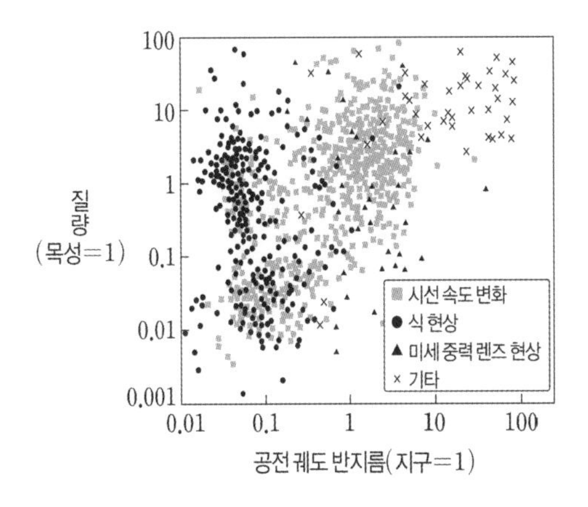

▲ 최근에 발견한 외계 행성의 물리량

memo

2019학년도 수능 지Ⅰ 18번

그림 (가)는 어느 외계 행성과 중심별이 공통 질량 중심을 중심으로 공전하는 모습을, (나)는 도플러 효과를 이용하여 측정한 이 중심별의 시선 속도 변화를 나타낸 것이다.

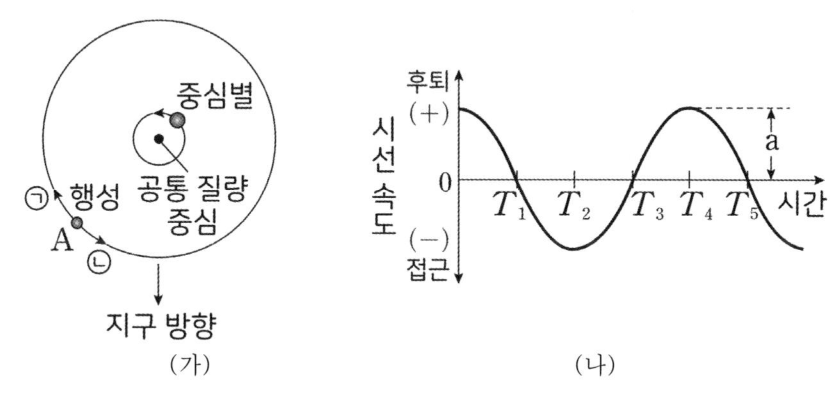

(가) (나)

이에 대한 설명으로 옳은 것만을 <보기>에서 있는 대로 고른 것은?

<보 기>

ㄱ. 공통 질량 중심에 대한 행성의 공전 방향은 ㉠이다.
ㄴ. 행성의 질량이 클수록 (나)에서 a가 커진다.
ㄷ. 행성이 A에 위치할 때 (나)에서는 $T_3 \sim T_4$에 해당한다.

① ㄱ ② ㄴ ③ ㄱ, ㄷ ④ ㄴ, ㄷ ⑤ ㄱ, ㄴ, ㄷ

추가로 물어볼 수 있는 선지
1. 행성이 A에 위치할 때, 중심별의 파장은 길어지고 있다. (O, X)
2. T_1 시점에 식 현상이 나타난다. (O, X)
3. 중심별의 공전 궤도면과 시선 방향이 이루는 각이 커지면 a가 커진다. (O, X)

정답 : 1. (X), 2. (O), 3. (X)

01 2019학년도 수능 지Ⅰ 18번

KEY POINT #시선 속도 그래프, #공통 질량 중심

문항의 발문 해석하기

발문에 제시되어 있지만, 시선 속도 변화는 외계 행성이 아닌 중심별을 관측한 데이터임을 알아야 한다.

문항의 자료 해석하기

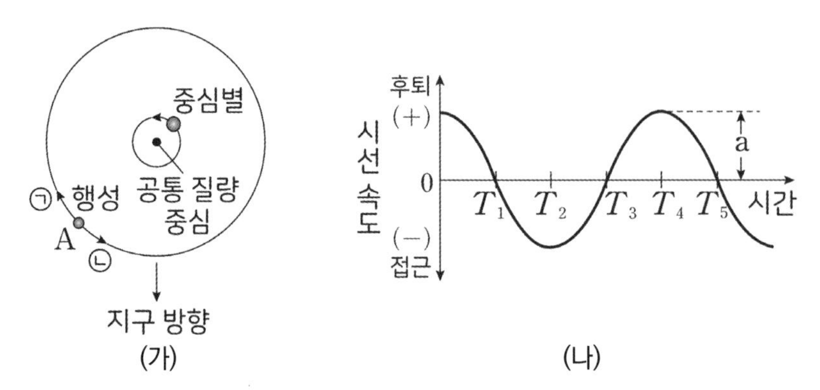

1. (가)의 경우, 행성의 공전 방향을 알려주지 않았는데 행성과 중심별은 같은 방향으로 공전하고 있음을 알아야 한다. 이때, 행성과 중심별의 위치 관계는 공통 질량 중심을 기준으로 정반대에 위치한다. 행성이 지구로부터 멀어지면, 중심별은 가까워진다.
2. (나)의 경우 시선 속도 그래프를 제시했는데 이는 중심별의 시선 속도 변화임을 알아야 한다.
   또한 공전 궤도면이 시선 방향과 나란한 경우 시선 속도의 최댓값은 별의 공전 속도에 해당하며, 행성과 별의 공전 주기는 동일하고 행성의 공전 궤도 반지름이 더 크다는 것을 통해 $v=\frac{2\pi r}{T}\propto\frac{r}{T}=\frac{\text{공전 궤도 반지름}}{\text{주기}}$ 을 이용해서 행성의 공전 속도는 별의 공전 속도보다 빠름을 유추할 수 있다.

선지 판단하기

ㄱ 선지 공통 질량 중심에 대한 행성의 공전 방향은 ㉠이다. (X)

행성과 중심별은 같은 방향으로 공전하기 때문에 공통 질량 중심에 대한 행성의 공전 방향은 ㉡이다.

ㄴ 선지 행성의 질량이 클수록 (나)에서 a가 커진다. (O)

행성의 질량이 클수록 공통 질량 중심이 별에서 멀어진다. 주기는 동일하기 때문에 중심별이 공전하는 궤도가 커질수록 별의 도플러 효과가 더 크게 나타난다. 도플러 효과가 더 크게 나타나면 시선 속도 또한 크게 나타나기 때문에 a가 더 크게 나타나게 된다.

ㄷ 선지 행성이 A에 위치할 때 (나)에서는 $T_3 \sim T_4$에 해당한다. (X)

행성이 A에 위치한 경우 중심별은 적색편이 최댓값을 찍은 후 지구에서 멀어지는 중이다. 이 시점은 $T_4 \sim T_5$에 해당한다.

기출문항에서 가져가야 할 부분

1. 중심별과 행성은 같은 방향으로 공전함을 이해하기
2. 행성의 질량이 클수록 시선 속도 변화량이 커진다는 것을 알기
3. 시선 속도와 시간 그래프를 통해 별의 위치 파악하기

❙ 기출 문제로 알아보는 유형별 정리

[시선 속도 변화]

1 시선 속도 변화

① 시선 속도 변화를 통해 별과 행성의 위치 파악하기 2019학년도 9월 모의평가 18번

그림 (가)와 (나)는 어느 외계 행성에 의한 중심별의 시선 속도 변화와 겉보기 밝기 변화를 관측하여 각각 나타낸 것이다.

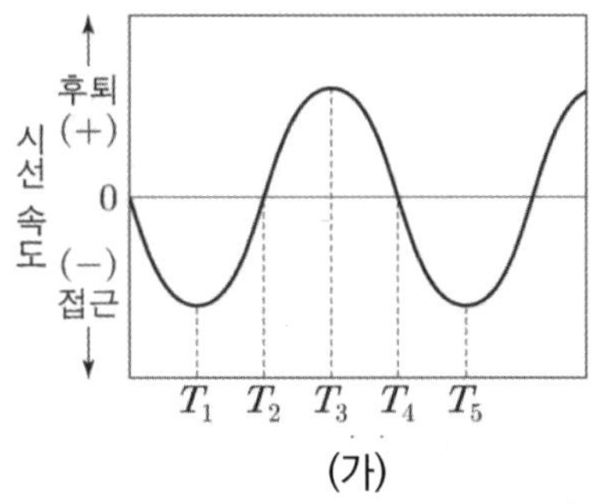

(가)

ㄴ. (가)에서 지구로부터 중심별까지의 거리는 T_2일 때가 T_3일 때보다 가깝다. (O)

- (가) 자료를 통해 중심별의 시선 속도 변화를 확인할 수 있다. 이때, T_1 **시기에는 가장 빠른 속도로 접근**하므로 **청색 편이**가 나타나고, T_3 **시기에는 가장 빠른 속도로 후퇴**하므로 **적색 편이**가 나타난다. 따라서 나머지 시간을 오른쪽 그림과 같이 나타낼 수 있다.
그러므로 지구로부터 중심별까지의 거리는 T_2일 때가 T_3일 때보다 가깝다.
- 위 자료와 같이 시선 속도와 시각을 주면 각 시각에 해당하는 별의 위치를 찾아 그려둘 수 있도록 하자.
- 시선 속도 변화 그래프를 통해 **별과 행성의 주기를 파악**할 수 있음을 이해하자.
- **별과 행성은 공통 질량 중심을 기준으로 정반대에 있다**는 것을 기억하자.

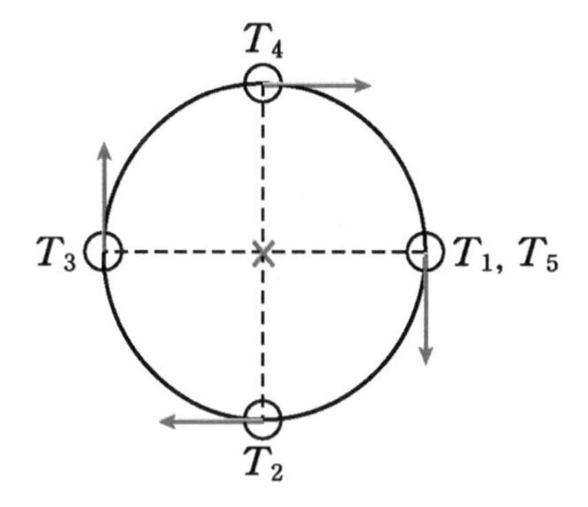

▲ 시선 속도 변화에 따른 별의 위치

- 방금 확인한 문제를 조금 더 깊게 탐구해보자.

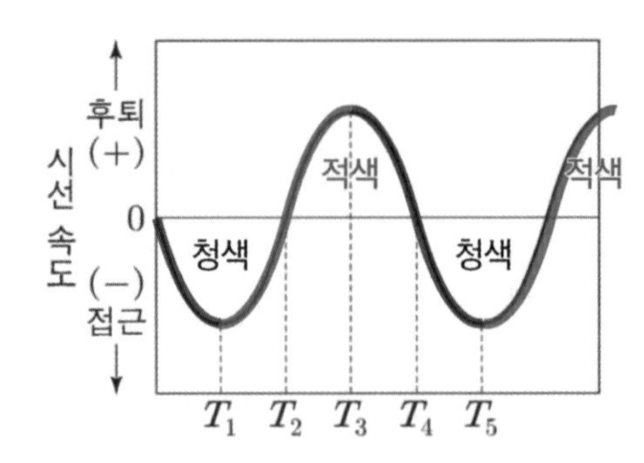

- 적색 편이는 시선 속도가 (+), 도플러 효과가 적색으로 이동했을 때를 의미한다.
- 청색 편이는 시선 속도가 (-), 도플러 효과가 청색으로 이동했을 때를 의미한다.
- 적색 편이와 청색 편이는 λ_0(기준 파장)을 기준으로 (+)인지 (-)인지를 나타내는 것이지 단순히 파장이 길어진다고 적색 편이인 것이 아니다.
- 즉 **적색 편이 구간에서도 파장이 감소하는 구간이 나타날 수 있으며, 청색 편이 구간에서도 파장이 증가하는 구간이 나타날 수 있다**.

  위 그래프에서 **색상으로 표현한 부분은 파장이 길어지는 기간**이며, **검정색으로 표현한 부분은 파장이 짧아지는 기간**이다.

2 시선 속도와 공전 속도는 다르다.

① 각도에 따라 변화하는 중심별의 시선 속도 2023학년도 6월 모의평가 20번

그림 (가)는 중심별과 행성이 공통 질량 중심에 대하여 공전하는 원 궤도를, (나)는 중심별의 시선 속도를 시간에 따라 나타낸 것이다. 행성이 A에 위치할 때 중심별의 시선 속도는 -60m/s이고, 행성의 공전 궤도면은 관측자의 시선 방향과 나란하다.

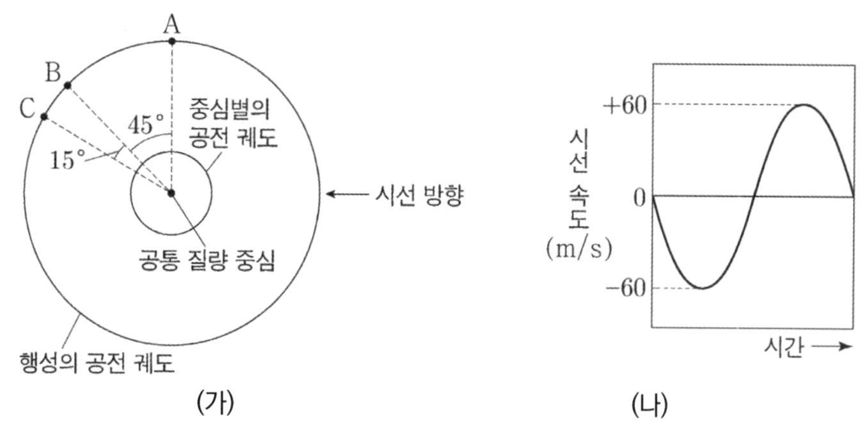

ㄷ. 중심별의 시선 속도는 행성이 B를 지날 때가 C를 지날 때의 $\sqrt{2}$배이다. (O)

- 행성이 A에 위치할 때 중심별의 시선 속도는 -60m/s이므로 별은 행성이 A에 위치할 때 청색 편이가 나타난다.
  자료에 나타난 행성의 위치를 보고 중심별의 위치를 아래와 같이 나타내자. 정확히 공통 질량 중심을 기준으로 반대편에 별이 위치한다.
  이때, 별이 A, B, C 위치에 있을 때 중심별의 공전 속도(v)는 변하지 않지만 시선 속도는 변화한다. A 위치에 있을 때 별의 시선 속도는 공전 속도와 같으므로 v이다.

  B 위치에서 별의 시선 속도는 $v\cos 45° = \frac{v}{\sqrt{2}}$이다.

  C 위치에서 별의 시선 속도는 $v\cos 60° = \frac{v}{2}$이다.

  따라서 중심별의 시선 속도는 B가 C의 $\sqrt{2}$배이다.
- 다음과 같이 **중심별의 위치에 따라 시선 속도가 다르게 나타난다는 것**을 반드시 기억하자.
- 주로 특수각으로 별의 위치를 제시하므로 **특수각과 삼각비에 대한 내용을 숙지하도록 하자**.

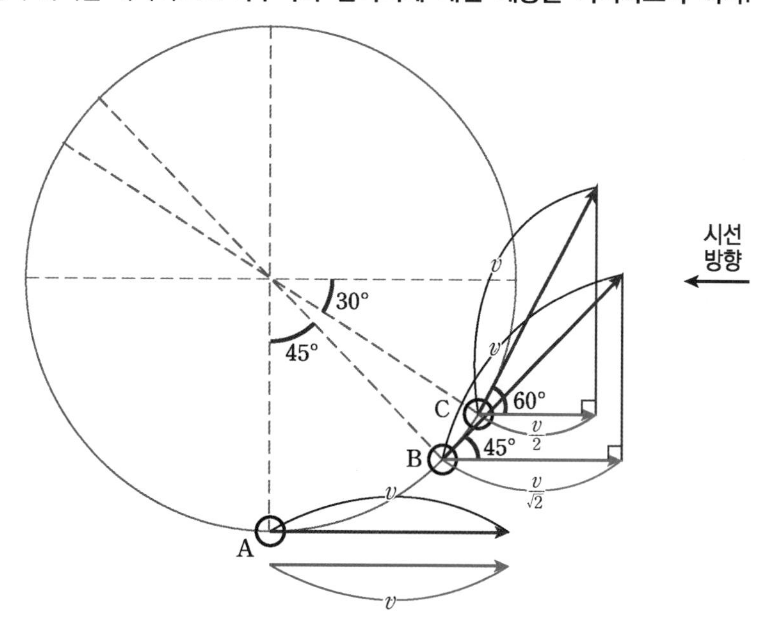

3 공전 궤도면과 시선 방향이 이루는 각

① 공전 궤도면과 시선 방향이 이루는 각이 달라지면 시선 속도가 변화한다. 2022년 10월 학력평가 20번

그림 (가)는 어느 외계 행성계에서 공통 질량 중심을 원 궤도로 공전하는 중심별의 모습을, (나)는 중심별의 시선 속도를 시간에 따라 나타낸 것이다. 이 외계 행성계에는 행성이 1개만 존재하고, 중심별의 공전 궤도면과 시선 방향이 이루는 각은 60°이다.

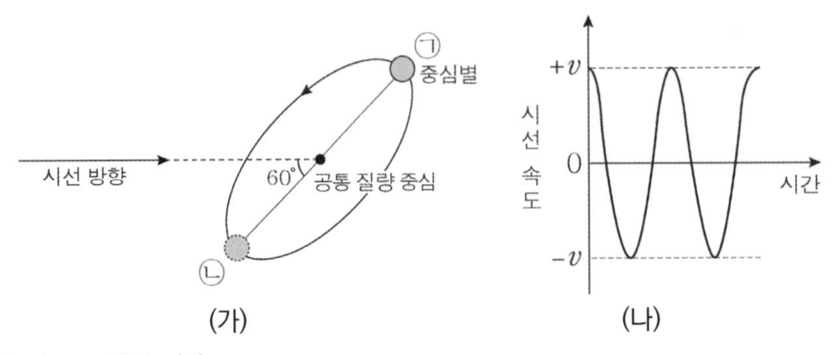

(가) (나)

ㄴ. 중심별의 공전 속도는 $2v$이다. (O)

- 중심별과 시선 방향이 이루는 각이 $60°$ 이기 때문에 관측되는 속도 즉,

  시선 속도 v는 $v = \mathrm{V}\cos 60°$ 즉, $\frac{1}{2}\mathrm{V}$이다. 따라서 중심별의 공전 속도 V는 $2v$이다.
- 이처럼 **공전 궤도면이 시선 방향과 나란하지 않을 때는 시선 속도의 최댓값이 공전 속도와 동일하지 않음**을 알 수 있다. (p.99 내용과 연계되어 나올 가능성이 매우 높다. 반드시 정리하도록 하자.)
- 시선 방향과 공전 궤도면이 이루는 각이 작을수록 시선 속도 변화가 크게 나타난다.

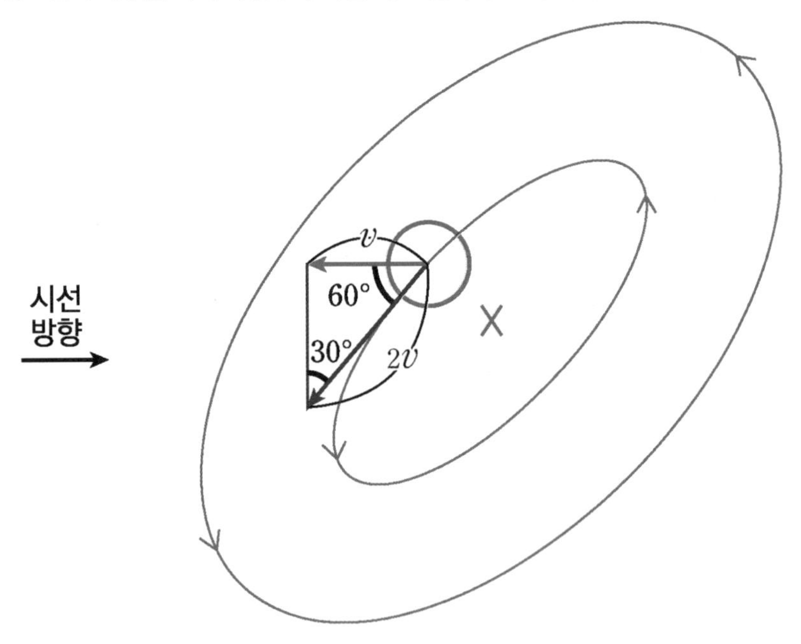

4 공통 질량 중심

① 행성의 질량과 공통 질량 중심 2016학년도 9월 모의평가 19번

그림 (가), (나), (다)는 서로 다른 외계 행성계를 나타낸 것이다. 세 중심별의 질량과 반지름은 태양과 같고, 세 행성의 반지름은 지구와 같다. (단, 행성은 원 궤도를 따라 공전하며, 공전 궤도면은 관측자의 시선 방향과 나란하다.)

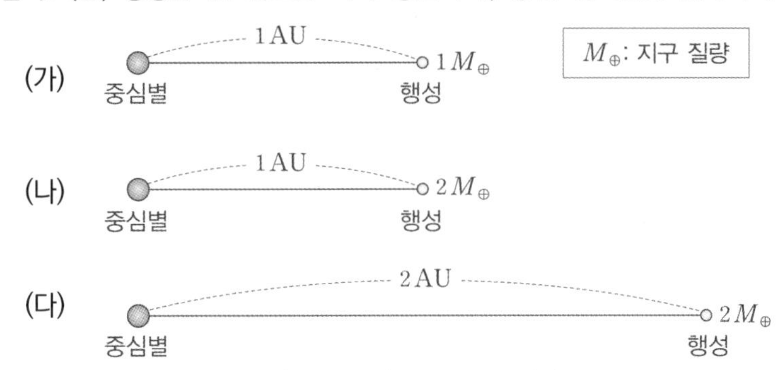

ㄴ. 도플러 효과에 의한 별빛의 최대 편이량은 (나)가 (가)보다 크다. (O)

- (가)와 (나)는 중심별의 질량이 같지만, 행성의 질량은 (나)가 더 크다.
  따라서 행성에 의해 나타나는 중심별의 도플러 효과는 행성의 질량이 더 커서 공통 질량 중심이 중심별에서 멀어지는 (나)가 더 크게 나타난다.
- 이처럼 중심별의 질량은 같지만 행성의 질량이 크다면 공통 질량 중심은 중심별에서 멀어짐을 이해하도록 하자.
- 아래와 같이 극단적인 시소 모형을 통해 나타낼 수도 있다.
  중심별의 질량이 같을 때 행성의 질량이 크거나 공전 궤도 반지름이 크다면 공통 질량 중심은 중심별로부터 멀어지는 것을 확인할 수 있다.

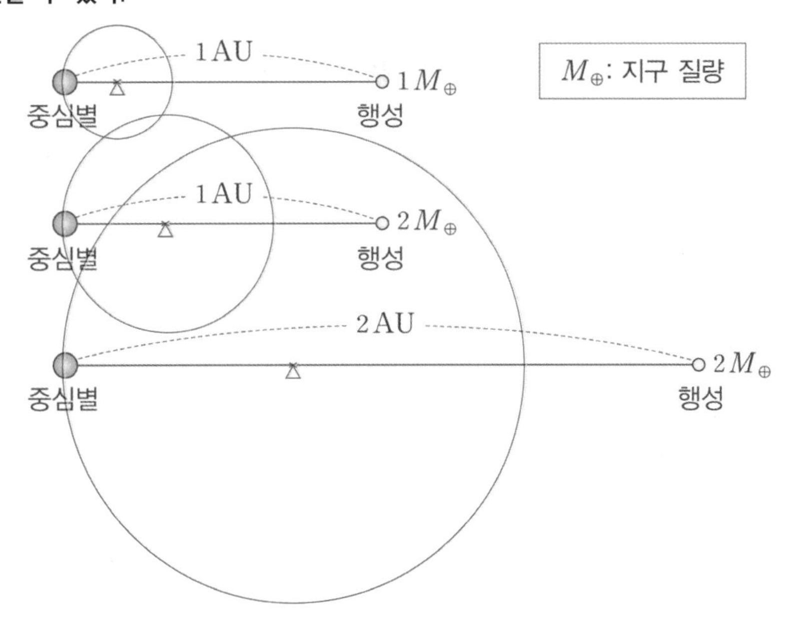

- 공통 질량 중심에 대해 조금 더 깊게 탐구해보자.

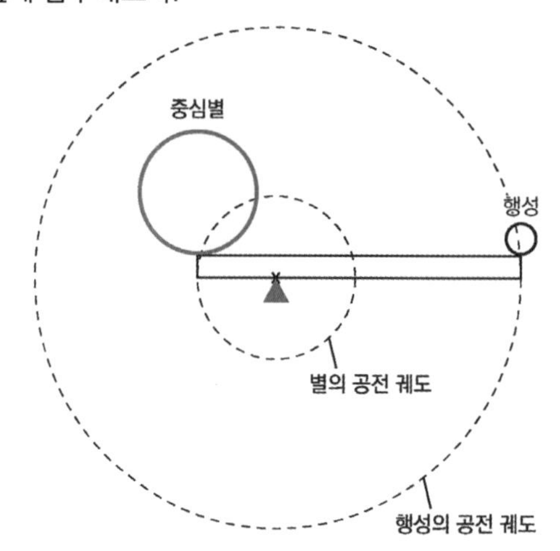

- 공통 질량 중심 : 별과 행성이 공전 운동을 할 때, 그 사이에 기준이 되는 중심이다. 이때, 별과 행성의 질량이 차이가 나면 **공통 질량 중심은 무거운 쪽으로 치우친다**.
- **별과 행성의 공전 주기는 동일**하다.
- 별과 행성 사이 거리가 일정할 때, 행성 질량이 커지면 공통 질량 중심은 행성 쪽으로 이동하여 중심별의 공전 궤도가 커진다.
- **공전 궤도가 커질 때** 별과 행성의 공전 주기가 변함이 없다면 중심별의 이동 거리가 증가하기 때문에 **중심별의 공전 속도가 증가**하게 된다.
- 중심별의 공전 속도가 증가하면 **시선 속도 변화량 그래프의 최댓값도 증가**하게 된다.
- **행성의 공전 속도는 항상 별의 공전 속도보다 크다**.
- **별과 행성의 공전 궤도는 공통 질량 중심을 기준으로 대칭**을 이룬다.
- 별이 지구에서 멀어지면, 행성은 지구에 가까워진다.
- 선지에서 **별의 위치 관계를 묻는지 행성의 위치 관계를 묻는지 확실히 체크**해야 한다. 실수가 정말 많이 나오는 부분이다.
- 별의 질량이 작을수록, 행성의 질량이 클수록 도플러 효과가 크게 나타난다.

추가로 물어볼 수 있는 선지 해설
1. 행성이 A에 위치할 때, 중심별의 파장은 길어지고 있다. ⇒ 행성이 A에 위치할 때의 시점은 $T_4 \sim T_5$로, 중심별은 적색 편이가 나타나지만, 파장은 짧아지고 있다. 2. T_1 시점에 식 현상이 나타난다. ⇒ 식 현상은 중심별의 시선 속도가 (+)에서 (-)로 변화하는 시점에 나타난다. 따라서 T_1시점과 T_5 시점에 식 현상이 나타나게 된다. 3. 중심별의 공전 궤도면과 시선 방향이 이루는 각이 커지면 a가 커진다. ⇒ 중심별의 공전 궤도면과 시선 방향이 이루는 각(θ)이 커지면 시선 속도는 $v\cos\theta$로 변하게 된다. 따라서 a는 작아진다.

Theme 07 - 1 외계 행성계 탐사

2021년 7월 학력평가 지Ⅰ 19번

그림은 외계 행성이 중심별 주위를 공전하며 식현상을 일으키는 모습과 중심별의 밝기 변화를 나타낸 것이다. 이 외계 행성에 의해 중심별의 도플러 효과가 관측된다.

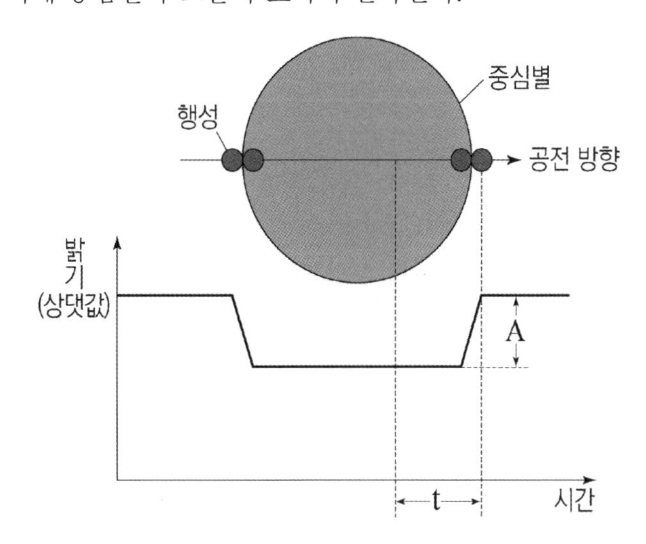

이에 대한 설명으로 옳은 것만을 <보기>에서 있는 대로 고른 것은?

<보 기>

ㄱ. 행성의 반지름이 2배 커지면 A 값은 2배 커진다.
ㄴ. t 동안 중심별의 적색 편이가 관측된다.
ㄷ. 중심별과 행성의 공통 질량 중심을 중심으로 공전하는 속도는 중심별이 행성보다 느리다.

① ㄱ ② ㄷ ③ ㄱ, ㄴ ④ ㄴ, ㄷ ⑤ ㄱ, ㄴ, ㄷ

추가로 물어볼 수 있는 선지
1. 행성의 질량이 커지면 t가 짧아진다. (O, X)
2. 별의 질량이 커지면 t가 짧아진다. (O, X)
3. 중심별과 행성 사이의 거리가 멀어지면 A가 작아진다. (O, X)

정답 : 1. (O), 2. (X), 3. (X)

02 2021년 7월 학력평가 지Ⅰ 19번

KEY POINT #식 현상, #행성의 크기

문항의 발문 해석하기

발문에서 도플러 효과가 나타난다고 제시한 것을 통해 식 현상과 도플러 효과를 함께 물어볼 것이라고 생각하고 문제 풀이에 들어가야 한다.

문항의 자료 해석하기

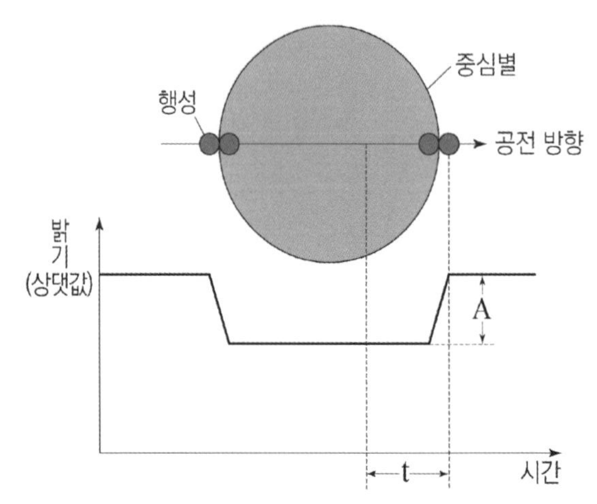

1. 중심별의 밝기 변화 A는 $\frac{r^2}{R^2}$(r = 행성 반지름, R = 중심별 반지름)과 비례한다.
2. 식 현상이 나타나는 주기는 행성의 공전 주기와 동일하다.

선지 판단하기

ㄱ 선지 행성의 반지름이 2배 커지면 A 값은 2배 커진다. (X)

행성의 반지름이 2배 커지면 별을 가리는 면적은 4배 커지게 된다.

ㄴ 선지 t 동안 중심별의 적색 편이가 관측된다. (X)

식 현상은 중심별의 시선 속도 변화가 (+)에서 (-)로 변할 때 나타나게 되고, 시선 속도 변화가 0인 시점은 행성과 중심별이 시선 방향과 나란할 때이다. t시점은 중심별이 시선 속도 변화가 0인 시점을 지나 (-)로 변해 청색 편이가 나타나는 시점이다. 따라서 t 동안 중심별의 청색 편이가 관측된다.

ㄷ 선지 중심별과 행성의 공통 질량 중심을 중심으로 공전하는 속도는 중심별이 행성보다 느리다. (O)

항상 중심별이 행성보다 공통 질량 중심에 가깝고, 공전 궤도가 더 작다. 두 천체의 공전 주기는 동일하기 때문에 궤도가 더 큰 행성의 공전 속도가 항상 빠르게 나타나게 된다.

기출문항에서 가져가야 할 부분

1. 중심별의 밝기 변화 A는 $\frac{r^2}{R^2}$에 비례한다.
2. 식 현상은 중심별의 시선 속도 변화가 (+)에서 (-)로 변할 때 나타난다.
3. 공전 속도는 별이 행성보다 항상 느리다.

▎기출 문제로 알아보는 유형별 정리

[식 현상]

1 식 현상

① 식 현상으로 알 수 있는 행성과 별의 물리량 2017년 3월 학력평가 18번

그림은 외계 행성에 의한 중심별의 겉보기 밝기 변화를 나타낸 것이다.

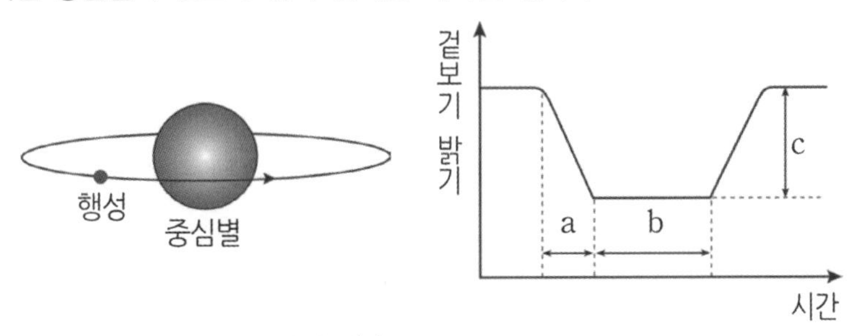

ㄱ. 중심별의 반지름이 클수록 a 구간이 길어진다. (X)

- a는 행성이 중심별 앞을 점점 가리는 기간이다. 이는 중심별의 반지름과는 관련이 없다.
- 중심별이 아닌 **행성의 반지름이 커질수록 행성의 단면적이 늘어나 a 구간이 길어진다**.
- 식 현상을 통해 여러 물리량을 알 수 있는데 다음과 같은 내용을 알아보도록 하자.

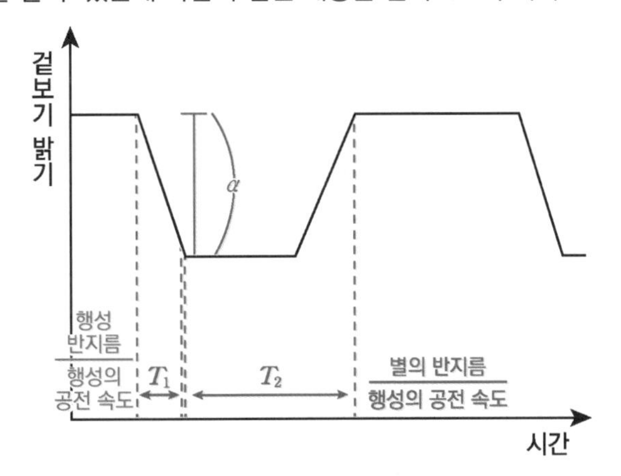

▲ 식 현상이 나타날 때 겉보기 밝기 변화 그래프로 알 수 있는 물리량

- 중심별의 밝기 변화 α는 $\frac{r^2}{R^2}$(r = 행성 반지름, R = 중심별 반지름)**과 비례한다**.
- 식 현상 그래프에서 별의 반지름과 행성의 반지름을 파악하는 방법은 위 그래프와 같다.

  T_1 기간은 $\frac{\text{행성의 반지름}}{\text{행성의 공전 속도}}$에 비례하고, T_2 기간은 $\frac{\text{별의 반지름}}{\text{행성의 공전 속도}}$에 비례한다.
- **식 현상은 별과 행성 사이의 거리와 무관하게 나타난다**. 왜냐하면 지구에서 외계 행성계를 바라보면 행성과 별의 거리 차이가 거의 없는 것으로 느껴지기 때문이다.

  (행성의 공전 궤도면이 더 크면 식 현상이 발생할 때 행성의 크기가 커져보이는 것이 아니다.)
- 식 현상은 **행성의 공전 속도가 빠를수록 지속 기간이 짧아진다. 또한, 행성이 중심별에 가까이 공전할수록 공전 속도는 빨라진다.** (이는 지구과학2에서 배우는 케플러 법칙으로 증명된다.)
- **식 현상이 나타나는 주기는 행성의 공전 주기와 같다**.

② 공전 궤도면과 시선 방향이 나란하지 않은 경우 2019년 10월 학력평가 20번

그림 (가)는 어느 외계 행성의 식 현상에 의한 중심별의 밝기 변화를, (나)는 이 외계 행성의 공전 궤도면과 시선 방향이 이루는 각이 달라졌을 때 예상되는 식 현상에 의한 중심별의 밝기 변화를 나타낸 것이다.

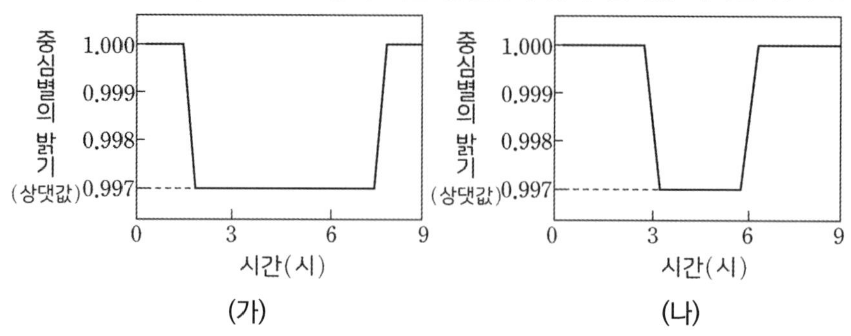

ㄱ. 외계 행성의 공전 궤도면이 시선 방향과 이루는 각은 (가)보다 (나)일 때 크다. (O)

- (가)와 (나) 중 식 현상이 지속되는 기간은 (가)가 더 길어서 시선 방향과 이루는 각은 (가)보다 (나)일 때 크다.
- 위와 같이 **공전 궤도면과 시선 방향이 이루는 각이 커질 때는 식 현상의 지속 기간이 더 짧아진다는 것**을 알아 두도록 하자.
- 또한 **앞에서 바라본 행성의 공전 방향과 옆에서 바라본 행성의 공전 궤도면의 그림을 이해하자**.

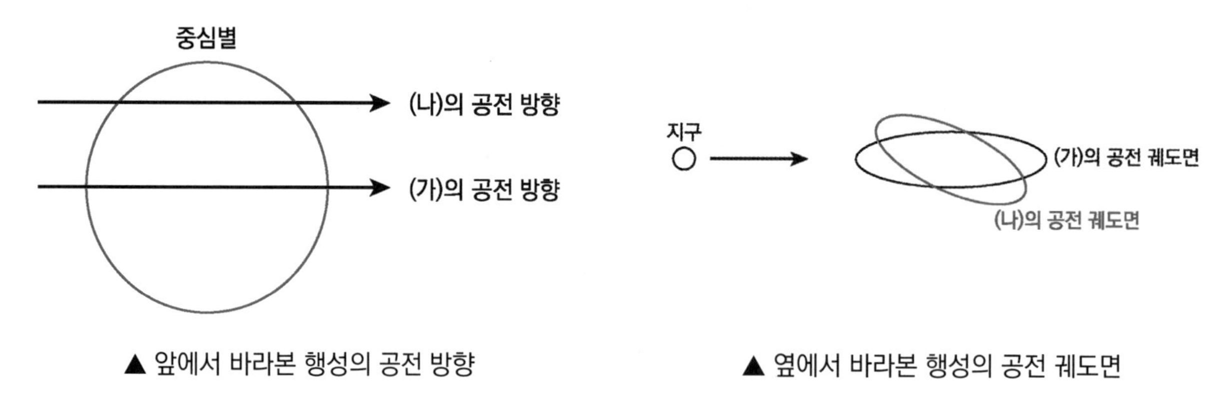

▲ 앞에서 바라본 행성의 공전 방향

▲ 옆에서 바라본 행성의 공전 궤도면

추가로 물어볼 수 있는 선지 해설

1. 행성의 질량이 커지면 중심별과 공통 질량 중심 사이의 거리가 멀어지므로 중심별의 공전 궤도가 커진다. 공전 주기가 일정하다면 행성의 공전 속도도 증가하므로 t의 길이는 감소한다.
2. 중심별의 질량이 커지면 중심별과 공통 질량 중심 사이의 거리가 가까워지므로 중심별의 공전 궤도가 작아진다. 공전 주기가 일정하다면 행성의 공전 속도는 감소하므로 t의 길이는 증가한다,
3. 식 현상에서 밝기 변화는 별과 행성 사이의 거리와 무관하다. 지구와 외계 행성계까지의 거리가 굉장히 멀기 때문에 외계 행성계에서 중심별과 행성 사이의 거리는 무시 가능한 수준이다.

2021학년도 수능 지Ⅰ 18번

그림 (가)는 별 A와 B의 상대적 위치 변화를 시간 순서로 배열한 것이고, (나)는 (가)의 관측 기간 동안 이 중 한 별의 밝기 변화를 나타낸 것이다. 이 기간 동안 B는 A보다 지구로부터 멀리 있고, 별과 행성에 의한 미세 중력 렌즈 현상이 관측되었다.

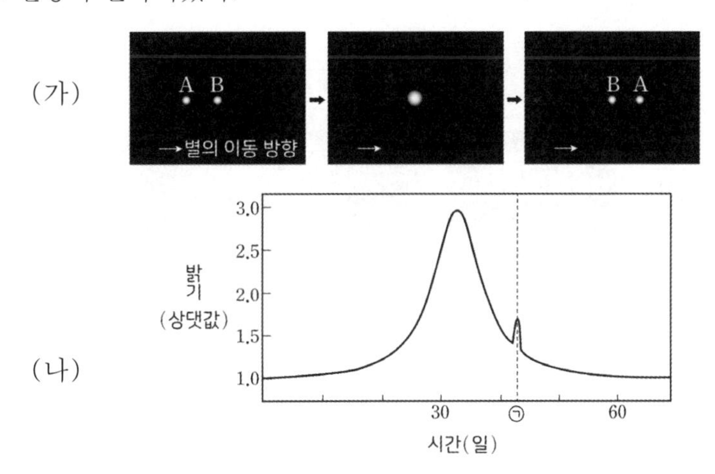

이 자료에 대한 설명으로 옳은 것만을 <보기>에서 있는 대로 고른 것은? [3점]

<보 기>

ㄱ. (나)의 ㉠ 시기에 관측자와 두 별의 중심은 일직선상에 위치한다.
ㄴ. (나)에서 별의 겉보기 등급 최대 변화량은 1등급보다 작다.
ㄷ. (나)로부터 A가 행성을 가지고 있다는 것을 알 수 있다.

① ㄱ ② ㄷ ③ ㄱ, ㄴ ④ ㄴ, ㄷ ⑤ ㄱ, ㄴ, ㄷ

추가로 물어볼 수 있는 선지
1. (나)는 별 B의 밝기 변화를 나타낸 것이다. (O, X)
2. (나) 그래프를 통해 A의 행성이 A보다 B-지구의 일직선상을 먼저 통과했음을 알 수 있다. (O, X)
3. 천체의 질량이 클수록 중력 렌즈 효과는 크게 나타난다. (O, X)

정답 : 1. (O) 2. (X) 3. (O)

03 2021학년도 수능 지Ⅰ 18번

KEY POINT #미세 중력 렌즈 효과, #배경별, #행성

문항의 발문 해석하기

미세 중력 렌즈 효과를 통해 외계 행성계를 탐사하는 방법이다. 이는 행성을 가지고 있는 별이 아닌 배경별의 밝기 변화를 통해 앞쪽 별의 외계 행성을 탐사하는 방법이다.

문항의 자료 해석하기

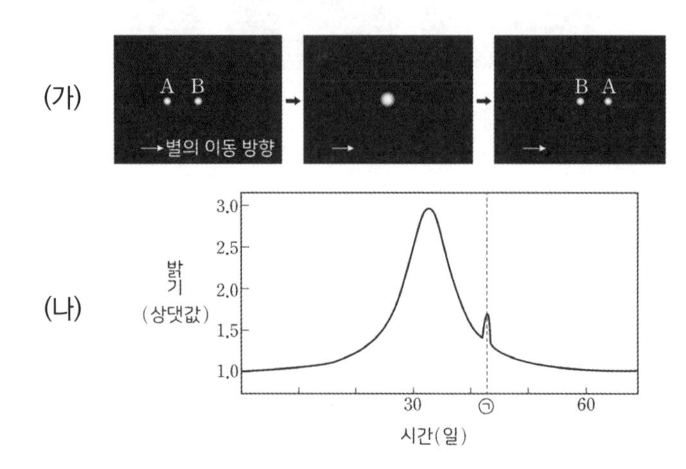

1. 발문에서 B는 A보다 멀리 있는 별이라는 것을 알려주었다. 이때, 이동하고 있는 별 A가 앞쪽에 위치한 별이고 위치 변화가 없는 별 B가 배경별이다.
   관측한 별의 밝기 변화는 배경별인 B 별의 밝기 변화이고, 미세한 밝기 변화가 나타난 ㉠은 A가 속한 외계 행성계의 행성에 의해 나타난 밝기 변화이다.

선지 판단하기

ㄱ 선지 (나)의 ㉠ 시기에 관측자와 두 별의 중심은 일직선상에 위치한다. (X)

(나)의 ㉠ 시기는 A가 속한 외계 행성계의 행성에 의해 나타난 밝기 변화이다. 따라서 두 별의 중심이 일직선상에 위치한 것이 아닌 A에 속한 행성의 중심과 B 별의 중심이 일직선 상에 위치해있다.
두 별의 중심이 일직선상에 위치한 시점은 별의 밝기 변화가 최대인 지점이다.

ㄴ 선지 (나)에서 별의 겉보기 등급 최대 변화량은 1등급보다 작다. (X)

밝기가 2.5배 차이나면 등급은 1등급이 차이가 난다. (나)에서 최대 밝기 변화는 약 3배 차이로, 2.5배보다 더 많이 차이난다. 따라서 별의 겉보기 등급 최대 변화량은 1등급보다 크다.

ㄷ 선지 (나)로부터 A가 행성을 가지고 있다는 것을 알 수 있다. (O)

미세 중력 렌즈 효과는 앞쪽 별에 행성이 있음을 알 수 있는 방법이다. 따라서 앞쪽 별인 A에 행성이 있음을 알 수 있다.

기출문항에서 가져가야 할 부분

1. 미세 중력 렌즈 효과는 앞쪽 별이 아닌 뒤에 위치한 배경별의 밝기 변화를 통해 앞쪽 별의 행성을 탐사함을 알기
2. 광도와 등급 사이의 관계 이해하기

기출 문제로 알아보는 유형별 정리

[미세 중력 렌즈 현상]

1 미세 중력 렌즈 현상

① 배경별? 중심별? 2018년 10월 학력평가 20번

그림 (가)와 (나)는 외계 행성을 탐사하는 서로 다른 방법을 나타낸 것이다.

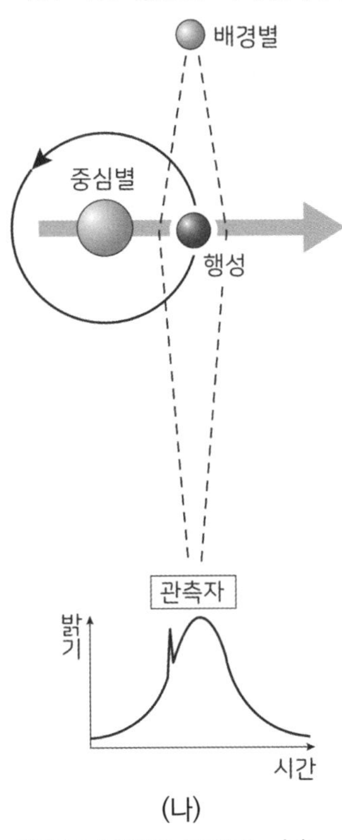

(나)

ㄴ. (나)의 그래프는 행성의 중심별의 밝기 변화를 나타낸 것이다. (X)

- (나)는 미세 중력 렌즈 현상에 의한 밝기 변화가 나타난다. 미세 중력 렌즈 현상은 먼 천체 즉, 배경별의 겉보기 밝기 변화를 관측하는 것이므로 중심별의 밝기 변화를 나타낸 것이 아니다.
- **미세 중력 렌즈 현상은 멀리 있는 배경별의 밝기 변화를 관측하는 것**으로, 중심별이 배경별 앞을 지나가면서 현상이 나타난다. 이때, **중심별과 행성은 빛의 경로를 휘어지게 만드는 중력을 제공한다**.

② 미세 중력 렌즈 현상으로 알 수 있는 행성의 통과 기간 　　2018년 7월 학력평가 13번

그림 (가)와 (나)는 외계 행성에 의한 미세 중력 렌즈 현상과 식 현상의 겉보기 밝기 변화를 순서 없이 나타낸 것이다.

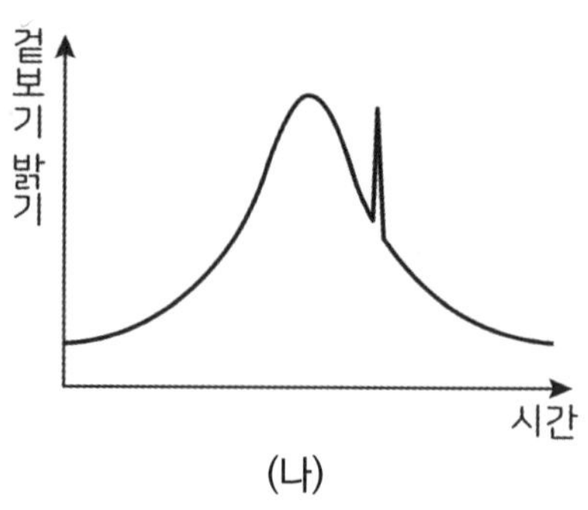

(나)

ㄱ. 미세 중력 렌즈 현상에 의한 겉보기 밝기 변화는 (나)이다.

- (나)는 겉보기 밝기가 증가하고 불규칙적인 밝기 변화가 또 일어났으므로 미세 중력 렌즈 현상에 의한 겉보기 밝기 변화라 할 수 있다.
- 위 자료의 (나)는 배경별-중심별-지구가 일직선상에 놓인 후 배경별-행성-지구가 일직선상에 놓인 것이라고 판단할 수 있다.
  아래 자료와 같이 **중심별과 행성 중 어떤 천체가 먼저 통과했는지에 대한 내용을 알아두도록 하자.**

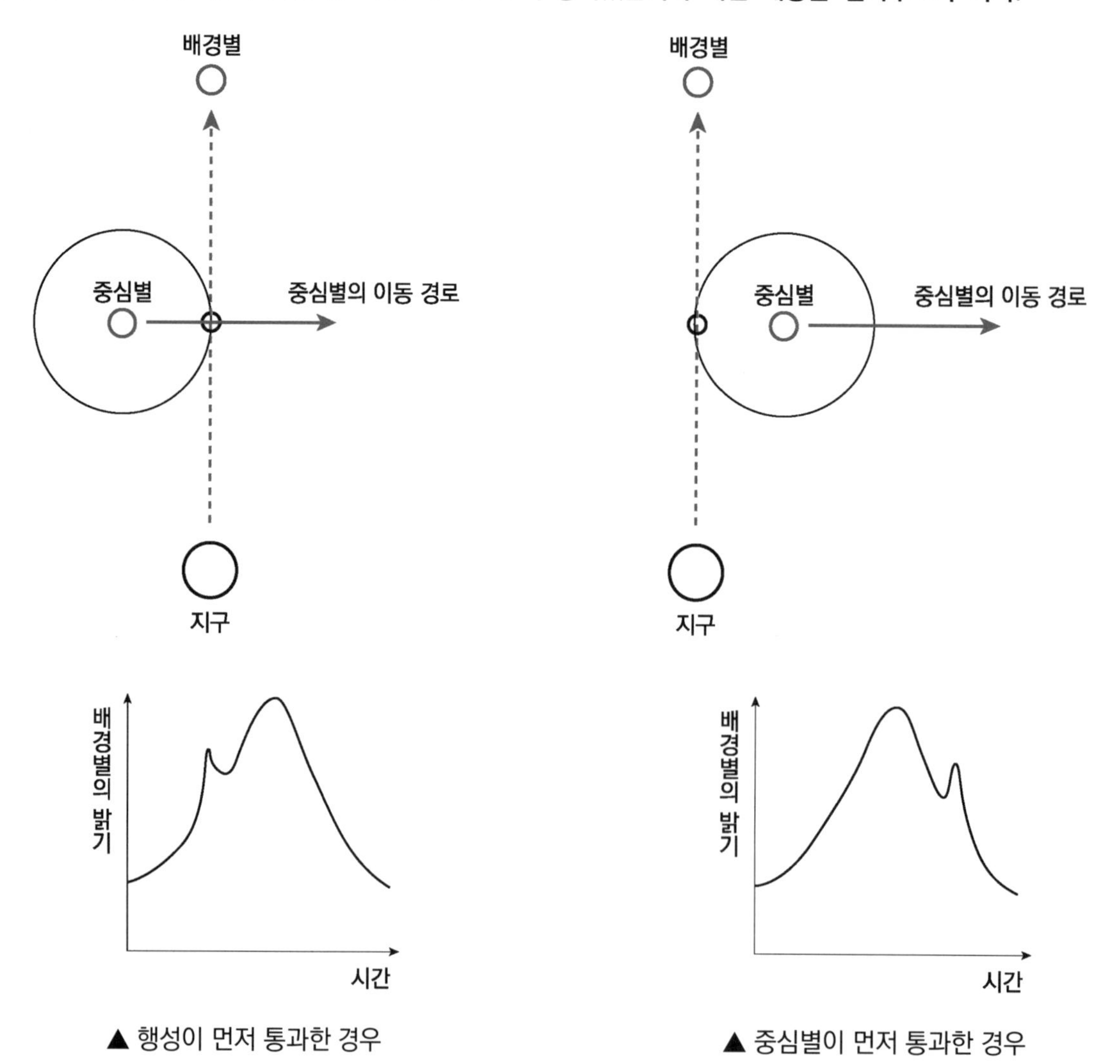

▲ 행성이 먼저 통과한 경우 　▲ 중심별이 먼저 통과한 경우

추가로 물어볼 수 있는 선지 해설

1. 미세 중력 렌즈 효과는 배경별의 밝기 변화를 통해 배경별 앞을 지나가는 중심별의 행성의 존재 여부를 탐사하는 방법이다. 따라서 (나)는 별 B의 밝기 변화를 나타낸 것이다.
2. 먼저 일직선상에 위치한 것은 별 A이다.
3. 천체의 질량이 클수록 빛을 더 많이 왜곡시켜 겉보기 밝기가 더욱 증가한다.

Chapter

02 생명 가능 지대

❙ 생명 가능 지대

1. 외계 생명체

- 외계 생명체란 지구가 아닌 다른 천체에 존재하는 모든 생명체를 말한다. 인류가 발견한 생명체는 모두 지구 내에 존재한다. 따라서 외계 생명체가 어떤 분자구조와 물질로 이루어졌는지 모른다.
  따라서 지구에서 생명체가 탄생한 것과 마찬가지로 **액체 상태의 물**이 존재하는 행성이라면 생명체가 있을 수 있다고 추정한다.
- **액체 상태의 물**은 비열이 커서 **많은 양의 열을 가지고 있을 수 있다**. 또한, **다양한 물질을 녹일 수 있는 용매**이므로 생명체가 탄생하고 진화하기 위한 환경을 조성한다.

2. 생명 가능 지대

- 생명 가능 지대란 중심별 주위에 **물이 액체 상태로 존재할 수 있는 거리의 범위**다. 중심별에서 내뿜는 열에너지에 의해 주변 행성들의 온도가 올라가게 된다. 이때, 물이 액체 상태로 존재할 수 있는 영역에 행성이 존재한다면 그 행성은 생명 가능 지대에 속해 있다고 할 수 있다.
- **생명 가능 지대는** 중심별의 광도에 의해서 결정된다. 광도가 크면 행성이 단위 시간당 단위 면적에서 받는 복사 에너지양은 증가하여 **생명 가능 지대는 중심별과 멀어지고 폭이 넓어진다. 광도가 작다면** 단위 시간당 단위 면적에서 받는 복사 에너지양이 감소하여 **생명 가능 지대는 중심별과 가까워지게 되고 폭은 좁아진다**.
  우리가 살고있는 지구를 기준으로 생각해보자. **물은 0~100도 사이에서 액체 상태로 존재**한다. 0도보다 내려가면 얼음이 되어 고체 상태로 존재하고, 100도보다 올라가면 수증기가 되어 기체 상태로 존재한다.
- **지구와 태양 사이의 거리는 천문 단위인** $1AU$다. 지구는 태양계 행성 중 유일하게 생명 가능 지대에 속하기 때문에 물이 액체 상태로 존재한다. 만약 지구가 $1AU$보다 멀어지면 기온이 0도보다 내려가게 되고 $1AU$보다 가까워지면 기온이 100도보다 올라가 물이 액체 상태로 존재하지 못한다. 만약 태양이 거성으로 진화하여 **현재보다 광도가 증가**하면 생명 가능 지대는 태양과 멀어져 **지구는 생명 가능 지대 안쪽**에 위치하게 되고, 반대로 **광도가 작아지면** 생명 가능 지대가 태양과 가까워져 **지구는 생명 가능 지대 바깥쪽에 위치**하게 된다.

이처럼 생명 가능 지대는 지구의 상황을 예시로 들어 생각한다면 어렵지 않게 문제를 풀 수 있다.

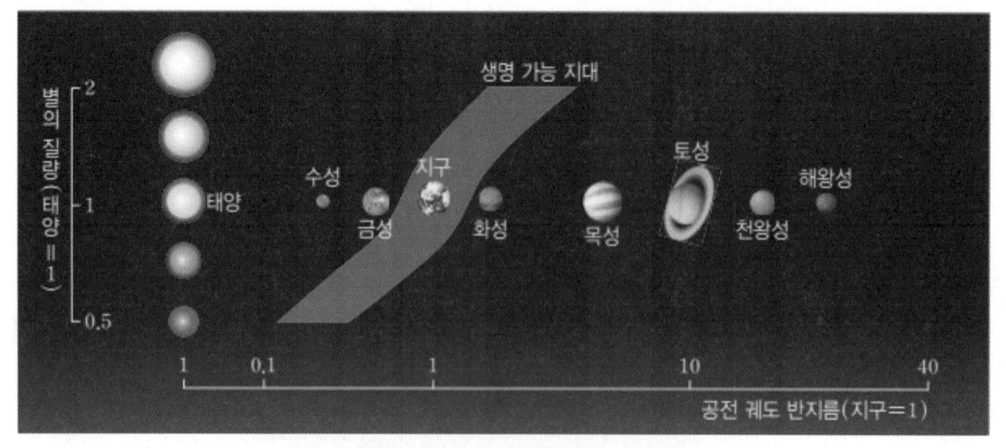

▲ 중심별의 질량에 따른 생명 가능 지대

3. 외계 생명체가 존재하기 위한 조건

행성이 생명 가능 지대에 속한다고 해서 반드시 생명체가 존재하는 것은 아니다. 말 그대로 생명이 존재할 **가능성이 있는 지역**이기 때문이다. 생명체가 존재하기 위한 조건은 몇 가지 더 존재한다. 다음을 통해 알아보자.
(모든 조건은 지구를 기준으로 정한 것이다.)

(1) 별의 질량에 따른 생명 가능 지대

- 행성에 **생명체가 탄생하여 진화하기 위해서**는 행성이 생명 가능 지대에 오랫동안 머물러야 한다. 따라서 중심별이 **적당한 질량을 가지고 있어야 한다**.
  (지구에 최초의 생명체가 탄생한 것이 지구 생성 후 약 10억 년 정도 지났을 무렵이다.)
- 중심별의 **질량이 큰** 경우 : 질량이 큰 경우 **별의 수명이 짧아지기 때문**에 **행성이 생명 가능 지대에 오랫동안 머무르기 어렵다**. 따라서 생명체가 탄생하고 진화할 시간이 부족하다.
- 중심별의 **질량이 작은** 경우 : 질량이 작은 경우 별의 수명은 길어져 생명체가 탄생하고 진화할 시간은 충분하다. 그러나 생명 가능 지대가 중심별과 너무 가까워져 중심별의 중력의 영향을 받아 행성의 공전 주기와 자전 주기가 같아지는 **동주기 자전**이 발생한다.
- 동주기 자전이 발생하면 **낮과 밤의 변화가 없어지고 행성의 한쪽 면만 중심별 쪽을 바라본다**. 따라서 중심별 쪽을 바라보는 쪽 면의 온도는 항상 높고 바라보지 않는 다른 쪽 면의 온도는 항상 낮다. 따라서 물이 액체 상태로 존재하기 어려우므로 생명체가 살 수 없다.

분광형	질량(태양 질량=1)	주계열성의 수명(년)
O5V	40	100만
B0V	18	1000만
A0V	3.2	5억
F0V	1.7	27억
G0V	1.1	90억
K0V	0.8	140억
M0V	0.5	2000억

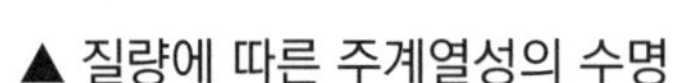
▲ 질량에 따른 주계열성의 수명

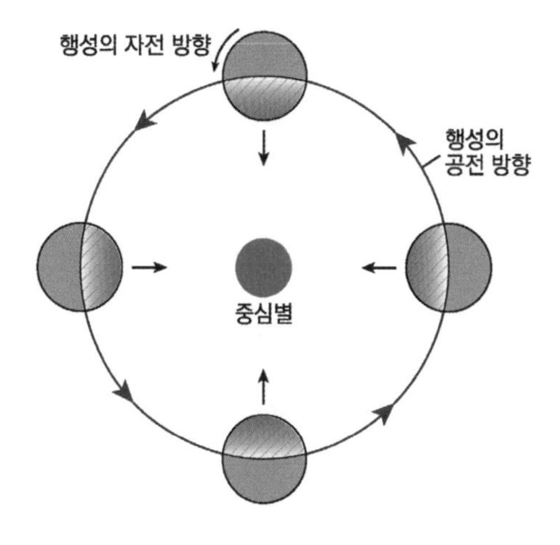

▲ 동주기 자전

(2) 적절한 두께의 대기 존재

대기는 우주로부터 날아오는 자외선을 차단한다. 또한, 적절한 두께의 대기는 **온실 효과**를 일으켜 행성의 온도를 일정하게 유지하도록 만든다. (만약 지구에 온실 효과가 없었다면 지구의 평균 기온은 -15도 정도였을 것이다.)

(3) 자기장의 존재

지구의 중심핵에서 발생하는 자기장은 우주로부터 오는 해로운 고에너지 입자를 막아준다.

(4) 행성 표면의 성질

목성과 같이 기체형 행성보다 지구처럼 단단한 지각을 가진 암석형 행성이면 생명체의 존재에 유리하다.

4. 외계 생명체 탐사 활동과 의의

인류는 외계 생명체를 찾기 위해 세계 여러 국가와 단체에서 외계 생명체 탐사를 활발하게 진행하고 있다. 다음을 통해 여러 외계 생명체 탐사 방법을 알아보자.

(1) 외계 지적 생명체 탐사 (Search for Extra - Terrestrial Intelligence ; SETI)

SETI 프로젝트라고도 불리우며 외계 생명체가 보내는 전파를 검출하여 외계에 지적 생명체가 존재한다는 것을 밝히는 프로젝트다. 또한 지구에서 지속적으로 방출하는 전파를 외계인이 수신하여 찾아오도록 만든다.

(2) 우주 망원경

케플러 우주 망원경, 허블 우주 망원경, 제임스 웹 우주 망원경 등으로 생명 가능 지대에 속한 외계 행성을 찾고, 행성 대기 성분을 분석하여 생명체가 존재할 수 있는 환경인지에 대한 연구를 진행하고 있다.

(3) 우주 탐사선

주로 태양계 천체를 중심으로 우주 탐사선을 발사한다. 태양계 행성 중 생명체가 살고 있거나 살았을 가능성이 가장 높은 화성으로 큐리오시티, 퍼시비어런스 등의 탐사선을 보내 생명체 연구를 진행하고 있다.

Theme 07 - 2 생명 가능 지대

2022년 4월 학력평가 지Ⅰ 17번

표는 외계 행성계 (가)와 (나)의 특징을 나타낸 것이다. (가)와 (나)는 각각 중심별과 중심별을 원 궤도로 공전하는 하나의 행성으로 구성된다.

구분	(가)	(나)
중심별의 분광형	F6V	M2V
생명 가능 지대(AU)	1.7 ~ 3.0	(　)
행성의 공전 궤도 반지름(AU)	1.82	3.10
행성의 단위 면적당 단위 시간에 입사하는 중심별의 복사 에너지 양	1.03	㉠

이에 대한 설명으로 옳은 것만을 <보기>에서 있는 대로 고른 것은?

<보　기>

ㄱ. (가)의 행성에서는 물이 액체 상태로 존재할 수 있다.
ㄴ. (나)에서 생명 가능 지대의 폭은 1.3AU보다 넓다.
ㄷ. ㉠은 1.03보다 크다.

① ㄱ　② ㄴ　③ ㄱ, ㄷ　④ ㄴ, ㄷ　⑤ ㄱ, ㄴ, ㄷ

추가로 물어볼 수 있는 선지
1. 중심별의 매우 질량이 작아도 외계 행성이 생명 가능 지대 안에 있다면 생명체가 살 수 있다. (O , X)
2. 두 개의 주계열성 중 표면 온도가 높은 주계열성의 생명 가능 지대의 폭이 더 넓을 것이다. (O , X)
3. 중심별과 생명 가능 지대의 안쪽 경계 사이 거리가 3AU라면 그 별의 광도는 태양보다 크다. (O , X)

정답 : 1. (X), 2. (O), 3. (O)

01 2022년 4월 학력평가 지Ⅰ 17번

KEY POINT #액체 상태의 물, #단위 면적당 단위 시간에 입사하는 복사 에너지 양

문항의 발문 해석하기

발문을 보고 외계 행성계 탐사 또는 생명 가능 지대에 대한 문제라는 것을 파악할 수 있어야 한다.

문항의 자료 해석하기

구분	(가)	(나)
중심별의 분광형	F6Ⅴ	M2Ⅴ
생명 가능 지대(AU)	1.7 ~ 3.0	(　　)
행성의 공전 궤도 반지름(AU)	1.82	3.10
행성의 단위 면적당 단위 시간에 입사하는 중심별의 복사 에너지 양	1.03	㉠

1. (가)와 (나)의 분광형 자료를 통해 광도 계급이 Ⅴ인 주계열성인 것을 알 수 있다.
   따라서 표면 온도가 높은 (가)가 (나)보다 광도가 크다. 따라서 (나)는 중심별과 생명 가능 지대 안쪽 경계면까지의 거리가 1.7보다 작고, 생명 가능 지대의 폭은 1.7 ~ 3.0보다 좁은 폭을 가진다.
2. (가)의 행성은 생명 가능 지대에 존재하므로 물이 액체 상태로 존재한다. 그러나 (나)의 행성은 생명 가능 지대보다 멀리 있으므로 물이 고체 상태로 존재할 것이다.

TIP.

생명 가능 지대의 위치와 폭은 중심별의 광도에 따라서 달라진다. 이때, 중심별이 주계열성이라면 주계열성의 특징을 이용하여 중심별의 광도를 비교할 수 있어야 한다.

선지 판단하기

ㄱ 선지 (가)의 행성에서는 물이 액체 상태로 존재할 수 있다. (O)

(가)의 행성은 생명 가능 지대에 위치하므로 물이 액체 상태로 존재할 수 있다.

ㄴ 선지 (나)에서 생명 가능 지대의 폭은 1.3AU보다 넓다. (X)

(나)는 (가)보다 광도가 작은 주계열성이므로 생명 가능 지대의 폭은 1.3 AU보다 좁다.

ㄷ 선지 ㉠은 1.03보다 크다. (X)

(나)보다 중심별의 광도가 큰 (가)의 행성에 단위 면적당 단위 시간에 입사하는 복사 에너지 양이 1.03이다.

(나)의 행성은 광도가 작을 뿐만 아니라 중심별로부터 멀리 떨어져 있으므로 1.03보다 작은 값을 가진다.

기출문항에서 가져가야 할 부분

1. 생명 가능 지대는 광도와 관련이 있음을 이해하기
2. 물은 생명 가능 지대보다 가까이 있으면 수증기, 멀리 있으면 얼음의 형태로 존재함을 이해하기
3. 행성에 단위 면적당 단위 시간에 입사하는 중심별의 복사 에너지 양은 행성의 온도와 관련이 있음을 이해하기

기출 문제로 알아보는 유형별 정리

1 광도와 생명 가능 지대

① 광도에 따른 생명 가능 지대의 거리와 폭 2014년 10월 학력평가 1번

그림은 최근 발견된 외계 행성 케플러 186f가 중심별 케플러 186 주위를 공전하는 궤도와 태양계 행성들의 공전 궤도를 나타낸 것이다.

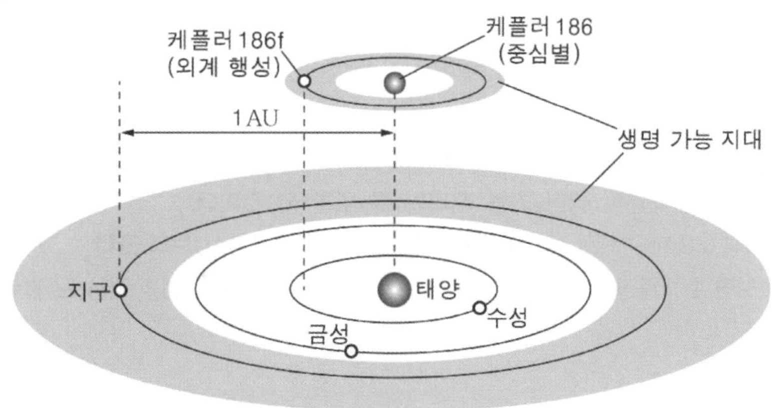

ㄷ. 생명 가능 지대의 폭은 케플러 186 주변이 태양 주변보다 좁다. (O)

- 자료를 보면 생명 가능 지대의 폭은 케플러 186 주변이 태양 주변보다 좁은 것을 확인할 수 있다.
- 자료에는 케플러 186과 태양의 생명 가능 지대가 나타나 있다. 이때, **태양의 생명 가능 지대가 중심별로부터 더 멀고 폭도 넓으므로 태양이 광도가 큰 별**이다.
- 두 중심별의 공전하는 행성 중 물이 액체 상태로 존재할 수 있는 행성은 지구와 케플러 186f이다.
- 위 자료의 생명 가능 지대를 참고하여 다른 유형을 이해할 수 있도록 하자.

② 태양과 비교할 수 있도록 하자. 2016년 4월 학력평가 17번

그림은 중심별의 질량이 서로 다른 두 항성계 A, B의 생명 가능 지대와 행성의 위치를 나타낸 것이다. (단, 중심별은 주계열성이고, 행성의 대기 효과는 무시한다.)

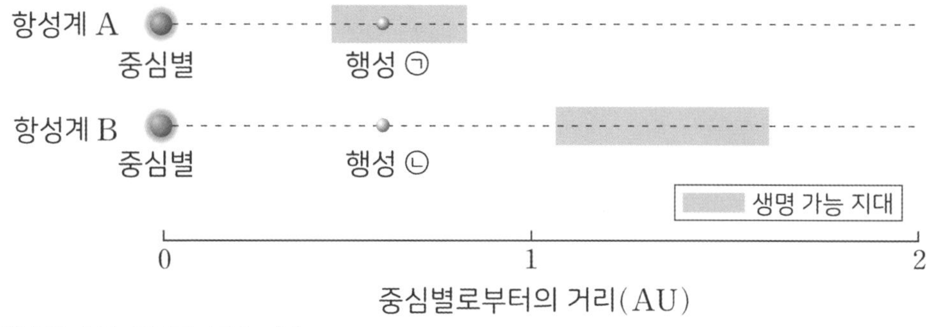

ㄷ. 중심별의 질량은 A가 B보다 크다. (X)

- A의 생명 가능 지대는 **1AU보다 가까이** 있는 반면, B의 생명 가능 지대는 **1AU보다 멀리** 있다. 따라서 A보다 **B의 광도가 더 크다**. 두 별은 모두 주계열성이므로 중심별의 질량은 B가 더 크다.
- 위 자료를 통해 생명 가능 지대의 거리와 폭을 확인할 수 있다.
  태양의 생명 가능 지대인 1AU를 기준으로 각 중심별의 광도를 생각할 수 있도록 하자.

③ 생명 가능 지대의 거리와 폭 예측 　　2017학년도 수능 13번

표는 주계열성 A, B, C의 질량, 생명 가능 지대, 생명 가능 지대에 위치한 행성의 공전 궤도 반지름을 나타낸 것이다.

주계열성	질량 (태양 = 1)	생명 가능 지대(AU)	행성의 공전 궤도 반지름(AU)
A	2.0	(　　)	4.0
B	(　　)	0.3~0.5	0.4
C	1.2	1.2~2.0	1.6

ㄴ. A에서 생명 가능 지대의 폭은 0.8AU보다 크다. (O)

- A와 C 중 질량이 더 큰 주계열성은 A이다.
  따라서 **A의 광도가 더 크기 때문에 생명 가능 지대의 폭 또한 클 것이다**.
  C의 생명 가능 지대 폭이 0.8AU이므로 A에서 생명 가능 지대의 폭은 0.8AU보다 크다.
- 위 자료를 더 자세히 보면 주계열성 A의 주위를 공전하는 행성은 4.0AU까지 생명 가능 지대에 포함된 것을 확인할 수 있다.

④ 원시별과 생명 가능 지대 　　2024학년도 6월 모의평가 14번

그림은 어느 별의 시간에 따른 생명 가능 지대의 범위를 나타낸 것이다. 이 별은 현재 주계열성이다.

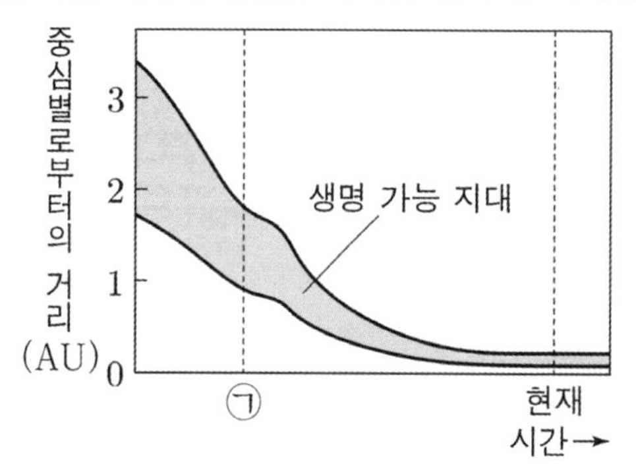

ㄱ. 이 별의 광도는 ㉠ 시기가 현재보다 작다. (X)

- 생명 가능 지대의 범위가 더 먼 ㉠ 시기의 광도가 현재보다 크다.
- 시간이 지나며 생명 가능 지대의 범위는 중심별로부터 가까워지고 있다. 이는 시간이 지나면서 중심별의 광도는 감소하고 있다는 것을 의미한다.
  현재 중심별은 주계열성이므로 광도가 감소하는 ㉠ 시기는 중심별이 원시별 단계였다는 것을 알 수 있다.

2 중심별로부터 단위 시간당 단위 면적에서 받는 복사 에너지

① 생명 가능 지대를 직접 그려보자. 2020학년도 수능 15번

그림은 태양보다 질량이 작은 주계열성이 중심별인 어느 외계 행성계를 나타낸 것이다. 각 행성의 위치는 중심별로부터 행성까지의 거리에 해당하고, S 값은 그 위치에서 단위 시간당 단위 면적이 받는 복사 에너지이다. 생명 가능 지대에 존재하는 행성은 A이다. 이 행성계가 태양계보다 큰 값을 가지는 것만을 있는 대로 고른 것은?

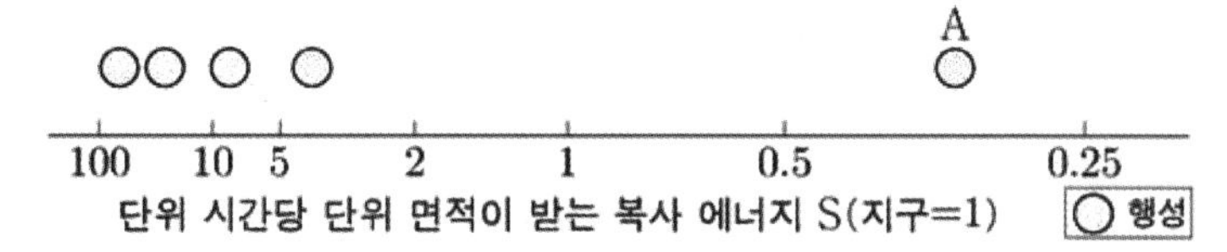

ㄱ. 중심별로부터 생명 가능 지대 안쪽 경계까지의 행성 수 (O)

- 자료의 외계 행성계의 **중심별은 태양보다 질량이 작으므로 광도가 작다**. 이때, 문제에 나타난 단위 시간당 단위 면적이 받는 복사 에너지 S는 행성에 입사하는 에너지이다. A는 생명 가능 지대에 위치하므로 물이 액체 상태로 존재할 수 있다.
  이때, A보다 많은 에너지를 받는 행성은 4개가 있다. 이들은 모두 **많은 에너지를 받고 있으므로 생명 가능 지대 안쪽 경계에 존재**한다. 태양계에는 생명 가능 지대 안쪽에 수성, 금성 총 2개이므로 위 외계 행성계의 행성이 더 많다.
- 위 문제의 자료를 아래 그림과 같이 생각할 수 있으면 좋겠다. **단위 시간당 단위 면적이 받는 복사 에너지가 높을수록 중심별에 가까이 있으므로** 값이 큰 4개의 행성은 생명 가능 지대보다 가까이 있으므로 온도가 높다.
- S = 1은 지구가 받는 에너지이므로 **S = 1인 곳은 생명 가능 지대에 포함된다**.
  그러나 그보다 높은 에너지를 받는 상태는 지구보다 에너지를 많이 받는 상태이므로 생명 가능 지대에 존재하기 힘들다고 생각하자.

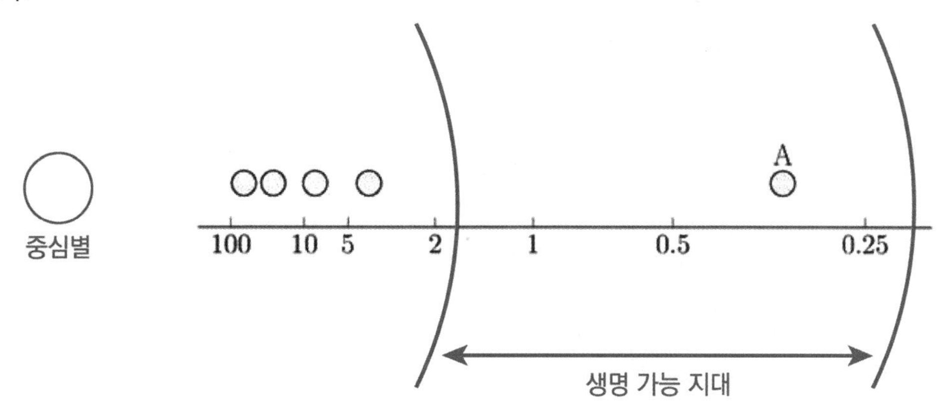

② 슈테판-볼츠만 법칙과 같다. 2021년 10월 학력평가 7번

그림은 행성이 주계열성인 중심별로부터 받는 복사 에너지와 중심별의 표면 온도를 나타낸 것이다. 행성 A, B, C 중 B와 C만 생명 가능 지대에 위치하며 A와 B의 반지름은 같다.

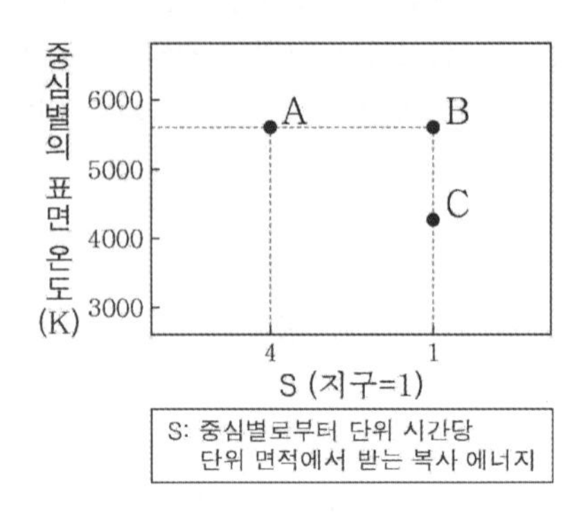

ㄱ. 행성이 복사 평형을 이룰 때 표면 온도(K)는 A가 B의 $\sqrt{2}$ 배이다. (O)

- A는 단위 시간 동안 단위 면적에서 받는 복사 에너지가 B의 4배이다. 따라서 **슈테판-볼츠만 법칙에 의해 에너지는 표면 온도의 네제곱에 비례한다**. 따라서 $4=(\sqrt{2})^4$이므로 표면 온도는 $\sqrt{2}$ 배이다.
- 이처럼 행성에 입사하는 단위 시간당 단위 면적에 받는 에너지는 슈테판-볼츠만 법칙으로 행성의 표면 온도를 구할 수 있음을 이해하자.

3 중심별의 질량과 생명 가능 지대

① 중심별의 질량이 매우 큰 경우 2023학년도 6월 모의평가 7번

표는 별 (가), (나), (다)의 분광형과 절대 등급을 나타낸 것이다. (가), (나), (다) 중 2개는 주계열성, 1개는 초거성이다.

별	분광형	절대 등급
(가)	G	-5
(나)	A	0
(다)	G	+5

ㄴ. 생명 가능 지대에서 액체 상태의 물이 존재할 수 있는 시간은 (다)가 (나)보다 길다. (O)

- (가)는 태양과 표면 온도가 같지만 광도가 매우 크므로 초거성, (나)는 태양보다 표면 온도와 광도가 높으므로 주계열성, (다)는 태양과 표면 온도와 광도가 거의 동일하므로 주계열성이다.
  이때, (다)는 (나)보다 질량이 작은 주계열성이다. 따라서 수명이 더 길어서 생명 가능 지대에서 액체 상태의 물이 존재할 수 있는 시간이 더 길다.
- 이처럼 **중심별의 질량이 크면 수명이 짧아지므로 생명 가능 지대에 위치할 수 있는 시간이 짧아진다**.
  중심별의 질량이 적당해야 행성에서 생명체가 진화할 시간이 충분하다는 것을 이해하자.
  이때, **'적당한 중심별의 질량'이란** (다)와 같이 **태양 정도의 질량**이라는 것을 알아두자.

② 중심별의 질량이 매우 작은 경우 2018년 7월 학력평가 5번

표는 세 중심별의 광도와 각 중심별의 생명 가능 지대에 속한 행성과 그 행성의 공전 주기를 나타낸 것이다.

중심별(주계열성)	중심별 광도(태양 = 1)	행성	행성 공전 주기(일)
태양	1	지구	365
프록시마 센터우리	0.0017	프록시마 센터우리 b	11.186
베타 픽토리스	8.7	베타 픽토리스 b	8000

ㄴ. 생명 가능 지대의 폭은 프록시마 센터우리가 태양보다 좁다. (O)

- 프록시마 센터우리는 태양보다 광도가 작다. 따라서 생명 가능 지대의 폭이 더 좁다.
- 위 문제에서 언급하지는 않았지만, 프록시마 센터우리같이 **태양보다 질량이 작은 주계열성**은 생명 가능 지대가 중심별과 가까워져 **중심별의 중력의 영향을 크게 받으므로 동주기 자전**을 한다는 것을 알아두자.

추가로 물어볼 수 있는 선지 해설

1. 중심별의 질량이 작다면 동주기 자전에 의해 생명 가능 지대 안에 있더라도 생명체가 살 수 없다.
2. 주계열성의 특징을 생각해본다면 표면 온도가 높은 주계열성일수록 광도가 높으므로 생명 가능 지대의 폭은 넓어질 것이다.
3. 태양과 생명 가능 지대 안쪽 경계까지의 거리는 1AU보다 짧으므로 광도가 더 작을 것이다.

Chapter

03 유제

01 2014년 10월 학력평가 1번

그림은 최근 발견된 외계 행성 케플러 186f가 중심별 케플러 186 주위를 공전하는 궤도와 태양계 행성들의 공전 궤도를 나타낸 것이다.

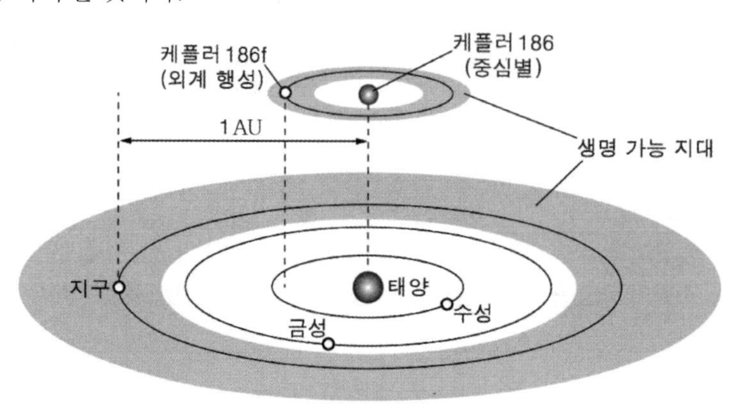

이에 대한 옳은 설명만을 <보기>에서 있는 대로 고른 것은?

<보 기>

ㄱ. 행성 케플러 186f에는 물이 액체 상태로 존재할 수 있다.
ㄴ. 중심별 케플러 186은 태양보다 질량이 작다.
ㄷ. 생명 가능 지대의 폭은 케플러 186 주변이 태양 주변보다 좁다.

① ㄱ ② ㄷ ③ ㄱ, ㄴ ④ ㄴ, ㄷ ⑤ ㄱ, ㄴ, ㄷ

02 2015년 4월 학력평가 1번

그림 (가)와 (나)는 질량이 서로 다른 두 중심별의 생명 가능 지대와 행성 A, B의 공전 궤도를 나타낸 것이다.

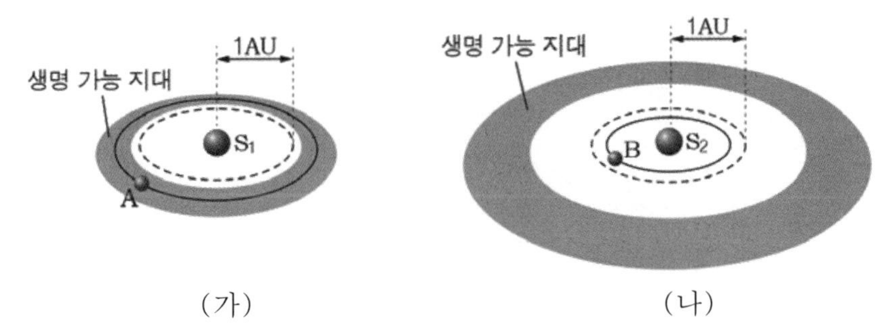

(가)　　　　　　　　　　(나)

이에 대한 설명으로 옳은 것만을 <보기>에서 있는 대로 고른 것은? (단, 중심별은 주계열성이고, 행성의 대기 조건은 동일하다.)

<보　기>

ㄱ. 별의 질량은 S_2가 S_1보다 크다.
ㄴ. 행성의 평균 표면 온도는 A가 B보다 낮다.
ㄷ. 액체 상태의 물이 존재할 수 있는 영역은 (나)가 (가)보다 넓다.

① ㄱ　② ㄷ　③ ㄱ, ㄴ　④ ㄴ, ㄷ　⑤ ㄱ, ㄴ, ㄷ

03 2017학년도 대학수학능력시험 13번

표는 주계열성 A, B, C의 질량, 생명 가능 지대, 생명 가능 지대에 위치한 행성의 공전 궤도 반지름을 나타낸 것이다.

주계열성	질량 (태양 = 1)	생명 가능 지대(AU)	행성의 공전 궤도 반지름(AU)
A	2.0	(　　)	4.0
B	(　　)	0.3~0.5	0.4
C	1.2	1.2~2.0	1.6

이에 대한 설명으로 옳은 것만을 <보기>에서 있는 대로 고른 것은?

<보　기>

ㄱ. 별의 광도는 A가 B보다 크다.
ㄴ. A에서 생명 가능 지대의 폭은 0.8AU보다 크다.
ㄷ. 생명 가능 지대에 머무르는 기간은 B의 행성이 C의 행성보다 길다.

① ㄱ　② ㄷ　③ ㄱ, ㄴ　④ ㄴ, ㄷ　⑤ ㄱ, ㄴ, ㄷ

04 2020학년도 9월 모의평가 15번

그림은 여러 탐사 방법을 이용하여 최근까지 발견한 외계 행성의 특징을 나타낸 것이다.

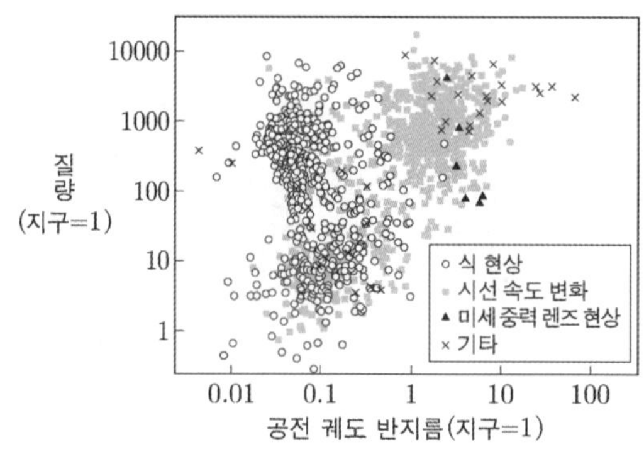

이 자료에 대한 설명으로 옳은 것만을 <보기>에서 있는 대로 고른 것은?

<보 기>

ㄱ. 시선 속도 변화 방법은 도플러 효과를 이용한다.
ㄴ. 중력에 의한 빛의 굴절 현상을 이용하여 발견한 행성의 수가 가장 많다.
ㄷ. 행성의 공전 궤도 반지름의 평균값은 식 현상을 이용한 방법이 시선 속도를 이용한 방법보다 크다.

① ㄱ ② ㄷ ③ ㄱ, ㄴ ④ ㄴ, ㄷ ⑤ ㄱ, ㄴ, ㄷ

05 2015학년도 대학수학능력시험 10번

그림은 태양과 같은 진화 단계인 주계열에 속하는 어느 별의 현재와 20억 년 후의 생명 가능 지대를 나타낸 것이다.

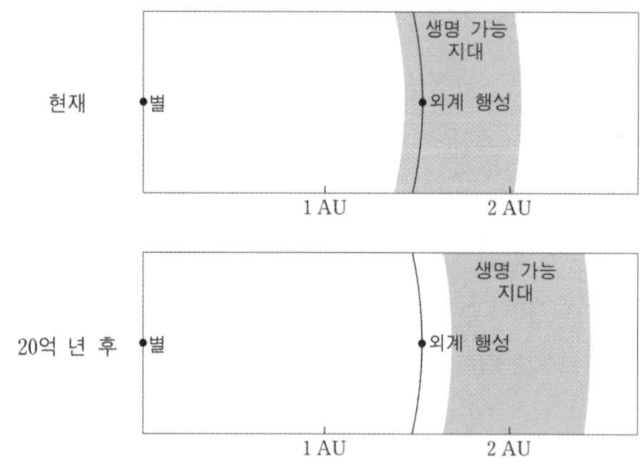

이 자료에 대한 설명으로 옳은 것만을 <보기>에서 있는 대로 고른 것은? [3점]

<보 기>

ㄱ. 별의 질량은 태양보다 크다.
ㄴ. 현재의 외계 행성에는 액체 상태의 물이 존재할 수 있다.
ㄷ. 20억 년 후에 별의 광도는 현재보다 크다.

① ㄱ ② ㄷ ③ ㄱ, ㄴ ④ ㄴ, ㄷ ⑤ ㄱ, ㄴ, ㄷ

06 2019년 10월 학력평가 1번

그림은 공전 궤도 반지름이 0.5AU인 어느 외계 행성 P의 표면 온도 변화를 중심별의 나이에 따라 나타낸 것이다.

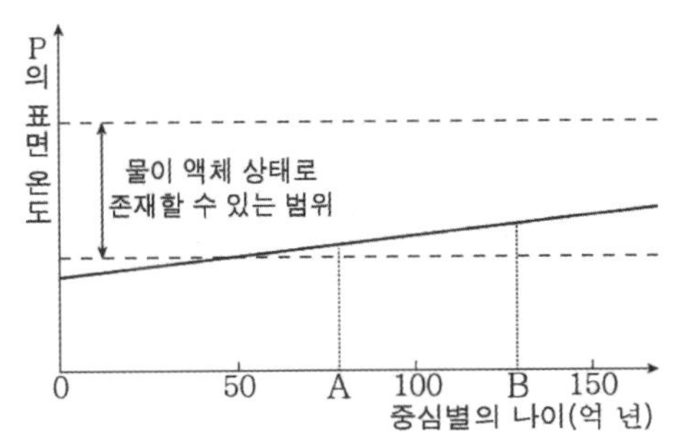

이에 대한 옳은 설명만을 <보기>에서 있는 대로 고른 것은? (단, P의 중심별은 주계열성이고, 행성의 표면 온도는 중심별의 광도에 의한 효과만 고려한다.)

<보 기>

ㄱ. 중심별의 광도는 증가하고 있다.
ㄴ. A 시기에 P는 생명 가능 지대에 위치한다.
ㄷ. 생명 가능 지대의 폭은 A 시기가 B 시기보다 넓다.

① ㄱ ② ㄴ ③ ㄷ ④ ㄱ, ㄴ ⑤ ㄴ, ㄷ

07 2018학년도 9월 모의평가 16번

그림은 중심별이 주계열인 별의 생명 가능 지대에 위치한 외계 행성 A와 B를 지구와 함께 나타낸 것이다.

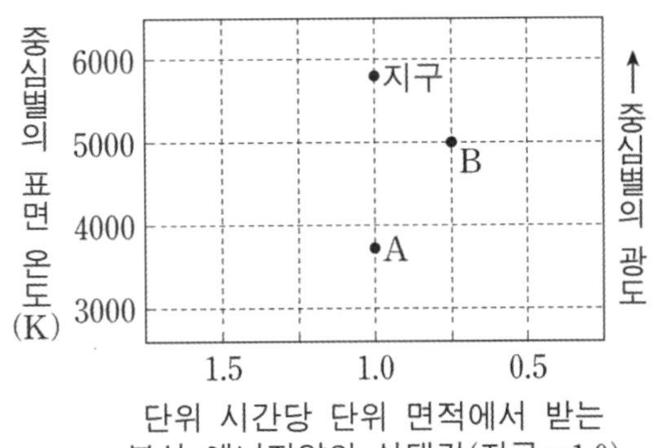

이에 대한 설명으로 옳은 것만을 <보기>에서 있는 대로 고른 것은?

<보 기>

ㄱ. 단위 시간당 단위 면적에서 받는 복사 에너지양은 B가 A보다 많다.
ㄴ. A의 공전 궤도 반지름은 1AU보다 작다.
ㄷ. 생명 가능 지대의 폭은 B 행성계가 태양계보다 좁다.

① ㄱ ② ㄴ ③ ㄷ ④ ㄱ, ㄴ ⑤ ㄴ, ㄷ

08 2020학년도 대학수학능력시험 15번

그림은 태양보다 질량이 작은 주계열성이 중심별인 어느 외계 행성계를 나타낸 것이다. 각 행성의 위치는 중심별로부터 행성까지의 거리에 해당하고, S 값은 그 위치에서 단위 시간당 단위 면적이 받는 복사 에너지이다. 생명 가능 지대에 존재하는 행성은 A이다.

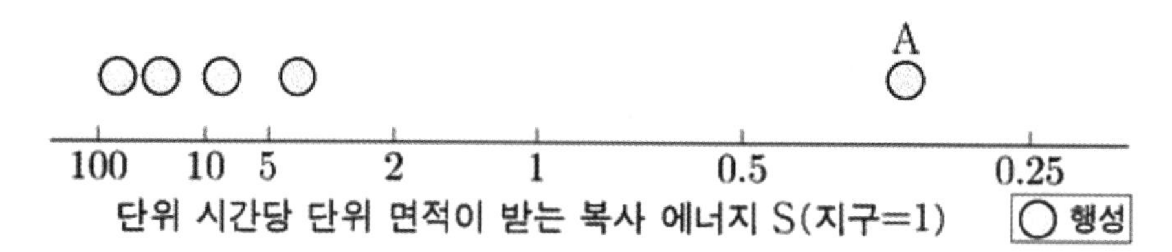

이 행성계가 태양계보다 큰 값을 가지는 것만을 <보기>에서 있는 대로 고른 것은? [3점]

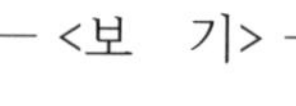
<보 기>

ㄱ. 중심별로부터 생명 가능 지대 안쪽 경계까지의 행성 수
ㄴ. S=1인 위치에서 중심별까지의 거리
ㄷ. 생명 가능 지대에 존재하는 행성의 S 값

① ㄱ ② ㄷ ③ ㄱ, ㄴ ④ ㄴ, ㄷ ⑤ ㄱ, ㄴ, ㄷ

09 2021년 4월 학력평가 17번

그림 (가)와 (나)는 어느 외계 행성에 의한 중심별의 시선 속도 변화와 겉보기 밝기 변화를 각각 나타낸 것이다. (나)의 t는 (가)의 T_1, T_2, T_3, T_4 중 하나이다.

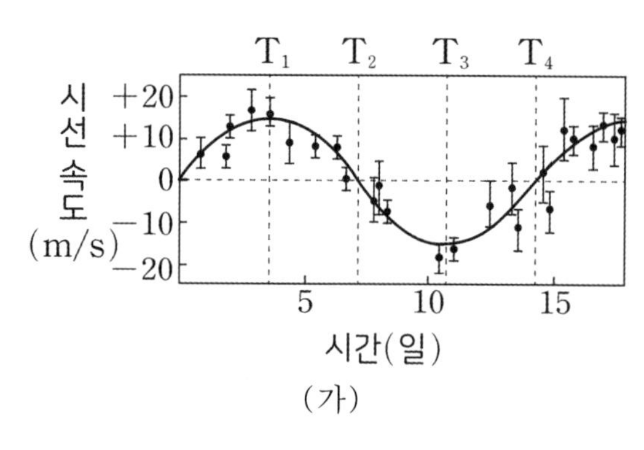

(가)

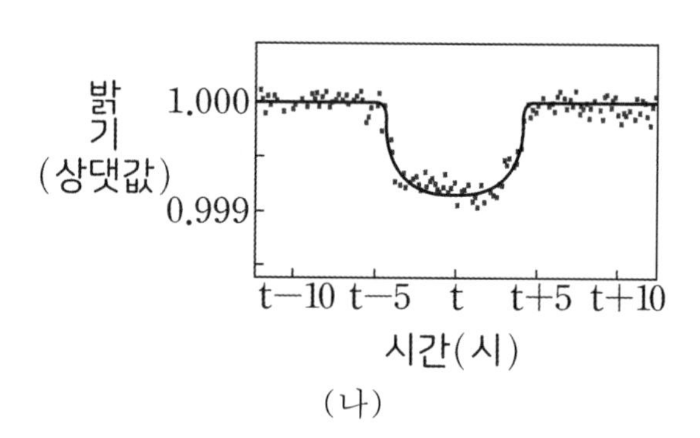

(나)

이 자료에 대한 설명으로 옳은 것만을 <보기>에서 있는 대로 고른 것은? [3점]

<보 기>

ㄱ. 중심별은 T_1일 때 적색 편이가 나타난다.
ㄴ. 지구로부터 외계 행성까지의 거리는 T_2보다 T_3일 때 멀다.
ㄷ. (나)의 t는 (가)의 T_4이다.

① ㄱ ② ㄷ ③ ㄱ, ㄴ ④ ㄴ, ㄷ ⑤ ㄱ, ㄴ, ㄷ

10 2016학년도 9월 모의평가 19번

그림 (가), (나), (다)는 서로 다른 외계 행성계를 나타낸 것이다. 세 중심별의 질량과 반지름은 태양과 같고, 세 행성의 반지름은 지구와 같다.

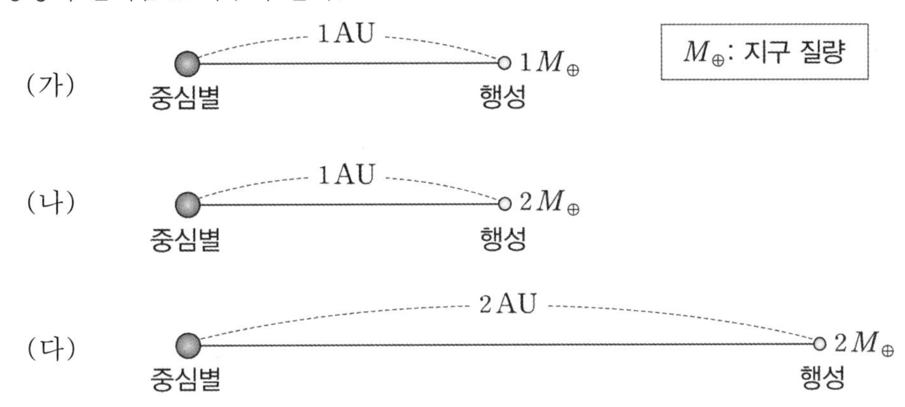

이에 대한 설명으로 옳은 것만을 <보기>에서 있는 대로 고른 것은? (단, 행성은 원 궤도를 따라 공전하며, 공전 궤도면은 관측자의 시선 방향과 나란하다.) [3점]

<보 기>

ㄱ. 중심별과 행성은 공통 질량 중심을 중심으로 공전한다.

ㄴ. 도플러 효과에 의한 별빛의 최대 편이량은 (나)가 (가)보다 크다.

ㄷ. 행성에 의한 식이 진행되는 시간은 (다)가 (나)보다 길다.

① ㄱ　　② ㄷ　　③ ㄱ, ㄴ　　④ ㄴ, ㄷ　　⑤ ㄱ, ㄴ, ㄷ

11 2017학년도 대학수학능력시험 19번

그림 (가)는 원궤도로 공전하는 어느 외계 행성에 의한 중심별의 밝기 변화를, (나)는 $t_1 \sim t_6$ 중 어느 한 시점부터 일정한 시간 간격으로 관측한 중심별의 스펙트럼을 순서대로 나타낸 것이다. $\Delta\lambda_{max}$은 스펙트럼의 최대 편이량이다.

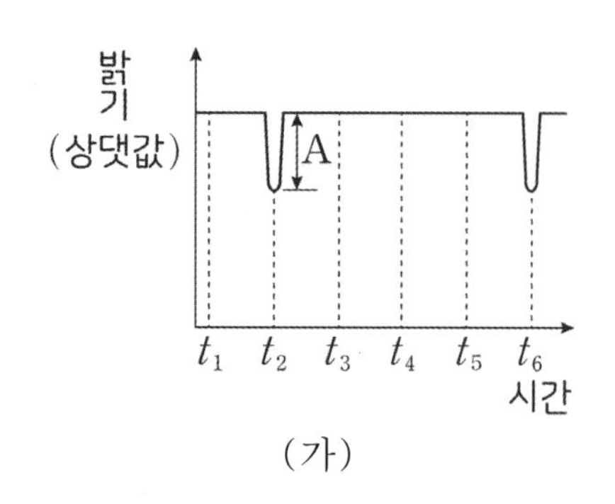

(가)

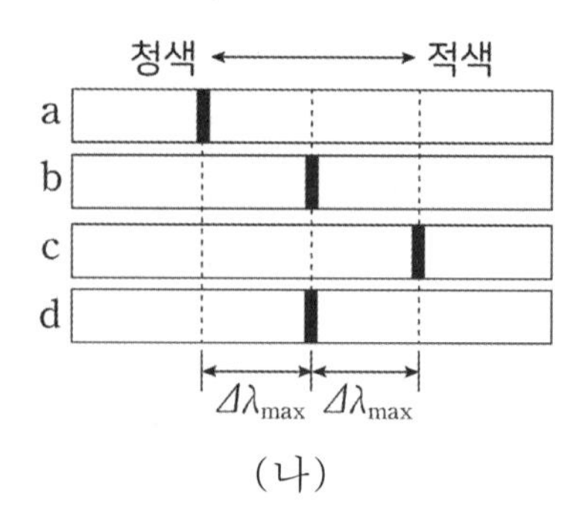

(나)

이에 대한 설명으로 옳은 것만을 <보기>에서 있는 대로 고른 것은? [3점]

<보 기>

ㄱ. (가)의 t_3에 관측한 스펙트럼은 (나)에서 a에 해당한다.
ㄴ. 행성의 반지름이 클수록 (가)에서 A가 커진다.
ㄷ. 행성의 질량이 클수록 (나)에서 $\Delta\lambda_{max}$이 커진다.

① ㄱ　② ㄴ　③ ㄱ, ㄷ　④ ㄴ, ㄷ　⑤ ㄱ, ㄴ, ㄷ

12 2021학년도 6월 모의평가 8번

그림은 어느 외계 행성과 중심별이 공통 질량 중심을 중심으로 공전하는 모습을 나타낸 것이다. 행성은 원 궤도를 따라 공전하며, 공전 궤도면은 관측자의 시선 방향과 나란하다.

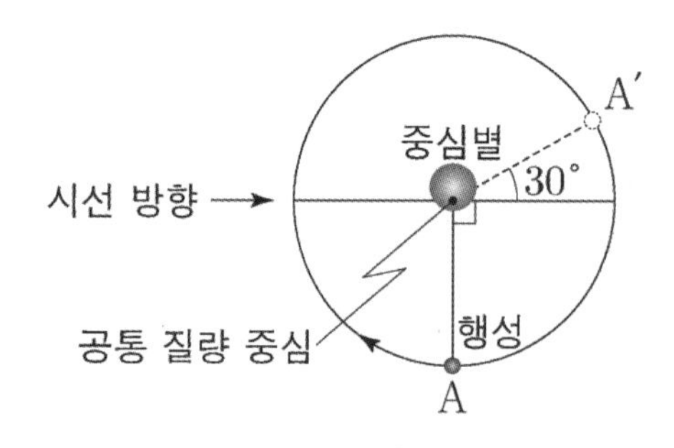

이에 대한 설명으로 옳은 것만을 <보기>에서 있는 대로 고른 것은?

<보 기>

ㄱ. 식 현상을 이용하여 행성의 존재를 확인할 수 있다.
ㄴ. 행성이 A를 지날 때 중심별의 청색 편이가 나타난다.
ㄷ. 중심별의 어느 흡수선의 파장 변화 크기는 행성이 A를 지날 때가 A'를 지날 때의 2배이다.

① ㄱ　② ㄴ　③ ㄱ, ㄷ　④ ㄴ, ㄷ　⑤ ㄱ, ㄴ, ㄷ

13 2017학년도 9월 모의평가 12번

그림 (가)는 외계 행성 탐사 방법 중 한 가지를, (나)는 A 위치부터 1회 공전하는 동안 관측한 중심별의 스펙트럼을 나타낸 것이다.

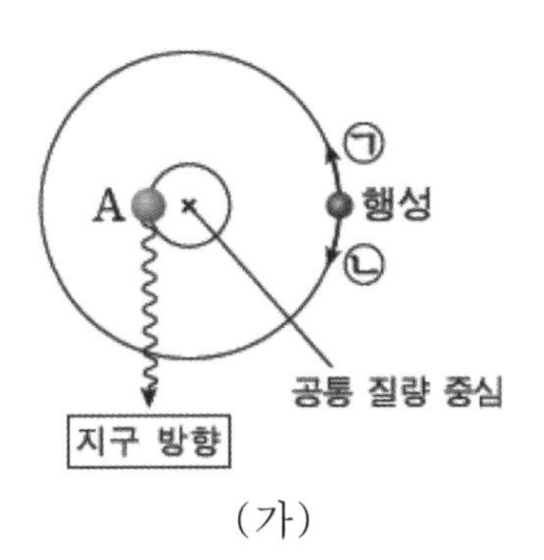

(가)

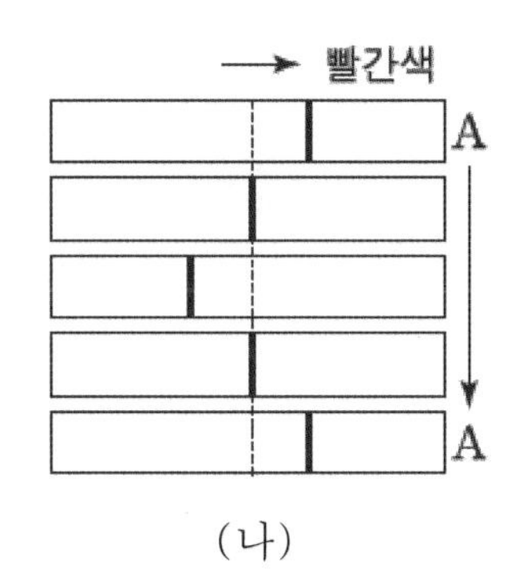

(나)

이에 대한 설명으로 옳은 것만을 <보기>에서 있는 대로 고른 것은? [3점]

<보 기>

ㄱ. 도플러 효과를 이용한 방법이다.
ㄴ. A 위치일 때 별빛의 파장이 길게 관측되었다.
ㄷ. 행성은 ㉠ 방향으로 공전하고 있다.

① ㄱ ② ㄷ ③ ㄱ, ㄴ ④ ㄴ, ㄷ ⑤ ㄱ, ㄴ, ㄷ

14 2022학년도 6월 모의평가 9번

그림은 어느 외계 행성계의 시선 속도를 관측하여 나타낸 것이다.

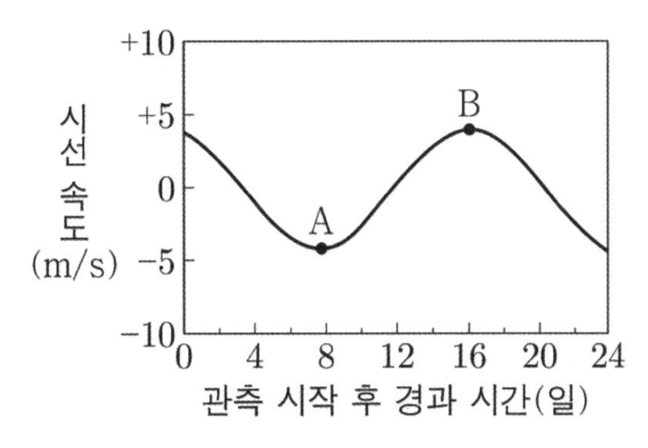

이 자료에 대한 설명으로 옳은 것만을 <보기>에서 있는 대로 고른 것은? [3점]

<보 기>

ㄱ. 행성의 스펙트럼을 관측하여 얻은 자료이다.
ㄴ. A 시기에 행성은 지구로부터 멀어지고 있다.
ㄷ. B 시기에 행성으로 인한 식 현상이 관측된다.

① ㄱ ② ㄴ ③ ㄷ ④ ㄱ, ㄴ ⑤ ㄴ, ㄷ

15 2015년 7월 학력평가 20번

그림은 P 별의 밝기 변화를 이용해 X 항성계에 속한 외계 행성의 탐사 방법을 나타낸 것이다.

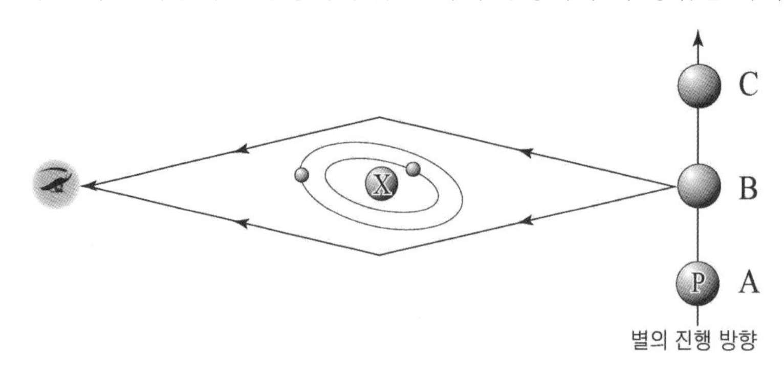

이에 대한 설명으로 옳은 것만을 <보기>에서 있는 대로 고른 것은? [3점]

<보 기>

ㄱ. 식 현상을 이용하는 방법이다.

ㄴ. P 별의 밝기는 A보다 B 위치에서 밝게 관측된다.

ㄷ. X 항성계의 행성 때문에 P 별의 밝기가 불규칙하게 변한다.

① ㄱ ② ㄷ ③ ㄱ, ㄴ ④ ㄴ, ㄷ ⑤ ㄱ, ㄴ, ㄷ

16 2021년 3월 학력평가 18번

그림 (가)와 (나)는 어느 외계 행성에 의한 중심별의 시선 속도 변화와 밝기 변화를 나타낸 것이다.

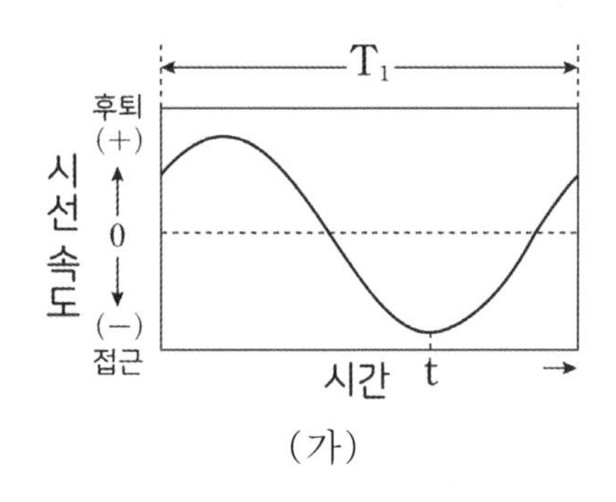

(가)

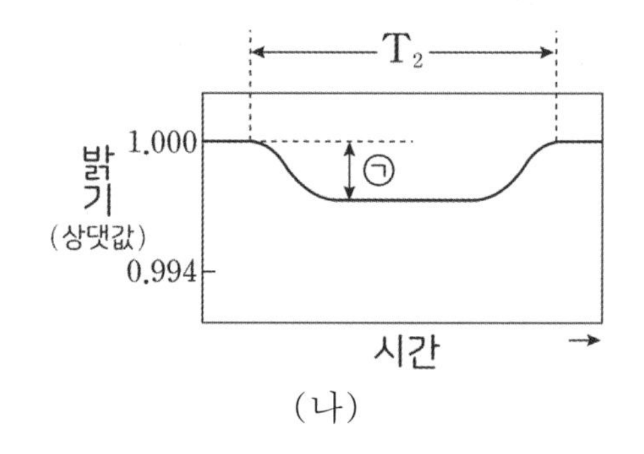

(나)

이에 대한 옳은 설명만을 <보기>에서 있는 대로 고른 것은? [3점]

<보 기>

ㄱ. 관측 시간은 T_1이 T_2보다 길다.

ㄴ. t일 때 외계 행성은 지구로부터 멀어진다.

ㄷ. $\frac{\text{행성의 반지름}}{\text{중심별의 반지름}}$ 값이 클수록 ㉠은 커진다.

① ㄱ ② ㄴ ③ ㄱ, ㄷ ④ ㄴ, ㄷ ⑤ ㄱ, ㄴ, ㄷ

17 2018년 10월 학력평가 20번

그림 (가)와 (나)는 외계 행성을 탐사하는 서로 다른 방법을 나타낸 것이다.

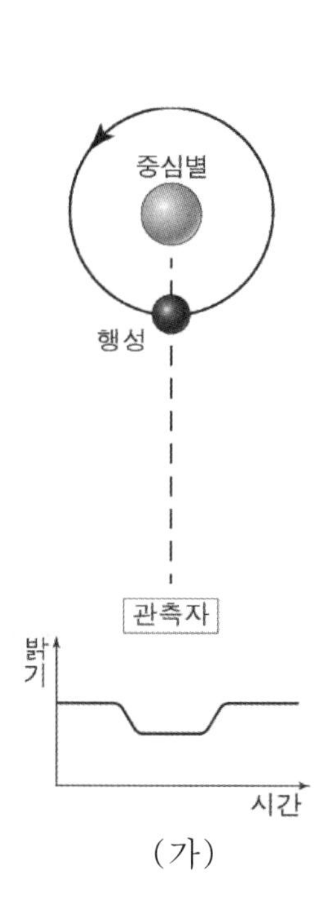

(가)

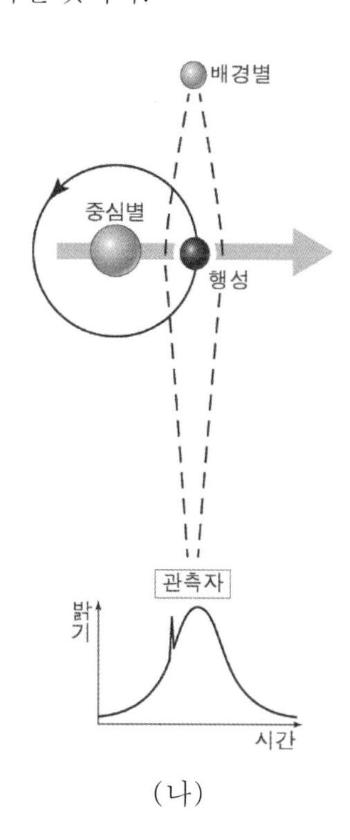

(나)

이에 대한 옳은 설명만을 <보기>에서 있는 대로 고른 것은?

<보 기>

ㄱ. (가)는 행성의 반지름이 클수록 행성을 발견하기 쉽다.
ㄴ. (나)의 그래프는 행성의 중심별의 밝기 변화를 나타낸 것이다.
ㄷ. (가)와 (나)는 행성의 공전 궤도면이 시선 방향에 나란한 경우에만 이용할 수 있다.

① ㄱ ② ㄴ ③ ㄱ, ㄷ ④ ㄴ, ㄷ ⑤ ㄱ, ㄴ, ㄷ

18 2020학년도 6월 모의평가 5번

그림은 주계열성인 외계 항성 S를 공전하는 5개 행성과 생명 가능 지대를 나타낸 것이다.

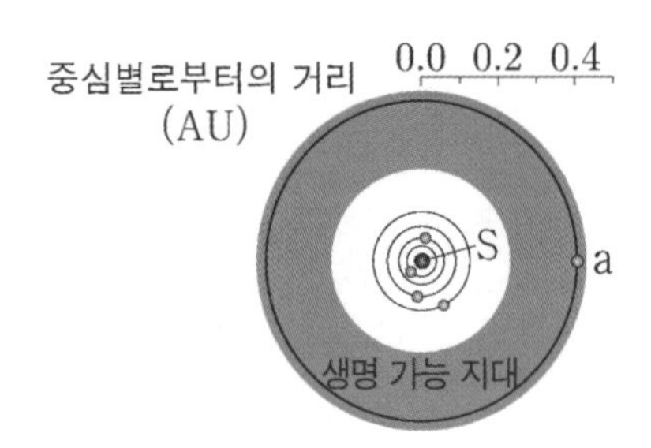

이에 대한 설명으로 옳은 것만을 <보기>에서 있는 대로 고른 것은?

<보 기>

ㄱ. S의 광도는 태양의 광도보다 작다.

ㄴ. a는 액체 상태의 물이 존재할 수 있다.

ㄷ. 생명 가능 지대에 머물 수 있는 기간은 지구가 a보다 짧다.

① ㄱ ② ㄷ ③ ㄱ, ㄴ ④ ㄴ, ㄷ ⑤ ㄱ, ㄴ, ㄷ

19 2019학년도 대학수학능력시험 18번

그림 (가)는 어느 외계 행성과 중심별이 공통 질량 중심을 중심으로 공전하는 모습을, (나)는 도플러 효과를 이용하여 측정한 이 중심별의 시선 속도 변화를 나타낸 것이다.

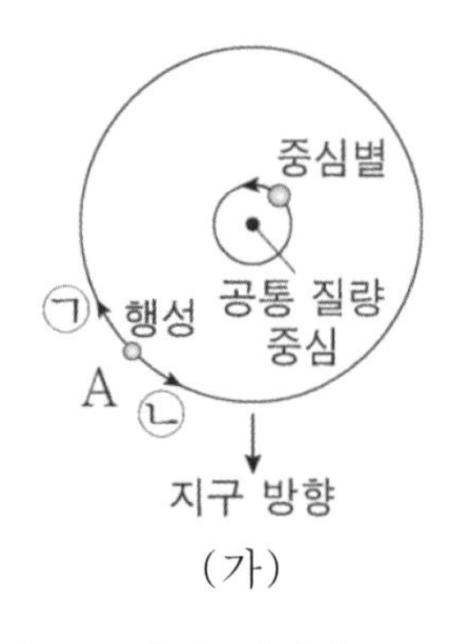

(가)

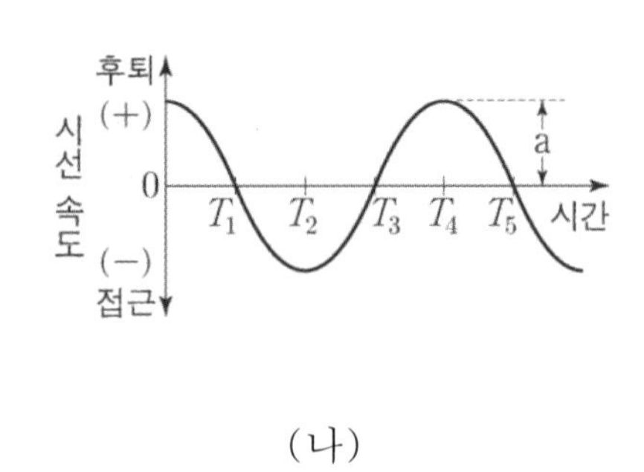

(나)

이에 대한 설명으로 옳은 것만을 <보기>에서 있는 대로 고른 것은?

<보 기>

ㄱ. 공통 질량 중심에 대한 행성의 공전 방향은 ㉠이다.

ㄴ. 행성의 질량이 클수록 (나)에서 a가 커진다.

ㄷ. 행성이 A에 위치할 때 (나)에서는 $T_3 \sim T_4$에 해당한다.

① ㄱ ② ㄴ ③ ㄱ, ㄷ ④ ㄴ, ㄷ ⑤ ㄱ, ㄴ, ㄷ

20 2020년 7월 학력평가 17번

그림은 광도가 동일한 서로 다른 주계열성을 공전하는 행성 A와 B에 의한 중심별의 밝기 변화를 나타낸 것이다.

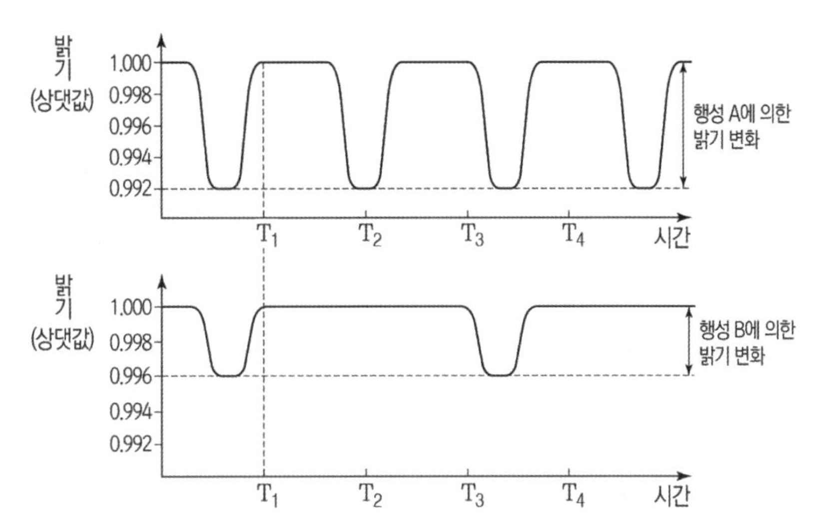

이에 대한 설명으로 옳은 것만을 <보기>에서 있는 대로 고른 것은? (단, 시선 방향과 행성의 공전 궤도면은 일치한다.) [3점]

<보 기>

ㄱ. 공전 주기는 A가 B보다 짧다.

ㄴ. 반지름은 A가 B의 2배이다.

ㄷ. T_1 시기에는 A, B 모두 지구에 가까워지고 있다.

① ㄱ ② ㄴ ③ ㄱ, ㄷ ④ ㄴ, ㄷ ⑤ ㄱ, ㄴ, ㄷ

21 2019년 10월 학력평가 20번

그림 (가)는 어느 외계 행성의 식 현상에 의한 중심별의 밝기 변화를, (나)는 이 외계 행성의 공전 궤도면과 시선 방향이 이루는 각이 달라졌을 때 예상되는 식 현상에 의한 중심별의 밝기 변화를 나타낸 것이다.

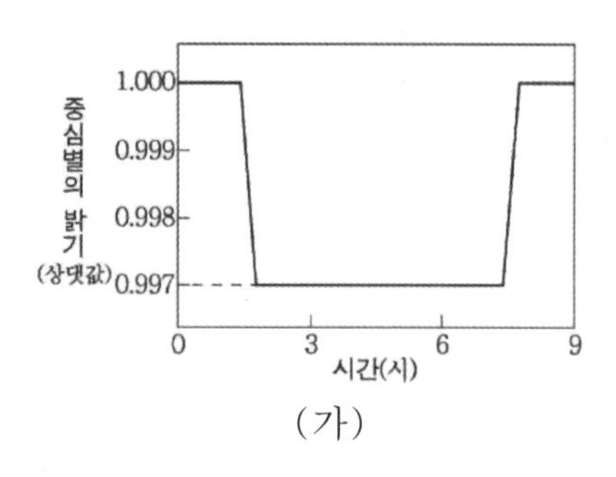

(가)

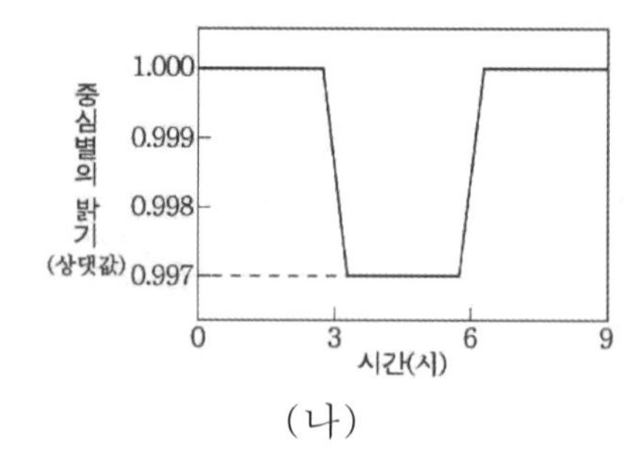

(나)

이에 대한 설명으로 옳은 것만을 <보기>에서 있는 대로 고른 것은? [3점]

<보 기>

ㄱ. 외계 행성의 공전 궤도면이 시선 방향과 이루는 각은 (가)보다 (나)일 때 크다.

ㄴ. $\frac{\text{중심별의 단면적}}{\text{행성의 단면적}}$은 100보다 크다.

ㄷ. 식 현상이 반복되는 주기는 (가)와 (나)에서 같다.

① ㄱ ② ㄴ ③ ㄱ, ㄷ ④ ㄴ, ㄷ ⑤ ㄱ, ㄴ, ㄷ

22 2021학년도 9월 모의평가 13번

그림 (가)는 어느 외계 행성계에서 식 현상을 일으키는 행성 A, B, C에 의한 시간에 따른 중심별의 겉보기 밝기 변화를, (나)는 A, B, C 중 두 행성에 의한 중심별의 겉보기 밝기 변화를 나타낸 것이다. 세 행성의 공전 궤도면은 관측자의 시선 방향과 나란하다.

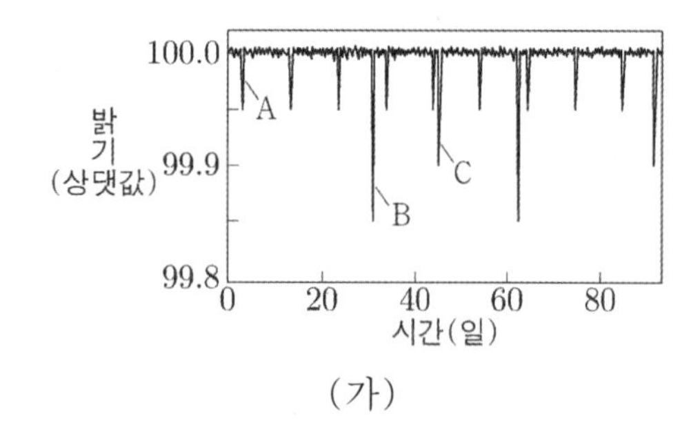

(가)

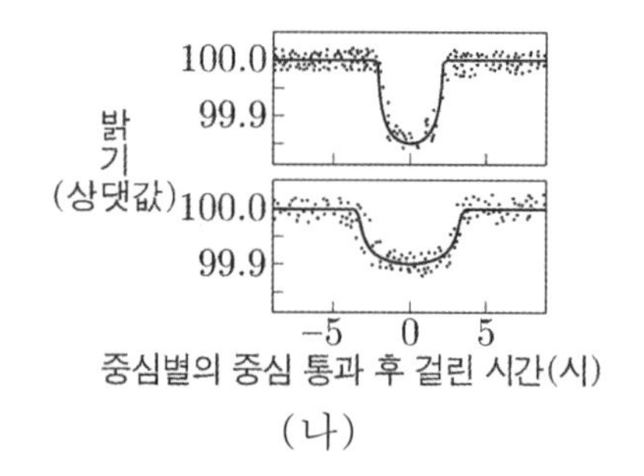

(나)

이 자료에 대한 설명으로 옳은 것만을 <보기>에서 있는 대로 고른 것은? [3점]

<보 기>

ㄱ. 행성의 반지름은 B가 A의 3배이다.

ㄴ. 행성의 공전 주기는 C가 가장 길다.

ㄷ. 행성이 중심별을 통과하는 데 걸리는 시간은 C가 B보다 길다.

① ㄱ ② ㄴ ③ ㄱ, ㄷ ④ ㄴ, ㄷ ⑤ ㄱ, ㄴ, ㄷ

23 2021학년도 대학수학능력시험 18번

그림 (가)는 별 A와 B의 상대적 위치 변화를 시간 순서로 배열한 것이고, (나)는 (가)의 관측 기간 동안 이 중 한 별의 밝기 변화를 나타낸 것이다. 이 기간 동안 B는 A보다 지구로부터 멀리 있고, 별과 행성에 의한 미세 중력 렌즈 현상이 관측되었다.

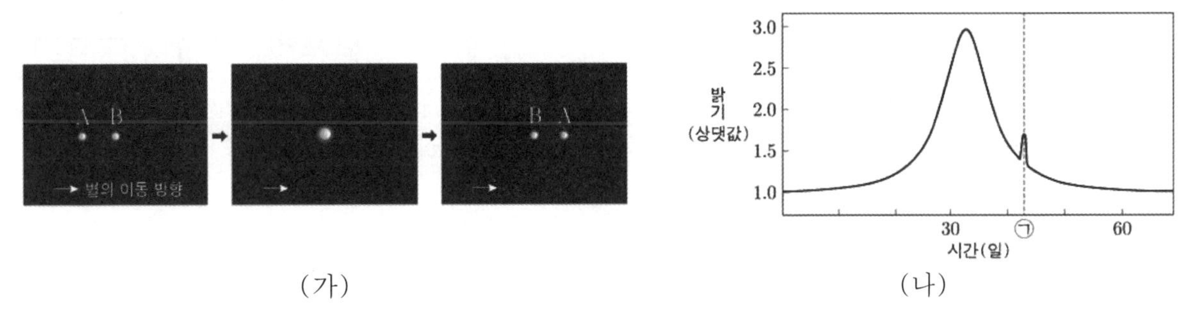

(가) (나)

이 자료에 대한 설명으로 옳은 것만을 <보기>에서 있는 대로 고른 것은? [3점]

<보 기>

ㄱ. (나)의 ㉠ 시기에 관측자와 두 별의 중심은 일직선상에 위치한다.
ㄴ. (나)에서 별의 겉보기 등급 최대 변화량은 1등급보다 작다.
ㄷ. (나)로부터 A가 행성을 가지고 있다는 것을 알 수 있다.

① ㄱ ② ㄷ ③ ㄱ, ㄴ ④ ㄴ, ㄷ ⑤ ㄱ, ㄴ, ㄷ

24 2022학년도 9월 모의평가 6번

표는 서로 다른 외계 행성계에 속한 행성 (가)와 (나)에 대한 물리량을 나타낸 것이다. (가)와 (나)는 생명 가능 지대에 위치하고, 각각의 중심별은 주계열성이다.

외계 행성	중심별의 광도 (태양=1)	중심별로부터의 거리 (AU)	단위 시간당 단위 면적이 받는 복사 에너지양 (지구=1)
(가)	0.0005	㉠	1
(나)	1.2	1	㉡

이 자료에 대한 설명으로 옳은 것만을 <보기>에서 있는 대로 고른 것은?

<보 기>

ㄱ. ㉠은 1보다 작다.
ㄴ. ㉡은 1보다 작다.
ㄷ. 생명 가능 지대의 폭은 (나)의 중심별이 (가)의 중심별보다 좁다.

① ㄱ ② ㄷ ③ ㄱ, ㄴ ④ ㄴ, ㄷ ⑤ ㄱ, ㄴ, ㄷ

25 2022학년도 9월 모의평가 18번

그림 (가)와 (나)는 서로 다른 외계 행성계에서 행성이 식 현상을 일으킬 때, 중심별의 상대적 밝기 변화를 시간에 따라 나타낸 것이다. 두 중심별의 반지름은 같고, 각 행성은 원 궤도를 따라 공전하며, 공전 궤도면은 관측자의 시선 방향과 나란하다.

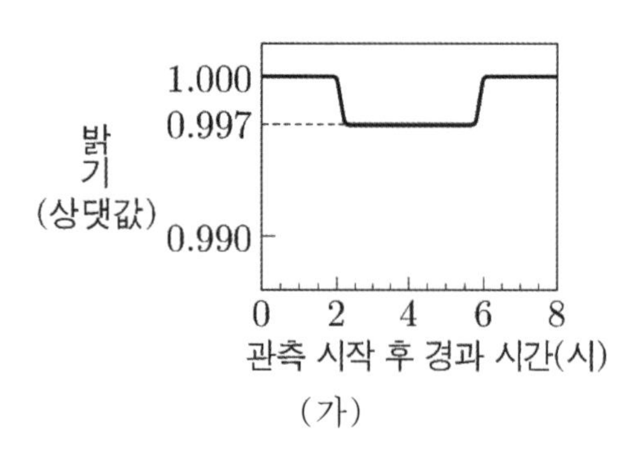

(가)

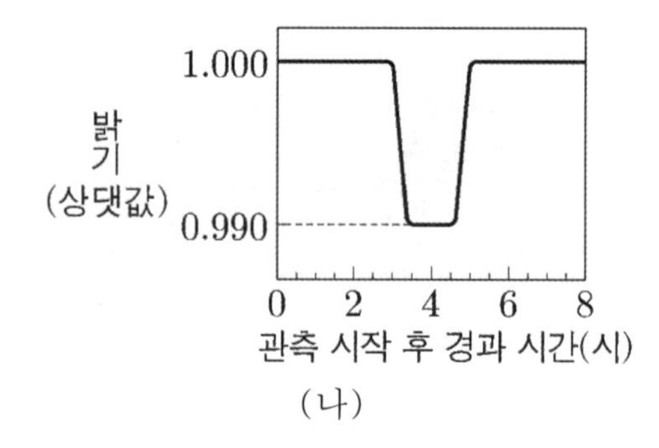

(나)

이에 대한 설명으로 옳은 것만을 <보기>에서 있는 대로 고른 것은? [3점]

<보 기>

ㄱ. 식 현상이 지속되는 시간은 (가)가 (나)보다 길다.
ㄴ. (가)의 행성 반지름은 (나)의 행성 반지름의 0.3배이다.
ㄷ. 중심별의 흡수선 파장은 식 현상이 시작되기 직전이 식 현상이 끝난 직후보다 길다.

① ㄱ ② ㄴ ③ ㄱ, ㄷ ④ ㄴ, ㄷ ⑤ ㄱ, ㄴ, ㄷ

26 2022학년도 대학수학능력시험 11번

그림은 별 A, B, C를 H-R도에 나타낸 것이다

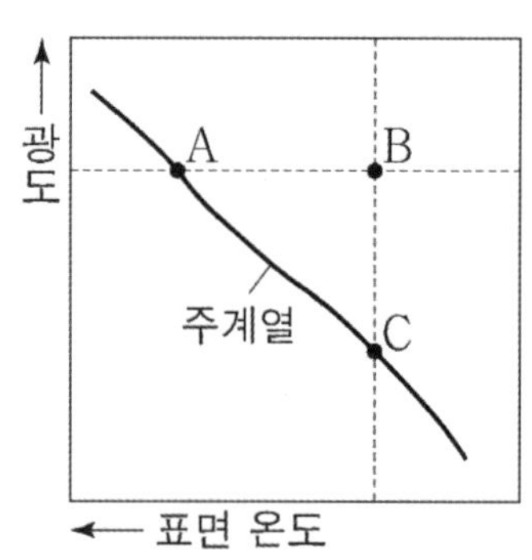

이에 대한 설명으로 옳은 것만을 <보기>에서 있는 대로 고른 것은?

<보 기>

ㄱ. 별의 중심으로부터 생명 가능 지대까지의 거리는 A와 B가 같다.
ㄴ. 생명 가능 지대의 폭은 B가 C보다 넓다.
ㄷ. 생명 가능 지대에 위치하는 행성에서 액체 상태의 물이 존재할 수 있는 시간은 C가 A보다 길다.

① ㄱ ② ㄴ ③ ㄱ, ㄷ ④ ㄴ, ㄷ ⑤ ㄱ, ㄴ, ㄷ

27 2022학년도 대학수학능력시험 15번

표는 주계열성 A, B, C를 각각 원 궤도로 공전하는 외계 행성 a, b, c의 공전 궤도 반지름, 질량, 반지름을 나타낸 것이다. 세 별의 질량과 반지름은 각각 같으며, 행성의 공전 궤도면은 관측자의 시선 방향과 나란하다.

외계 행성	공전 궤도 반지름 (AU)	질량 (목성=1)	반지름 (목성=1)
a	1	1	2
b	1	2	1
c	2	2	1

이에 대한 설명으로 옳은 것만을 <보기>에서 있는 대로 고른 것은? (단, A, B, C의 시선 속도 변화는 각각 a, b, c와의 공통 질량 중심을 공전하는 과정에서만 나타난다.) [3점]

<보 기>

ㄱ. 시선 속도 변화량은 A가 B보다 작다.
ㄴ. 별과 공통 질량 중심 사이의 거리는 B가 C보다 짧다.
ㄷ. 행성의 식 현상에 의한 겉보기 밝기 변화는 A가 C보다 작다.

① ㄱ ② ㄷ ③ ㄱ, ㄴ ④ ㄴ, ㄷ ⑤ ㄱ, ㄴ, ㄷ

memo

Theme

08

외부 은하와 우주

Chapter

01 외부 은하

외부 은하 - 허블의 은하 분류

1. 외부 은하

은하란 항성, 성간 물질, 암흑 물질 등 여러 물질이 **중력에 의해 뭉쳐진 천체의 거대한 집합체**다.
우리가 살고 있는 태양계는 우리은하의 가장자리에 위치하고 있다. 외부 은하란 우리은하 바깥에 존재하는 모든 은하를 의미한다.

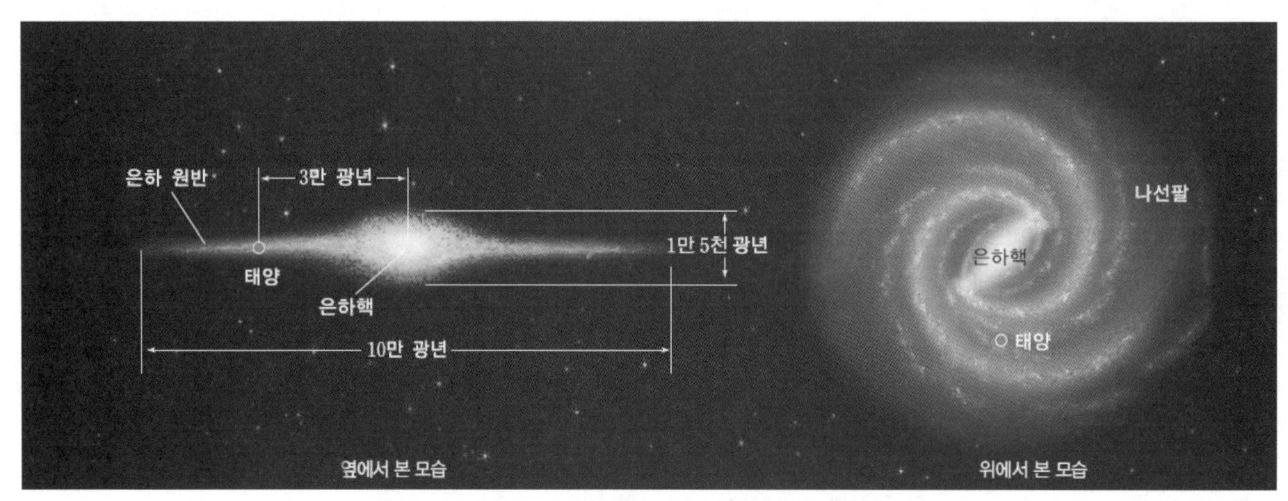

▲ 대표적인 막대 나선 은하인 우리은하의 모습(상상도)

2. 은하의 종류

천문학자인 허블은 외부 은하들을 **가시광선 영역에서 관측되는** 형태(모양)에 따라 분류하였다.
오로지 형태에 따라서 구분한 것이기 때문에 **은하의 진화와는 아무런 관련이 없다**.

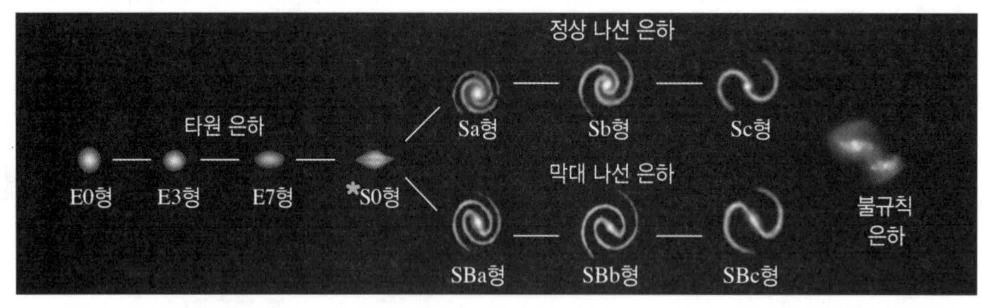

▲ 허블의 은하 분류 체계

(1) 타원 은하(E)

① **나선팔이 없는 타원 모양**의 은하다. **타원의 납작한 정도에 따라 E0~E7으로 구분**한다.
E0에 가까울수록 원에 가깝게 보이고, E7에 가까울수록 납작한 타원으로 보인다.

② 성간 물질이 거의 존재하지 않아서 **새로운 별의 탄생은 거의 없**다. 따라서 주로 **나이가 많고 온도가 낮은 별**들로 **이루어져 있다.** (나이가 많기 때문에 H-R도에서 오른쪽에 있는 표면 온도가 낮은 주계열성이거나 주계열을 떠나 표면 온도가 낮아진 거성일 것이기 때문이다.)

▲ 편평도가 다른 여러 모습의 타원 은하

(2) 나선 은하

① **은하핵과 나선팔로 구성된 은하**다. 은하핵과 나선팔 사이의 **막대 구조의 유무**에 따라 **정상 나선 은하(S)와 막대 나선 은하(SB)**로 구분한다. 또한 **나선팔이 감긴 정도와 은하핵의 상대적인 크기**에 따라 Sa,Sb,Sc 또는 SBa,SBb,SBc로 구분한다.
a → b → c 순으로 갈수록 **중심핵의 크기가 상대적으로 작고 나선팔이 느슨하게 감겨있다.**

② **나선팔**에 **성간 물질이 분포**하기 때문에 **새로운 별들의 탄생**이 일어난다. 따라서 **나이가 적고 온도가 높은** 별들로 이루어져 있다. **은하핵 부근**은 주로 **나이가 많고 온도가 낮은** 별들로 이루어져 있다.

- 정상 나선 은하(S) : 나선팔이 **은하핵으로부터 직접** 뻗어 나오는 구조다.
  막대 나선 은하(SB) : 은하핵을 가로지르는 **막대에서 나선팔이 뻗어 나오는** 구조다.

▲ 정상 나선 은하

▲ 막대 나선 은하

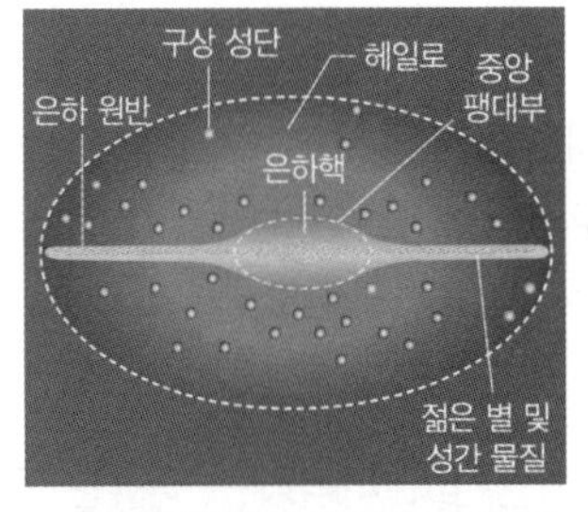

▲ 옆에서 바라본 나선 은하

(3) 불규칙 은하(Irr)

① 규칙적인 형태나 구조가 명확하지 않은 은하다.

② 성간 물질이 많이 분포하기 때문에 새로운 별의 탄생이 활발하게 일어난다. 따라서 나이가 적고 온도가 높은 별들로 구성되어 있다.

▲ 여러 모습의 불규칙 은하

▎외부 은하 - 특이 은하

과학 기술이 발달하면서 **허블의 분류 체계로는 분류하기 어려운 은하들**이 관측됐다. 이들을 특이 은하라 부르며, 기존의 은하들과는 확연히 다른 특징들을 가지는데 이는 전파 은하, 세이퍼트은하, 퀘이사의 중심에는 블랙홀이 있기 때문이라고 추정되고 있다.

1. 전파 은하

보통의 은하보다 **수백 배 이상 강한 전파를 방출**하는 은하다. **가시광선 영역**에서는 **타원 은하**처럼 보이지만 **전파 영역**에서 관찰하면 강한 전파를 방출하는 **제트**와 **로브**라는 구조가 관측된다.

제트와 로브는 중심부의 양쪽에 대칭적으로 나타나고 일부 영역에서 강한 X선을 방출하는데, 이는 **은하 중심부에 존재하는 블랙홀**에 의해 고속으로 움직이는 전자와 강한 자기장 때문이라고 추정하고 있다.

▲ 가시광선 영상

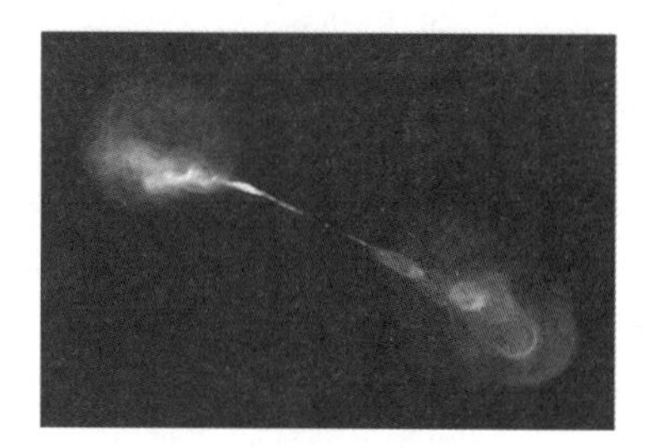
▲ 전파 영상

▲ 가시광선 영상과 전파 영상의 합성

2. 세이퍼트은하

일반적인 은하에 비해 **핵 부근의 광도가 비정상적으로 크고 스펙트럼상에서 넓은 방출선**이 나타나는 은하다. **가시광선 영상**에서는 **나선 은하**처럼 보인다.

넓은 방출선이 나타나는 이유는 **중심부에 거대한 블랙홀**이 있어 가스 구름을 빠르게 회전시키고 있기 때문이라고 추정된다. 전체 나선 은하 중 약 2%가 세이퍼트은하로 분류된다.

▲ 가시광선 영역의 세이퍼트은하

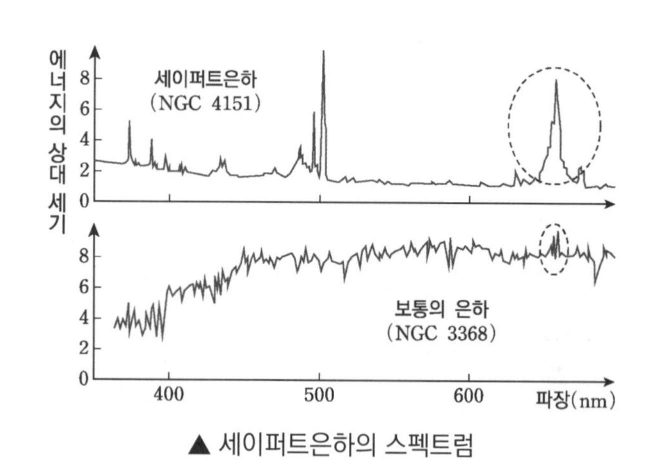

▲ 세이퍼트은하의 스펙트럼

3. 퀘이사

수많은 별들로 이루어진 **은하지만 매우 멀리 있어 별처럼 관측**된다. 적색 편이가 매우 크게 나타나는데 이는 퀘이사가 매우 먼 거리에서 빠른 속도로 멀어지고 있다는 것을 의미한다. **퀘이사는 매우 멀리 있기 때문에 초기 우주에 형성되었다고 추정할 수 있다.** (이는 p.184에서 자세하게 알아가자.)
매우 멀리 있어 보이지 않아야 하지만 광도가 매우 크기 때문에 별처럼 관측된다.

퀘이사가 에너지를 방출하는 영역은 태양계 정도의 크기지만 방출하는 에너지는 우리은하의 수백 배 ~ 수천 배에 이르기 때문에 **중심부에 블랙홀**이 있을 것으로 여겨진다. 세이퍼트은하보다 더 밝으며 우리가 관측할 수 있는 가장 먼 거리의 천체다.

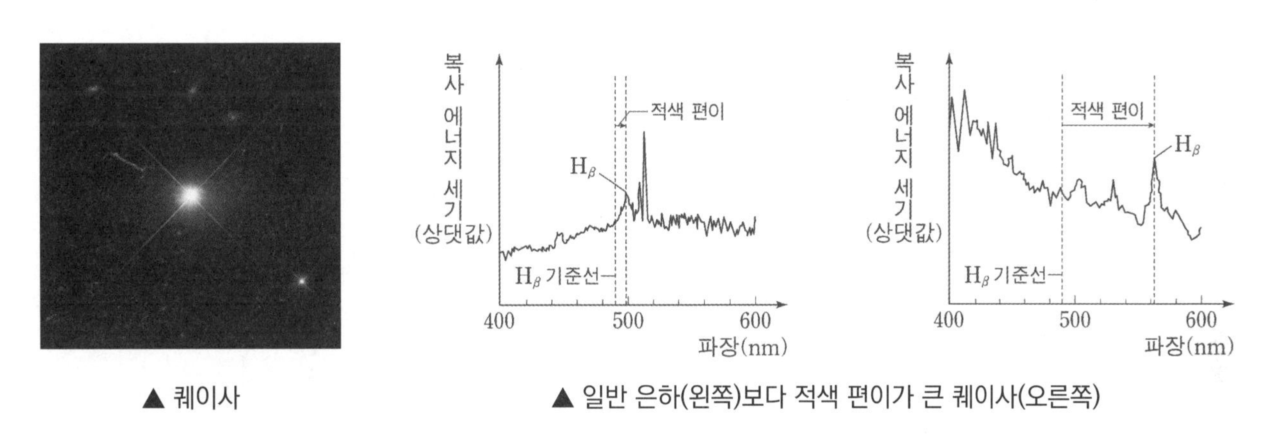

▲ 퀘이사

▲ 일반 은하(왼쪽)보다 적색 편이가 큰 퀘이사(오른쪽)

4. 충돌 은하

대부분의 은하는 서로 멀어지고 있지만 (이는 Theme 8-2 빅뱅 우주론에서 자세하게 알아가자.) 서로 잡아당기는 중력에 의해 **서로 가까워지다가 충돌하여 형성된 은하**다. 두 은하가 가까이 접근하면 규칙적으로 유지하던 모양이 흐트러져 특이하게 보인다.

은하와 은하가 충돌하더라도 **별들끼리 충돌하는 일은 매우 희박**하다. 별과 별 사이의 거리는 우리가 생각하는 것보다 훨씬 멀기 때문이다. (태양에서 가장 가까운 항성인 프록시마 센타우리도 약 4광년 정도 떨어져 있다) 그러나 은하 속에 있던 거대한 분자구름들이 충돌하여 밀도가 높아지므로 **새로운 별의 탄생은 활발**하게 일어난다.

▲ 충돌하는 두 은하

▲ 제임스웹 우주망원경으로 관측한 슈테팡 5중주

memo

2021년 3월 학력평가 지Ⅰ 9번

그림은 외부 은하 중 일부를 형태에 따라 (가), (나), (다)로 분류한 것이다.

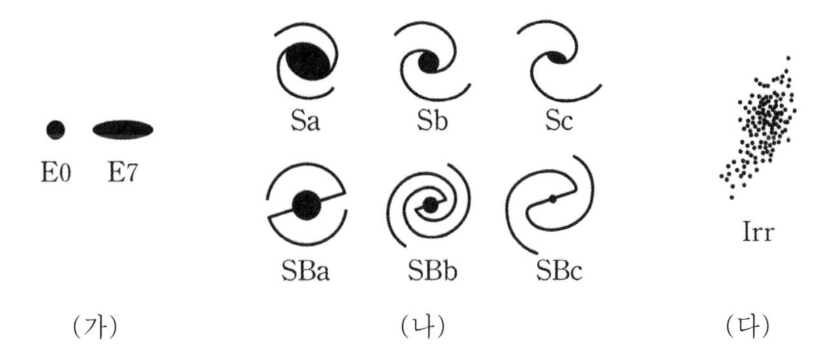

이에 대한 설명으로 옳은 것만을 <보기>에서 있는 대로 고른 것은?

<보 기>

ㄱ. (가)는 타원 은하이다.
ㄴ. (나)의 은하들은 나선팔이 있다.
ㄷ. 은하를 구성하는 별의 평균 표면 온도는 (가)가 (다)보다 낮다.

① ㄱ ② ㄷ ③ ㄱ, ㄴ ④ ㄴ, ㄷ ⑤ ㄱ, ㄴ, ㄷ

추가로 물어볼 수 있는 선지

1. 허블은 외부 은하를 적외선 영역에서 관측되는 형태에 따라 분류했다. (O , X)
2. Sa보다 Sc의 나선팔이 더 느슨하게 감겨 있다. (O , X)
3. 불규칙 은하는 나선 은하로 진화한다. (O , X)

정답 : 1. (X), 2. (O), 3. (X)

01 2021년 3월 학력평가 지Ⅰ 9번

KEY POINT #허블의 은하 분류, #은하의 평균 표면 온도

문항의 발문 해석하기

허블의 은하 분류에 따른 은하들의 특징을 떠올릴 수 있어야 한다.

문항의 자료 해석하기

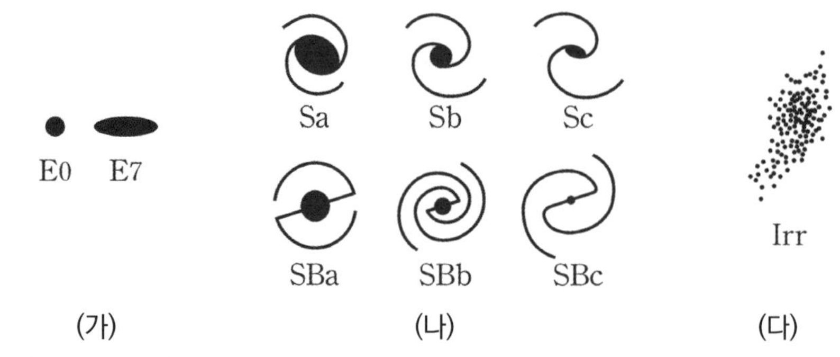

1. (가)는 타원 은하이다. 타원 은하를 구성하는 별들은 대체로 늙고 붉은 별들이다.
   은하의 모양은 E0에 가까울수록 원형이고, E7에 가까울수록 타원형이다.
2. (나)는 나선 은하이다. 중심핵으로부터 나선팔이 뻗어 나오면 정상 나선 은하, 중심핵 부근의 막대 구조로부터 나선팔이 뻗어 나오면 막대 나선 은하이다. 나선 은하의 중심부에는 늙고 붉은 별들이, 나선팔에는 젊고 푸른 별들이 분포해있다.
   a에 가까울수록 은하핵의 크기가 크고 나선팔이 더 감겨 있고, c에 가까울수록 은하핵의 크기가 작고 나선팔이 느슨하게 감겨 있다.
3. (다)는 불규칙 은하이다. 불규칙 은하를 구성하는 별들은 대체로 젊고 푸른 별들이다.
   불규칙 은하에는 성간 물질이 많이 분포해있어 새로운 별의 탄생이 활발하다.

선지 판단하기

ㄱ 선지 (가)는 타원 은하이다. (O)

(가)의 은하는 모양을 보고 타원 은하라고 판단해야 한다.

ㄴ 선지 (나)의 은하들은 나선팔이 있다. (O)

(나)는 나선 은하이다. 따라서 나선팔을 가지고 있다.

ㄷ 선지 은하를 구성하는 별의 평균 표면 온도는 (가)가 (다)보다 낮다. (O)

(가)는 대체로 붉은색을, (다)는 대체로 푸른색을 띤다. 따라서 별의 평균 표면 온도는 푸른색을 띠는 (다)가 높다.

기출문항에서 가져가야 할 부분

1. 허블의 은하 분류는 모양에 따라 분류한 것임을 기억하기
2. 각 은하를 구성하는 별들의 색, 나이, 성간 물질의 유무 암기하기
3. 타원 은하와 나선 은하는 은하의 특징에 따라 세분화할 수 있음을 암기하기

▌기출 문제로 알아보는 유형별 정리

[허블의 은하 분류]

1 은하의 종류에 따른 물리량

① 은하의 나이와 성간 물질 2021년 10월 학력평가 16번

그림 (가), (나), (다)는 타원 은하, 나선 은하, 불규칙 은하를 순서 없이 나타낸 것이다.

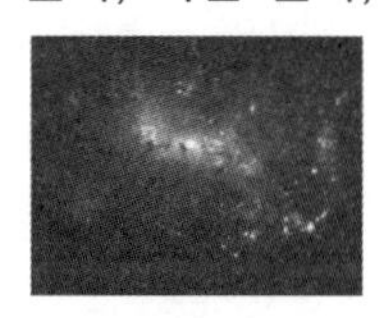
(가)

(나)

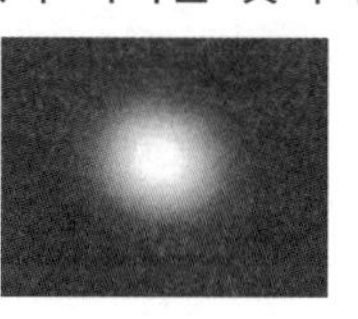
(다)

ㄴ. 은하를 구성하는 별들의 평균 나이는 (나)가 (다)보다 많다. (X)

- 나선 은하의 중심부는 늙은 별들이, 나선팔에는 젊은 별들이 분포하고 있다. 타원 은하는 은하 전체에 늙은 별들이 분포한다. 따라서 별들의 평균 나이는 나선 은하인 (나)가 타원 은하인 (다)보다 적다.
- **타원 은하는 성간 물질이 적어 늙은 별들이 분포**한다.
  나선 은하의 중심부에는 성간 물질이 적어 늙은 별들이 분포하지만, **나선팔**에는 **성간 물질이 많아 젊은 별들이 분포**한다.
  불규칙 은하는 전체적으로 **성간 물질이 많아 젊은 별들이 많이 분포**한다.
  (성간 물질이 많을수록 새로운 별의 탄생이 활발하다.)
- 은하를 구성하는 별들의 평균 나이 : 타원 은하 〉 나선 은하 〉 불규칙 은하

② 은하의 평균 표면 온도 지II 2018학년도 수능 8번

그림은 허블의 은하 분류상 서로 다른 형태의 세 은하 A, B, C를 가시광선으로 관측한 것이다.

A

B

C

ㄴ. B의 경우 별의 평균 색지수는 은하 중심부보다 나선팔에서 크다. (X)

- B는 나선 은하이다. 나선 은하의 중심부에는 붉은 별들이, 나선팔에는 푸른 별들이 분포한다. 따라서 평균 색지수는 평균 표면 온도가 더 낮은 은하 중심부에서 크게 나타난다.
- **타원 은하**는 주로 **붉은 별들이 분포**하여 별들의 평균 **표면 온도가 낮다.**
  나선 은하의 중심부에는 **붉은 별들이 분포**하여 평균 **표면 온도가 낮지만, 나선팔**에는 **푸른 별들이 분포**하여 평균 **표면 온도가 높다.**
  불규칙 은하는 전체적으로 **푸른 별들이 많이 분포**하여 평균 **표면 온도가 높다.**
- 은하를 구성하는 별들의 평균 표면 온도 : 불규칙 은하 〉 나선 은하 〉 타원 은하

2 은하의 세분화

① 타원 은하의 세분화 2021학년도 9월 모의평가 12번

다음은 세 학생이 다양한 외부 은하를 형태에 따라 분류하는 탐구 활동의 일부를 나타낸 것이다.

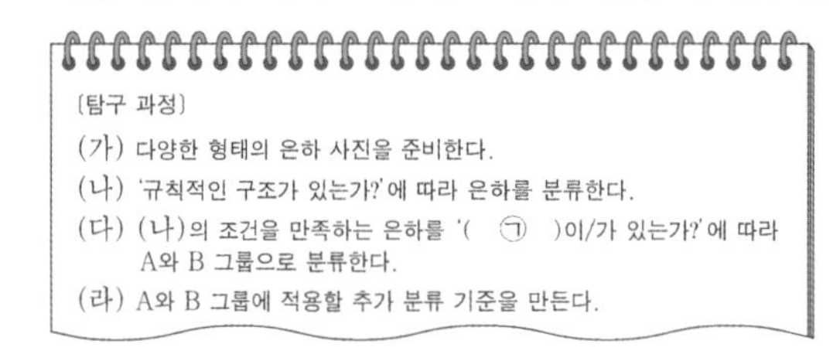

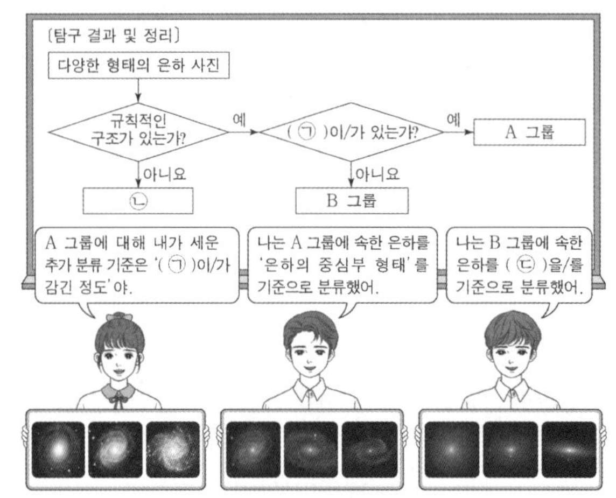

ㄷ. '구에 가까운 정도'는 ㉢에 해당한다. (O)

- 타원 은하는 구에 가까울수록 E0, 타원에 가까울수록 E7으로 세분화하여 나타낸다.

② 나선 은하의 세분화 2021년 3월 학력평가 9번

그림은 외부 은하 중 일부를 형태에 따라 (가), (나), (다)로 분류한 것이다.

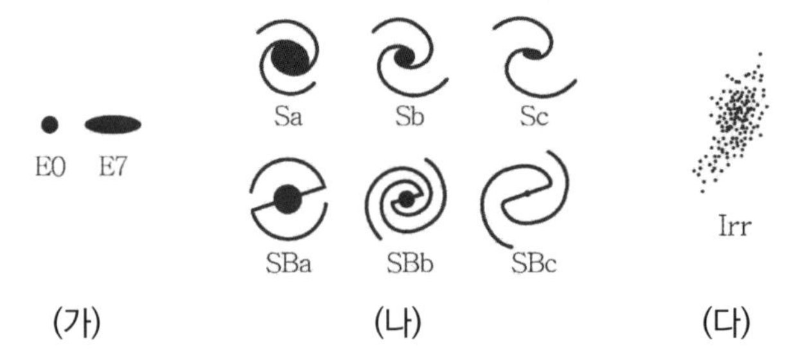

- 자료 (나)를 보면 나선 은하는 **은하핵의 크기가 크고 나선팔의 감김이 느슨하지 않을수록 a에 가깝고, 은하핵의 크기가 작고 나선팔의 감김이 느슨할수록 c에 가깝다.**

추가로 물어볼 수 있는 선지 해설
1. 허블은 외부 은하를 모양(형태)에 따라서 구분했다. 따라서 가시광선 영역에서 관측했다.
2. Sa보다 Sc는 은하핵의 크기가 더 작고 나선팔의 감김이 느슨하다.
3. 허블의 은하 분류 체계에서 은하의 진화 개념은 등장하지 않는다.

Theme 08 - 1 외부 은하

2021학년도 6월 모의평가 지I 9번

그림 (가), (나), (다)는 각각 세이퍼트은하, 퀘이사, 전파 은하의 영상을 나타낸 것이다. (가)와 (나)는 가시광선 영상이고, (다)는 가시광선과 전파로 관측하여 합성한 영상이다.

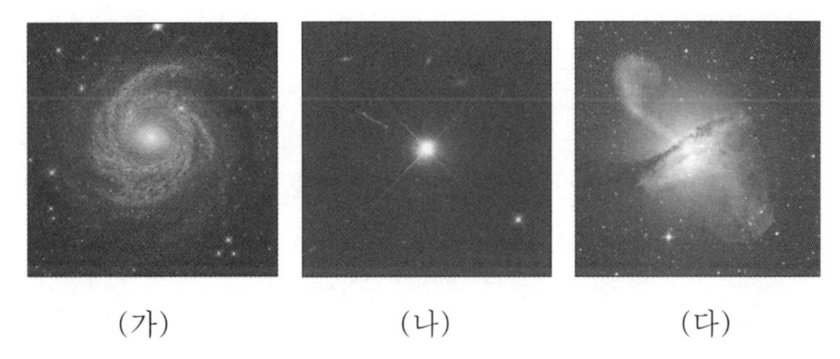

(가) (나) (다)

이 자료에 대한 설명으로 옳은 것만을 <보기>에서 있는 대로 고른 것은?

<보 기>

ㄱ. (가)와 (다)의 은하 중심부 별들의 회전축은 관측자의 시선 방향과 일치한다.

ㄴ. 각 은하의 $\frac{\text{중심부의 밝기}}{\text{전체의 밝기}}$는 (나)의 은하가 가장 크다.

ㄷ. (다)의 제트는 은하의 중심에서 방출되는 별들의 흐름이다.

① ㄱ ② ㄴ ③ ㄷ ④ ㄱ, ㄴ ⑤ ㄴ, ㄷ

추가로 물어볼 수 있는 선지

1. 퀘이사는 비교적 최근에 만들어진 은하이다. (O , X)
2. 전파 은하, 퀘이사, 세이퍼트은하 모두 은하의 중심에 거대한 블랙홀이 있을 것으로 추정된다. (O , X)
3. 우리은하에 대한 퀘이사의 평균 후퇴 속도는 우주의 나이가 50억 년일 때가 100억 년일 때보다 크다. (O , X)

정답 : 1. (X), 2. (O), 3. (X)

02 2021학년도 6월 모의평가 지Ⅰ 9번

KEY POINT #특이 은하, #회전축, #중심부의 밝기

문항의 발문 해석하기

특이 은하에 대한 내용을 떠올려야 한다. 가시광선 영상으로 보이는 은하의 모습은 허블의 은하 분류 체계로 구분할 수 있음을 떠올리고 전파 영상을 통해 알 수 있는 은하를 떠올리자.

문항의 자료 해석하기

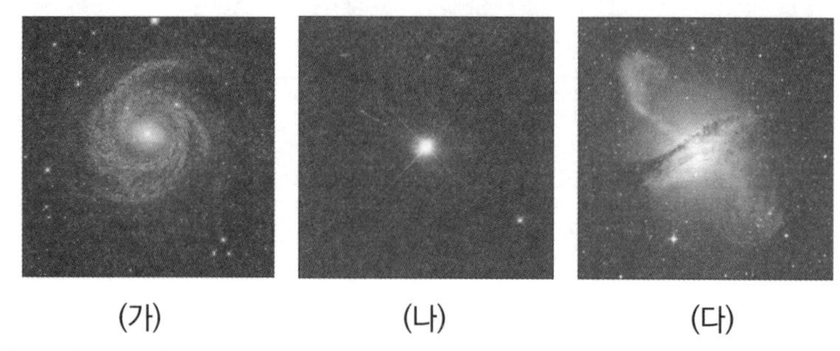

(가) (나) (다)

1. (가)는 가시광선 영역에서 나선 은하의 형태를 보인다. 따라서 세이퍼트은하이다.
2. (나)는 가시광선 영역에서 별처럼 보인다. 따라서 퀘이사이다.
3. (다)는 은하 중심부에서 뻗어 나오는 어떠한 흐름이 보인다. 이는 전파 은하에서 관측되는 제트이다.

선지 판단하기

ㄱ 선지 (가)와 (다)의 은하 중심부 별들의 회전축은 관측자의 시선 방향과 일치한다. (X)

(가)의 모습을 보면 은하의 회전축과 관측자의 시선 방향이 나란한 것을 확인할 수 있다. 그러나 (다) 은하의 회전축과 관측자의 시선 방향은 나란하지 않은 것을 확인할 수 있다.

ㄴ 선지 각 은하의 $\frac{\text{중심부의 밝기}}{\text{전체의 밝기}}$는 (나)의 은하가 가장 크다. (O)

은하 전체에 대한 중심부의 밝기는 매우 멀리 있음에도 불구하고 하나의 별처럼 보이는 퀘이사가 가장 크다.

ㄷ 선지 (다)의 제트는 은하의 중심에서 방출되는 별들의 흐름이다. (X)

전파 은하의 제트는 은하 중심에서 방출되는 별들의 흐름이 아닌 물질의 흐름이다. 만약 별들의 흐름이었다면 가시광선 영역에서 보였을 것이다. 그러나 제트는 전파 영역에서만 관측된다.

기출문항에서 가져가야 할 부분

1. 가시광선 영역에서 보이는 특이 은하의 모습을 암기하기
2. 특이 은하의 중심부 밝기 암기하기 (퀘이사 〉 세이퍼트은하 〉 타원 은하)
3. 특이 은하의 특징 암기하기

▍기출 문제로 알아보는 유형별 정리

[특이 은하]

1 전파 은하

① 전파 은하의 관측 2021년 4월 학력평가 18번

그림은 어느 전파 은하의 영상을 나타낸 것이다. (가)와 (나)는 각각 가시광선 영상과 전파 영상 중 하나이고, (다)는 (가)와 (나)의 합성 영상이다.

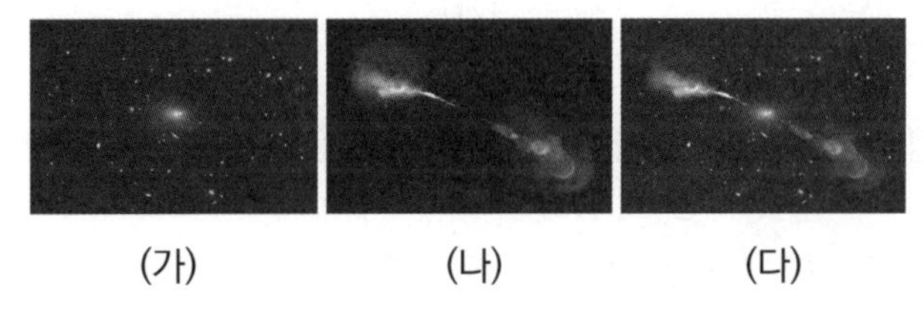

(가) (나) (다)

ㄴ. (나)에서는 제트가 관측된다. (O)

- **전파 은하는 가시광선 영역에서 타원 은하의 형태로 관측**되므로 (가)는 가시광선 영상이다.
  따라서 (나)는 전파 영상이고 중심핵을 기준으로 양쪽에 제트가 관측되고 있다.
- 전파 은하는 가시광선 영역과 전파 영역에서 다르게 나타난다는 것을 이해해야 한다.

② 전파 은하의 구조 2022년 10월 학력평가 14번

그림 (가)와 (나)는 어느 전파 은하의 가시광선 영상과 전파 영상을 순서 없이 나타낸 것이다.

(가)

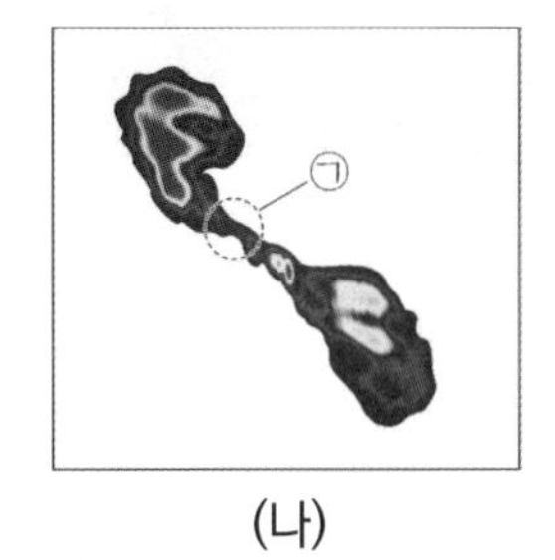

(나)

ㄷ. ㉠은 은하 중심부에서 방출되는 물질의 흐름이다. (O)

- (가)는 가시광선 영상, (나)는 전파 영상이다. 이때, (나)에서 중심부를 기준으로 양쪽에 대칭적으로 제트와 로브가 형성된 것을 확인할 수 있다. ㉠은 제트이며 이는 은하 중심부에서 방출되는 물질의 흐름이다.
- 전파 은하는 일반 은하에 비해 수백 배 이상의 강력한 전파를 방출하는 은하이다. 이와 같은 현상은 **은하 중심에 거대한 블랙홀이 있기 때문**에 나타나는 것이며 이로 인해 (나)와 같이 **전파 영역**에서 보면 강력한 **전파를 내뿜는 제트와 로브가 관측**되는 것이다.

2 세이퍼트은하

① 세이퍼트은하의 관측 2020년 3월 학력평가 9번

그림 (가)는 세이퍼트은하, (나)는 전파 은하를 관측한 것이다.

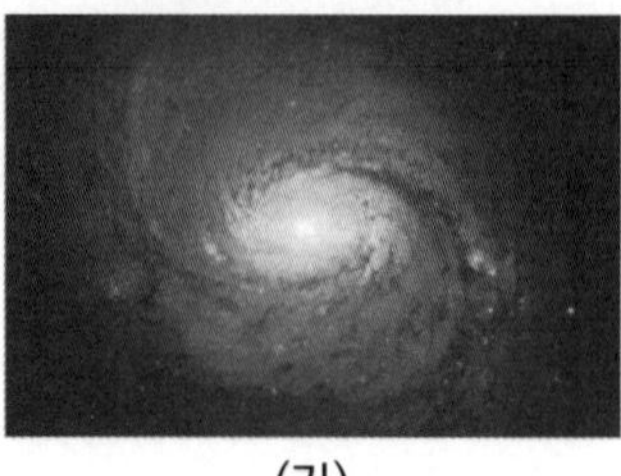

(가)

ㄱ. (가)에서는 나선팔이 관측된다. (O)

- 세이퍼트은하는 가시광선 영역에서 나선 은하와 같은 형태로 관측된다. 따라서 (가) 자료에서 나선팔이 관측되는 것을 확인할 수 있다.
- **세이퍼트은하는 가시광선 영역**에서 **나선 은하의 형태로 관측**되며 나선 은하 중 약 2%가 세이퍼트은하라는 사실을 알아두자.

② 세이퍼트은하의 특징 지Ⅱ 2020학년도 수능 8번

그림 (가)는 가시광선 영역에서 관측된 어느 세이퍼트은하를, (나)는 이 은하에서 관측된 스펙트럼을 나타낸 것이다.

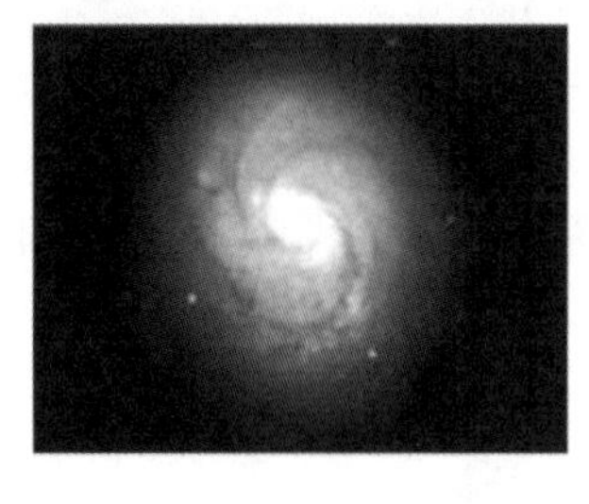

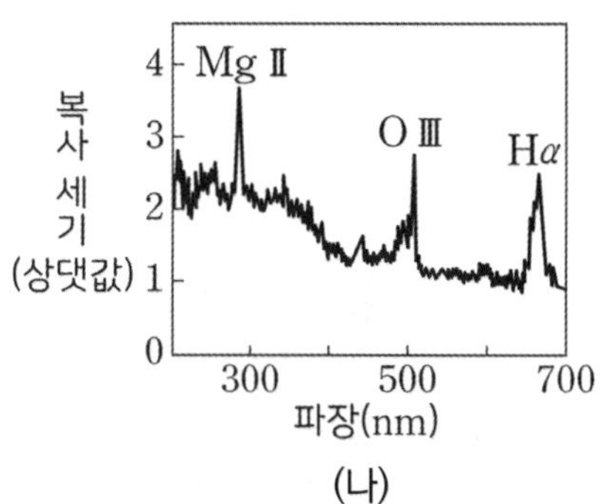

(가) (나)

ㄷ. (나)에는 폭이 넓은 수소 방출선이 나타난다. (O)

- (나) 자료에서 Hα 방출선을 보면 폭 넓은 방출 스펙트럼을 보인다는 것을 확인할 수 있다. 이는 세이퍼트은하의 특징이다.
- **세이퍼트은하는 폭이 넓은 방출선**을 보인다는 것뿐만 아니라 다른 나선 은하들과 다르게 **중심부가 예외적으로 푸르고 매우 밝게 나타난다.**

3 퀘이사

① 퀘이사의 관측　　　　　　　　　　　　　　　　　　　　　　　　2022학년도 6월 모의평가 5번

그림 (가)와 (나)는 가시광선으로 관측한 외부 은하와 퀘이사를 나타낸 것이다.

(가)

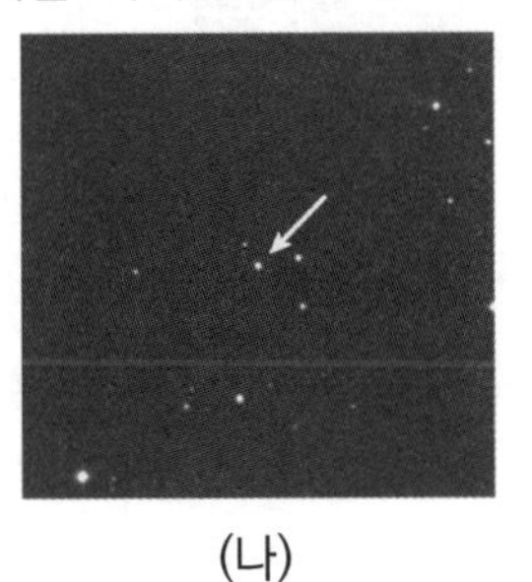
(나)

ㄴ. (나)는 항성이다. (X)

- (나)는 퀘이사이다. 퀘이사는 별들이 모여 만들어진 은하이다.
- **퀘이사**는 가시광선 영역에서 항성 즉, **별처럼 관측되지만 실제로는 은하이다**. 이처럼 관측되는 이유는 매우 밝은 은하임에도 불구하고 **매우 멀리 있어** 하나의 별처럼 보이는 것이다.

② 퀘이사의 특징　　　　　　　　　　　　　　　　　　　　　　　　2022년 3월 학력평가 19번

그림 (가)는 지구에서 관측한 어느 퀘이사 X의 모습을, (나)는 X의 스펙트럼과 Hα 방출선의 파장 변화(→)를 나타낸 것이다. X의 절대 등급은 −26.7이고, 우리은하의 절대 등급은 −20.8이다.

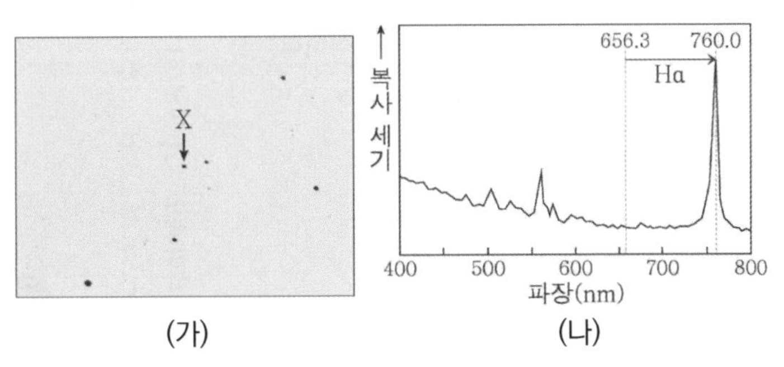

(가)　　(나)

ㄴ. $\frac{\text{X의 광도}}{\text{우리은하의 광도}}$는 100보다 작다. (X)

- 퀘이사 X의 절대 등급은 −26.7등급이고 우리은하의 절대 등급은 −20.8이므로 5.9등급 차이가 난다.

  이때, 5등급 차이나면 광도는 100배 차이가 나므로 $\frac{\text{X의 광도}}{\text{우리은하의 광도}}$는 100보다 큰 값을 갖는다.
- 퀘이사는 일반 은하들에 비해 **매우 밝은 은하**라는 것을 알 수 있다. 또한 은하 전체의 광도에 대한 **중심부의 광도 또한 매우 크다**. 이는 **은하 중심에 거대한 블랙홀**이 있기 때문에 나타나는 현상이다.
- (나) 자료를 보면 **적색 편이가 매우 크게 나타나고 있는 것**을 확인할 수 있다. 이는 퀘이사는 우리은하로부터 **매우 빠른 속도로 멀어지고 있음을 의미**한다.

추가로 물어볼 수 있는 선지 해설
1. 퀘이사는 적색 편이가 매우 큰 은하이다. 즉 매우 멀리 있는 별이며 우주 생성 초기에 형성된 천체이다. 2. 특이 은하의 중심부에는 모두 블랙홀이 있을 것으로 추정된다. 3. 멀리 있는 천체일수록 후퇴 속도는 더 빠르다. 따라서 우주의 나이가 50억 년일 때보다 100억 년일 때 더 멀리 있을 것이므로 100억 년일 때 후퇴 속도가 더 클 것이다.

Chapter 02 빅뱅 우주론

빅뱅 우주론 - 허블 법칙

1. 외부 은하의 스펙트럼 관측과 허블 법칙

허블은 거리가 알려진 외부 은하의 스펙트럼을 조사한 결과 **대부분의 은하에서 적색 편이를 관측**했다. 이때, 적색 편이는 지구와 외부 은하 사이의 거리가 멀어진다는 것을 의미한다. 허블은 세페이드 변광성의 주기 - 등급 관계로 은하의 거리와 적색 편이량 사이의 관계를 알아낸 후 허블 법칙을 발견했다. 외부 은하가 가지고 있던 고유의 파장(λ)과 적색 편이의 변화량($\Delta\lambda$)으로 은하의 후퇴 속도를 유도할 수 있는 공식을 알 수 있었다. **외부 은하의 후퇴 속도(v)는 파장 변화량을 고유의 파장으로 나눈 후 광속(c)을 곱한 값에 비례한다**는 내용이다.

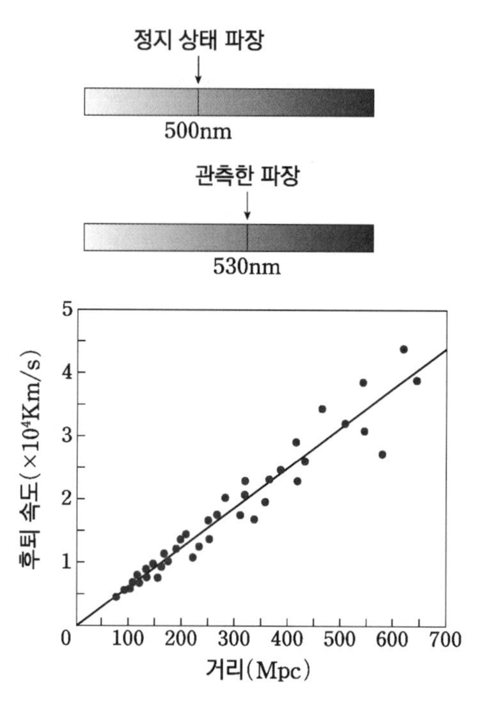

외부 은하와 후퇴 속도 관계식

$$v = c \times \frac{\Delta\lambda}{\lambda}$$

이를 통해 외부 은하의 후퇴 속도를 구할 수 있다. 이때 알아낸 후퇴 속도는 그 은하까지의 거리(r)에 비례한다는 것이 바로 허블 법칙이다. 후퇴 속도는 거리에 비례하기 때문에 이를 보완할 허블 상수(H)를 넣어 식을 완성했다.

(1) 허블 법칙의 의미

- 허블 상수는 위 그래프의 기울기($\frac{\text{후퇴속도}}{\text{거리}}$)이다.
- 멀리 있는 은하일수록 후퇴 속도가 크다. 이는 우주가 팽창하고 있다는 확실한 증거이다.
- 후퇴 속도 $\propto$ 파장 변화량(기준 파장이 동일할 때) $\propto$ 적색 편이량 $\propto$ 은하까지의 거리는 이번 단원에서 반드시 알아야 할 내용이다. $\left(z = \text{적색편이량}, z = \frac{\Delta\lambda}{\lambda}\right)$
- 허블 상수는 관측값의 정확도에 따라 달라지는데, 과거의 허블 상수는 약 500km/s/Mpc 정도였으나 관측 기술의 발달로 현재 허블 상수는 약 $62 \sim 72\text{km/s/Mpc}$가 될 것으로 예측한다. (반드시 기억해야 할 점은 우리가 만날 문제마다 허블 상수는 다를 수 있으므로 외우려 하지 말자.)

같은 은하에서 방출된 다른 파장의 빛이라도 후퇴 속도는 같아야 하므로 $\frac{\Delta\lambda}{\lambda}$값이 같다는 사실을 잊지 말고 이와 관련된 낚시 선지들을 틀리지 않도록 주의하자.

2. 우주의 팽창과 허블 법칙

허블 법칙을 통해 우주가 팽창함에 따라 은하들 사이의 거리가 멀어진다는 것을 알았다. 우리가 확실하게 알아야 하는 사실은 공간 자체가 팽창하기 때문에 은하들 사이의 거리가 멀어진다는 것이다. 따라서 팽창하는 우주의 중심은 알 수 없다. 우리은하로부터 멀어지는 외부 은하에서 우리은하를 관측하더라도 똑같이 멀어지는 것처럼 보이기 때문이다. 아래의 풍선 모형을 통해 자세하게 알아보자.

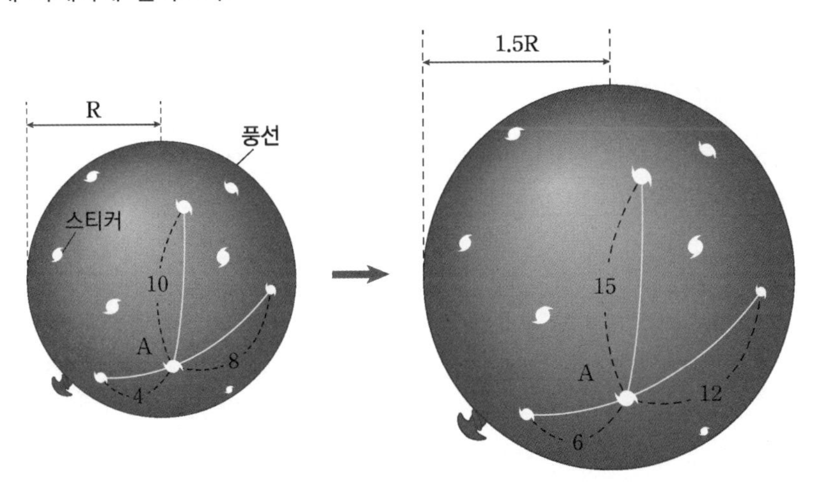

같은 시간이 흘렀을 때 A라는 지점에서 멀리 있는 곳일수록 더 멀어진 것을 확인할 수 있다. 이는 허블 법칙에서 알 수 있는 사실이다. **멀리 있는 은하일수록 후퇴 속도는 더 빠르므로 같은 시간 동안 더 많은 거리를 비례해서 멀어진 것**이다.

(1) 우주의 나이

허블 법칙은 인간이 관측하여 얻어낸 법칙이지만 우주에 있는 모든 은하가 이를 만족한다고 가정하면 은하까지의 거리(r)는 후퇴 속도(v)를 허블 상수(H)로 나눈 값이 된다. 이때 시간은 $\frac{\text{거리}}{\text{속도}}$이기 때문에 이를 오른쪽과 같이 정리하면 **우주의 나이(t)는 허블 상수의 역수$\left(\frac{1}{\text{H}}\right)$**가 된다.

$$t = \frac{r}{v} = \frac{r}{H \cdot r} = \frac{1}{H}$$

(2) 관측 가능한 우주의 크기

또한, 은하의 후퇴 속도는 광속(c)을 넘을 수 없으므로, 관측 가능한 우주의 크기(r)는 우주의 나이$\left(\frac{1}{\text{H}}\right)$에 광속을 곱한 값으로 정의된다.

$$c = H \cdot r \Rightarrow \frac{1}{H} \times c$$

※ 여기서 반드시 알아가야 할 점은 은하와 은하가 추진력을 갖고 서로에게서 멀어지는 것이 아니라 **'공간' 자체가 팽창하는 것이기 때문에 멀어진다는 점**이다.

※ 우주의 크기를 이야기할 때 '관측 가능한 우주'의 크기를 이야기하는 것은 실제 우주는 우리가 볼 수 있는 거리(빛이 이동한 거리)보다 더 크기 때문이다. 따라서 **실제 우주의 크기 〉 관측 가능한 우주의 크기**라는 사실을 알아가자.

3. 빅뱅 우주론과 정상 우주론

(1) 허블 법칙 이후의 우주론

허블 법칙 발견 전 천문학자들은 변치 않는 우주인 정적 우주론을 믿었다. 그 후 허블 법칙을 통해 우주가 팽창한다는 사실이 알려지자 빅뱅 우주론과 정상 우주론을 믿는 두 부류로 나누어지게 되었다.

- 정상 우주론 : 팽창하는 빈 공간에서 새로운 물질과 에너지가 계속해서 생겨나서 **우주의 밀도와 온도가 같게 유지**된다는 이론이다.

- 빅뱅 우주론 : 우주의 모든 물질과 에너지가 **온도와 밀도가 매우 높은 한 점에 모여 있다가 '빅뱅'**이라는 대폭발로 인해 팽창하면서 현재와 같은 우주가 되었다는 이론이다.

다음 표와 그림을 보며 빅뱅 우주론과 정상 우주론을 구별할 수 있도록 암기하자.

구분	빅뱅 우주론	정상 우주론
우주의 팽창 여부	팽창	팽창
우주의 질량	일정	증가
우주의 밀도	감소	일정
우주의 온도	감소	일정
특징	• 온도와 밀도가 매우 높은 한 점에서 대폭발이 일어난 후 점차 팽창한다.	• 우주 밀도가 일정하게 유지되어야 하므로 우주가 팽창하면서 생겨난 빈 공간에 새로운 물질이 계속 생성된다.
모형		

(2) 빅뱅 우주론의 증거

① **우주 배경 복사** : 빅뱅 우주론에 따르면 초기 우주의 온도는 매우 높았다. 따라서 원자핵과 전자가 결합하지 못하고 빛의 입자인 광자가 똑바로 직진할 수 없어서 우주는 불투명했다. 그 이유는 광자는 직진하려는 성질을 가지고 있어서 전자와 같은 입자들과 충돌을 반복하였기 때문이다.

빅뱅 후 38만 년이 지나고 우주의 온도는 점차 내려가 3000K이 되었고 이때, 전자가 원자핵의 인력에 의해 결합하여 중성 원자가 형성되었다. 이에 따라 광자의 직진이 자유로워졌고 온 우주로 빛이 방출되었다. 이때 우주가 투명해졌고, 뻗어나간 빛을 **우주 배경 복사**라 한다. 이 빛은 우주 팽창에 의해서 파장이 길어져 **현재 약 2.7K**의 우주 배경 복사로 관측된다.

1964년 미국의 펜지어스와 윌슨이 통신 위성용 망원경으로 우연히 하늘의 모든 방향에서 거의 같은 세기로 나타나는 7.3cm의 파장을 갖는 전파를 발견했는데, 이것이 빅뱅 우주론에서 예측했던 우주 배경 복사임이 밝혀졌다. 그 후 다양한 우주망원경을 통해 더욱 정밀하게 관측되었다. 2013년 플랑크 우주망원경으로 관측한 우주배경복사는 초기 우주의 온도 분포가 거의 균일하다는 것을 알 수 있다.

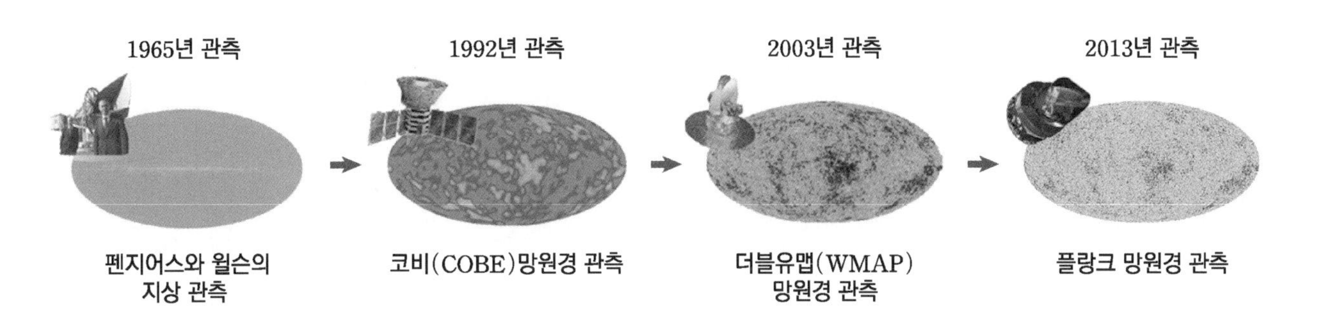

② **수소와 헬륨의 질량비** : 빅뱅 우주론에 의하면 빅뱅 1초 후에 우주의 온도가 약 100억 K일 때 우주 전체의 양성자와 중성자의 개수비가 7:1로 고정되었고 빅뱅 약 3분 후에 우주의 온도가 약 10억 K이 되었을 때 양성자와 중성자가 결합하여 헬륨 원자핵을 만들었고 **수소와 헬륨의 질량비가 3:1**로 고정되었다고 예측했다.

그 후 별빛의 선 스펙트럼 분석 결과 현재 관측되는 우주에 존재하는 수소와 헬륨의 질량비가 3:1이므로 예측값과 들어맞았다.

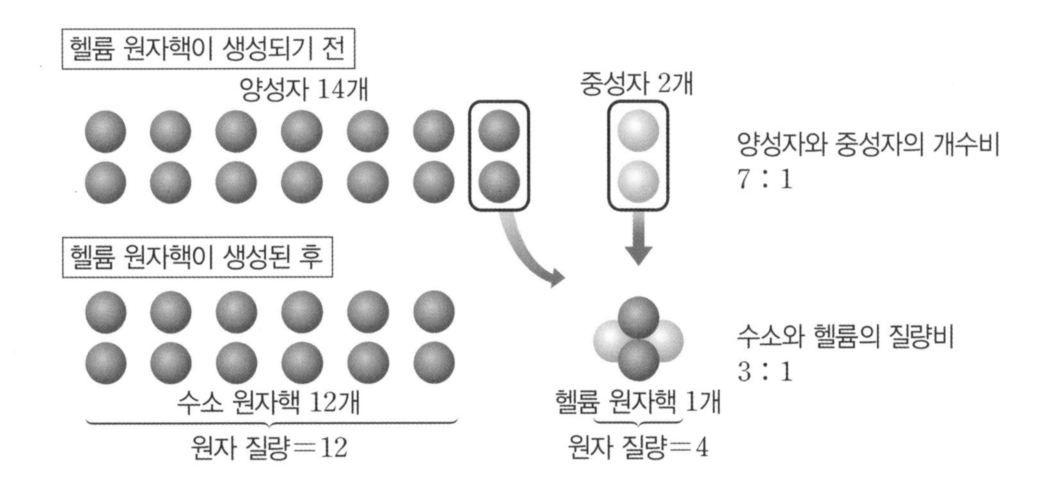

※ 우주에 존재하는 수소와 헬륨의 질량비가 3:1이므로 우주에 있는 별(주계열성)들의 표면에서의 수소와 헬륨의 질량비가 3:1이라는 사실 또한 알아두자.

(3) 빅뱅 우주론의 한계와 급팽창 우주론

① 빅뱅 우주론의 문제점

- 우주의 평탄성 문제 : 초기 빅뱅 우주에 따르면 물질의 양에 따라 우주 공간은 양수 또는 음수의 곡률을 갖게 되고 곡률이 0인 평탄한 공간이 될 가능성은 없어야 한다. 그러나 관측 결과 현재 우주는 완벽할 정도로 평탄하다.
- 우주의 지평선 문제 : 현재 관측 결과 우주의 모든 영역에서 물질이나 우주 배경 복사가 거의 균일한데, 이는 멀리 떨어진 두 지역이 과거에 정보 교환이 있었다는 것을 의미한다. 그러나 빅뱅 우주론에서는 그 이유를 설명할 수 없다.
  (정보 교환이라는 용어는 빛이 이동한 거리로 이해하자.)
- 우주의 자기 홀극 문제 : 극도로 온도와 밀도가 높았던 초기의 우주에는 N극과 S극을 따로 갖는 자기 홀극이 무수히 많이 생성되어서 우리 주변에서 발견되어야 하지만 지금까지 발견되지 않았다.

② 급팽창(인플레이션) 우주론

- 빅뱅 이후 약 $10^{-36} \sim 10^{-34}$**초 사이에 우주가 빛보다 빠르게 팽창**했다는 이론이다. 빅뱅 우주론에서 해결할 수 없었던 세 가지 문제점을 보완하기 위해 등장한 수정된 우주론이다.

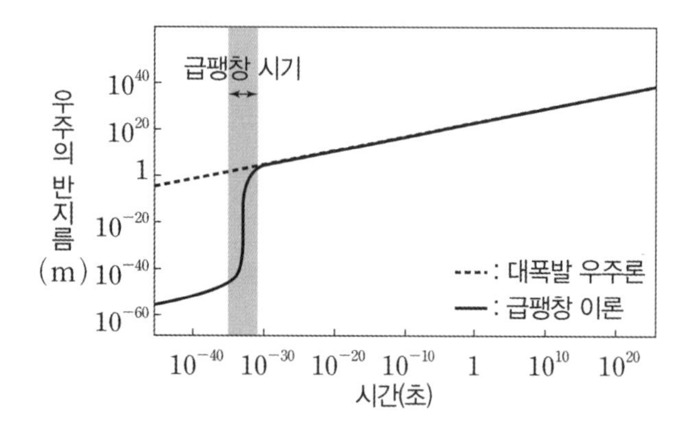

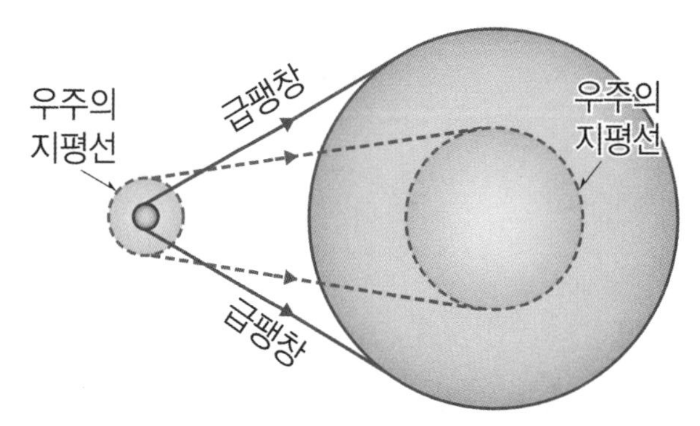

+ 시야 넓히기 : 빛보다 빠른 물질은 없다. 그러나 우주의 팽창이 빛보다 빠를 수 있는 이유는?

우리의 상식으로는 빛보다 빠른 물체는 존재하지 않는다. 그러나 급팽창 우주론에 따르면 우주는 빛보다 빠른 속도로 팽창하여 현재와 같은 우주가 되었다. 우주가 빛보다 빠르게 팽창할 수 있었음은 **우주는 물질이 아닌, 공간 그 자체이기 때문에 가능한 현상**이었다고 이해하도록 하자.

- 우주의 평탄성 문제 해결
  우주가 빛보다 빠르게 팽창하면서 급팽창 전에는 존재했던 우주의 곡률이 급팽창 후에 우주 공간이 커짐에 따라 곡률이 희석되며 곡률이 0에 가까워졌다.

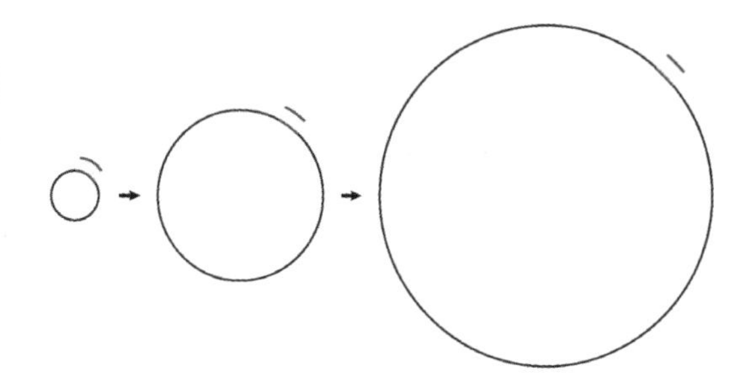

▲ 시간 변화에 따른 우주의 크기와 곡률

- 우주의 지평선 문제 해결
  현재 우리은하에서 바라본 우주의 지평선 위에 존재하는 은하 A와 B는 우리은하에서 관측된다. 그러나 **은하 A에서는 우리은하가 관측되지만 은하 B는 관측되지 않는다**. 마찬가지로 은하 B에서는 우리은하가 관측되지만 은하 A는 관측되지 않는다.
  하지만 우리은하에서 바라본 은하 A와 은하 B의 우주 배경 복사 등의 정보는 동일하다. 이는 **우주의 급팽창 전에는 두 곳이 서로를 관측 가능하여 정보 교환을 할 수 있었지만, 지금은 관측할 수 없는 영역에 도달한 것으로 설명한다**.

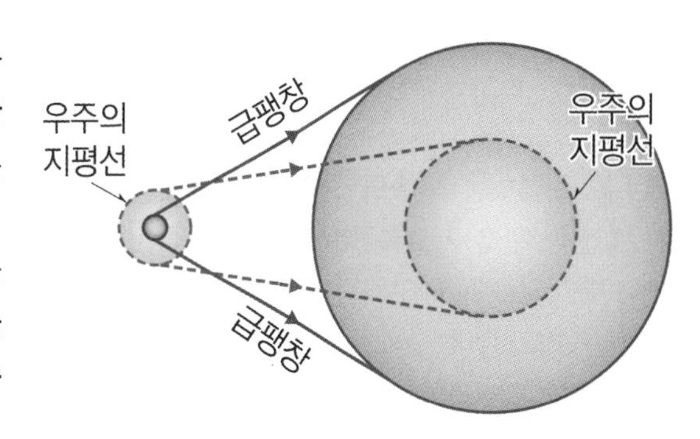

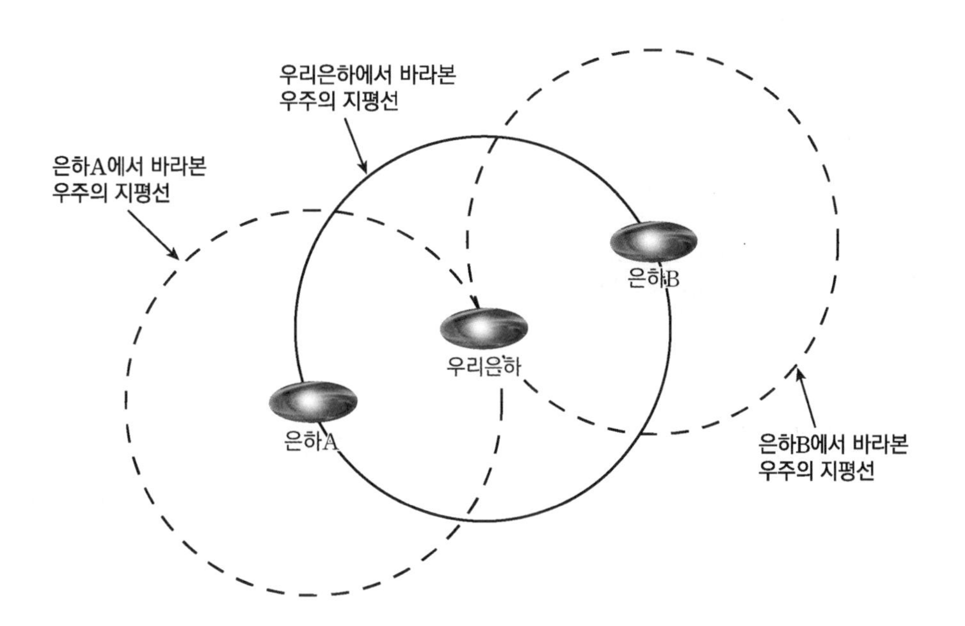

- 우주의 자기 홀극 문제 해결
  우주에는 자기 홀극이 무수히 많이 존재하지만, 우주가 빛보다 빠르게 팽창하면서 매우 커졌기 때문에 우리가 관측할 수 없을 정도로 밀도가 작아진 것이다.

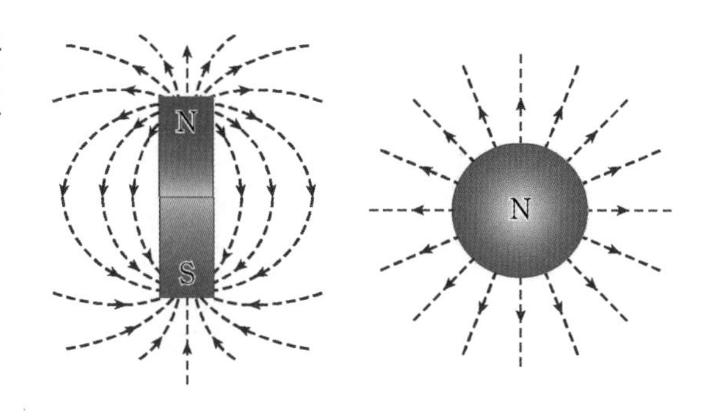

4. 우주의 가속 팽창

(1) 가속 팽창 우주론의 정립

빛의 속도는 유한하므로 **멀리 있는 별과 은하를 바라본다는 것은 과거의 우주를 바라보는 것과 같다.**
우리는 허블 법칙을 통해 대부분의 은하는 서로에 대해서 멀어지고 있다는 것을 알았다. 만약 어떤 은하가 과거보다 빠르게 멀어지고 있다면 우주는 가속 팽창하고 있다는 것을 의미할 것이다.

백색 왜성은 주변의 별들의 물질을 흡수하다가 특정 질량 이상을 넘어가게 되면 중력을 이기지 못하고 폭발해버리는데 항상 일정한 질량 값에서 폭발하므로 이때 방출되는 광도는 항상 같다. 이때 폭발한 별을 Ia형 초신성이라 한다.
Ia형 초신성은 밝기가 최대일 때 광도(절대 등급)**가 항상 일정**하므로 멀리 있는 외부 은하의 거리 측정에 이용되며 거리에 따른 겉보기 등급을 분석하여 우주의 팽창 속도를 알아낼 수 있다. (Ia형 초신성의 최대 밝기는 약 -19.3 등급으로 일정하다.)

우주를 구성하는 물질의 중력에 의해서 우주의 팽창 속도는 감소할 것이라고 예상했다. 그러나 1998년 수십 개의 Ia형 초신성 관측 자료를 분석한 결과 **우주의 팽창 속도는 점점 증가하고 있다는 것을 알아냈다.**
만약 과학자들의 예상처럼 우주가 감속 팽창을 한다면 등속 팽창을 할 때에 비해서 겉보기 밝기는 덜 감소해야 할 것이다. 그러나 관측 결과 Ia형 초신성의 밝기는 더 감소하고 있었다. 따라서 현재 우주는 과거보다 더 빠르게 팽창하는 가속 팽창 우주라는 것을 밝혀내었다.

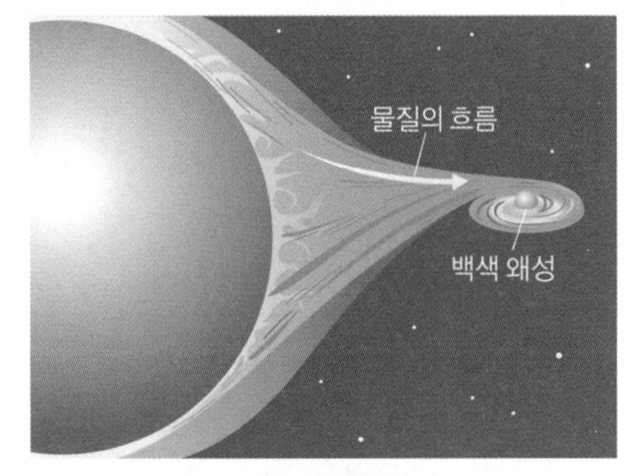

▲ Ia형 초신성의 생성

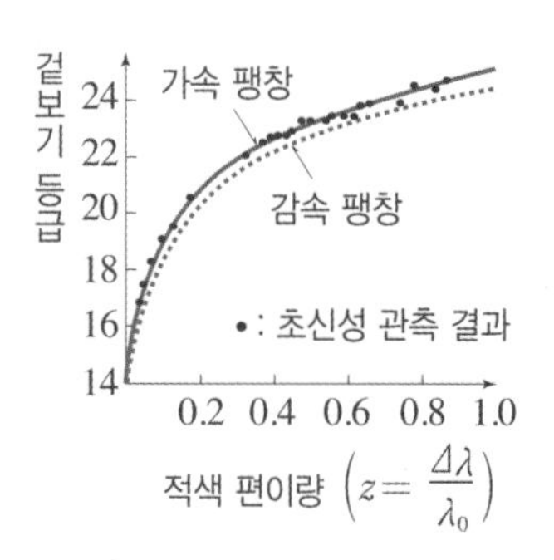

▲ 가속 팽창 우주

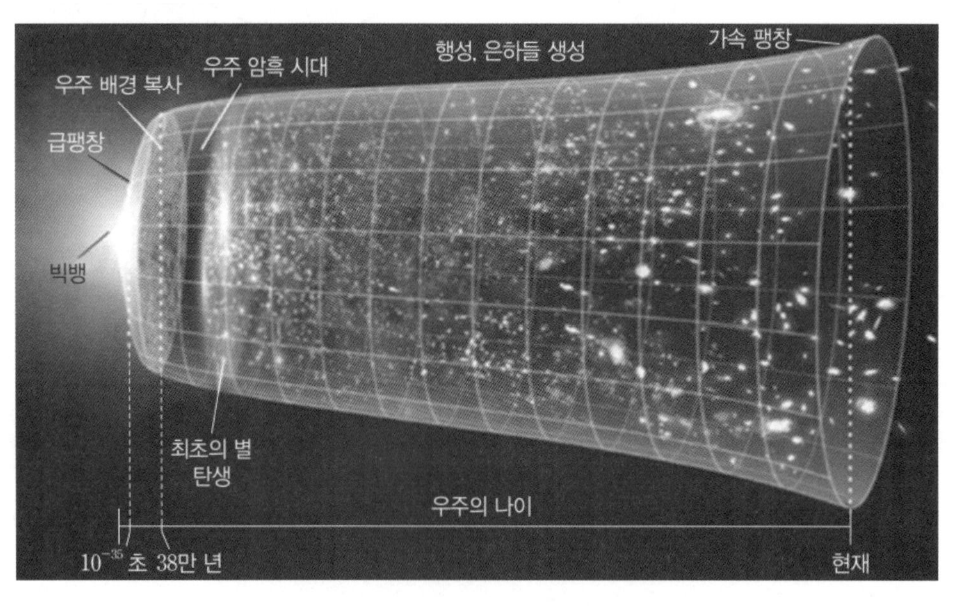

▲ 빅뱅 이후 현재까지 우주의 큰 사건들

+ 시야 넓히기 : Ia형 초신성의 형성 과정

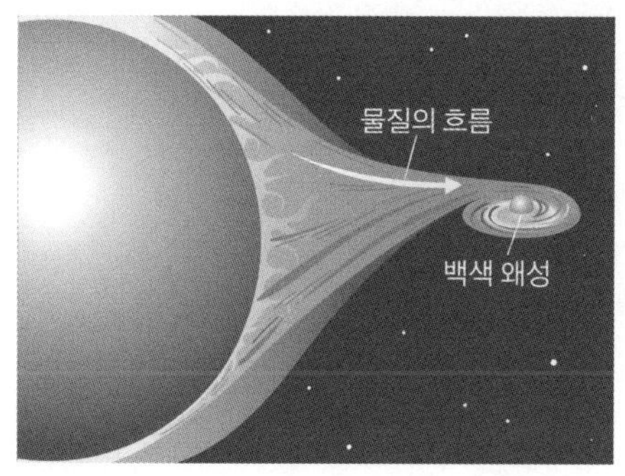

Ia형 초신성은 백색 왜성의 폭발로 인해 형성된다. 백색 왜성은 질량이 클수록 더 큰 중력으로 인해 크기가 작아져 압축된다.
이때 압축될 수 있는 질량의 최대 한계는 태양 질량의 약 1.44배이다.
만약 백색 왜성 주위에 거성과 같이 많은 물질을 방출하는 별이 있다면 백색 왜성은 이 물질들을 흡수하여 질량이 커진다. 이때 흡수를 반복하다 태양 질량의 1.44배 이상이 되면 한계를 이기지 못하고 붕괴되면서 폭발하게 된다. 이렇게 폭발하는 별이 바로 Ia형 초신성인 것이다.
따라서 **항상 거의 비슷한 질량**(태양 질량의 1.44배)**에서 폭발하기 때문에**

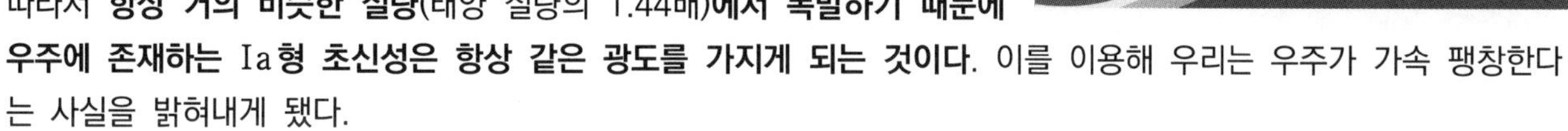
우주에 존재하는 Ia형 초신성은 항상 같은 광도를 가지게 되는 것이다. 이를 이용해 우리는 우주가 가속 팽창한다는 사실을 밝혀내게 됐다.

memo

Theme 08 - 2 빅뱅 우주론

2022학년도 수능 지I 20번

그림은 외부 은하 A와 B에서 각각 발견된 Ia형 초신성의 겉보기 밝기를 시간에 따라 나타낸 것이다. 우리은하에서 관측하였을 때 A와 B의 시선 방향은 60° 를 이루고, F_0은 Ia형 초신성이 100Mpc에 있을 때 겉보기 밝기의 최댓값이다.

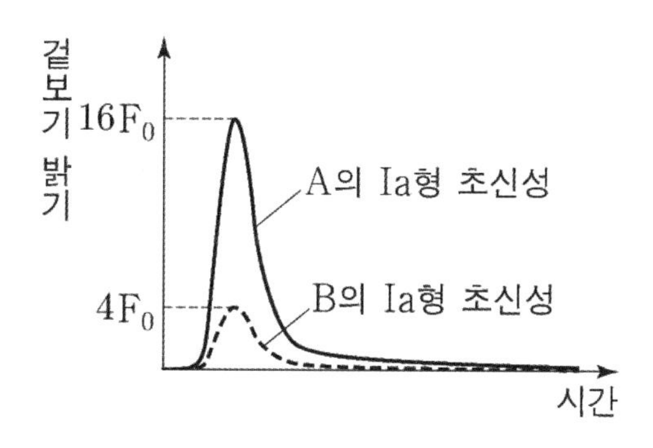

이 자료에 대한 설명으로 옳은 것만을 <보기>에서 있는 대로 고른 것은? (단, 빛의 속도는 3×10^5km/s이고, 허블 상수는 70km/s/Mpc이며, 두 은하는 허블 법칙을 만족한다.)

<보 기>

ㄱ. 우리은하에서 관측한 A의 후퇴 속도는 1750km/s이다.
ㄴ. 우리은하에서 B를 관측하면, 기준 파장이 600nm인 흡수선은 603.5nm로 관측된다.
ㄷ. A에서 B의 Ia형 초신성을 관측하면, 겉보기 밝기의 최댓값은 $\frac{4}{\sqrt{3}}F_0$이다.

① ㄱ ② ㄴ ③ ㄱ, ㄷ ④ ㄴ, ㄷ ⑤ ㄱ, ㄴ, ㄷ

추가로 물어볼 수 있는 선지
1. 멀리 있는 은하일수록 더 빨리 멀어지고 있고, 적색 편이가 작다. (O , X)
2. 어느 한 은하를 바라볼 때 기준 파장이 다른 흡수선의 파장 변화량은 같게 나타난다. (O , X)
3. 은하까지의 거리가 2배이면, 스펙트럼에서 기준 파장이 동일한 흡수선의 파장 변화량은 2배이다. (O , X)

정답 : 1. (X), 2. (X), 3. (O)

01 2022학년도 수능 지Ⅰ 20번

KEY POINT #Ia형 초신성, #허블 법칙, #겉보기 밝기

문항의 발문 해석하기

외부 은하, 후퇴 속도, 허블 상수 등의 용어를 보고 허블 법칙에 관한 문제인 것을 파악해야 한다.
Ia형 초신성은 항상 같은 광도를 가지는 별이다. 거리에 따라 겉보기 밝기가 달라짐을 이해해야 한다. 따라서 자료와 F_0의 관계를 파악할 준비를 하자.

문항의 자료 해석하기

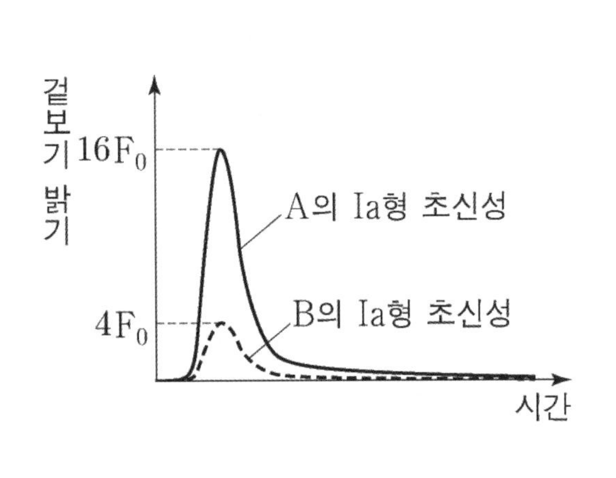

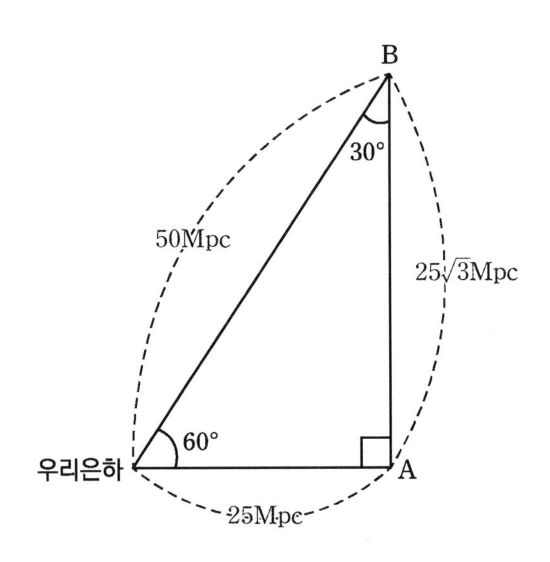

1. 은하 A의 Ia형 초신성의 겉보기 밝기 최댓값은 $16F_0$이므로 100Mpc거리에 있을 때보다 16배 밝게 보인다. 광도-거리 관계로 인해 16배 밝게 보인다는 것은 4배 가까이 있다는 뜻이다. 따라서 은하 A까지의 거리는 25Mpc이다.
   은하 B의 Ia형 초신성의 겉보기 밝기 최댓값은 $4F_0$이므로 100Mpc거리에 있을 때보다 4배 밝게 보인다. 광도-거리 관계로 인해 4배 밝게 보인다는 것은 2배 가까이 있다는 뜻이다. 따라서 은하 B까지의 거리는 50Mpc이다.
2. 은하 A와 은하 B는 $60°$를 이루고 있으므로 위 그림과 같이 나타낼 수 있다. 이때, A와 B 사이의 거리를 이으면 $25\sqrt{3}$Mpc이므로 직각 삼각형이 만들어지는 것을 확인할 수 있다.

TIP.

발문의 'A와 B의 시선 방향은 $60°$를 이루고'라는 말을 통해 이 문제는 '은하들 사이의 거리를 파악한 후 그림을 그려서 해결'하라는 것을 간접적으로 알려준 것이다. 또한, $60°$는 특수각이라는 것까지 한번에 파악할 수 있다면 좋겠다.
또한, 위 문제는 허블 법칙에 대한 문제이므로 다음과 같은 사실을 만족한다는 것을 알아야 한다.

후퇴 속도 $\propto$ 파장 변화량(기준 파장이 동일할 때) $\propto$ 은하까지의 거리 $\propto$ 적색편이량 $\left(\frac{\text{파장변화량}(\Delta\lambda)}{\text{원래파장}(\lambda)}\right)$

선지 판단하기

ㄱ 선지 우리은하에서 관측한 A의 후퇴 속도는 1750km/s이다. (O)

우리은하로부터 은하 A는 25Mpc 떨어져 있으므로 허블 법칙을 이용하여 후퇴 속도를 구하면 $70\times25=1750$, 1750km/s이다.

ㄴ 선지 우리은하에서 B를 관측하면, 기준 파장이 600nm인 흡수선은 603.5nm로 관측된다. (X)

우리은하에서 B까지의 거리는 A의 2배이므로 ㄱ 선지를 이용해서 3500km/s라는 것을 알 수 있다. (허블 법칙을 만족한다면 은하 사이의 거리와 후퇴 속도는 비례 관계이기 때문이다.)

기준 파장이 600nm인 흡수선이 603.5nm로 관측될 때 후퇴 속도를 구하면

$3\times10^5\times\frac{3.5}{600}=1750$, 즉 1750km/s이므로 틀린 선지이다.

ㄷ 선지 A에서 B의 Ia형 초신성을 관측하면, 겉보기 밝기의 최댓값은 $\frac{4}{\sqrt{3}}\text{F}_0$이다. (X)

자료 해석하기 그림을 통해 은하 A와 은하 B 사이의 거리가 $25\sqrt{3}\text{Mpc}$라는 것을 알았다.

$25\sqrt{3}\text{Mpc}$은 100Mpc보다 $\frac{4}{\sqrt{3}}$배 가까이 있으므로 $\frac{16}{3}$배만큼 밝게 보일 것이다.

따라서 은하 A에서 은하 B의 Ia형 초신성을 관측하면, 겉보기 밝기의 최댓값은 $\frac{16}{3}\text{F}_0$다.

기출문항에서 가져가야 할 부분

1. 허블 법칙을 통해 후퇴 속도, 은하 사이의 거리, 적색 편이량은 비례해야 한다는 것 이해하기
2. 별의 겉보기 밝기(l)는 거리(r)의 제곱에 반비례함을 이해하기 $\left(l\propto\frac{1}{r^2}\right)$
3. Ia형 초신성은 항상 광도의 최댓값은 동일하다는 것 이해하기
4. 특수각(30°, 45°, 60°)이 주어지면 활용하기

기출 문제로 알아보는 유형별 정리

[허블 법칙]

1 허블 법칙과 외부 은하의 후퇴 속도 관계식

① 파장 변화량 이용 방법 2020년 4월 학력평가 19번

그림 (가)는 은하 B에서 관측되는 은하 A와 C의 후퇴 방향과 은하 사이의 거리를, (나)는 은하 B에서 관측되는 은하 A와 C의 스펙트럼을 나타낸 것이다. 정지 상태에서 파장이 λ_0인 방출선은 각각 파장이 λ_A와 λ_C로 적색 편이되었다. (단, 은하 A, B, C는 한 직선상에 위치하고, 허블 법칙을 만족한다.)

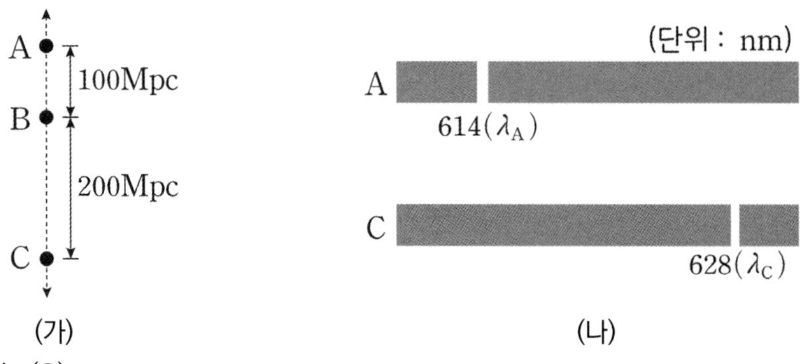

ㄷ. λ_0은 600nm이다. (O)

- A와 C는 B로부터 각각 100Mpc, 200Mpc 떨어져 있다. 두 은하는 모두 허블 법칙을 만족하므로 **은하까지의 거리, 후퇴 속도, 파장 변화량은 비례한다**.

  우선 정석적인 계산 방법으로 값을 구해보자. (나) 자료에는 적색 편이된 파장이 나타나 있으므로 λ_0를 α라 하면

  A의 후퇴 속도 $= \dfrac{614-\alpha}{\alpha} \times 3 \times 10^5$, B의 후퇴 속도 $= \dfrac{628-\alpha}{\alpha} \times 3 \times 10^5$이다.

  이때, A와 C의 후퇴 속도 중 C가 두 배 빠르므로 α는 600 즉, λ_0=600nm이다.

  계산이 아닌 파장 변화량을 이용한 방법으로도 고유 파장을 구할 수 있다. C가 A보다 2배 멀리 있으므로 파장 변화량도 2배이어야 한다. 따라서 λ_0은 600nm이다.
- 이처럼 파장 변화량을 기존 파장(λ_0)와 연결지어 각 은하의 후퇴 속도를 구할 수 있어야 한다.
- 허블 법칙을 만족하는 은하들은 다음과 같은 사실을 만족한다는 사실을 기억하자.

  후퇴 속도 $\propto$ 파장 변화량(기준 파장이 동일할 때) $\propto$ 은하까지의 거리 $\propto$ 적색편이량$\left(\dfrac{\text{파장변화량}(\Delta\lambda)}{\text{원래파장}(\lambda)}\right)$

② 비교 스펙트럼의 파장을 항상 확인하자. 지II 2019학년도 9월 모의평가 17번

그림은 은하 A와 B의 관측 스펙트럼에서 방출선 (가)와 (나)가 각각 적색 편이된 것을 비교 스펙트럼과 함께 나타낸 것이다. 은하 A와 B는 동일한 시선 방향에 위치하고, 허블 법칙을 만족한다. (단, 빛의 속도는 3×10^5km/s이다.)

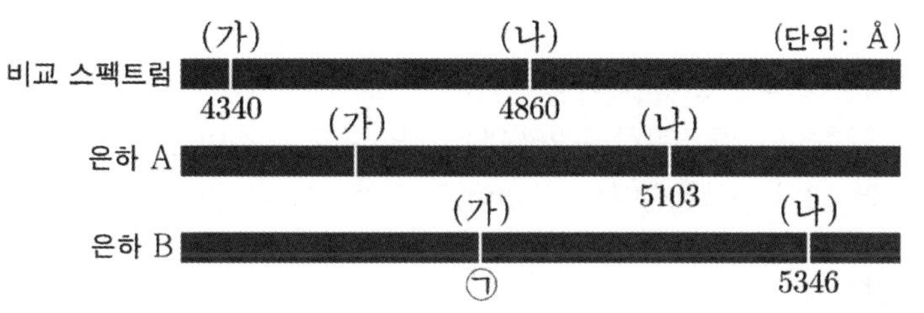

ㄴ. ㉠은 4826이다. (X)

- 은하 B는 (나)의 스펙트럼을 통해 후퇴 속도를 구하면 다음과 같다.

  $\frac{5346-4860}{4860}\times3\times10^5=30000\text{km/s}$ 따라서 은하 B는 30000km/s의 속도로 멀어지고 있으므로 **(가)를 이용해서도 같은 결과가 나와야 한다**. 따라서 후퇴 속도 공식을 이용해 ㉠을 구해보면

  $\frac{㉠-4340}{4340}\times3\times10^5=30000\text{km/s}$, $㉠=4774$이다.
- 이때 선지에서 물어본 4826은 (나)의 파장 변화량 486을 (가)의 비교 스펙트럼 4340에 더한 값이다.
  이처럼 **서로 다른 기준 파장의 스펙트럼으로 비교할 때는 같은 은하라도 파장 변화량이 달라짐을 이해하자**.

2 은하 사이의 거리

① 계산하지 않고 물리량 구하기 2021년 7월 학력평가 18번

표는 우리은하에서 관측한 외부 은하 A와 B의 흡수선 파장과 거리를 나타낸 것이다. A에서 관측한 B의 후퇴 속도는 17300km/s이고, 세 은하는 허블 법칙을 만족한다. (단, 빛의 속도는 3×10^5km/s이고, 이 흡수선의 고유 파장은 400nm이다.)

은하	흡수선 파장(nm)	거리(Mpc)
A	404.6	50
B	423	(가)

ㄱ. (가)는 250이다. (O)

- 은하 A는 우리은하로부터 **50Mpc거리에 위치**한다. 이때 흡수선의 **파장 변화량은 4.6**만큼 나타난다.
  은하 B는 **파장 변화량이 23**만큼 나타나는데, 이는 은하 A보다 5배만큼 큰 값이다. 모든 은하는 허블 법칙을 만족하므로 거리와 파장 변화량은 비례해야 한다. 따라서 B의 거리 또한 5배 큰 **250Mpc**이다.
- 위와 같은 풀이는 시간 낭비를 줄일 수 있는 풀이 방법이다. 정석적인 풀이 방식은 흡수선의 파장으로부터 은하의 후퇴 속도를 구하고 후퇴 속도와 거리는 비례한다는 방식으로 풀이를 하는 것이다.
  허블 법칙을 만족한다는 것은 후퇴 속도, 파장 변화량, 은하까지의 거리가 비례한다는 것과 같은 의미이므로 위 문제는 굳이 계산할 필요가 없는 것이다. 반드시 숙지하도록 하자.

②-1 은하 사이의 관계를 파악하기 위해서는 그림을 그리자. 2021학년도 수능 17번

다음은 우리은하와 외부 은하 A, B에 대한 설명이다. 세 은하는 일직선상에 위치하며, 허블 법칙을 만족한다. (단, 허블 상수는 70km/s/Mpc이고, 빛의 속도는 $3 \times 10^5 \mathrm{km/s}$이다.)

> ◦ 우리은하에서 A까지의 거리는 20Mpc이다.
> ◦ B에서 우리은하를 관측하면, 우리은하는 2800km/s의 속도로 멀어진다.
> ◦ A에서 B를 관측하면, B의 스펙트럼에서 500nm의 기준 파장을 갖는 흡수선이 507nm로 관측된다.

ㄷ. A와 B는 동일한 시선 방향에 위치한다. (X)

- 동일한 시선 방향에 위치함을 알기 위해서는 은하 사이의 관계를 파악해야 한다.
  은하 A와 우리은하 사이의 거리는 $20\mathrm{Mpc}$이다.
  은하 B의 후퇴 속도가 $2800\mathrm{km/s}$이고 허블 상수는 $70\mathrm{km/s/Mpc}$이므로
  은하 B의 거리는 $\frac{2800\mathrm{km/s}}{70\mathrm{km/s/Mpc}} = 40\mathrm{Mpc}$이다. 은하 A에서 은하 B를 관측할 때 파장을 알려주었으므로
  후퇴 속도를 계산하면 $3 \times 10^5 \times \frac{7}{500} = 4200$, $4200\mathrm{km/s}$다.
  따라서 허블 상수를 이용해 A와 B 은하 사이의 거리를 구하면 $\frac{4200\mathrm{km/s}}{70\mathrm{km/s/Mpc}} = 60\mathrm{Mpc}$이다.
  세 은하는 일직선상에 위치하므로 구한 거리를 이용해 은하의 위치를 나타내면 아래와 같다.
  A와 B는 우리은하를 기준으로 서로 반대 방향에 위치한다.
- 이처럼 발문에서 세 은하는 일직선상에 위치한다고 했으나 자료에서 은하들 사이의 그림은 주어지지 않았으므로 **그림을 그려 은하 사이의 관계를 파악할 준비를 해야 한다.**

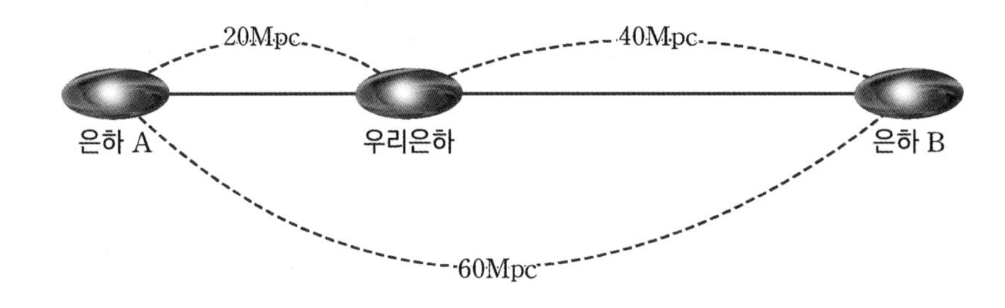

②-2 은하 사이의 관계를 파악하기 위해서는 그림을 그리자. (특수비) 2022년 7월 학력평가 18번

표는 은하 A ~ D에서 서로 관측하였을 때 스펙트럼에서 기준 파장이 600nm인 흡수선의 파장을 나타낸 것이다. 은하 A ~ D는 같은 평면상에 위치하며 허블 법칙을 만족한다. (단, 광속은 $3\times10^5\mathrm{km/s}$이고, 허블 상수는 70km/s/Mpc이다.)

(단위 : nm)

은하	A	B	C	D
A		606	608	604
B	606		610	610
C	608	610		㉠

ㄷ. D에서 거리가 가장 먼 은하는 B이다. (O)

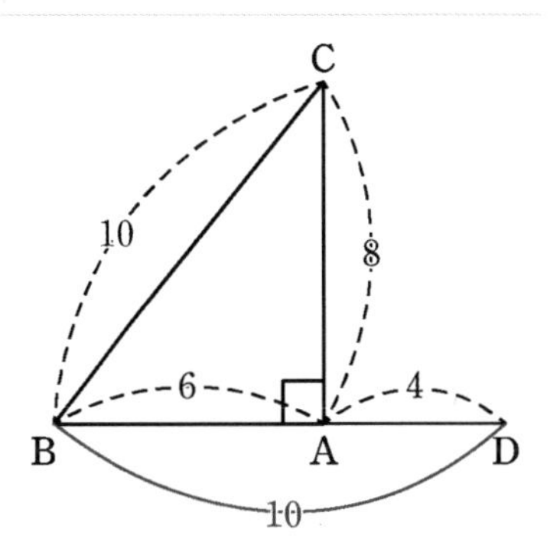

- 위 자료에는 서로 다른 은하를 관측했을 때의 적색 편이가 나타난 파장이 나타나 있다. 모든 은하는 **허블 법칙을 만족하므로 파장 변화량은 은하 사이의 거리와 비례한다**. 따라서 각 은하의 파장 변화량을 나타낸 후 은하 사이의 관계를 파악하기 위해 그림을 그리면 오른쪽 그림과 같다.
  따라서 D에서 거리가 가장 먼 은하는 B이다.
- 이처럼 은하 사이의 거리가 파장 변화량과 비례함을 이용해서 문제를 풀 수 있음을 이해하자.
  만약 정석적인 풀이 방법대로 각 은하의 거리를 모두 구했다면 시간이 오래 걸릴 것이다.

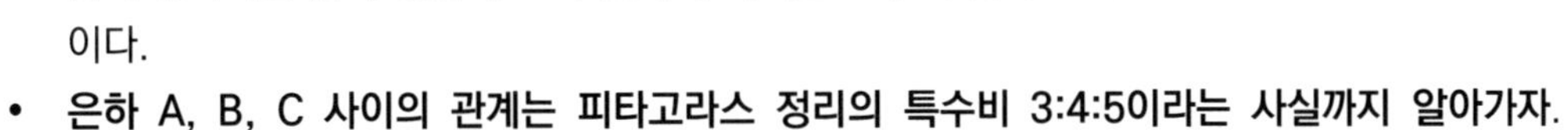

- **은하 A, B, C 사이의 관계는 피타고라스 정리의 특수비 3:4:5이라는 사실까지 알아가자.**

②-3 은하 사이의 관계를 파악하기 위해서는 그림을 그리자. (특수비) 2020년 7월 학력평가 20번

그림 (가)는 은하 A~D의 상대적인 위치를, (나)는 B에서 관측한 C와 D의 스펙트럼에서 방출선이 각각 적색 편이 된 것을 비교 스펙트럼과 함께 나타낸 것이다. A~D는 동일 평면상에 위치하고, 허블 법칙을 만족한다. (단, 광속은 $3 \times 10^5 \mathrm{km/s}$이다.)

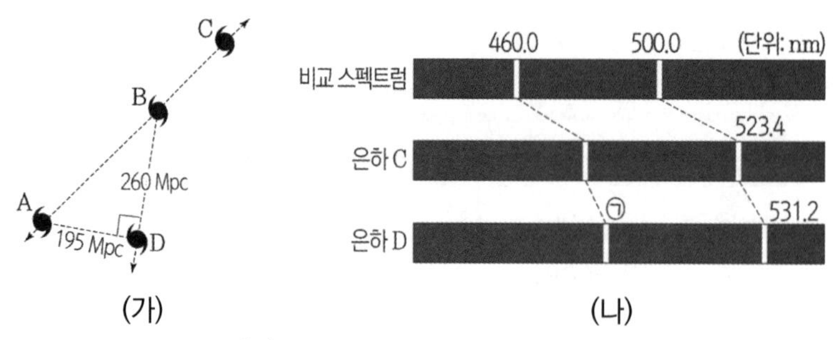

ㄷ. A에서 C까지의 거리는 520Mpc이다. (O)

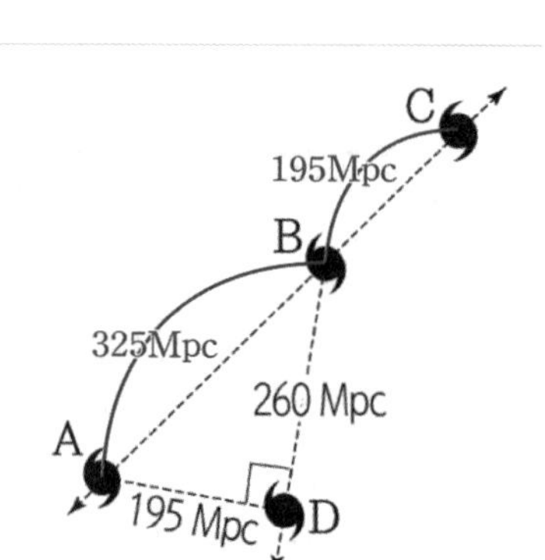

- A와 C 사이의 거리를 알기 위해 A와 B 사이의 관계부터 파악하자.
  은하 A, B, D의 관계는 3:4:5 피타고라스 정리의 특수비이다.
  따라서 은하 A와 B 사이의 거리는 325Mpc이다.
  은하 B와 C 사이의 거리는 (나)를 이용해야 한다.
  비교 스펙트럼 500nm를 이용해 후퇴 속도를 구하면 다음과 같다.
  B에서 바라본 C와 D의 파장 변화량은 23.4 : 31.2이다.
  따라서 파장 변화량은 거리에 비례하므로
  23.4 : 31.2 = X : 260이다.
  이를 이용해 B와 C 사이의 거리를 구하면 X = 195Mpc이다.
  따라서 A와 C 사이의 거리는 325Mpc + 195Mpc = 520Mpc이다.
- 이처럼 허블 법칙을 만족하여 값이 비례함을 반드시 이용해야 하는 문제가 있음을 알아두자. 만약, 계산을 이용해 문제를 해결하려 했으면 오랜 시간이 걸렸을 것이다.
  또한, 위 자료와 같이 **은하들 사이의 거리가 나와있다면 특수비가 존재하는지 여부를 먼저 파악하도록 하자**.

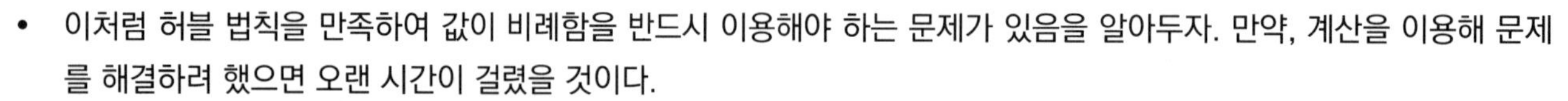

추가로 물어볼 수 있는 선지 해설

1. 허블 법칙을 통해 멀리 있는 은하일수록 더 빨리 멀어지고 적색편이 값이 크게 나타난다는 것을 알아냈다.
2. 예를 들어 은하의 후퇴 속도가 $3000 \mathrm{km/s}$이고, 600nm인 기준 파장과 700nm인 기준 파장이 있다면 600nm인 기준 파장은 606nm로 관측, 700nm인 기준 파장은 707nm로 관측된다.
   따라서 한 은하를 바라볼 때 기준 파장이 다르다면 파장 변화량은 다르게 나타나야 한다.
3. 허블 법칙과 후퇴 속도 공식을 이용해 다음과 같은 사실을 알 수 있다.
   후퇴 속도 $\propto$ 파장 변화량(기준 파장이 동일할 때) $\propto$ 은하까지의 거리 $\propto$ 적색편이량$\left(\frac{\text{파장변화량}(\Delta\lambda)}{\text{원래파장}(\lambda)}\right)$

2021학년도 6월 모의평가 지Ⅰ 17번

그림 (가)는 우주론 A에 의한 우주의 크기를, (나)는 우주론 B에 의한 우주의 온도를 나타낸 것이다. A와 B는 우주 팽창을 설명한다.

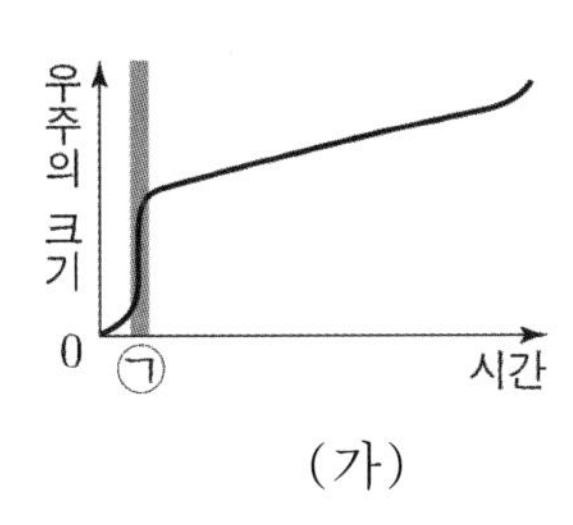

(가)

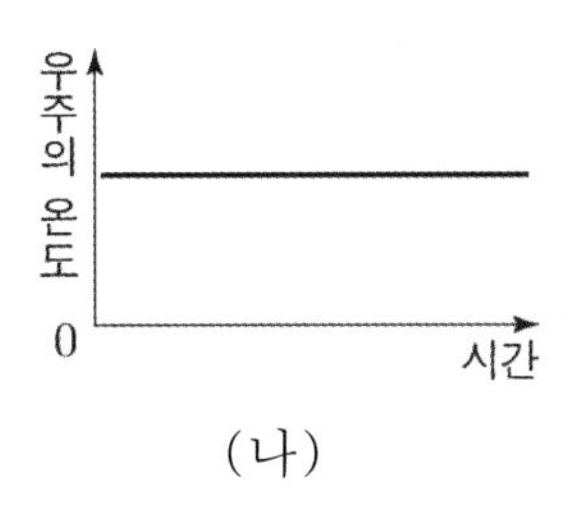

(나)

이에 대한 설명으로 옳은 것만을 <보기>에서 있는 대로 고른 것은?

<보 기>

ㄱ. 우주 배경 복사가 우주의 양쪽 반대편 지평선에서 거의 같게 관측되는 것은 (가)의 ㉠ 시기에 일어난 팽창으로 설명된다.

ㄴ. A는 수소와 헬륨의 질량비가 거의 3:1로 관측되는 결과와 부합된다.

ㄷ. 우주의 밀도 변화는 B가 A보다 크다.

① ㄱ ② ㄷ ③ ㄱ, ㄴ ④ ㄴ, ㄷ ⑤ ㄱ, ㄴ, ㄷ

추가로 물어볼 수 있는 선지

1. 급팽창이 일어날 때 우주는 빛의 속도로 팽창하였다. (O , X)
2. 정상 우주론은 허블 법칙이 성립한다. (O , X)
3. 60억 년 전에 측정되는 우주 배경 복사의 온도는 2.7K보다 높다. (O , X)

정답 : 1. (X), 2. (O), 3. (O)

02 2021학년도 6월 모의평가 지Ⅰ 17번

KEY POINT #우주론, #우주의 지평선, #수소와 헬륨의 질량비 3:1

문항의 발문 해석하기

우주론의 종류를 떠올리고 각 우주론의 특징을 떠올릴 수 있어야 한다.

문항의 자료 해석하기

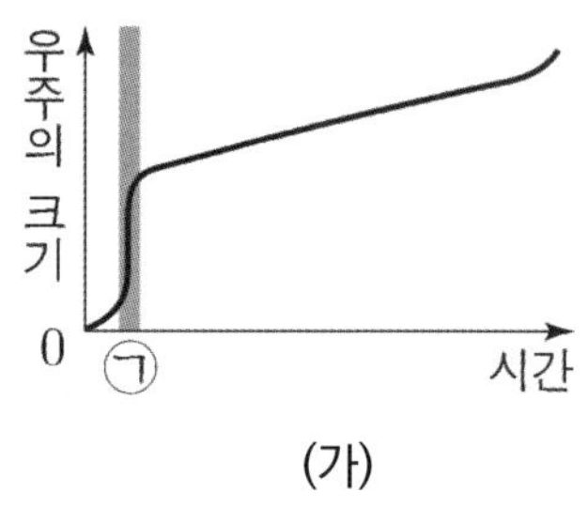

(가)

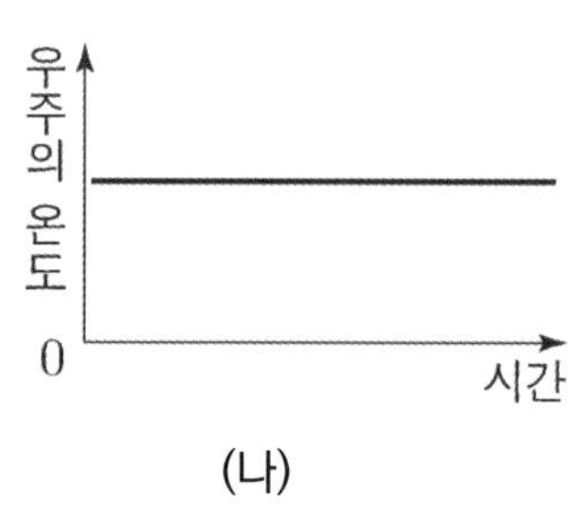

(나)

1. (가)는 시간이 지나며 우주가 팽창하고 있다는 것을 알 수 있다. 이때, ㉠ 시기에 우주는 급격히 팽창했다. 따라서 우주론 A는 급팽창 우주론에 대한 설명이다.
2. (나)는 시간이 지나도 우주의 온도가 일정하다. 따라서 우주론 B는 정상 우주론에 대한 설명이다.

선지 판단하기

ㄱ 선지 우주 배경 복사가 우주의 양쪽 반대편 지평선에서 거의 같게 관측되는 것은 (가)의 ㉠ 시기에 일어난 팽창으로 설명된다. (O)

우주 배경 복사는 빅뱅 우주론을 뒷받침하는 증거이다. 따라서 급팽창 우주론은 빅뱅 우주론으로 설명하지 못했던 문제점을 설명한 우주론이므로 우주의 지평선 문제를 설명할 수 있다.

ㄴ 선지 A는 수소와 헬륨의 질량비가 거의 3:1로 관측되는 결과와 부합된다. (O)

A는 급팽창 우주론이다. 급팽창 우주론은 빅뱅 우주론에 급팽창의 이론을 포함한 우주론이므로 수소와 헬륨의 질량비가 3:1로 관측되는 것을 설명할 수 있다.

ㄷ 선지 우주의 밀도 변화는 B가 A보다 크다. (X)

정상 우주론은 우주가 팽창함에 따라 질량도 함께 증가해서 밀도 변화가 없다. 그러나 급팽창 우주론은 우주가 팽창해도 새롭게 생기는 물질이 없으므로 밀도는 계속해서 줄어든다. 따라서 우주의 밀도 변화는 A인 급팽창 우주론이 B인 정상 우주론보다 크다.

기출문항에서 가져가야 할 부분

1. 빅뱅 우주론(급팽창 우주론)과 정상 우주론의 차이점 암기하기
2. 빅뱅 우주론의 증거 암기하기 (우주 배경 복사, 수소와 헬륨의 질량비 3:1)
3. 빅뱅 우주론의 문제점 3가지 이해하기 (우주의 지평선 문제, 우주의 평탄성 문제, 우주의 자기 홀극 문제)

기출 문제로 알아보는 유형별 정리

[우주론]

1 정상 우주론

① 정상 우주론의 특징 지Ⅱ 2013년 10월 학력평가 12번

표는 대폭발 우주론과 정상 우주론의 시간에 따른 주요 물리량의 변화를 비교한 것이다. (A), (B)에 들어갈 내용으로 옳은 것은?

물리량	대폭발 우주론	정상 우주론
질량	일정	(B)
온도	(A)	일정
밀도	감소	일정

- 정상 우주론은 우주가 팽창하면서 **새로 생긴 공간에 새로운 물질이 생성된다는 이론**이다. 따라서 우주의 질량은 시간이 지날수록 늘어나며 **팽창하는 만큼 질량이 늘어나므로 우주의 온도와 밀도는 일정**하다.
- 정상 우주론의 특징을 빅뱅(대폭발) 우주론과 비교할 수 있어야 한다.

2 빅뱅 우주론의 증거와 문제점

① 우주 배경 복사 2023학년도 수능 11번

그림 (가)와 (나)는 우주의 나이가 각각 10만 년과 100만 년일 때에 빛이 우주 공간을 진행하는 모습을 순서 없이 나타낸 것이다.

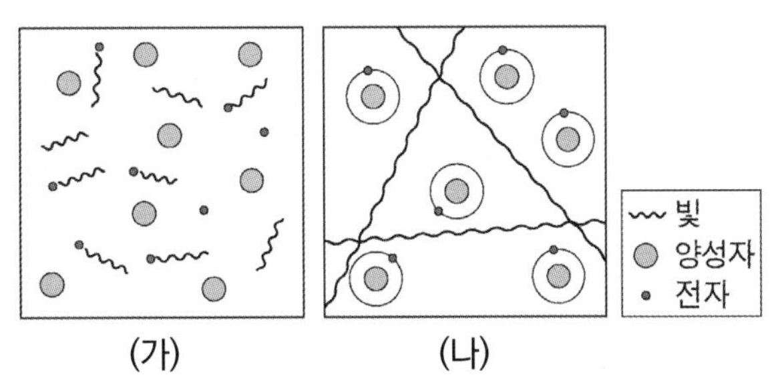

(가) (나)

ㄱ. (가) 시기 우주의 나이는 10만 년이다. (O)

- (가) 시기의 **빛은 직진하려 해도 전자에 부딪히며 직진하지 못하고 있다**. 따라서 이때는 우주의 온도가 3000K보다 높아 중성 원자가 형성되지 못했던 시기의 우주라는 것을 알 수 있다.
  중성 원자는 빅뱅 이후 38만 년일 때 형성되었으므로 (가) 시기 우주의 나이는 10만 년이다.
- **우주 배경 복사**의 관측은 **빅뱅 우주론에서 주장했던 증거 중 하나**이다.
  우주에는 우주 배경 복사가 퍼져있으며, 이는 **빅뱅 이후 38만 년**이 지났을 때 우주의 **온도가 3000K보다 낮아지면서 전자가 원자핵에 구속되어 중성 원자가 형성되면서 방출**되었다고 주장했다.
- **우주 배경 복사의 방출 시기 = 중성 원자의 형성 시기**라는 것을 반드시 기억하자.

② 수소와 헬륨의 질량비 3 : 1 2021학년도 9월 모의평가 18번

그림은 여러 외부 은하를 관측해서 구한 은하 A~I의 성간 기체에 존재하는 원소의 질량비를 나타낸 것이다.

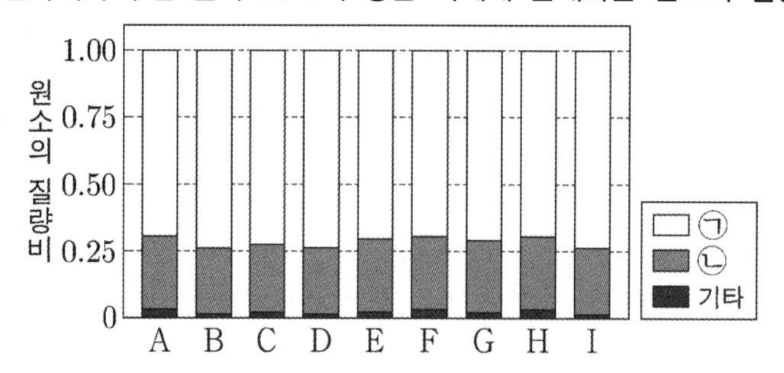

ㄱ. ㉡은 수소 핵융합으로부터 만들어지는 원소이다. (O)

- 자료에 나타난 모든 은하는 대부분 ㉠과 ㉡의 원소로 이루어져 있다. 우주에는 수소와 헬륨이 대부분이고 수소와 헬륨의 질량비가 3:1이므로 ㉠은 수소, ㉡은 헬륨이다. 헬륨은 수소 핵융합으로 인해 만들어지는 원소이다.
- **수소와 헬륨의 질량비가 3:1**이라는 것은 **빅뱅 우주론에서 주장했던 증거 중 하나**이다.
  우주에는 수소와 헬륨의 질량비가 3:1인 형태로 분포할 것이라고 주장했으며, 여러 은하의 구성 성분 조사를 통해 이 사실을 밝혀냈다.

2 급팽창 우주론

① 우주는 빛보다 빠르게 팽창했다. 지II 2019년 10월 학력평가 13번

그림은 대폭발 우주론과 급팽창 이론에 따른 우주의 크기 변화를 A, B로 순서 없이 나타낸 것이다.

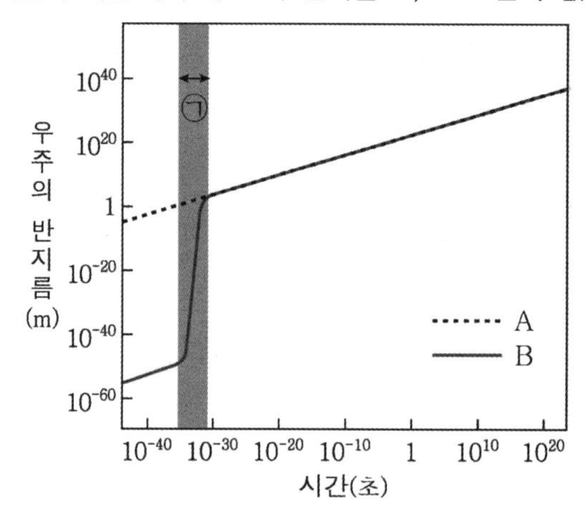

ㄱ. A는 대폭발 우주론에 따른 우주의 크기 변화이다. (O)

- 시간에 따른 우주의 반지름 변화를 보면 A와 다르게 **B는 ㉠ 시기에 급격하게 팽창**했다.
  따라서 B는 급팽창 이론, A는 대폭발 우주론이다.
- 두 이론은 **모두 한 점에서 우주가 팽창하였다는 것을 설명**한다.
  하지만 **급팽창 우주론은 빅뱅 후 10^{-36}초 ~ 10^{-34}초**일 때 **우주가 빛보다 빠른 속도로 급격히 팽창**하면서 현재의 우주가 되었다는 이론을 설명한다.
- 우주의 급팽창으로 인해 **빅뱅 우주론으로 설명하지 못했던 우주의 여러 문제점을 설명할 수 있었다.**

② 빅뱅 우주론의 문제점 2020년 3월 학력평가 20번

그림은 급팽창 우주론에 따른 우주의 크기 변화를 우주의 지평선과 함께 나타낸 것이다.

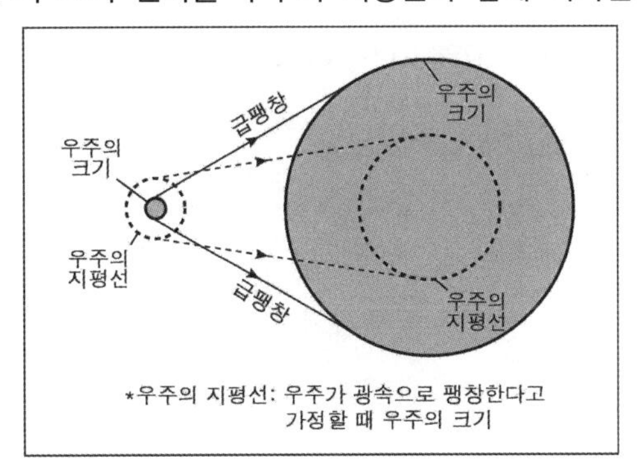

ㄴ. 급팽창 전에는 우주의 크기가 우주의 지평선보다 작았다. (O)

- 자료를 보면 알 수 있듯이 급팽창 이전에는 우주의 크기가 우주의 지평선보다 작았다.
- 우주의 지평선이란 빛의 속도로 이동할 수 있는 거리 즉, 관측 가능한 우주의 끝부분을 의미한다.
  급팽창 이전의 우주는 빛보다 빠르게 팽창한 적이 없어 **우주의 지평선보다 우주의 크기가 작았지만**, 급팽창할 때 우주는 **빛보다 빠른 속도로 팽창**해 **현재 우주의 크기는 우주의 지평선보다 커진 것**이다.
- 급팽창 우주론의 등장으로 기존의 빅뱅 우주론으로 설명할 수 없었던 **우주의 지평선 문제, 우주의 평탄성 문제, 우주의 자기 홀극 문제를 설명할 수 있게 되었다**.
- 우주의 급팽창으로 인해 우리가 **'관측할 수 있는 우주의 크기'보다 '실제 우주의 크기'는 더 크다**.
  현재 우주의 나이는 138억 년이므로 관측할 수 있는 우주의 크기는 138억 광년이고, 실제 우주의 크기는 이보다 더 큰 약 465억 광년 정도 될 것으로 예측된다.

3 가속 팽창 우주

① 현재 우주는 가속 팽창하고 있다. 지II 2016년 10월 학력평가 20번

그림은 절대 등급이 일정한 Ia형 초신성의 적색 편이량과 겉보기 등급을 나타낸 것이다.

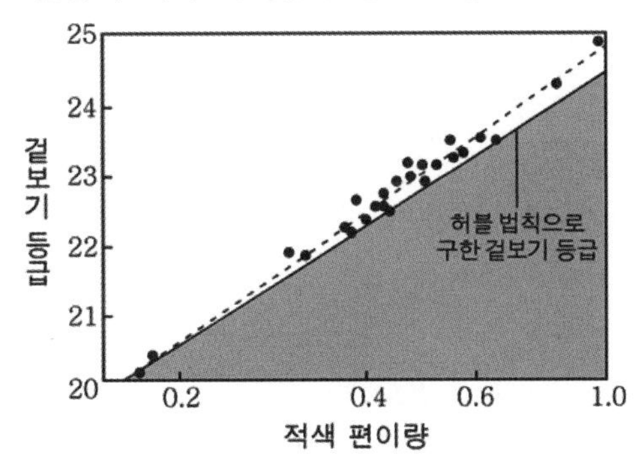

ㄴ. Ia형 초신성의 관측 결과는 우주의 팽창 속도가 점점 빨라지고 있음을 의미한다. (O)

- Ia형 초신성은 우주가 등속 팽창했을 때의 겉보기 밝기보다 더 어둡게 보인다.
  이는 **등속 팽창을 할 때의 우주보다 멀리 있다는 것을 의미**하며 **우주의 팽창 속도가 점점 빨리지고 있기 때문에 나타나는 결과**이다.
- **Ia형 초신성은 항상 일정 질량에서 폭발하여 형성되는 초신성**이다. 따라서 Ia형 초신성은 모두 똑같은 절대 등급을 갖는다. 이러한 Ia형 초신성을 통해 우주가 가속 팽창한다는 사실을 밝혀냈다.

4 과거부터 현재까지의 우주

① 주요 사건의 발생 시기를 암기하자. 2023학년도 6월 모의평가 10번

그림은 우주에서 일어난 주요한 사건 (가)~(라)를 시간 순서대로 나타낸 것이다.

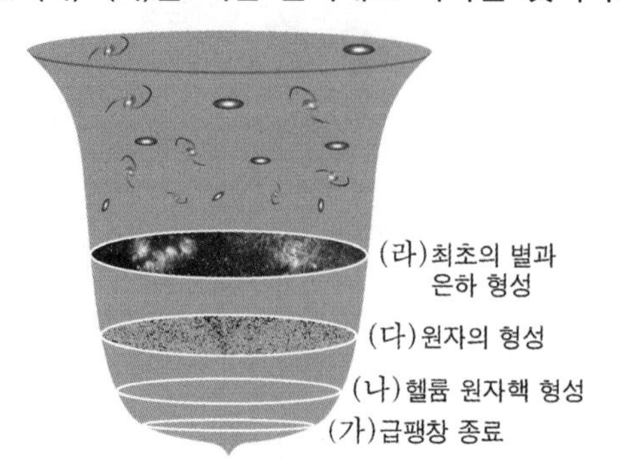

ㄴ. (나)와 (다) 사이에 퀘이사가 형성된다. (X)

- 최초의 은하는 (라) 시기에 형성되었다. 퀘이사는 은하이므로 (라) 시기 이후에 형성되었을 것이다.
- 우주는 한 점에서 대폭발하여 현재와 같은 우주가 되었다.
  이때 우주에서 발생한 주요 사건들의 발생 시기를 시간에 따라 나열하면 다음과 같다.
  빅뱅 → 급팽창(빅뱅 후 10^{-36}초 ~ 10^{-34}초) → 헬륨 원자핵 형성(빅뱅 후 3분) → 중성 원자의 형성=우주 배경 복사 방출(빅뱅 후 38만 년) → 최초의 별과 은하 탄생(빅뱅 후 수억 년)

추가로 물어볼 수 있는 선지 해설

1. 급팽창 시기의 우주는 빛보다 빠른 속도로 팽창했다.
2. 허블 법칙의 등장으로 우주가 팽창한다는 사실이 밝혀졌다. 정상 우주론 역시 허블 법칙이 성립한다는 가정하에 등장한 이론이다.
3. 현재 우주의 온도는 약 2.7K이므로 우주 배경 복사는 약 2.7K의 흑체 복사 곡선의 형태로 관측된다.
   60억 년 전 우주의 온도는 현재보다 높았을 것이므로 우주 배경 복사의 온도 또한 2.7K보다 높을 것이다.

memo

Chapter
03 우주의 구성 물질

우주의 구성 물질 - 암흑 물질과 암흑 에너지

1. 보통 물질

우리 주변에서 손쉽게 발견할 수 있는 물질을 포함해 별, 행성, 은하 등 **전자기파 영역에서 관측할 수 있는 모든 물질**을 보통 물질이라 한다. (가시광선은 물론 적외선, 자외선, X선, 감마선 등 전자기파로 관측할 수 있다면 보통 물질이다.)

2. 암흑 물질

암흑 물질이란 **전자기파와 상호 작용하지 않아 관측할 수 없는 물질**을 말한다. 오직 중력을 이용한 방법으로만 암흑 물질의 존재를 파악할 수 있다. 분명 우리는 관측할 수 없지만, 질량을 가지므로 중력에 따른 상호작용으로 존재를 추정할 수 있다. 다음을 통해 암흑 물질 존재의 증거를 알아보자.

(1) 나선 은하의 회전 속도 곡선

- 나선 은하는 전자기파 영역에서 은하 중심부에 물질 대부분이 모여 있으므로 중심부 쪽으로 갈수록 중력이 강해져야 한다. 따라서 중심부에서 멀어질수록 중력이 약해지므로 회전 속도는 감소할 것으로 예측했다.

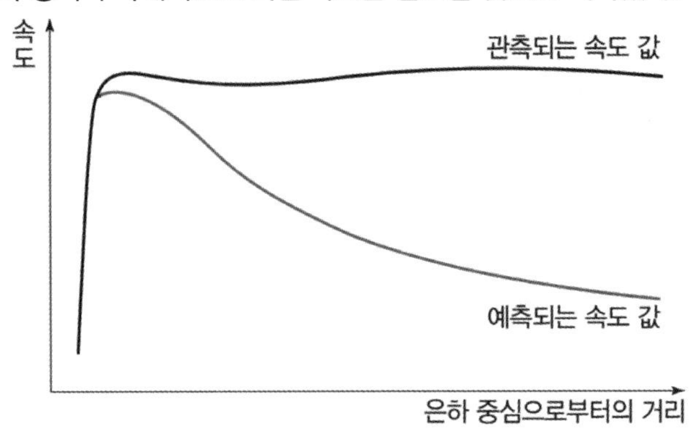

▲ 은하의 회전 곡선

- 그러나 예측과는 다르게 **나선 은하의 중심부**와 **은하 외곽 부근**의 **회전 속도 차이가 거의 존재하지 않았다**. 이는 은하 외곽부에 **관측할 수 없지만, 질량을 가진 물질**이 존재하여 은하의 회전 속도를 일정하게 유지하게 만드는 것임을 나타낸다.

(2) 중력 렌즈 현상

- **중력**은 **공간을 왜곡시켜 휘어지게 만든다**. 먼 천체를 관측하고 있을 때 어느 순간, 마치 렌즈가 앞에 지나가는 것처럼 먼 천체가 왜곡되어 더 밝게 보인다면 중력 렌즈 현상이 일어난 것이다.
- 이러한 현상이 갑자기 나타난다면 **눈에 보이지 않지만, 질량을 가진 물질**이 먼 천체 앞을 지나가고 있다고 생각할 수 있다.

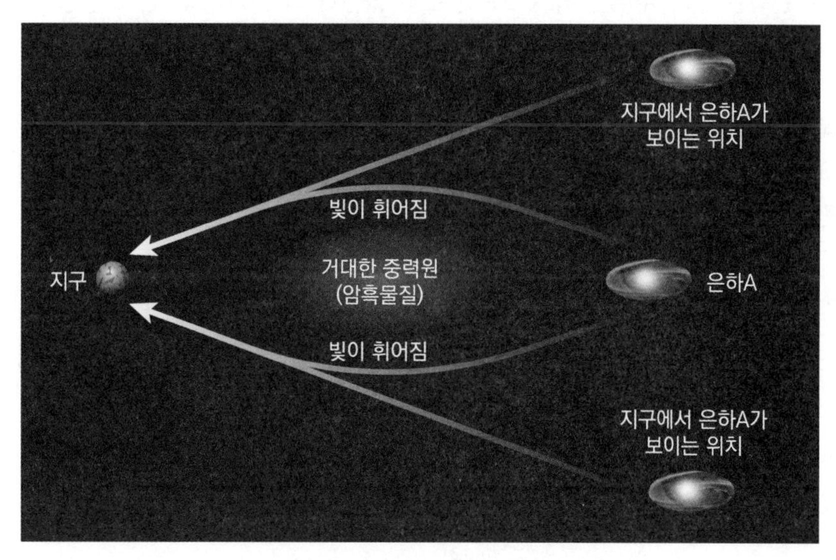

▲ 암흑 물질에 의한 중력 렌즈 효과

3. 암흑 에너지

암흑 에너지란 중력과 반대인 척력으로 작용하면서 우주를 가속 팽창**시키는 우주의 성분**이다. 만약 우주를 가속 팽창하도록 하는 어떠한 에너지가 없다면 우주는 보통 물질과 암흑 물질의 중력에 의해 팽창 속도가 감속하거나 수축할 것이다.

Ia형 초신성 관측 결과 현재 우주는 가속 팽창하고 있다. 물질의 인력보다 더 큰 어떤 힘이 우주를 팽창시키고 있음을 의미하는데 이것이 바로 암흑 에너지다.

암흑 에너지는 **우주의 빈 공간에서 나오는 에너지**다. 따라서 우주의 크기가 작았던 초기에는 거의 존재하지 않았지만, 시간이 지나 **우주가 커지면서 물질의 중력을 이기고 우주를 가속 팽창**시키고 있다.

우주의 구성 물질 - 우주의 미래

1. 우주의 구성 성분

플랑크 우주 망원경으로 관측한 결과 우주는 **약 4.9%의 보통 물질**과 약 **26.8%의 암흑 물질**, **약 68.3%의 암흑 에너지**로 구성되어 있다고 추정한다. (반드시 암기하자)

시간이 지나도 **보통 물질과 암흑 물질의 총량은 변하지 않는다**. 빅뱅 우주론에 따라 현재 우주의 물질은 질량 보존 법칙에 따라 변하지 않아야 하기 때문이다. 그러나 시간이 지남에 따라 **물질의 분포비**는 계속해서 **감소**하는데, 그 이유는 **암흑 에너지의 총량이 계속 증가하기 때문**이다.

따라서 시간이 지남에 따라 분포비가 감소하는 두 종류는 보통 물질과 암흑 물질, 분포비가 증가하는 것은 암흑 에너지다.

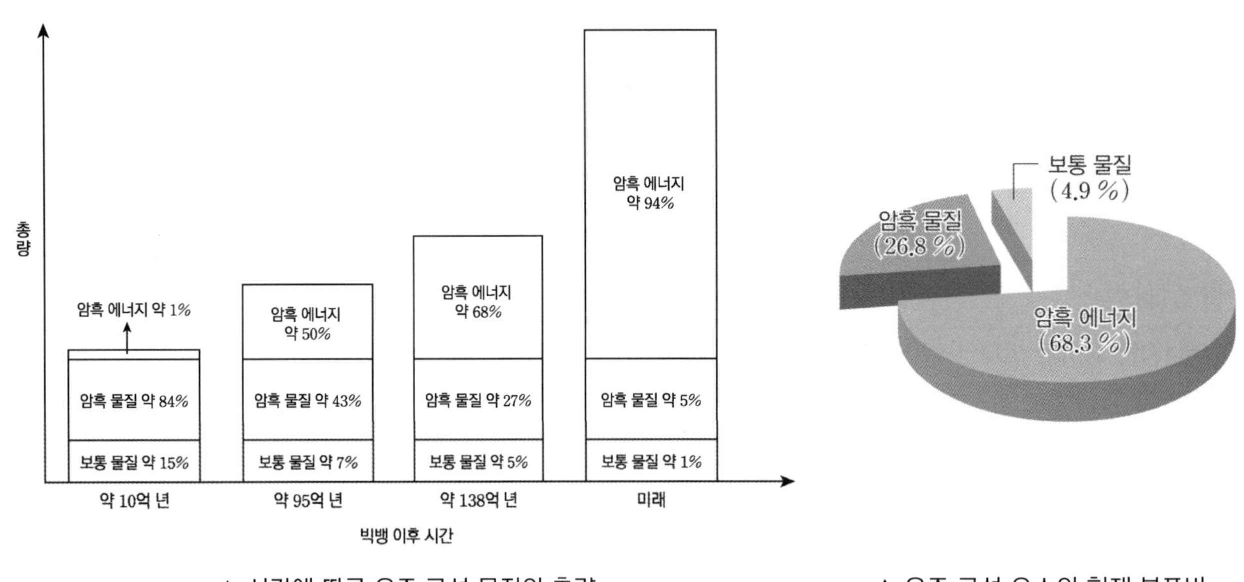

▲ 시간에 따른 우주 구성 물질의 총량

▲ 우주 구성 요소의 현재 분포비

2. 우주의 미래

현재 우주는 팽창하고 있다. 그러나 미래의 우주는 **우주의 밀도에 따라서** 팽창을 계속할지, 팽창을 멈추고 수축하게 될지가 결정된다. 우주의 밀도는 보통 물질과 암흑 물질의 밀도를 합한 **물질 밀도**와 **암흑 에너지 밀도**를 **합한 값**이다.

현재 미래의 우주는 **특정 지점까지 영원히 팽창하는 우주**가 될 것이라 예측하고 있다. 우주의 **팽창과 수축의 경계가 되는 밀도 값을 임계 밀도**라 한다. 다음을 통해 우주의 밀도와 임계 밀도 사이의 관계를 알아보자.

(1) 우주의 밀도 〈 임계 밀도

이 경우에 미래의 우주는 **열린 우주**가 된다. 열린 우주는 우주가 음의 곡률을 가질 때로, 우주 공간이 **영원히 팽창하는 우주**다.

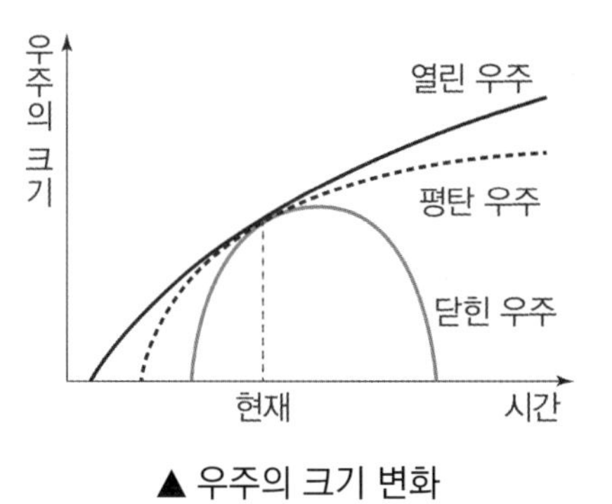

▲ 우주의 크기 변화

(2) 우주의 밀도 〉 임계 밀도

이 경우에 미래의 우주는 **닫힌 우주**가 된다. 닫힌 우주는 우주가 양의 곡률을 가질 때로, 우주의 팽창 속도가 점점 느려지다가 팽창이 멈추고 다시 수축하여 **우주의 크기가 감소하는 우주**다.

(3) 우주의 밀도 = 임계 밀도

이 경우에 미래의 우주는 **평탄 우주**가 된다. 평탄 우주는 우주의 곡률이 0일 때로, 미래에는 **팽창 속도가 계속 감소**하여 0으로 수렴하여 **특정 지점까지 영원히 팽창하는 우주**다.

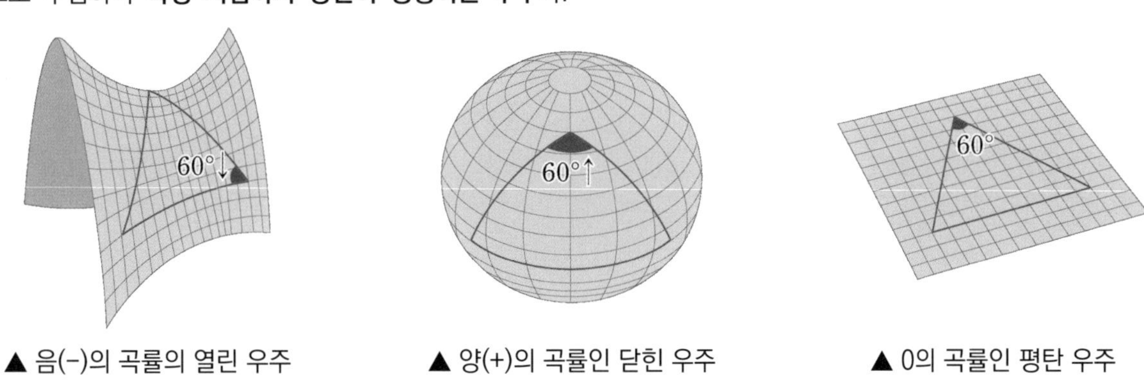

▲ 음(-)의 곡률의 열린 우주 ▲ 양(+)의 곡률인 닫힌 우주 ▲ 0의 곡률인 평탄 우주

3. 우주 팽창의 실제 모습

Ia형 초신성 관측 결과 현재 우주는 가속 팽창하고 있다. 따라서 **현재 우주는 평탄하지만, 가속 팽창**하고 있다.
가속 팽창의 에너지원은 암흑 에너지이며 **팽창 초기**에는 물질 비율이 에너지 비율보다 높았기 때문에 **감속 팽창**했다. 그러나 우주가 팽창함에 따라 에너지 비율이 늘어나면서 **우주의 팽창 속도가 증가**하고 결국에는 우주가 **가속 팽창**하게 되었다.

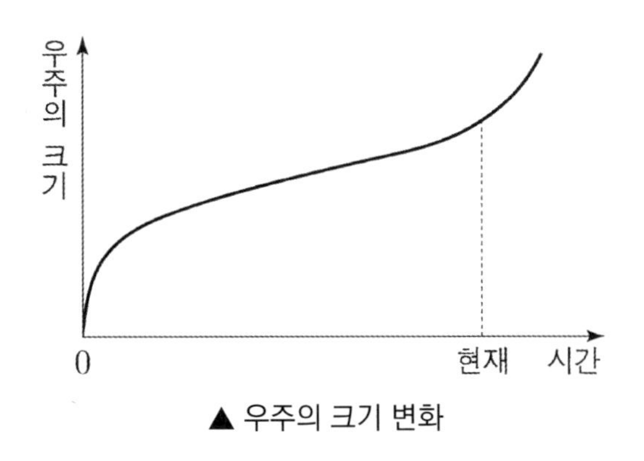

▲ 우주의 크기 변화

memo

2023학년도 수능 지I 18번

표 (가)는 외부 은하 A와 B의 스펙트럼 관측 결과를, (나)는 우주 구성 요소의 상대적 비율을 T_1, T_2 시기에 따라 나타낸 것이다. T_1, T_2는 관측된 A, B의 빛이 각각 출발한 시기 중 하나이고, a, b, c는 각각 보통 물질, 암흑 물질, 암흑 에너지 중 하나이다.

은하	기준 파장	관측 파장
A	120	132
B	150	600

(단위 : nm)

(가)

우주 구성 요소	T_1	T_2
a	62.7	3.4
b	31.4	81.3
c	5.9	15.3

(단위 : %)

(나)

이 자료에 대한 설명으로 옳은 것만을 <보기>에서 있는 대로 고른 것은?
(단, 빛의 속도는 3×10^5km/s이다.)

<보 기>

ㄱ. 우리은하에서 관측한 A의 후퇴 속도는 3000km/s이다.
ㄴ. B는 T_2시기의 천체이다.
ㄷ. 우주를 가속 팽창시키는 요소는 b이다.

① ㄱ ② ㄴ ③ ㄷ ④ ㄱ, ㄴ ⑤ ㄴ, ㄷ

추가로 물어볼 수 있는 선지
1. 나선 은하의 실제 회전 속도가 광학적으로 관측 가능한 물질을 통해 예상한 회전 속도와 다른 이유는 암흑 에너지 때문이다. (O , X)
2. 암흑 물질은 전자기파로 관측할 수 없다. (O , X)
3. 우주가 팽창할수록 보통 물질의 양은 계속해서 감소하고 있다. (O , X)

정답 : 1. (X), 2. (O), 3. (X)

01 2023학년도 수능 지Ⅰ 18번

KEY POINT #우주 구성 요소의 비율, #후퇴 속도, #가속 팽창

문항의 발문 해석하기

은하의 스펙트럼 관측을 통해 적색 편이 하는 은하를 찾을 수 있어야 한다. 상대적인 시간에 따라 우주 구성 요소가 어떤 식으로 변화하는지 떠올려야 한다.

문항의 자료 해석하기

은하	기준 파장	관측 파장
A	120	132
B	150	600

(단위 : nm)

(가)

우주 구성 요소	T_1	T_2
a	62.7	3.4
b	31.4	81.3
c	5.9	15.3

(단위 : %)

(나)

1. (가)의 A, B 은하는 모두 기준 파장보다 관측 파장의 값이 크므로 적색 편이 하고 있다는 것을 알아야 한다.
2. (나)의 a, b, c의 비율을 보면 T_2시기 a의 값은 작고, b, c의 값은 컸지만 T_1시기 a의 값은 크고, b, c 값은 작은 것을 확인할 수 있다. 따라서 T_2는 T_1보다 과거이고 시간이 지나며 비율이 커진 a는 암흑 에너지, 비율이 작아진 b, c는 물질이라는 것을 확인할 수 있다.
   이때, 두 시기 모두 b는 c보다 비율이 크므로 b는 암흑 물질, c는 보통 물질인 것을 알 수 있다.
3. A와 B 중 적색 편이량이 더 큰 은하는 B이다. 따라서 B 은하에서 빛이 출발한 시기는 더 과거인 T_2시기이다. 그 이유는 우주의 크기는 빛의 속도로 이동해도 매우 먼 거리이므로 더 과거에 출발해야 현재의 우리 은하에 도착할 수 있기 때문이다.
   아래의 그림을 통해 이해하도록 하자.

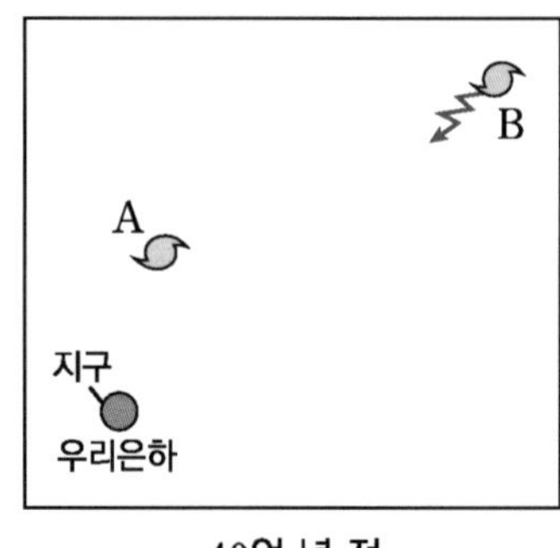

40억 년 전

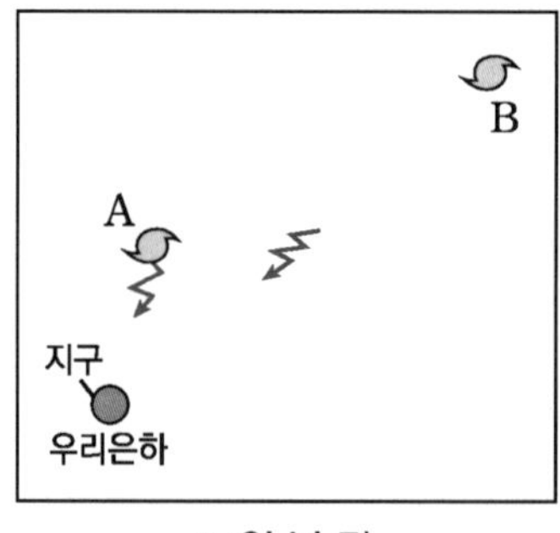

15억 년 전

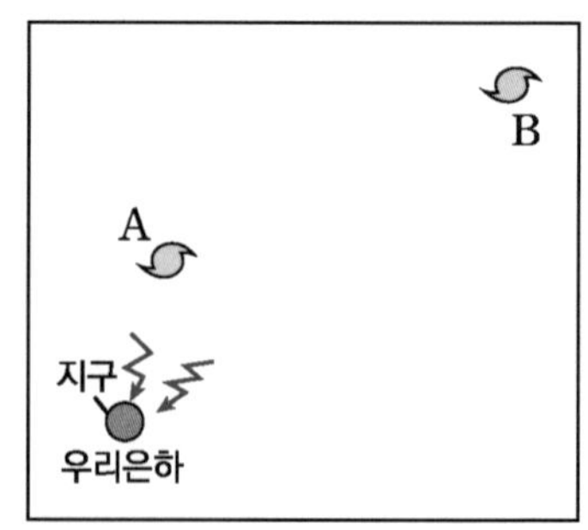

현재

TIP.

보통 물질, 암흑 물질, 암흑 에너지를 시기에 따라 판단할 때 시간이 지나면서 물질의 비율은 줄고, 에너지의 비율은 늘어난다는 것을 생각해야 한다. 이때, 보통 물질과 암흑 물질끼리의 비율은 일정하다는 것까지 이해하자.

또한, 밤하늘에 보이는 별은 빛의 속도로 매우 먼 시간 동안 날아왔음을 이해하자. 우리가 밤하늘에서 볼 수 있는 별들은 과거에 출발한 빛이 이제 지구에 도달한 것이다.

선지 판단하기

ㄱ 선지 우리은하에서 관측한 A의 후퇴 속도는 $3000\mathrm{km/s}$이다. (X)

A의 후퇴 속도는 파장을 이용해서 계산해보면

$$300000\mathrm{km/s}(\text{광속}) \times \frac{12(\text{파장 변화량})}{120(\text{기준 파장})} = 30000\mathrm{km/s}\text{이다.}$$

ㄴ 선지 B는 T_2시기의 천체이다. (O)

A보다 B의 적색 편이량이 더 크다. 따라서 더 멀리 있는 천체임을 의미한다. 더 과거에 출발한 B 은하의 빛이 이제 도달하므로 B는 T_2시기의 천체에 해당한다.

ㄷ 선지 우주를 가속 팽창시키는 요소는 b이다. (X)

b는 암흑 물질이다. 암흑 물질은 질량이 있으므로 중력으로 작용하여 우주를 감속 팽창시키는 요소이다. 우주를 가속 팽창시키는 요소는 암흑 에너지로, 척력으로 작용한다.

기출문항에서 가져가야 할 부분

1. 시간에 따른 우주의 구성 요소를 이해하기
2. 후퇴 속도 공식을 이용하여 은하의 후퇴 속도 계산하기
3. 멀리 있는 천체의 빛은 더 오랜 시간에 걸쳐 관측자에게 도달함을 이해하기

기출 문제로 알아보는 유형별 정리

1 우주 구성 요소의 양과 비율

① 우주 구성 요소의 양과 밀도 지Ⅱ 2017학년도 9월 모의평가 17번

그림은 어느 가속 팽창 우주 모형에서 시간에 따른 우주 구성 요소 A, B, C의 밀도를 나타낸 것이다. A, B, C는 각각 보통 물질, 암흑 물질, 암흑 에너지 중 하나이다.

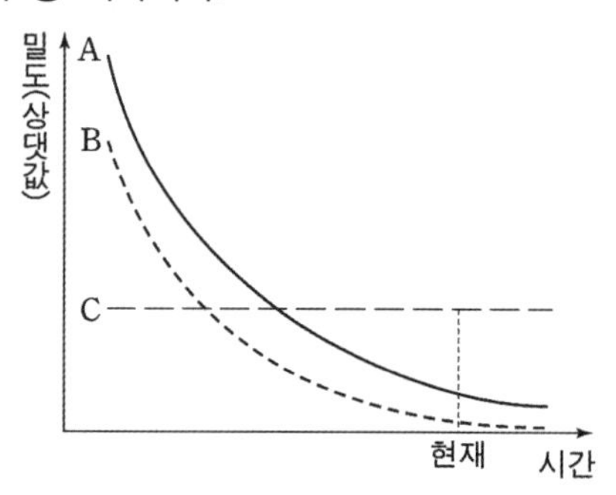

ㄴ. 우주에 존재하는 암흑 에너지의 총량은 시간에 따라 증가한다. (O)

- 암흑 에너지는 우주의 빈 공간에서 나오는 에너지이다. 따라서 시간이 지날수록 암흑 에너지의 총량은 증가한다.
- 우주의 구성 요소 중 **암흑 에너지는 계속해서 총량이 증가**한다. 따라서 우주가 팽창하는 만큼 암흑 에너지가 늘어나므로 밀도는 일정하다.
  그러나 **보통 물질과 암흑 물질의 총량은 변화하지 않는다**. 따라서 우주가 팽창하는 만큼 **물질의 밀도는 줄어든다**.
  빅뱅 우주론에 따르면 우주의 물질의 총량은 시간이 지나도 일정해야 하기 때문이다.

② 우주 구성 요소의 비율 2022학년도 6월 모의평가 15번

그림 (가)와 (나)는 현재와 과거 어느 시기의 우주 구성 요소 비율을 순서 없이 나타낸 것이다. A, B, C는 각각 보통 물질, 암흑 물질, 암흑 에너지 중 하나이다.

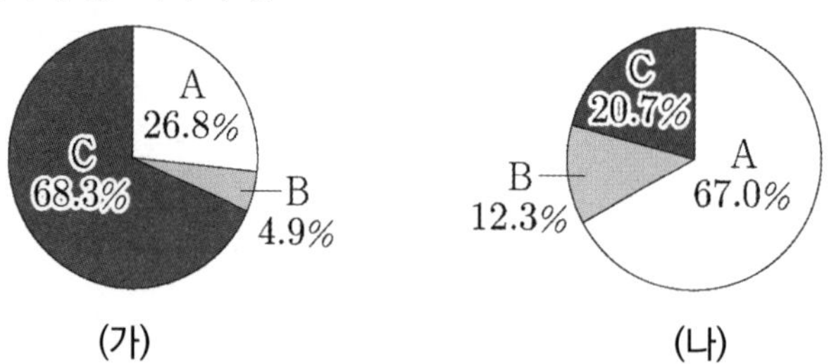

ㄷ. $\frac{\text{A의 비율}}{\text{C의 비율}}$은 (가)일 때와 (나)일 때 같다. (X)

- **과거보다 현재는 보통 물질과 암흑 물질의 비율이 적게 나타나고 암흑 에너지의 비율이 높게 나타난다**.
  따라서 (가)는 현재, (나)는 과거라는 것과 A는 암흑 물질, B는 보통 물질, C는 암흑 에너지라는 것을 알 수 있다. 이때, $\frac{\text{A의 비율}}{\text{C의 비율}}$은 (가)와 (나)일 때 같지 않다.
- 보통 물질과 암흑 물질은 시간이 지나도 총량이 그대로인 반면, 암흑 에너지는 **시간이 지나면서** 총량이 증가하므로 **보통 물질과 암흑 물질의 비율은 줄어들고, 암흑 에너지의 비율은 늘어나는 것**이다.

2 암흑 물질 존재의 증거

① 나선 은하의 회전 속도 2021년 3월 학력평가 20번

그림 (가)는 현재 우주에서 암흑 물질, 보통 물질, 암흑 에너지가 차지하는 비율을 각각 ㉠, ㉡, ㉢으로 순서 없이 나타낸 것이고, (나)는 우리은하의 회전 속도를 은하 중심으로부터의 거리에 따라 나타낸 것이다. A와 B는 각각 관측 가능한 물질만을 고려한 추정값과 실제 관측값 중 하나이다.

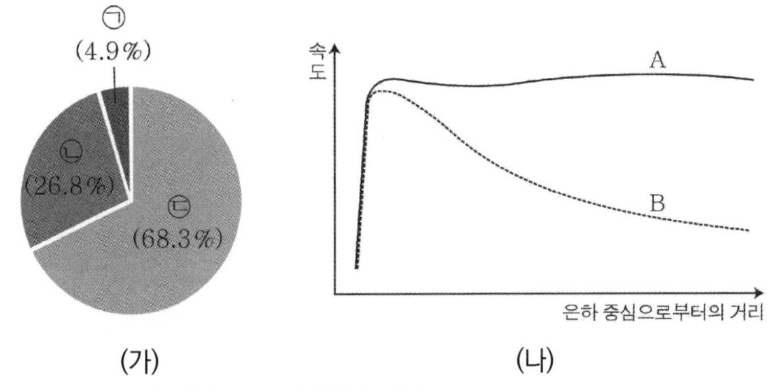

(가) (나)

ㄷ. A와 B의 회전 속도 차이는 ㉢의 영향으로 나타난다. (X)

- 과학자들은 나선 은하의 회전 속도가 은하 중심에서 멀어질수록 느려질 것으로 예측했다. 왜냐하면 **전자기파**로 관측해보았을 때 **나선 은하 중심부에 질량이 집중되어 있어 중심부에서 멀어질수록 회전 속도는 느려져야 하기 때문**이다. 그러나 실제 관측 결과는 A와 같이 회전 속도가 안과 밖이 거의 비슷하게 나타나는 것이 확인되었다. 이는 **우리가 볼 수 있는 은하의 질량보다 보이지 않는 질량이 은하 외곽부에 존재하기 때문**이다.
  따라서 보이지 않는 물질은 암흑 물질이므로 나선 은하의 회전 속도 차이는 ㉡의 영향으로 나타날 것이다.
- 실제 나선 은하의 회전 속도는 B가 아닌 A라는 것을 반드시 알아두자.

② 중력 렌즈 현상 2023학년도 9월 모의평가 10번

그림 (가)는 현재 우주 구성 요소의 비율을, (나)는 은하에 의한 중력 렌즈 현상을 나타낸 것이다. A, B, C는 각각 암흑 물질, 암흑 에너지, 보통 물질 중 하나이다.

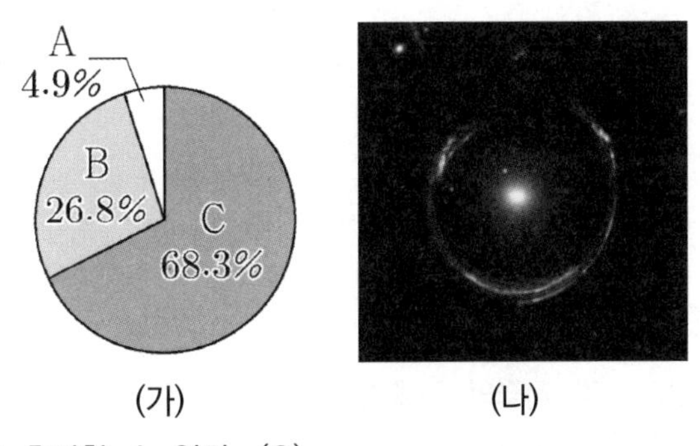

(가) (나)

ㄷ. (나)를 이용하여 B가 존재함을 추정할 수 있다. (O)

- 중력 렌즈 현상은 **중력이 시공간을 휘어지게 만들어 빛의 이동 경로를 꺾어버리는 현상**이다.
  현재 우주의 구성 요소 중 두 번째로 높은 비율을 가진 B는 암흑 물질이다. 암흑 물질은 보이지는 않지만, 질량을 가진 물체이므로 **중력 렌즈 현상를 통해 암흑 물질의 존재를 추정할 수 있다**.
- 밤하늘의 은하의 밝기가 우리의 예상보다 밝게 나타난다면 암흑 물질이 빛의 경로를 휘어지게 만들어 우리에게 도달하고 있다고 생각할 수 있어야 한다.
- 일반적인 상황에서 중력 렌즈 현상이 나타나는 이유를 이해할 수 있어야 한다.

3 우주 구성 요소의 관측

① '암흑'의 의미는 검정색이 아니다. 2022학년도 6월 모의평가 15번

표는 우주 구성 요소 A, B, C의 상대적 비율을 T_1, T_2 시기에 따라 나타낸 것이다. T_1, T_2는 각각 과거와 미래 중 하나에 해당하고, A, B, C는 각각 보통 물질, 암흑 물질, 암흑 에너지 중 하나이다.

구성 요소	T_1	T_2
A	66	11
B	22	87
C	12	2

(단위 : %)

ㄷ. C는 전자기파로 관측할 수 있다. (O)

- 과거보다 현재는 보통 물질과 암흑 물질의 비율이 적게 나타나고 암흑 에너지의 비율이 높게 나타난다. 따라서 T_1 시기는 과거, T_2 시기는 미래라는 것과 A는 암흑 물질, B는 암흑 에너지, C는 보통 물질이라는 것을 알 수 있다. 이때 보통 물질은 전자기파로 관측할 수 있다.
- **전자기파**라는 것은 가시광선을 포함해 자외선, 적외선, X선 감마선, 전파, 마이크로파 등을 통칭하는 말이다. 따라서 보통 물질은 전자기파로 관측할 수 있다
- 그러나 **암흑 물질, 암흑 에너지는 관측할 수 없**다. 왜냐하면 두 요소는 **전자기파를 방출하지 않기 때문**이다. 두 단어 앞에 붙은 **'암흑'이라는 용어는 검정색이라는 뜻이 아니고 '보이지 않는'이라는 뜻**으로 이해해야 한다.

4 과거부터 현재까지 우주의 팽창 속도

① 과거에는 감속 팽창, 현재는 가속 팽창 2021학년도 수능 15번

그림은 어느 팽창 우주 모형에서 시간에 따른 우주의 크기 변화를 나타낸 것이다.

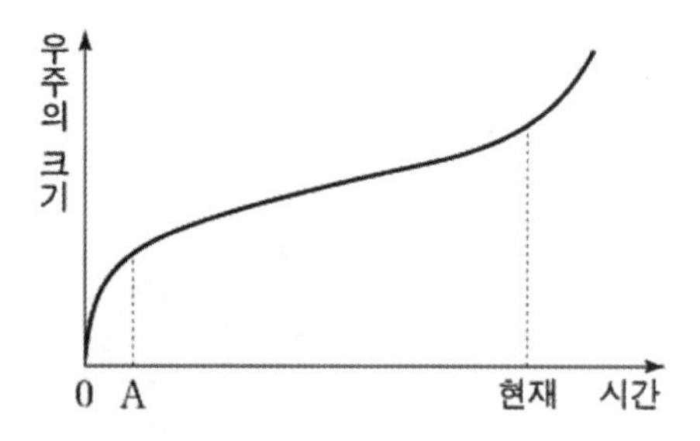

ㄱ. A 시기에 우주는 감속 팽창했다. (O)

- 위 그래프에서 **우주의 팽창 속도는 각 지점의 기울기**를 의미한다. A 지점 주변은 **시간이 지나면서 기울기가 감소**하고 있으므로 **감속 팽창**, 현재 주변은 **시간이 지나면서 기울기가 증가**하고 있으므로 **가속 팽창**이라고 판단할 수 있는 것이다.
- 우주가 대폭발한 후 현재까지 **팽창을 멈추었던 시기는 단 한 번도 없었다**.
  A 시기에는 암흑 에너지양보다 **물질의 영향력이 커 감속 팽창**했지만, 시간이 지나며 **암흑 에너지양의 영향력이** 물질보다 **강해지자 가속 팽창**을 하게 된 것이다.
- 위 자료에서 팽창 속도는 기울기의 변화로 판단할 수도 있고, **위로 볼록한 형태면 감속 팽창, 아래로 볼록한 형태면 가속 팽창**이라는 것도 알아두자.

5 표준 우주 모형과 우주의 밀도, 임계 밀도

① 미래의 우주 모형 2022년 4월 학력평가 20번

표는 우주 모형 A, B, C의 Ω_m과 Ω_Λ를 나타낸 것이고, 그림은 A, B, C에서 적색 편이와 겉보기 등급 사이의 관계를 C를 기준으로 하여 Ia형 초신성 관측 자료와 함께 나타낸 것이다. ㉠과 ㉡은 각각 A와 B의 편차 자료 중 하나이고, Ω_m과 Ω_Λ는 각각 현재 우주의 물질 밀도와 암흑 에너지 밀도를 임계 밀도로 나눈 값이다.

우주 모형	Ω_m	Ω_Λ
A	0.27	0.73
B	1.0	0
C	0.27	0

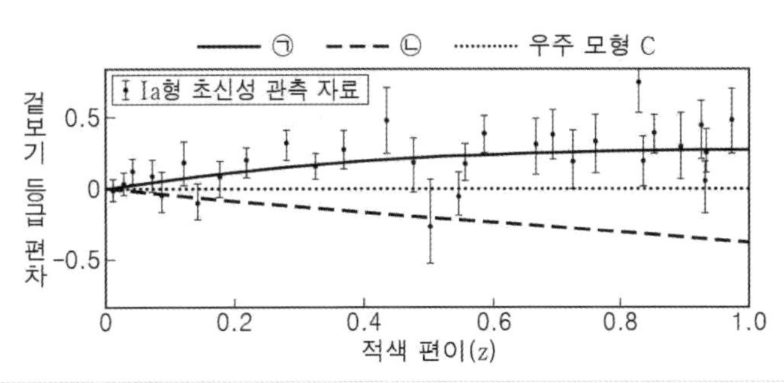

- 미래의 우주는 우주의 밀도와 임계 밀도 사이의 관계로 달라진다. **우주의 밀도는 물질 밀도와 암흑 에너지 밀도를 합한 것**이다.
  평탄 우주 : 우주의 밀도 = 임계 밀도, $\Omega_m + \Omega_\Lambda = 1$, 우주의 곡률 = 0
  열린 우주 : 우주의 밀도 〈 임계 밀도, $\Omega_m + \Omega_\Lambda < 1$, 우주의 곡률 = -
  닫힌 우주 : 우주의 밀도 〉 임계 밀도, $\Omega_m + \Omega_\Lambda > 1$, 우주의 곡률 = +
- 현재 우주는 평탄 우주일 것으로 예측된다.
  열린 우주는 우주가 영원히 팽창하는 우주이다.
  닫힌 우주는 우주가 팽창하다가 다시 수축하여 우주의 크기가 다시 0으로 돌아가는 우주이다.

② 평탄한 가속 팽창 우주? 평탄한 감속 팽창 우주? 2021년 7월 학력평가 20번

그림은 우주 모형 A, B와 외부 은하에서 발견된 Ⅰa형 초신성의 관측 자료를 나타낸 것이다. Ω_m과 Ω_Λ는 각각 현재 우주의 물질 밀도와 암흑 에너지 밀도를 임계 밀도로 나눈 값이다.

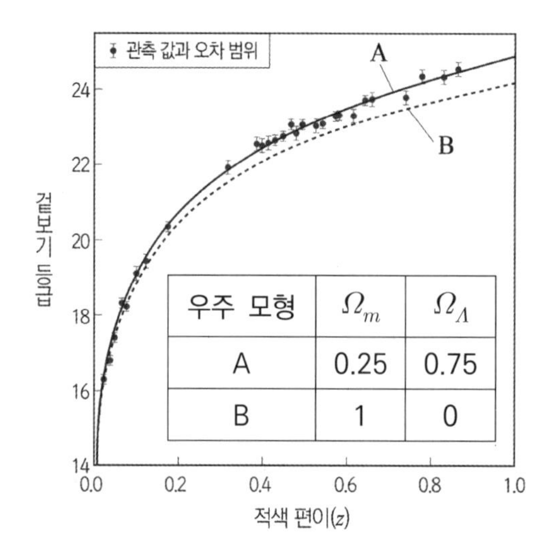

우주 모형	Ω_m	Ω_Λ
A	0.25	0.75
B	1	0

ㄱ. Ⅰa형 초신성의 관측 결과를 설명할 수 있는 우주 모형은 B보다 A이다. (O)

- **Ⅰa형 초신성으로 우주가 가속 팽창한다는 사실을 알아냈다.** 우주 모형 A와 B는 $\Omega_m + \Omega_\Lambda = 1$이므로 평탄 우주이다. 이때, A는 우주의 밀도 중 **암흑 에너지 밀도가 물질 밀도보다 높으므로 가속 팽창하는 평탄 우주**이다.
  B는 **우주의 밀도 중 물질 밀도만 존재하므로 감속 팽창하는 평탄 우주**이다.
  따라서 Ⅰa형 초신성의 관측 결과를 설명할 수 있는 우주 모형은 가속 팽창하는 A이다.
- 평탄 우주, 열린 우주, 닫힌 우주는 미래의 우주 상태에 관한 내용을 다루는 것이고, 가속 팽창, 감속 팽창은 우주의 팽창 속도를 나타내는 것임을 이해해야 한다.
- $\Omega_m = \frac{\text{물질 밀도}}{\text{임계 밀도}}$, $\Omega_\Lambda = \frac{\text{암흑 에너지 밀도}}{\text{임계 밀도}}$라는 것을 이해하고,

  $\Omega_m + \Omega_\Lambda = 1$이면 평탄 우주인 이유는 $\Omega_m + \Omega_\Lambda = \frac{\text{물질 밀도} + \text{암흑 에너지 밀도}}{\text{임계 밀도}} = 1$이므로

  물질 밀도 + 암흑 에너지 밀도 즉, 우주의 밀도가 임계 밀도와 같기 때문이다.

추가로 물어볼 수 있는 선지 해설

1. 나선 은하의 회전 속도가 예측값과 다른 이유는 암흑 에너지가 아닌 암흑 물질의 중력 때문이다.
2. 암흑 물질은 가시광선, 적외선, 자외선, X선, 감마선 등의 전자기파로 관측할 수 없다.
3. 우주가 팽창해도 물질의 양은 변하지 않는다. 다만 암흑 에너지의 비율은 늘어나므로 보통 물질의 우주 구성 비율은 감소한다.

memo

Chapter

04 유제

01 2021학년도 6월 모의평가 9번

그림 (가), (나), (다)는 각각 세이퍼트은하, 퀘이사, 전파 은하의 영상을 나타낸 것이다. (가)와 (나)는 가시광선 영상이고, (다)는 가시광선과 전파로 관측하여 합성한 영상이다.

(가) (나) (다)

이 자료에 대한 설명으로 옳은 것만을 <보기>에서 있는 대로 고른 것은? [3점]

<보 기>

ㄱ. (가)와 (다)의 은하 중심부 별들의 회전축은 관측자의 시선 방향과 일치한다.

ㄴ. 각 은하의 $\frac{\text{중심부의 밝기}}{\text{전체의 밝기}}$는 (나)의 은하가 가장 크다.

ㄷ. (다)의 제트는 은하의 중심에서 방출되는 별들의 흐름이다.

① ㄱ ② ㄴ ③ ㄷ ④ ㄱ, ㄴ ⑤ ㄴ, ㄷ

02 지Ⅱ 2020학년도 대학수학능력시험 8번

그림 (가)는 가시광선 영역에서 관측된 어느 세이퍼트 은하를, (나)는 이 은하에서 관측된 스펙트럼을 나타낸 것이다.

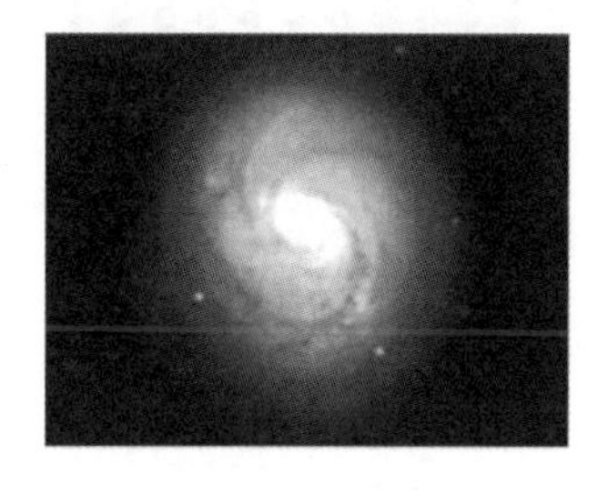

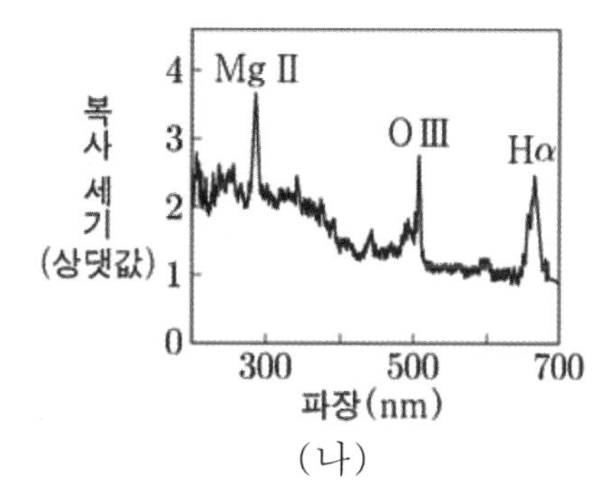

(가) (나)

이에 대한 설명으로 옳은 것만을 <보기>에서 있는 대로 고른 것은?

<보 기>

ㄱ. (가)는 허블의 은하 분류에서 나선 은하에 해당한다.
ㄴ. (나)는 전파 영역에서 관측된 스펙트럼이다.
ㄷ. (나)에는 폭이 넓은 수소 방출선이 나타난다.

① ㄱ ② ㄴ ③ ㄱ, ㄷ ④ ㄴ, ㄷ ⑤ ㄱ, ㄴ, ㄷ

03 2022학년도 6월 모의평가 5번

그림 (가)와 (나)는 가시광선으로 관측한 외부 은하와 퀘이사를 나타낸 것이다.

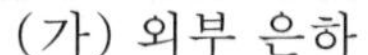

(가) 외부 은하 (나) 퀘이사

이에 대한 설명으로 옳은 것만을 <보기>에서 있는 대로 고른 것은?

<보 기>

ㄱ. (가)는 불규칙 은하이다.
ㄴ. (나)는 항성이다.
ㄷ. (나)는 우리은하로부터 멀어지고 있다.

① ㄱ ② ㄷ ③ ㄱ, ㄴ ④ ㄴ, ㄷ ⑤ ㄱ, ㄴ, ㄷ

04 2021학년도 9월 모의평가 12번

다음은 세 학생이 다양한 외부 은하를 형태에 따라 분류하는 탐구 활동의 일부를 나타낸 것이다.

〔탐구 과정〕

(가) 다양한 형태의 은하 사진을 준비한다.

(나) '규칙적인 구조가 있는가?'에 따라 은하를 분류한다.

(다) (나)의 조건을 만족하는 은하를 '(㉠)이/가 있는가?'에 따라 A와 B 그룹으로 분류한다.

(라) A와 B 그룹에 적용할 추가 분류 기준을 만든다.

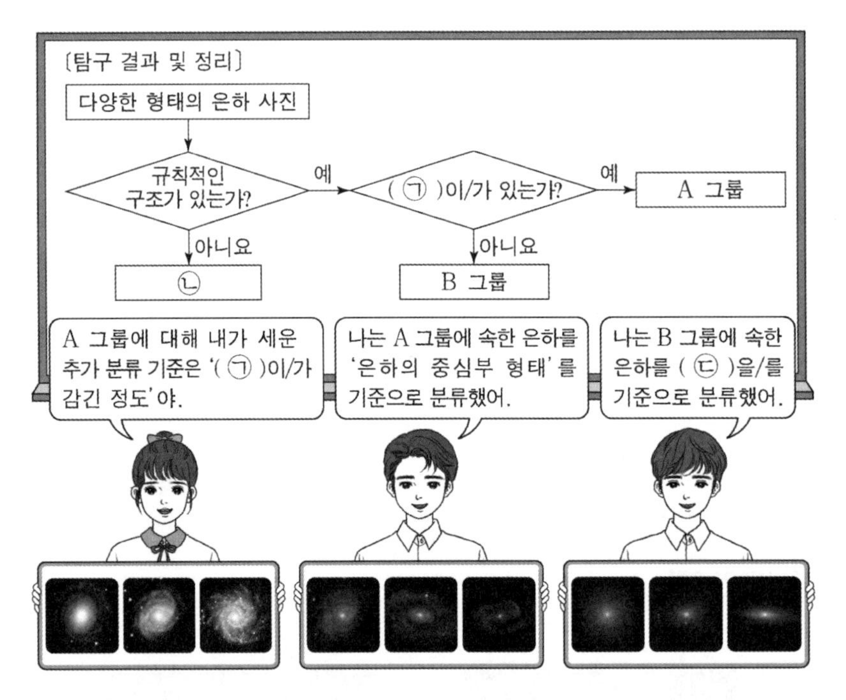

이에 대한 설명으로 옳은 것만을 <보기>에서 있는 대로 고른 것은? [3점]

<보 기>

ㄱ. 나선팔은 ㉠에 해당한다.

ㄴ. 허블의 분류 체계에 따르면 ㉡은 불규칙 은하이다.

ㄷ. '구에 가까운 정도'는 ㉢에 해당한다.

① ㄱ ② ㄴ ③ ㄱ, ㄷ ④ ㄴ, ㄷ ⑤ ㄱ, ㄴ, ㄷ

05 2020년 10월 학력평가 20번

그림 (가)와 (나)는 서로 다른 두 은하의 스펙트럼과 Hα 방출선의 파장 변화(→)를 나타낸 것이다. (가)와 (나)는 각각 퀘이사와 일반 은하 중 하나이다.

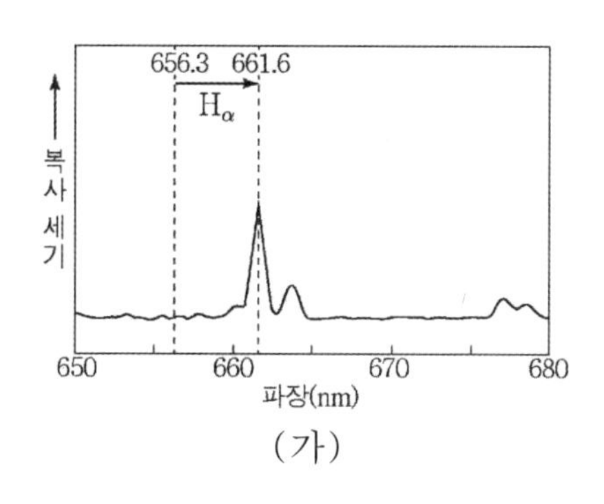

(가)

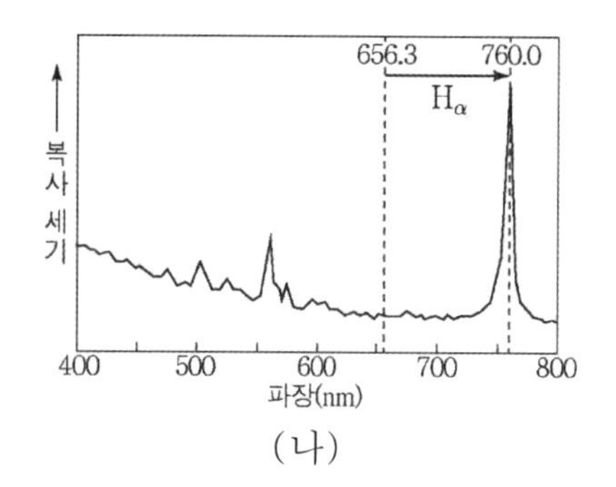

(나)

이에 대한 옳은 설명만을 <보기>에서 있는 대로 고른 것은?

<보 기>

ㄱ. 퀘이사의 스펙트럼은 (나)이다.

ㄴ. 은하의 후퇴 속도는 (가)가 (나)보다 크다.

ㄷ. $\frac{\text{은하 중심부에서 방출되는 에너지}}{\text{은하 전체에서 방출되는 에너지}}$는 (가)가 (나)보다 크다.

① ㄱ ② ㄴ ③ ㄷ ④ ㄱ, ㄷ ⑤ ㄴ, ㄷ

06 2021학년도 대학수학능력시험 7번

표는 허블의 은하 분류 기준과 이에 따라 분류한 은하의 종류를 나타낸 것이고, 그림은 은하 A의 가시광선 영상이다. (가)~(라)는 각각 타원 은하, 정상 나선 은하, 막대 나선 은하, 불규칙 은하 중 하나이고, A는 (가)~(라) 중 하나에 해당한다.

분류 기준	(가)	(나)	(다)	(라)
규칙적인 구조가 있는가?	○	○	×	○
나선팔이 있는가?	○	○	×	×
중심부에 막대 구조가 있는가?	○	×	×	×

(○ : 있다, × : 없다)

A

이 자료에 대한 설명으로 옳은 것만을 <보기>에서 있는 대로 고른 것은?

<보 기>

ㄱ. 은하의 질량에 대한 성간 물질의 질량비는 (가)가 (다)보다 작다.

ㄴ. 은하를 구성하는 별의 평균 표면 온도는 (나)가 (라)보다 높다.

ㄷ. A는 (라)에 해당한다.

① ㄱ ② ㄷ ③ ㄱ, ㄴ ④ ㄴ, ㄷ ⑤ ㄱ, ㄴ, ㄷ

07 2022학년도 9월 모의평가 9번

그림은 두 은하 A와 B가 탄생한 후, 연간 생성된 별의 총질량을 시간에 따라 나타낸 것이다. A와 B는 허블 은하 분류 체계에 따른 서로 다른 종류이며, 각각 E0과 Sb 중 하나이다.

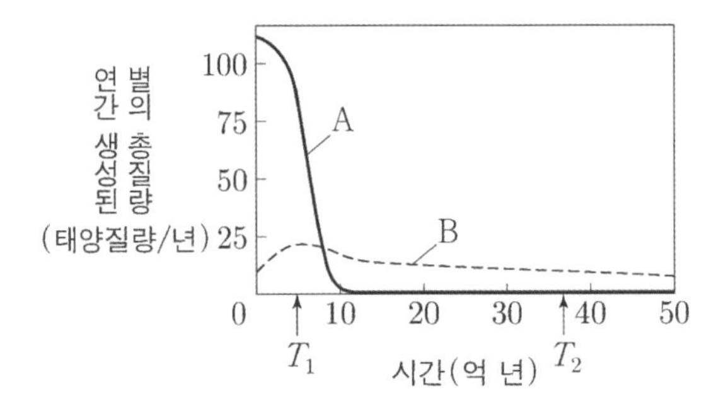

이에 대한 설명으로 옳은 것만을 <보기>에서 있는 대로 고른 것은?

<보 기>

ㄱ. B는 나선팔을 가지고 있다.

ㄴ. T_1일 때 연간 생성된 별의 총질량은 A가 B보다 크다.

ㄷ. T_2일 때 별의 평균 표면 온도는 B가 A보다 높다.

① ㄱ　② ㄷ　③ ㄱ, ㄴ　④ ㄴ, ㄷ　⑤ ㄱ, ㄴ, ㄷ

08 2021년 10월 학력평가 16번

그림 (가), (나), (다)는 타원 은하, 나선 은하, 불규칙 은하를 순서 없이 나타낸 것이다.

(가)

(나)

(다)

이에 대한 옳은 설명만을 <보기>에서 있는 대로 고른 것은?

<보 기>

ㄱ. (가)는 (나)로 진화한다.

ㄴ. 은하를 구성하는 별들의 평균 나이는 (나)가 (다)보다 많다.

ㄷ. 은하에서 성간 물질이 차지하는 비율은 (가)가 (다)보다 크다.

① ㄱ　② ㄷ　③ ㄱ, ㄴ　④ ㄴ, ㄷ　⑤ ㄱ, ㄴ, ㄷ

09 2022학년도 대학수학능력시험 5번

그림은 전파 은하 M87의 가시광선 영상과 전파 영상을 나타낸 것이다.

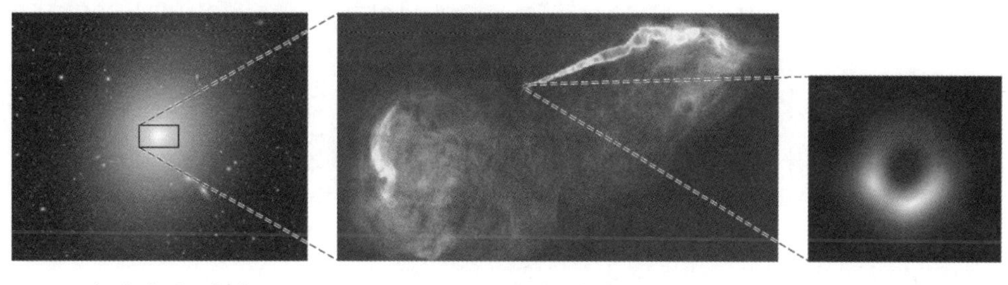

가시광선 영상 전파 영상 전파 영상

이 은하에 대한 설명으로 옳은 것만을 <보기>에서 있는 대로 고른 것은?

<보 기>

ㄱ. 은하를 구성하는 별들은 푸른 별이 붉은 별보다 많다.
ㄴ. 제트에서는 별이 활발하게 탄생한다.
ㄷ. 중심에는 질량이 거대한 블랙홀이 있다.

① ㄱ ② ㄷ ③ ㄱ, ㄴ ④ ㄴ, ㄷ ⑤ ㄱ, ㄴ, ㄷ

10 지II 2020학년도 대학수학능력시험 15번

그림 (가)와 (나)는 허블의 법칙에 따라 팽창하는 어느 대폭발 우주를 풍선 모형으로 나타낸 것이다. 풍선 표면에 고정시킨 단추 A, B, C는 은하에, 물결 무늬(~)는 우주 배경 복사에 해당한다.

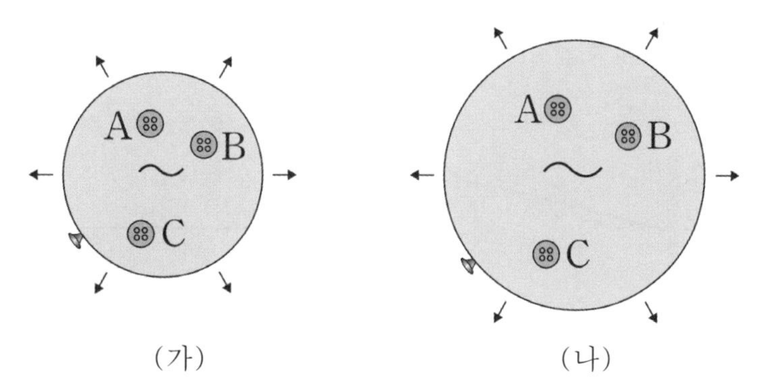

(가) (나)

이에 대한 설명으로 옳은 것만을 <보기>에서 있는 대로 고른 것은? [3점]

<보 기>

ㄱ. A로부터 멀어지는 속도는 B가 C보다 크다.
ㄴ. 우주 배경 복사의 온도는 (가)에 해당하는 우주가 (나)보다 높다.
ㄷ. 우주의 밀도는 (가)에 해당하는 우주가 (나)보다 크다.

① ㄱ ② ㄷ ③ ㄱ, ㄴ ④ ㄴ, ㄷ ⑤ ㄱ, ㄴ, ㄷ

11 2022학년도 6월 모의평가 19번

그림은 우주의 나이가 38만 년일 때 A와 B의 위치에서 출발한 우주 배경 복사를 우리은하에서 관측하는 상황을 가정하여 나타낸 것이다. (가)와 (나)는 우주의 나이가 각각 138억 년과 60억 년일 때이다.

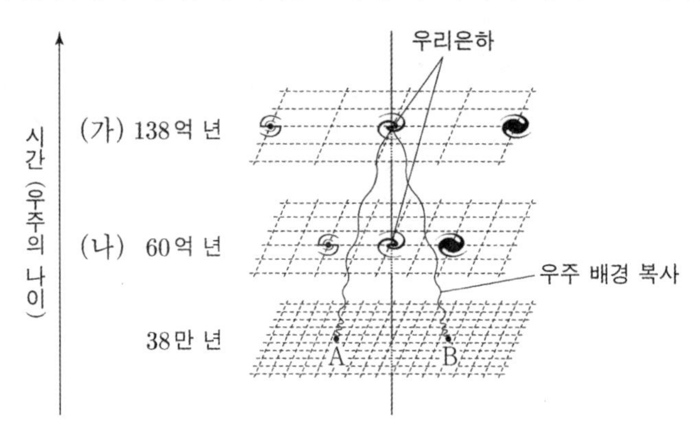

이에 대한 설명으로 옳은 것만을 <보기>에서 있는 대로 고른 것은? [3점]

<보 기>

ㄱ. A와 B로부터 출발한 우주 배경 복사의 온도가 (가)에서 거의 같게 측정되는 것은 우주의 급팽창으로 설명된다.

ㄴ. (나)에서 측정되는 우주 배경 복사의 온도는 2.7K보다 높다.

ㄷ. A에서 출발한 우주 배경 복사는 (나)의 우리은하에 도달한다.

① ㄱ ② ㄷ ③ ㄱ, ㄴ ④ ㄴ, ㄷ ⑤ ㄱ, ㄴ, ㄷ

12 2021학년도 6월 모의평가 17번

그림 (가)는 우주론 A에 의한 우주의 크기를, (나)는 우주론 B에 의한 우주의 온도를 나타낸 것이다. A와 B는 우주 팽창을 설명한다.

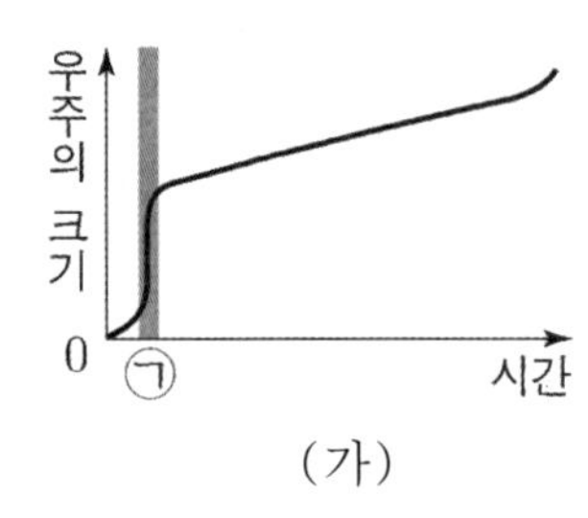

(가)

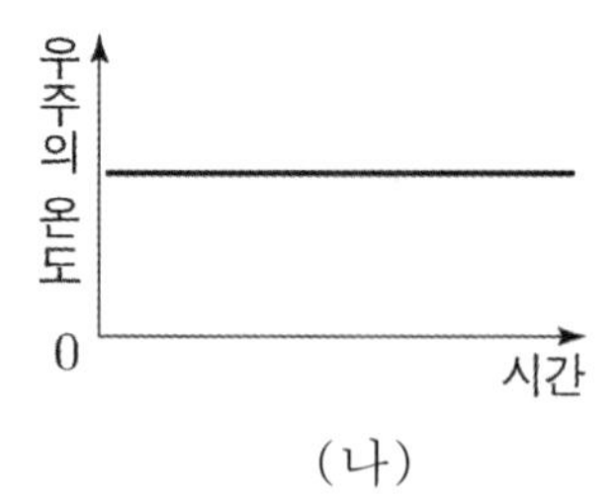

(나)

이에 대한 설명으로 옳은 것만을 <보기>에서 있는 대로 고른 것은?

<보 기>

ㄱ. 우주 배경 복사가 우주의 양쪽 반대편 지평선에서 거의 같게 관측되는 것은 (가)의 ㉠ 시기에 일어난 팽창으로 설명된다.

ㄴ. A는 수소와 헬륨의 질량비가 거의 3:1로 관측되는 결과와 부합된다.

ㄷ. 우주의 밀도 변화는 B가 A보다 크다.

① ㄱ ② ㄷ ③ ㄱ, ㄴ ④ ㄴ, ㄷ ⑤ ㄱ, ㄴ, ㄷ

13 지II 2017학년도 대학수학능력시험 13번

그림은 외부 은하에서 발견된 Ia형 초신성의 관측 자료와 우주 팽창을 설명하기 위한 두 모델 A와 B를, 표는 A와 B의 특징을 나타낸 것이다.

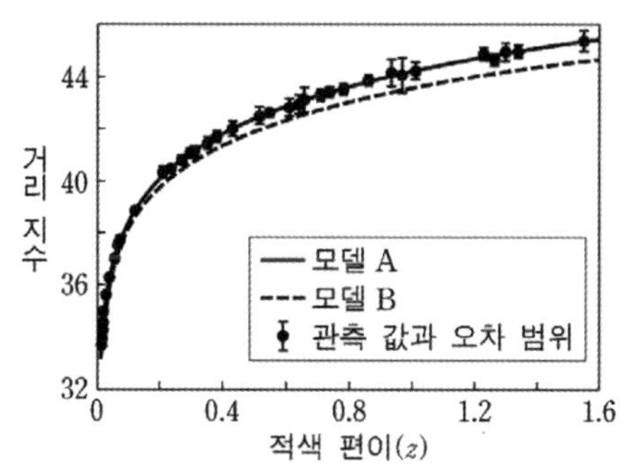

모델	특징
A	보통 물질, 암흑 물질, 암흑 에너지를 고려함
B	보통 물질과 암흑 물질을 고려함

이에 대한 설명으로 옳은 것만을 <보기>에서 있는 대로 고른 것은? [3점]

<보 기>

ㄱ. Ia형 초신성의 절대 등급은 거리가 멀수록 커진다.

ㄴ. $z = 1.2$인 Ia형 초신성의 거리 예측 값은 A가 B보다 크다.

ㄷ. 관측 자료에 나타난 우주의 팽창을 설명하기 위해서는 암흑 에너지도 고려해야 한다.

① ㄱ ② ㄷ ③ ㄱ, ㄴ ④ ㄴ, ㄷ ⑤ ㄱ, ㄴ, ㄷ

14 지II 2020학년도 9월 모의평가 9번

표는 세 방출선 (가), (나), (다)의 고유 파장과 퀘이사 A와 B의 스펙트럼 관측 결과를 적색 편이(z)와 함께 나타낸 것이다.

방출선	고유 파장 (Å)	관측 파장(Å)	
		퀘이사 A ($z = 0.16$)	퀘이사 B ($z = 0.32$)
(가)	a	5036	5730
(나)	4861	b	c
(다)	5007	d	e

이에 대한 설명으로 옳은 것은?

① $\frac{b}{c}$는 $\frac{d}{e}$의 2배이다.

② c는 d보다 크다.

③ A는 B보다 거리가 멀다.

④ a는 (다)의 고유 파장보다 크다.

⑤ 태양은 A보다 광도가 크다.

15 2021년 7월 학력평가 18번

표는 우리 은하에서 관측한 외부 은하 A와 B의 흡수선 파장과 거리를 나타낸 것이다. A에서 관측한 B의 후퇴 속도는 17300km/s이고, 세 은하는 허블 법칙을 만족한다.

은하	흡수선 파장(nm)	거리(Mpc)
A	404.6	50
B	423	(가)

이에 대한 설명으로 옳은 것만을 <보기>에서 있는 대로 고른 것은?(단, 빛의 속도는 3×10^5 km/s이고, 이 흡수선의 고유 파장은 400nm이다.) [3점]

<보 기>

ㄱ. (가)는 250이다.
ㄴ. 허블 상수는 70km/s/Mpc보다 크다.
ㄷ. 우리은하로부터 A까지의 시선 방향과 B까지의 시선 방향이 이루는 각도는 60° 보다 작다.

① ㄱ ② ㄴ ③ ㄷ ④ ㄱ, ㄴ ⑤ ㄱ, ㄷ

16 2020년 7월 학력평가 20번

그림 (가)는 은하 A~D의 상대적인 위치를, (나)는 B에서 관측한 C와 D의 스펙트럼에서 방출선이 각각 적색 편이 된 것을 비교 스펙트럼과 함께 나타낸 것이다. A~D는 동일 평면상에 위치하고, 허블 법칙을 만족한다.

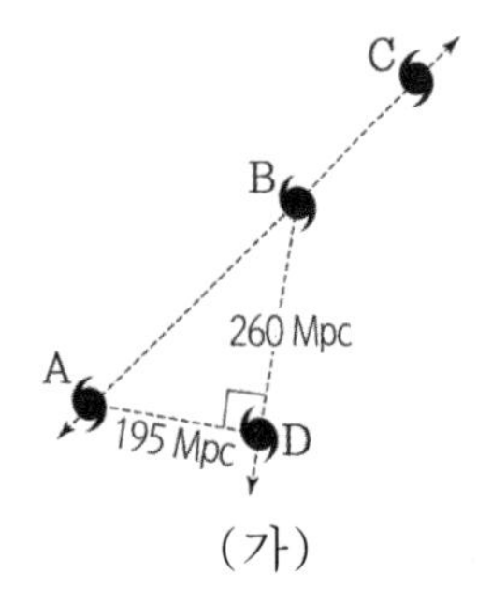

(가)

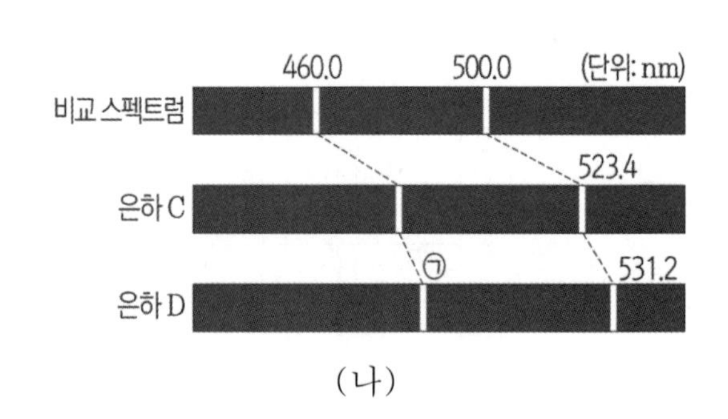

(나)

이에 대한 설명으로 옳은 것만을 <보기>에서 있는 대로 고른 것은? (단, 광속은 3×10^5 km/s이다.) [3점]

<보 기>

ㄱ. ㉠은 491.2이다.
ㄴ. 허블 상수는 72km/s/Mpc이다.
ㄷ. A에서 C까지의 거리는 520Mpc이다.

① ㄱ ② ㄴ ③ ㄱ, ㄷ ④ ㄴ, ㄷ ⑤ ㄱ, ㄴ, ㄷ

17 지Ⅱ 2019학년도 9월 모의평가 17번

그림은 은하 A와 B의 관측 스펙트럼에서 방출선 (가)와 (나)가 각각 적색 편이된 것을 비교 스펙트럼과 함께 나타낸 것이다. 은하 A와 B는 동일한 시선 방향에 위치하고, 허블 법칙을 만족한다.

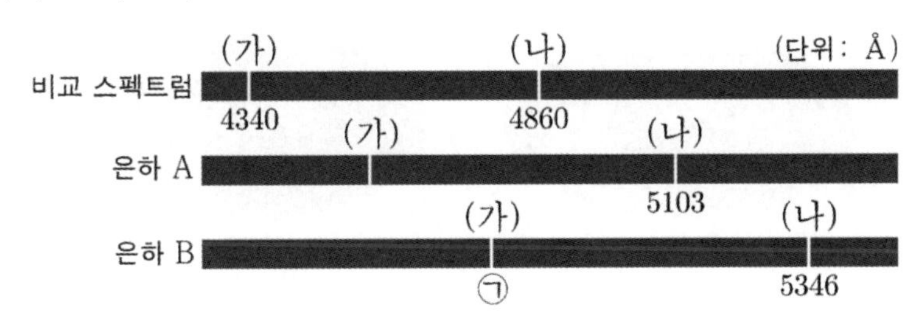

이에 대한 설명으로 옳은 것만을 <보기>에서 있는 대로 고른 것은? (단, 빛의 속도는 3×10^5 km/s이다.) [3점]

<보 기>

ㄱ. 은하 A의 후퇴 속도는 1.5×10^4 km/s이다.

ㄴ. ㉠은 4826이다.

ㄷ. 은하 B에서 A를 관측한다면, 방출선 (가)의 파장은 4991 Å 으로 관측된다.

① ㄱ ② ㄴ ③ ㄱ, ㄷ ④ ㄴ, ㄷ ⑤ ㄱ, ㄴ, ㄷ

18 2021학년도 9월 모의평가 18번

그림은 여러 외부 은하를 관측해서 구한 은하 A~I 의 성간 기체에 존재하는 원소의 질량비를 나타낸 것이다.

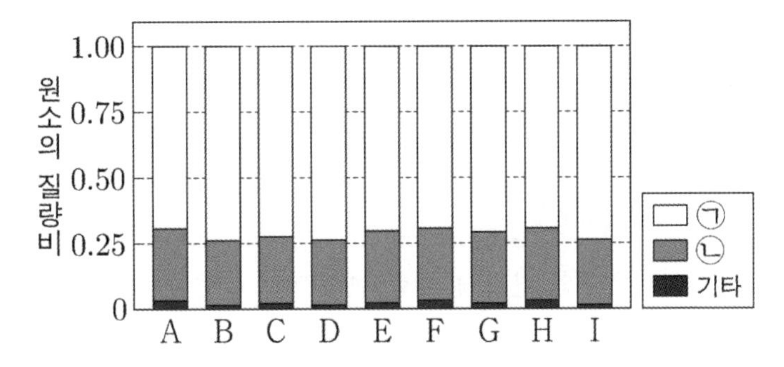

이에 대한 설명으로 옳은 것만을 <보기>에서 있는 대로 고른 것은? [3점]

<보 기>

ㄱ. ㉡은 수소 핵융합으로부터 만들어지는 원소이다.

ㄴ. 성간 기체에 포함된 $\frac{\text{수소의 총 질량}}{\text{산소의 총 질량}}$은 A가 B보다 크다.

ㄷ. 이 관측 결과는 우주의 밀도가 시간과 관계없이 일정하다고 보는 우주론의 증거가 된다.

① ㄱ ② ㄷ ③ ㄱ, ㄴ ④ ㄴ, ㄷ ⑤ ㄱ, ㄴ, ㄷ

19 2022학년도 9월 모의평가 16번

그림 (가)와 (나)는 각각 COBE 우주 망원경과 WMAP 우주 망원경으로 관측한 우주 배경 복사의 온도 편차를 나타낸 것이다. 지점 A와 B는 지구에서 관측한 시선 방향이 서로 반대이다.

이에 대한 설명으로 옳은 것만을 <보기>에서 있는 대로 고른 것은? [3점]

<보 기>

ㄱ. (나)가 (가)보다 온도 편차의 형태가 더욱 세밀해 보이는 것은 관측 기술의 발달 때문이다.
ㄴ. A와 B는 빛을 통하여 현재 상호 작용할 수 있다.
ㄷ. A와 B의 온도가 거의 같다는 사실은 급팽창 우주론으로 설명할 수 있다.

① ㄱ ② ㄴ ③ ㄱ, ㄷ ④ ㄴ, ㄷ ⑤ ㄱ, ㄴ, ㄷ

20 2022학년도 대학수학능력시험 7번

그림은 빅뱅 우주론에 따라 팽창하는 우주에서 물질, 암흑 에너지, 우주 배경 복사를 시간에 따라 나타낸 것이다.

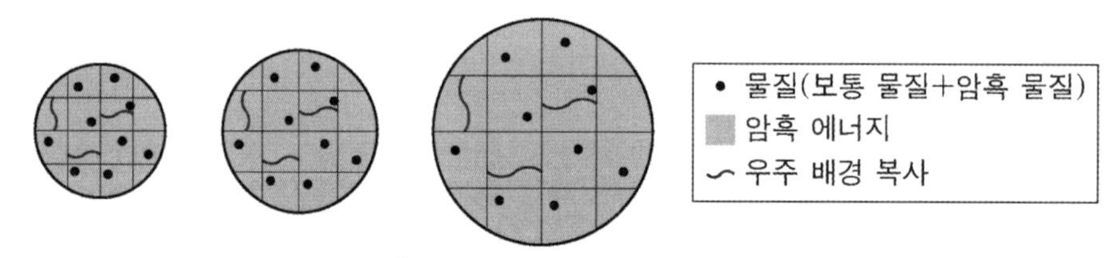

시간이 흐름에 따라 나타나는 우주의 변화에 대한 설명으로 옳은 것만을 <보기>에서 있는 대로 고른 것은?

<보 기>

ㄱ. 물질 밀도는 일정하다.
ㄴ. 우주 배경 복사의 온도는 감소한다.
ㄷ. 물질 밀도에 대한 암흑 에너지 밀도의 비는 증가한다.

① ㄱ ② ㄴ ③ ㄱ, ㄷ ④ ㄴ, ㄷ ⑤ ㄱ, ㄴ, ㄷ

21 2021년 10월 학력평가 18번

다음은 스펙트럼을 이용하여 외부 은하의 후퇴 속도를 구하는 탐구이다.

[탐구 과정]

(가) 겉보기 등급이 같은 두 외부 은하 A와 B의 스펙트럼을 관측한다.

(나) 정지 상태에서 파장이 410.0nm와 656.0nm인 흡수선이 A와 B의 스펙트럼에서 각각 얼마의 파장으로 관측되었는지 분석한다.

(다) A와 B의 후퇴 속도를 계산한다. (단, 빛의 속도는 3×10^5 km/s이다.)

[탐구 결과]

정지 상태에서 흡수선의 파장(nm)	관측된 파장(nm)	
	은하 A	은하 B
410.0	451.0	414.1
656.0	(㉠)	(　　)

· A의 후퇴 속도 : (㉡)km/s

· B의 후퇴 속도 : (　　)km/s

이에 대한 옳은 설명만을 <보기>에서 있는 대로 고른 것은? (단, A와 B는 허블 법칙을 만족한다.) [3점]

<보　기>

ㄱ. ㉠은 721.6이다.

ㄴ. ㉡은 3×10^4이다.

ㄷ. A와 B의 절대 등급 차는 5이다.

① ㄱ　② ㄷ　③ ㄱ, ㄴ　④ ㄴ, ㄷ　⑤ ㄱ, ㄴ, ㄷ

22 2022학년도 대학수학능력시험 20번

그림은 외부 은하 A와 B에서 각각 발견된 Ia형 초신성의 겉보기 밝기를 시간에 따라 나타낸 것이다. 우리은하에서 관측하였을 때 A와 B의 시선 방향은 60°를 이루고, F0은 Ia형 초신성이 100Mpc에 있을 때 겉보기 밝기의 최댓값이다.

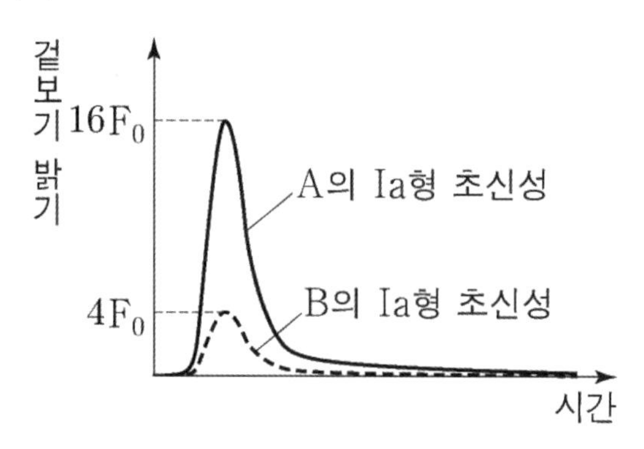

이 자료에 대한 설명으로 옳은 것만을 <보기>에서 있는 대로 고른 것은? (단, 빛의 속도는 3×10^5 km/s이고, 허블 상수는 70km/s/Mpc이며, 두 은하는 허블 법칙을 만족한다.) [3점]

<보 기>

ㄱ. 우리은하에서 관측한 A의 후퇴 속도는 1750km/s이다.

ㄴ. 우리은하에서 B를 관측하면, 기준 파장이 600nm인 흡수선은 603.5nm로 관측된다.

ㄷ. A에서 B의 Ia형 초신성을 관측하면, 겉보기 밝기의 최댓값은 $\frac{4}{\sqrt{3}}$F0이다.

① ㄱ ② ㄴ ③ ㄱ, ㄷ ④ ㄴ, ㄷ ⑤ ㄱ, ㄴ, ㄷ

23 2021년 3월 학력평가 20번

그림 (가)는 현재 우주에서 암흑 물질, 보통 물질, 암흑 에너지가 차지하는 비율을 각각 ㉠, ㉡, ㉢으로 순서 없이 나타낸 것이고, (나)는 우리은하의 회전 속도를 은하 중심으로부터의 거리에 따라 나타낸 것이다. A와 B는 각각 관측 가능한 물질만을 고려한 추정값과 실제 관측값 중 하나이다.

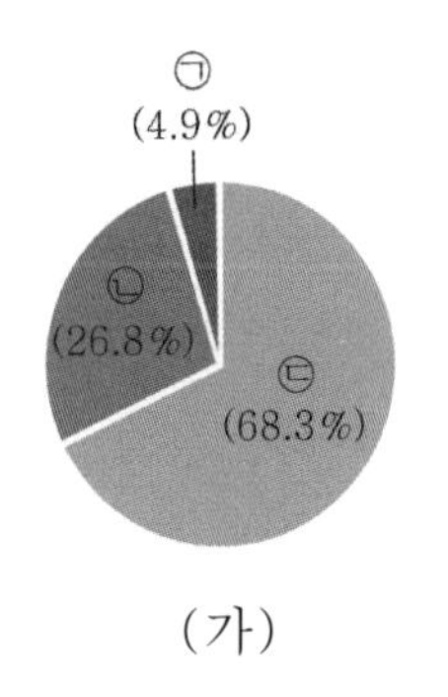

(가)

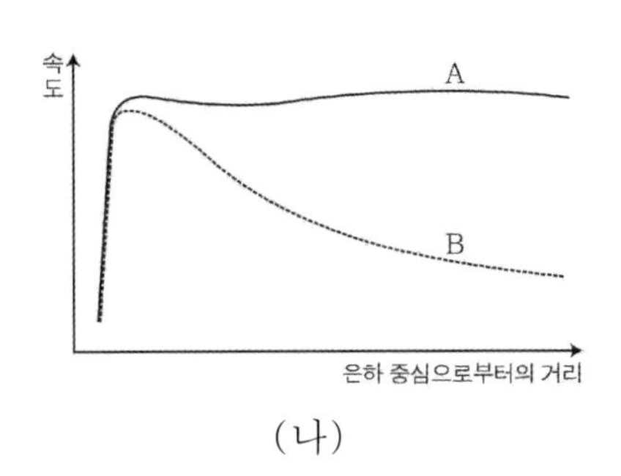

(나)

이에 대한 옳은 설명만을 <보기>에서 있는 대로 고른 것은? [3점]

<보 기>

ㄱ. ㉠과 ㉡은 현재 우주를 가속 팽창시키는 역할을 한다.
ㄴ. 관측 가능한 물질만을 고려한 추정값은 B이다.
ㄷ. A와 B의 회전 속도 차이는 ㉢의 영향으로 나타난다.

① ㄱ ② ㄴ ③ ㄱ, ㄷ ④ ㄴ, ㄷ ⑤ ㄱ, ㄴ, ㄷ

24 2021학년도 6월 모의평가 16번

그림 (가)는 현재 우주를 구성하는 요소 A, B, C의 상대적 비율을 나타낸 것이고, (나)는 빅뱅 이후 현재까지 우주의 팽창 속도를 추정하여 나타낸 것이다. A, B, C는 각각 보통 물질, 암흑 물질, 암흑 에너지 중 하나이다.

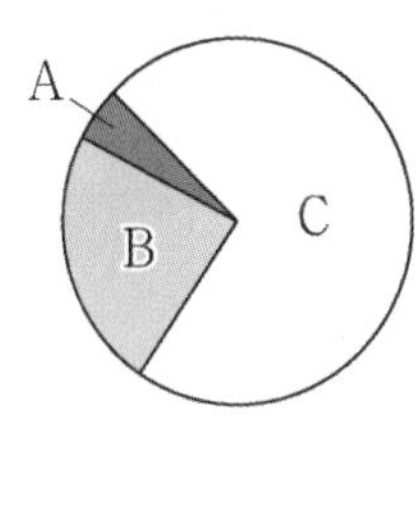

(가)

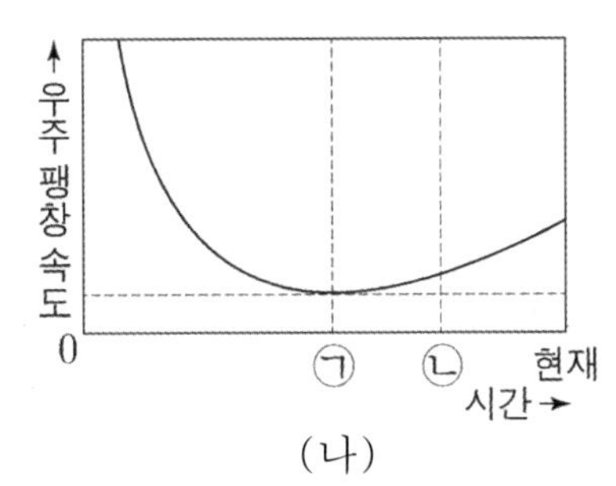

(나)

이에 대한 설명으로 옳은 것만을 <보기>에서 있는 대로 고른 것은? [3점]

<보 기>

ㄱ. 우주가 팽창하는 동안 C가 차지하는 비율은 증가한다.
ㄴ. ㉠ 시기에 우주는 팽창하지 않았다.
ㄷ. 우주 팽창에 미치는 B의 영향은 ㉡ 시기가 ㉠ 시기보다 크다.

① ㄱ ② ㄴ ③ ㄷ ④ ㄱ, ㄴ ⑤ ㄱ, ㄷ

25 2022학년도 6월 모의평가 15번

그림 (가)와 (나)는 현재와 과거 어느 시기의 우주 구성 요소 비율을 순서 없이 나타낸 것이다. A, B, C는 각각 보통 물질, 암흑 물질, 암흑 에너지 중 하나이다.

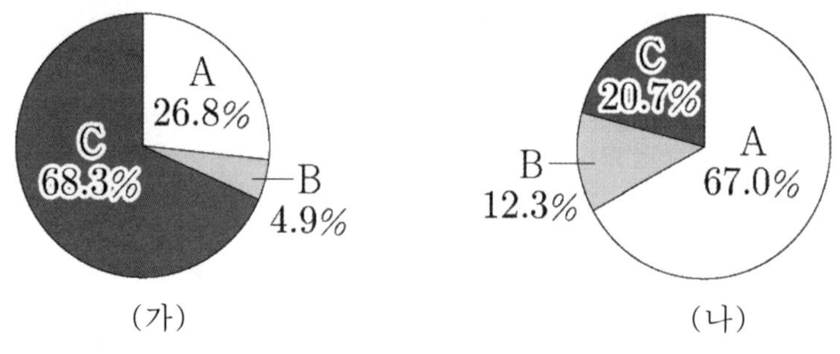

(가) (나)

이에 대한 설명으로 옳은 것만을 <보기>에서 있는 대로 고른 것은?

<보 기>

ㄱ. (가)일 때 우주는 가속 팽창하고 있다.

ㄴ. B는 전자기파로 관측할 수 있다.

ㄷ. $\frac{\text{A의 비율}}{\text{C의 비율}}$은 (가)일 때와 (나)일 때 같다.

① ㄱ ② ㄴ ③ ㄷ ④ ㄱ, ㄴ ⑤ ㄴ, ㄷ

26 2021학년도 9월 모의평가 17번

그림 (가)는 표준 우주 모형에서 시간에 따른 우주의 크기 변화를, (나)는 플랑크 망원경의 우주 배경 복사 관측 결과로부터 추론한 현재 우주를 구성하는 요소의 비율을 나타낸 것이다.

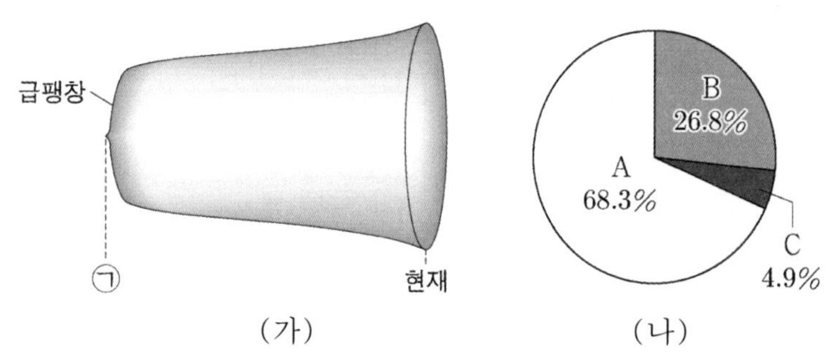

(가) (나)

이에 대한 설명으로 옳은 것만을 <보기>에서 있는 대로 고른 것은?

<보 기>

ㄱ. 우주 배경 복사는 ㉠시기에 방출된 빛이다.

ㄴ. 현재 우주를 가속 팽창시키는 역할을 하는 것은 A이다.

ㄷ. B에서 가장 큰 비율을 차지하는 것은 중성자이다.

① ㄱ ② ㄴ ③ ㄷ ④ ㄱ, ㄴ ⑤ ㄱ, ㄷ

27 지Ⅱ 2020학년도 9월 모의평가 12번

그림 (가)는 물질과 암흑 에너지의 함량이 서로 다른 우주 모형 A, B, C에서 시간에 따른 우주의 상대적 크기를, (나)는 이들 모형에서 적색 편이(z)와 거리 지수 사이의 관계를 나타낸 것이다. Ω_m과 Ω_Λ는 각각 현재 우주의 물질 밀도와 암흑 에너지 밀도를 임계 밀도로 나눈 값이다.

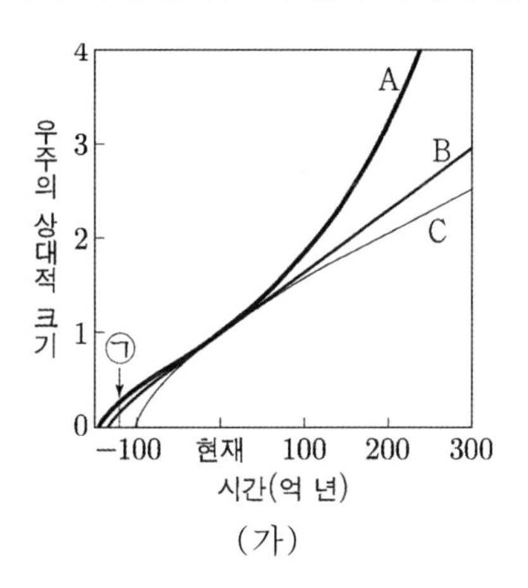

(가)

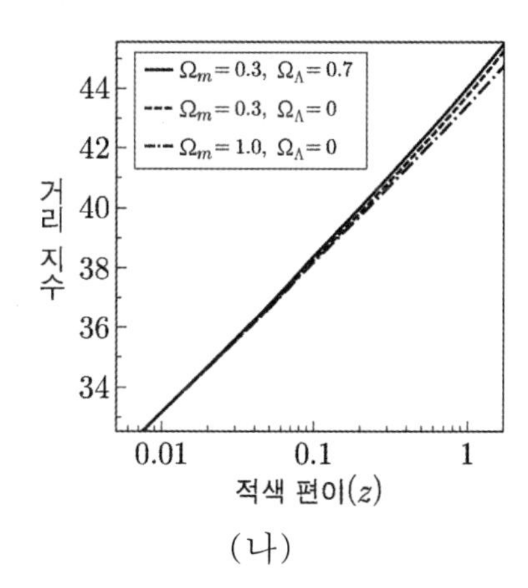

(나)

이에 대한 설명으로 옳은 것만을 <보기>에서 있는 대로 고른 것은? [3점]

<보 기>

ㄱ. A는 $\Omega_m = 0.3$, $\Omega_\Lambda = 0.7$인 우주에 해당한다.

ㄴ. A에서 ㉠ 시기에 우주 공간의 팽창 속도는 감소한다.

ㄷ. $z = 1$인 천체에서 방출된 빛이 지구에 도달하는 데 걸리는 시간은 B의 경우가 C의 경우보다 짧다.

① ㄱ ② ㄷ ③ ㄱ, ㄴ ④ ㄴ, ㄷ ⑤ ㄱ, ㄴ, ㄷ

28 2021학년도 대학수학능력시험 15번

그림은 어느 팽창 우주 모형에서 시간에 따른 우주의 크기 변화를 나타낸 것이다.

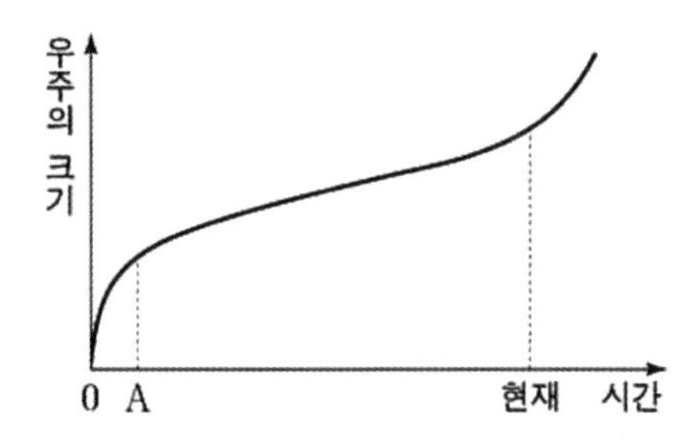

이에 대한 설명으로 옳은 것만을 <보기>에서 있는 대로 고른 것은?

<보 기>

ㄱ. A 시기에 우주는 감속 팽창했다.

ㄴ. 현재 우주에서 물질이 차지하는 비율은 암흑 에너지가 차지하는 비율보다 크다.

ㄷ. 우주 배경 복사의 파장은 A 시기가 현재보다 길다.

① ㄱ ② ㄷ ③ ㄱ, ㄴ ④ ㄴ, ㄷ ⑤ ㄱ, ㄴ, ㄷ

29 2021년 4월 학력평가 20번

그림 (가)는 현재 우주를 구성하는 요소 ㉠, ㉡, ㉢의 상대적 비율을, (나)는 우주 모형 A와 B에서 시간에 따른 우주의 상대적 크기를 나타낸 것이다. ㉠, ㉡, ㉢은 각각 보통 물질, 암흑 물질, 암흑 에너지 중 하나이다.

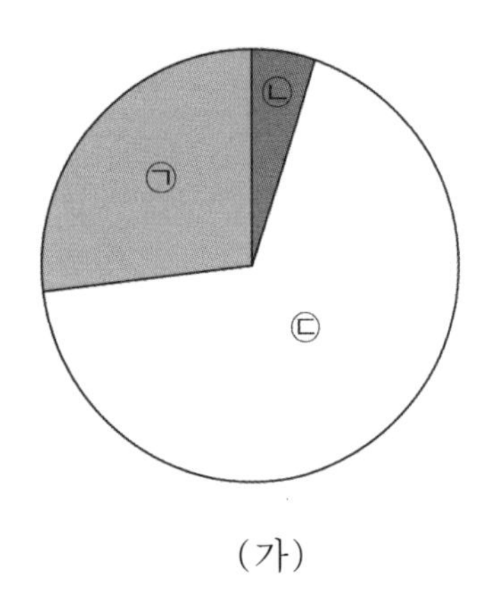

(가)

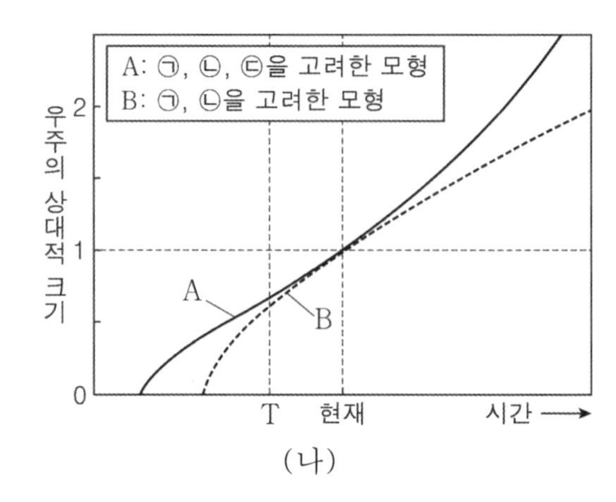

(나)

이에 대한 설명으로 옳은 것만을 <보기>에서 있는 대로 고른 것은? [3점]

<보 기>

ㄱ. 별과 행성은 ㉠에 해당한다.
ㄴ. 대폭발 이후 현재까지 걸린 시간은 A보다 B에서 짧다.
ㄷ. A에서 우주를 구성하는 요소 중 ㉢이 차지하는 비율은 T 시기보다 현재가 크다.

① ㄱ ② ㄴ ③ ㄱ, ㄷ ④ ㄴ, ㄷ ⑤ ㄱ, ㄴ, ㄷ

30 2021년 7월 학력평가 20번

그림은 우주 모형 A, B와 외부 은하에서 발견된 Ia형 초신성의 관측 자료를 나타낸 것이다. Ω_m과 Ω_Λ는 각각 현재 우주의 물질 밀도와 암흑 에너지 밀도를 임계 밀도로 나눈 값이다.

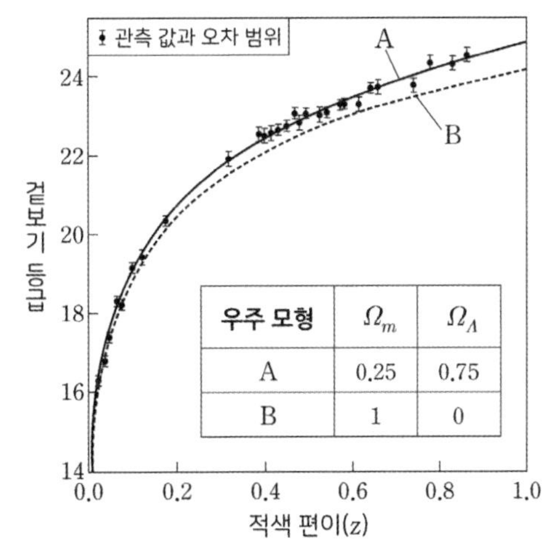

우주 모형	Ω_m	Ω_Λ
A	0.25	0.75
B	1	0

이에 대한 설명으로 옳은 것만을 <보기>에서 있는 대로 고른 것은?

<보 기>

ㄱ. Ia형 초신성의 관측 결과를 설명할 수 있는 우주 모형은 B보다 A이다.
ㄴ. $z=0.8$인 Ia형 초신성의 거리 예측 값은 A가 B보다 크다.
ㄷ. 보통 물질, 암흑 물질, 암흑 에너지를 모두 고려한 우주 모형은 B이다.

① ㄱ ② ㄷ ③ ㄱ, ㄴ ④ ㄴ, ㄷ ⑤ ㄱ, ㄴ, ㄷ

31 2022학년도 9월 모의평가 2번

다음은 우주의 구성 요소에 대하여 학생 A, B, C가 나눈 대화이다. ㉠과 ㉡은 각각 암흑 물질과 암흑 에너지 중 하나이다.

구성 요소	특징
㉠	질량을 가지고 있으나 빛으로 관측되지 않음.
㉡	척력으로 작용하여 우주를 가속 팽창시키는 역할을 함.

제시한 내용이 옳은 학생만을 있는 대로 고른 것은?

① A ② B ③ C ④ A, B ⑤ A, C

32 2021년 10월 학력평가 20번

표는 현재 우주 구성 요소 A, B, C의 비율이고, 그림은 시간에 따른 우주의 상대적 크기 변화를 나타낸 것이다. A, B, C는 각각 보통 물질, 암흑 물질, 암흑 에너지 중 하나이다.

우주 구성 요소	비율(%)
A	68.3
B	26.8
C	4.9

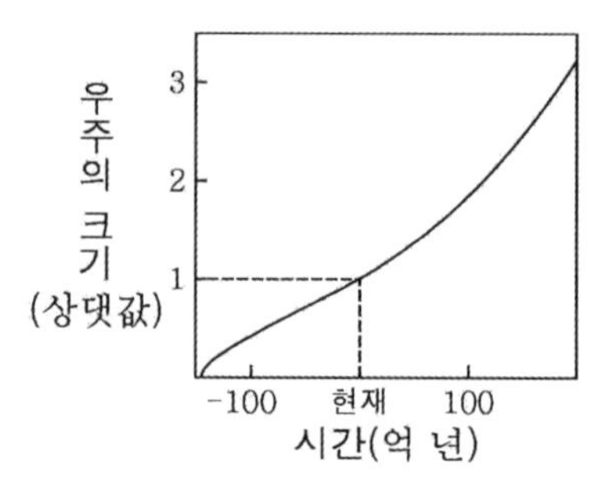

이에 대한 옳은 설명만을 <보기>에서 있는 대로 고른 것은?

<보 기>

ㄱ. B는 보통 물질이다.

ㄴ. 빅뱅 이후 현재까지 우주의 팽창 속도는 일정하였다.

ㄷ. $\frac{\text{B의 비율} + \text{C의 비율}}{\text{A의 비율}}$은 100억 년 후가 현재보다 작을 것이다.

① ㄱ　② ㄷ　③ ㄱ, ㄴ　④ ㄴ, ㄷ　⑤ ㄱ, ㄴ, ㄷ

[2022년 교육청 기출 문항 모음]

01 2022년 3월 학력평가 8번

그림은 어느 외계 행성계에서 공통 질량 중심을 중심으로 공전하는 행성 P와 중심 별 S의 모습을 나타낸 것이다. P의 공전 궤도면은 관측자의 시선 방향과 나란하다.

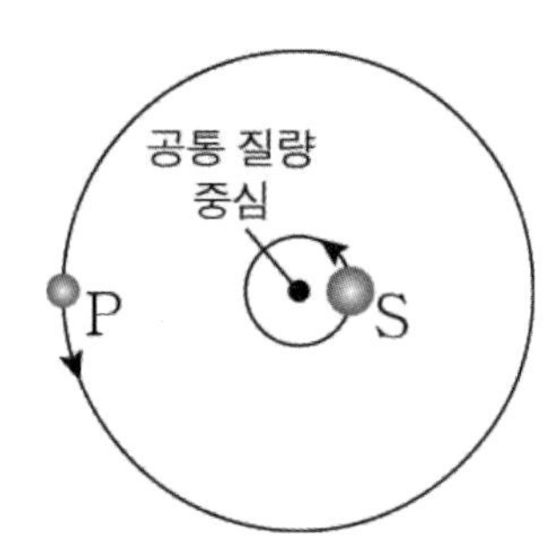

이 자료에 대한 옳은 설명만을 <보기>에서 있는 대로 고른 것은? [3점]

<보 기>

ㄱ. P와 S가 공통 질량 중심을 중심으로 공전하는 주기는 같다.
ㄴ. P의 질량이 작을수록 S의 스펙트럼 최대 편이량은 크다.
ㄷ. P의 반지름이 작을수록 식 현상에 의한 S의 밝기 감소율은 작다.

① ㄱ ② ㄴ ③ ㄷ ④ ㄱ, ㄷ ⑤ ㄴ, ㄷ

02 2022년 3월 학력평가 16번

표는 별 A, B의표면 온도와 반지름을, 그림은 A, B에서 단위 면적당 단위 시간에 방출되는 복사 에너지의 파장에 따른 세기를 ㉠과 ㉡으로 순서 없이 나타낸 것이다.

별	A	B
표면 온도 (K)	5000	10000
반지름 (상댓값)	2	1

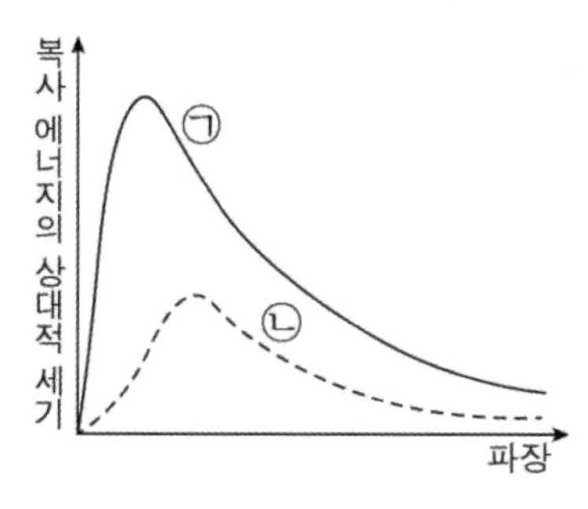

이에 대한 옳은 설명만을 <보기>에서 있는 대로 고른 것은?

<보 기>

ㄱ. A는 ㉡에 해당한다.
ㄴ. B는 붉은색 별이다.
ㄷ. 별의 광도는 A가 B의 4배이다.

① ㄱ ② ㄷ ③ ㄱ, ㄴ ④ ㄴ, ㄷ ⑤ ㄱ, ㄴ, ㄷ

03 2022년 3월 학력평가 18번

그림은 빅뱅 이후 시간에 따른 우주의 온도 변화를 나타낸 것이다. A와 B는 각각 헬륨 원자핵과 중성 원자가 형성된 시기 중 하나이다.

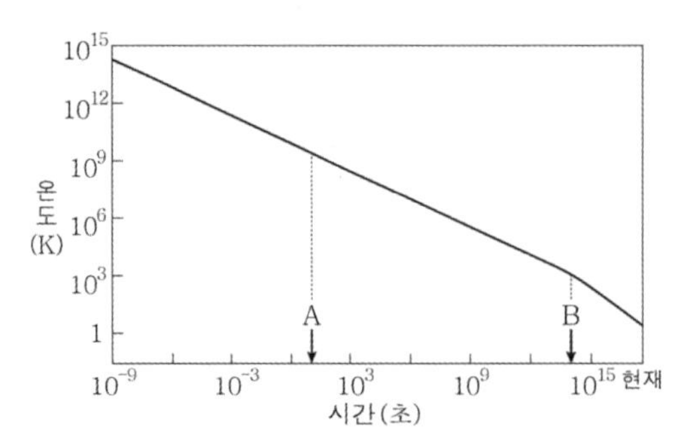

이에 대한 옳은 설명만을 <보기>에서 있는 대로 고른 것은?

<보 기>

ㄱ. A는 헬륨 원자핵이 형성된 시기이다.
ㄴ. 우주의 밀도는 A 시기가 B 시기보다 크다.
ㄷ. 최초의 별은 B 시기 이후에 형성되었다.

① ㄱ ② ㄷ ③ ㄱ, ㄴ ④ ㄴ, ㄷ ⑤ ㄱ, ㄴ, ㄷ

04 2022년 3월 학력평가 19번

그림 (가)는 지구에서 관측한 어느 퀘이사 X의 모습을, (나)는 X의 스펙트럼과 Hα 방출선의 파장 변화(→)를 나타낸 것이다. X의 절대 등급은 -26.7이고, 우리은하의 절대 등급은 -20.8이다.

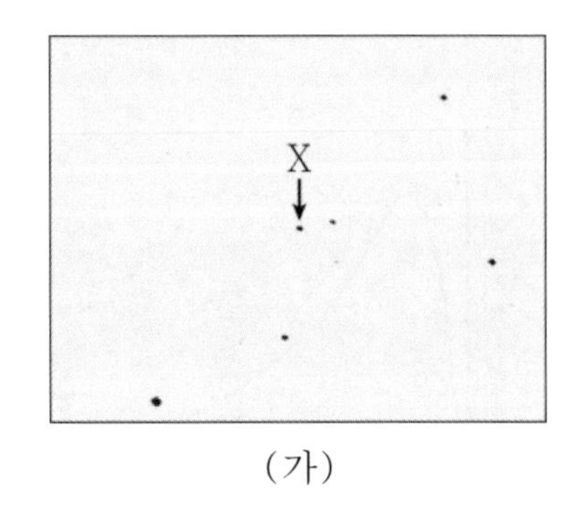

(가)

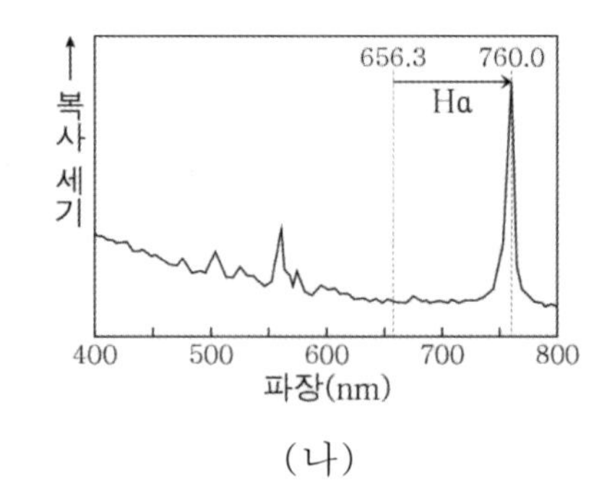

(나)

이에 대한 옳은 설명만을 <보기>에서 있는 대로 고른 것은? [3점]

<보 기>

ㄱ. X는 많은 별들로 이루어진 천체이다.
ㄴ. $\frac{\text{X의 광도}}{\text{우리은하의 광도}}$는 100보다 작다.
ㄷ. X보다 거리가 먼 퀘이사의 스펙트럼에서는 Hα 방출선의 파장 변화량이 103.7nm보다 크다.

① ㄱ ② ㄴ ③ ㄱ, ㄴ ④ ㄱ, ㄷ ⑤ ㄴ, ㄷ

05 2022년 3월 학력평가 20번

그림 (가)는 질량이 태양과 같은 어느 별의 진화 경로를, (나)의 ㉠과 ㉡은 별의 내부구조와 핵융합 반응이 일어나는 영역을 나타낸 것이다. ㉠과 ㉡은 각각 A와 B 시기 중 하나에 해당한다.

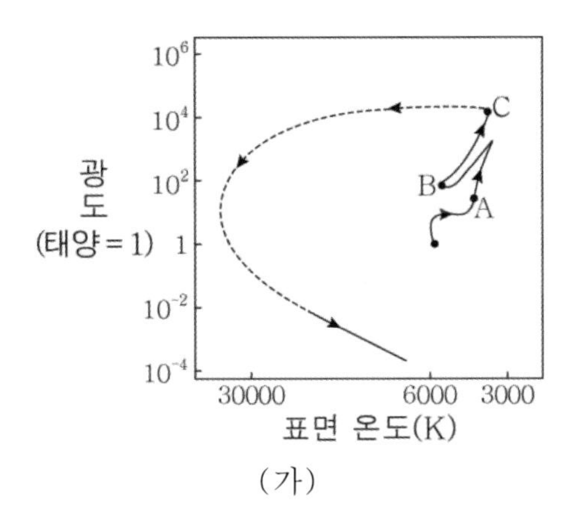

(가)

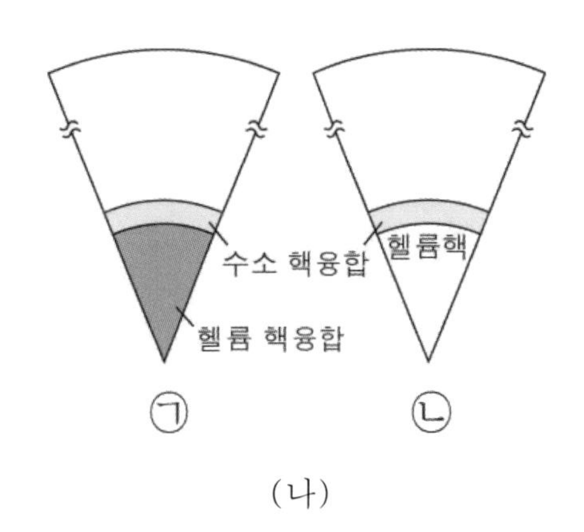

(나)

이에 대한 옳은 설명만을 <보기>에서 있는 대로 고른 것은? [3점]

<보 기>

ㄱ. ㉠에 해당하는 시기는 A이다.
ㄴ. ㉡의 헬륨핵은 수축하고 있다.
ㄷ. C 시기 이후 중심부에서 탄소 핵융합 반응이 일어난다.

① ㄱ ② ㄴ ③ ㄱ, ㄷ ④ ㄴ, ㄷ ⑤ ㄱ, ㄴ, ㄷ

06 2022년 4월 학력평가 14번

표는 별 A와 B의 물리량을 태양과 비교하여 나타낸 것이다.

별	광도 (상댓값)	반지름 (상댓값)	최대 복사 에너지 방출 파장(nm)
태양	1	1	500
A	170	25	㉠
B	64	㉡	250

이에 대한 설명으로 옳은 것만을 <보기>에서 있는 대로 고른 것은? [3점]

<보 기>

ㄱ. ㉠은 500보다 크다.
ㄴ. ㉡은 4이다.
ㄷ. 단위 면적당 단위 시간에 방출하는 복사 에너지의 양은 A보다 B가 많다.

① ㄱ ② ㄴ ③ ㄷ ④ ㄱ, ㄴ ⑤ ㄱ, ㄷ

07 2022년 4월 학력평가 15번

그림은 주계열성 내부의 에너지 전달 영역을 주계열성의 질량과 중심으로부터의 누적 질량비에 따라 나타낸 것이다. A와 B는 각각 복사와 대류에 의해 에너지 전달이 주로 일어나는 영역 중 하나이다.

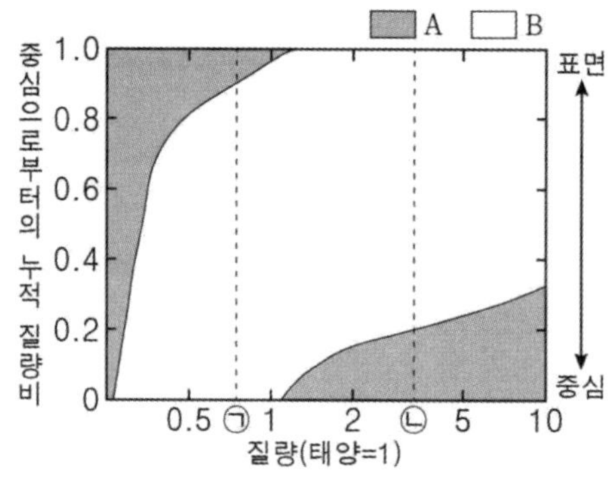

이에 대한 설명으로 옳은 것만을 <보기>에서 있는 대로 고른 것은? [3점]

<보 기>

ㄱ. A 영역의 평균 온도는 질량이 ㉠인 별보다 ㉡인 별이 높다.
ㄴ. B는 복사에 의해 에너지 전달이 주로 일어나는 영역이다.
ㄷ. 질량이 ㉠인 별의 중심부에서는 p-p 반응보다 CNO 순환 반응이 우세하게 일어난다.

① ㄱ ② ㄴ ③ ㄷ ④ ㄱ, ㄴ ⑤ ㄱ, ㄷ

08 2022년 4월 학력평가 18번

그림은 어느 퀘이사의 스펙트럼 분석 자료 중 일부를 나타낸 것이다. A와 B는 각각 방출선과 흡수선 중 하나이다.

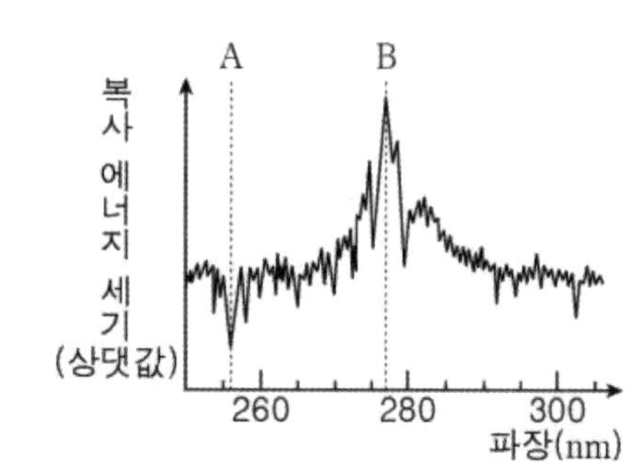

A의 정지 상태 파장	112
A의 관측 파장	256
B의 정지 상태 파장	㉠
B의 관측 파장	277

(단위 : nm)

이에 대한 설명으로 옳은 것만을 <보기>에서 있는 대로 고른 것은? [3점]

<보 기>

ㄱ. A는 흡수선이다.
ㄴ. ㉠은 133이다.
ㄷ. 이 퀘이사는 우리은하로부터 멀어지고 있다.

① ㄱ ② ㄴ ③ ㄱ, ㄷ ④ ㄴ, ㄷ ⑤ ㄱ, ㄴ, ㄷ

09 2022년 4월 학력평가 19번

그림 (가)는 중심별을 원 궤도로 공전하는 외계 행성 A와 B의 공전 방향을, (나)는 A와 B에 의한 중심별의 겉보기 밝기 변화를 나타낸 것이다. A와 B의 공전 궤도 반지름은 각각 0.4AU와 0.6AU이고, B의 공전 궤도면은 관측자의 시선 방향과 나란하다.

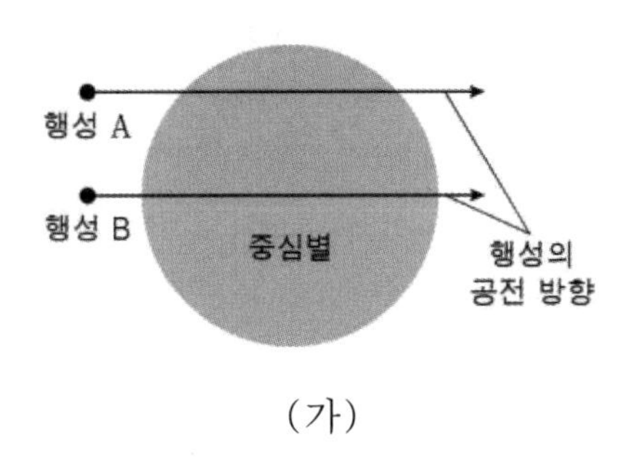

(가)

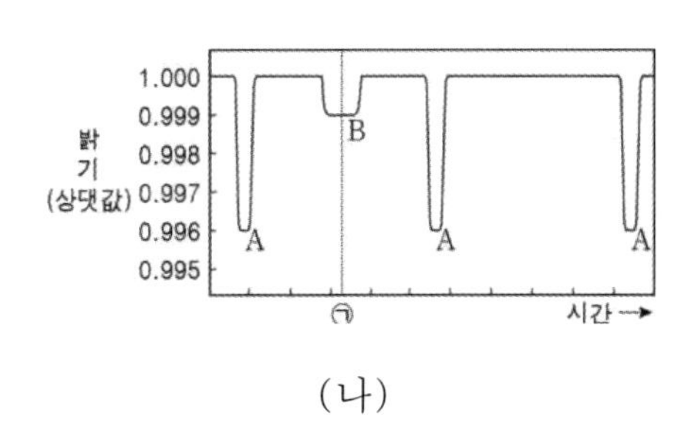

(나)

이에 대한 설명으로 옳은 것만을 <보기>에서 있는 대로 고른 것은? [3점]

<보 기>

ㄱ. 공전 주기는 A보다 B가 길다.
ㄴ. 반지름은 A가 B의 4배이다.
ㄷ. ㉠시기에 A와 B 사이의 거리는 1AU보다 멀다.

① ㄱ ② ㄷ ③ ㄱ, ㄴ ④ ㄴ, ㄷ ⑤ ㄱ, ㄴ, ㄷ

10 2022년 4월 학력평가 20번

표는 우주 모형 A, B, C의 Ω_m과 Ω_Λ를 나타낸 것이고, 그림은 A, B, C에서 적색 편이와 겉보기 등급 사이의 관계를 C를 기준으로 하여 Ia형 초신성 관측 자료와 함께 나타낸 것이다. ㉠과 ㉡은 각각 A와 B의 편차 자료 중 하나이고, Ω_m과 Ω_Λ는 각각 현재 우주의 물질 밀도와 암흑 에너지 밀도를 임계 밀도로 나눈 값이다.

우주 모형	Ω_m	Ω_Λ
A	0.27	0.73
B	1.0	0
C	0.27	0

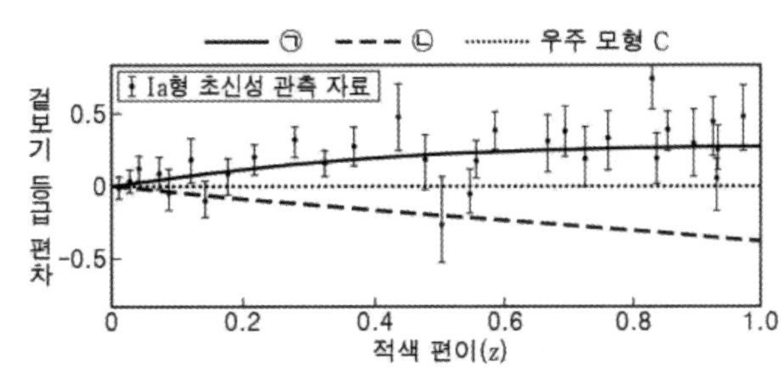

이 자료에 대한 설명으로 옳은 것만을 <보기>에서 있는 대로 고른 것은? [3점]

<보 기>

ㄱ. ㉠은 B의 편차 자료이다.
ㄴ. z = 1.0인 천체의 겉보기 등급은 A보다 B에서 크다.
ㄷ. Ia형 초신성 관측 자료와 가장 부합하는 모형은 A이다.

①ㄱ ② ㄷ ③ ㄱ, ㄴ ④ ㄴ, ㄷ ⑤ ㄱ, ㄴ, ㄷ

11 2022년 7월 학력평가 13번

표는 별 A ~ D의 특징을 나타낸 것이다. A ~ D 중 주계열성은 3개이다.

별	광도(태양=1)	표면 온도(K)
A	20000	25000
B	0.01	11000
C	1	5500
D	0.0017	300

A ~ D에 대한 설명으로 옳은 것만을 <보기>에서 있는 대로 고른 것은? [3점]

<보 기>

ㄱ. 별의 반지름은 A가 C보다 10배 이상 크다.
ㄴ. CaII 흡수선의 상대적 세기는 C가 A보다 강하다.
ㄷ. 별의 평균 밀도가 가장 큰 것은 D이다.

① ㄱ ② ㄴ ③ ㄱ, ㄷ ④ ㄴ, ㄷ ⑤ ㄱ, ㄴ, ㄷ

12 2022년 3월 학력평가 18번

표는 은하 A ~ D에서 서로 관측하였을 때 스펙트럼에서 기준 파장이 600nm인 흡수선의 파장을 나타낸 것이다. 은하 A ~ D는 같은 평면상에 위치하며 허블 법칙을 만족한다.

은하	A	B	C	D
A		606	608	604
B	606		610	610
C	608	610		㉠

(단위 : nm)

이에 대한 설명으로 옳은 것만을 <보기>에서 있는 대로 고른 것은? (단, 광속은 3×10^5km이고, 허블 상수는 70km/s/Mpc이다.) [3점]

<보 기>

ㄱ. A와 B 사이의 거리는 $\frac{200}{7}$Mpc이다.
ㄴ. ㉠은 608보다 작다.
ㄷ. D에서 거리가 가장 먼 은하는 B이다.

① ㄱ ② ㄴ ③ ㄷ ④ ㄱ, ㄴ ⑤ ㄴ, ㄷ

13 2022년 7월 학력평가 19번

그림은 어느 외계 행성과 중심별이 공통 질량 중심을 중심으로 공전하는 모습을 나타낸 것이다. 행성은 원 궤도로 공전하며 공전 궤도면은 관측자의 시선 방향과 나란하다.

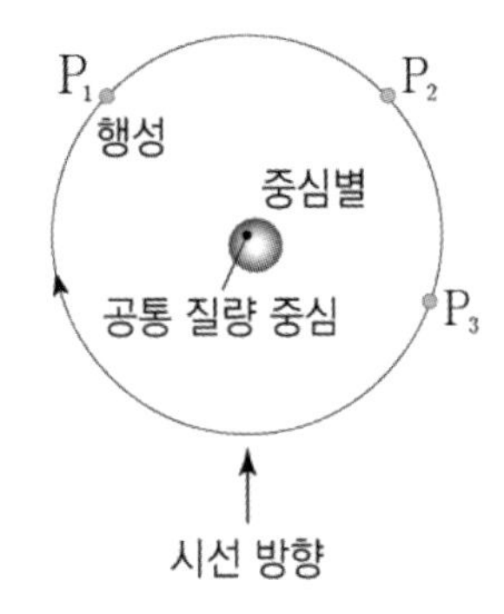

이에 대한 설명으로 옳은 것만을 <보기>에서 있는 대로 고른 것은? [3점]

<보 기>

ㄱ. 행성이 P_1에 위치할 때 중심별의 적색 편이가 나타난다.
ㄴ. 중심별의 질량이 클수록 중심별의 시선 속도 최댓값이 커진다.
ㄷ. 중심별의 어느 흡수선의 파장 변화 크기는 행성이 P_3에 위치할 때가 P_2에 위치할 때보다 크다.

① ㄱ ② ㄷ ③ ㄱ, ㄴ ④ ㄴ, ㄷ ⑤ ㄱ, ㄴ, ㄷ

14 2022년 10월 학력평가 10번

그림은 단위 시간 동안 별 ㉠과 ㉡에서 방출된 복사 에너지 세기를 파장에 따라 나타낸 것이다. 그래프와 가로축 사이의 면적은 각각 S, 4S이다.

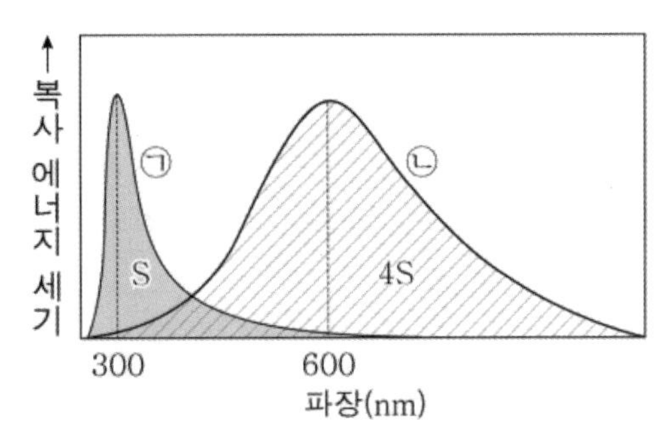

㉠과 ㉡에 대한 옳은 설명만을 <보기>에서 있는 대로 고른 것은?

<보 기>

ㄱ. 광도는 ㉡이 ㉠의 4배이다.
ㄴ. 표면 온도는 ㉡이 ㉠의 2배이다.
ㄷ. 반지름은 ㉡이 ㉠의 2배이다.

① ㄱ ② ㄴ ③ ㄱ, ㄷ ④ ㄴ, ㄷ ⑤ ㄱ, ㄴ, ㄷ

15 2022년 10월 학력평가 13번

그림은 태양 중심으로부터와 거리에 따른 단위 시간당 누적 에너지 생성량과 누적 질량을 나타낸 것이다. ㉠, ㉡, ㉢은 각각 핵, 대류층, 복사층 중 하나이다.

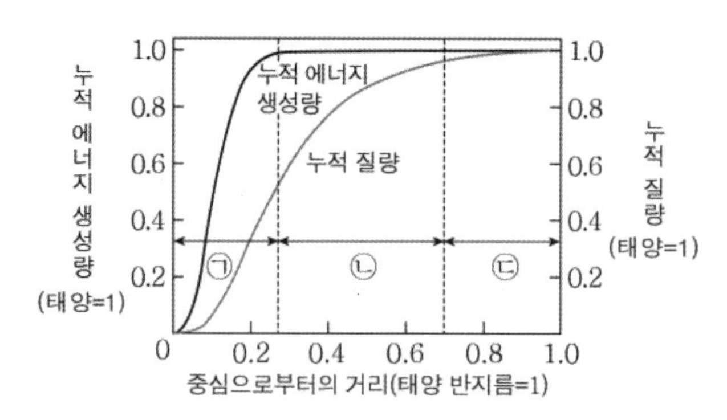

이에 대한 설명으로 옳은 것만을 <보기>에서 있는 대로 고른 것은?

<보 기>

ㄱ. 단위 시간 동안 생성되는 에너지양은 ㉠이 ㉡보다 많다.
ㄴ. ㉢에서는 주로 대류에 의해 에너지가 전달된다.
ㄷ. 평균 밀도는 ㉡이 ㉢보다 크다.

① ㄱ　② ㄷ　③ ㄱ, ㄴ　④ ㄴ, ㄷ　⑤ ㄱ, ㄴ, ㄷ

16 2022년 10월 학력평가 15번

표는 서로 다른 방향에 위치한 은하 (가)와 (나)의 스펙트럼에서 관측된 방출선 A와 B의 고유 파장과 관측 파장을 나타낸 것이다. 우리 은하로부터의 거리는 (가)가 (나)의 두 배이다.

방출선	고유 파장(nm)	관측 파장(nm)	
		은하 (가)	은하 (나)
A	(㉠)	468	459
B	650	(㉡)	(㉢)

이에 대한 설명으로 옳은 것만을 <보기>에서 있는 대로 고른 것은? (단, (가)와 (나)는 허블 법칙을 만족한다.) [3점]

<보 기>

ㄱ. ㉠은 450이다.
ㄴ. ㉡ − 468 = ㉢ − 459
ㄷ. (가)에서 (나)를 관측하면 A의 파장은 477nm 보다 길다.

① ㄱ　② ㄴ　③ ㄱ, ㄷ　④ ㄴ, ㄷ　⑤ ㄱ, ㄴ, ㄷ

17 2022년 10월 학력평가 20번

그림 (가)는 어느 외계 행성계에서 공통 질량 중심을 원 궤도로 공전하는 중심별의 모습을, (나)는 중심별의 시선 속도를 시간에 따라 나타낸 것이다. 이 외계 행성계에는 행성이 1개만 존재하고, 중심별의 공전 궤도면과 시선 방향이 이루는 각은 60° 이다.

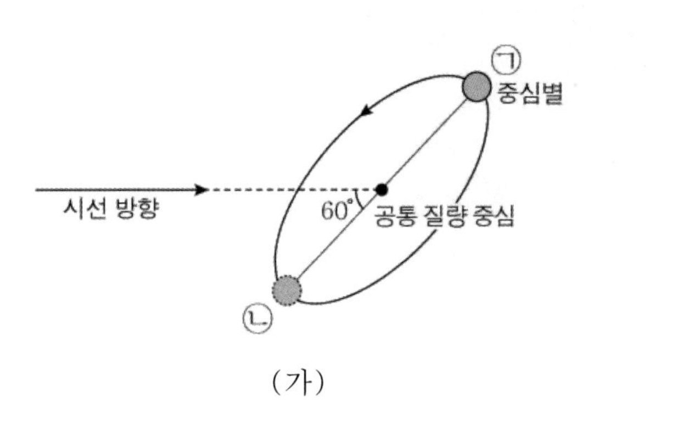

(가)

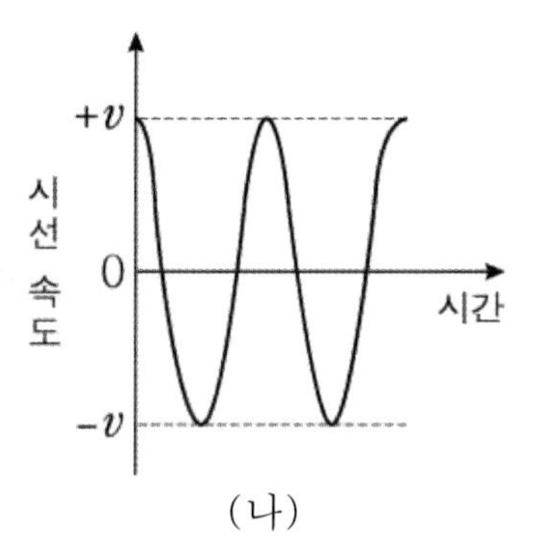

(나)

이에 대한 설명으로 옳은 것만을 <보기>에서 있는 대로 고른 것은? [3점]

<보 기>

ㄱ. 지구로부터 행성까지의 거리는 중심별이 ㉠에 있을 때가 ㉡에 있을 때보다 가깝다.

ㄴ. 중심별의 공전 속도는 $2v$이다.

ㄷ. 중심별의 공전 궤도면과 시선 방향이 이루는 각이 현재보다 작아지면 중심별의 시선 속도 변화 주기는 길어진다.

① ㄱ ② ㄴ ③ ㄷ ④ ㄱ, ㄴ ⑤ ㄴ, ㄷ

[2023학년도 평가원 기출 문항 모음]

18 2023학년도 6월 모의평가 2번

그림은 어느 외부 은하를 나타낸 것이다. A와 B는 각각 은하의 중심부와 나선팔이다.

이 은하에 대한 설명으로 옳은 것만을 <보기>에서 있는 대로 고른 것은?

<보 기>

ㄱ. 막대 나선 은하에 해당한다.
ㄴ. B에는 성간 물질이 존재하지 않는다.
ㄷ. 붉은 별의 비율은 A가 B보다 높다.

① ㄱ ② ㄴ ③ ㄷ ④ ㄱ, ㄴ ⑤ ㄴ, ㄷ

19 2023학년도 6월 모의평가 7번

표는 별 (가), (나), (다)의 분광형과 절대 등급을 나타낸 것이다. (가), (나), (다) 중 2개는 주계열성, 1개는 초거성이다.

별	분광형	절대 등급
(가)	G	−5
(나)	A	0
(다)	G	+5

이에 대한 설명으로 옳은 것만을 <보기>에서 있는 대로 고른 것은?

<보 기>

ㄱ. 질량은 (다)가 (나)보다 크다.
ㄴ. 생명 가능 지대에서 액체 상태의 물이 존재할 수 있는 시간은 (다)가 (나)보다 길다.
ㄷ. 생명 가능 지대의 폭은 (다)가 (가)보다 넓다.

① ㄱ ② ㄴ ③ ㄱ, ㄷ ④ ㄴ, ㄷ ⑤ ㄱ, ㄴ, ㄷ

20 2023학년도 6월 모의평가 10번

그림은 우주에서 일어난 주요한 사건 (가)~(라)를 시간 순서대로 나타낸 것이다.

이에 대한 설명으로 옳은 것만을 <보기>에서 있는 대로 고른 것은? [3점]

<보 기>

ㄱ. (가)와 (라) 사이에 우주는 감속 팽창한다.
ㄴ. (나)와 (다) 사이에 퀘이사가 형성된다.
ㄷ. (라) 시기에 우주 배경 복사 온도는 2.7K보다 높다.

① ㄱ ② ㄴ ③ ㄱ, ㄷ ④ ㄴ, ㄷ ⑤ ㄱ, ㄴ, ㄷ

21 2023학년도 6월 모의평가 14번

표는 우주 구성 요소 A, B, C의 상대적 비율을 T_1, T_2 시기에 따라 나타낸 것이다. T_1, T_2는 각각 과거와 미래 중 하나에 해당하고, A, B, C는 각각 보통 물질, 암흑 물질, 암흑 에너지 중 하나이다.

구성 요소	T_1	T_2
A	66	11
B	22	87
C	12	2

(단위 : %)

이에 대한 설명으로 옳은 것만을 <보기>에서 있는 대로 고른 것은?

<보 기>

ㄱ. T_2는 미래에 해당한다.
ㄴ. A는 항성 질량의 대부분을 차지한다.
ㄷ. C는 전자기파로 관측할 수 있다.

① ㄱ ② ㄴ ③ ㄱ, ㄷ ④ ㄴ, ㄷ ⑤ ㄱ, ㄴ, ㄷ

22 2023학년도 6월 모의평가 15번

그림 (가)는 태양이 $A_0 \to A_1 \to A_2$로 진화하는 경로를 H-R도에 나타낸 것이고, (나)는 A_0, A_1, A_2 중 하나의 내부 구조를 나타낸 것이다.

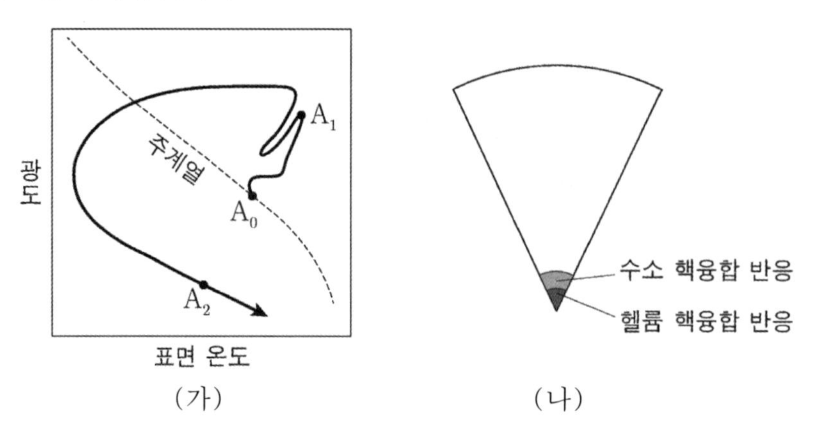

(가) (나)

이에 대한 설명으로 옳은 것만을 <보기>에서 있는 대로 고른 것은? [3점]

<보 기>

ㄱ. (나)는 A_0의 내부 구조이다.

ㄴ. 수소의 총 질량은 A_2가 A_0보다 작다.

ㄷ. A_0에서 A_1로 진화하는 동안 중심핵은 정역학 평형 상태를 유지한다.

① ㄱ ② ㄴ ③ ㄷ ④ ㄱ, ㄴ ⑤ ㄴ, ㄷ

23 2023학년도 6월 모의평가 18번

표는 별 (가) ~ (라)의 물리량을 나타낸 것이다.

별	표면 온도(K)	절대 등급	반지름($\times 10^6$ km)
(가)	6000	+3.8	1
(나)	12000	−1.2	㉠
(다)	( )	−6.2	100
(라)	3000	( )	4

이에 대한 설명으로 옳은 것은?

① ㉠은 25이다.
② (가)의 분광형은 M형에 해당한다.
③ 복사 에너지를 최대로 방출하는 파장은 (다)가 (가)보다 길다.
④ 단위 시간당 방출하는 복사 에너지양은 (나)가 (라)보다 많다.
⑤ (가)와 같은 별 10000개로 구성된 성단의 절대 등급은 (라)의 절대 등급과 같다.

24 2023학년도 6월 모의평가 20번

그림 (가)는 중심별과 행성이 공통 질량 중심에 대하여 공전하는 원 궤도를, (나)는 중심별의 시선 속도를 시간에 따라 나타낸 것이다. 행성이 A에 위치할 때 중심별의 시선 속도는 -60m/s이고, 행성의 공전 궤도면은 관측자의 시선 방향과 나란하다.

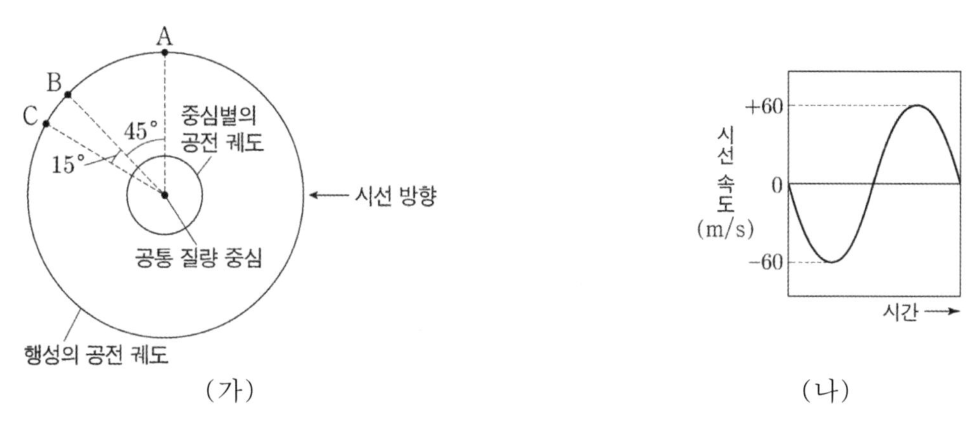

(가) (나)

이에 대한 설명으로 옳은 것만을 <보기>에서 있는 대로 고른 것은? (단, 빛의 속도는 3×10^8m/s이다.) [3점]

<보 기>

ㄱ. 행성의 공전 방향은 A→B→C이다.

ㄴ. 중심별의 스펙트럼에서 500nm의 기준 파장을 갖는 흡수선의 최대 파장 변화량은 0.001nm이다.

ㄷ. 중심별의 시선 속도는 행성이 B를 지날 때가 C를 지날 때의 $\sqrt{2}$배이다.

① ㄱ ② ㄴ ③ ㄱ, ㄷ ④ ㄴ, ㄷ ⑤ ㄱ, ㄴ, ㄷ

25 2023학년도 9월 모의평가 5번

그림 (가)와 (나)는 가시광선으로 관측한 어느 타원 은하와 불규칙 은하를 순서 없이 나타낸 것이다.

(가) (나)

이에 대한 설명으로 옳은 것만을 <보기>에서 있는 대로 고른 것은?

<보 기>

ㄱ. (가)는 불규칙 은하이다.

ㄴ. (나)를 구성하는 별들은 푸른 별이 붉은 별보다 많다.

ㄷ. 은하를 구성하는 별들의 평균 나이는 (가)가 (나)보다 적다.

① ㄱ ② ㄴ ③ ㄱ, ㄷ ④ ㄴ, ㄷ ⑤ ㄱ, ㄴ, ㄷ

26 2023학년도 9월 모의평가 6번

그림 (가)는 H-R도에 별 ㉠, ㉡, ㉢을, (나)는 별의 분광형에 따른 흡수선의 상대적 세기를 나타낸 것이다.

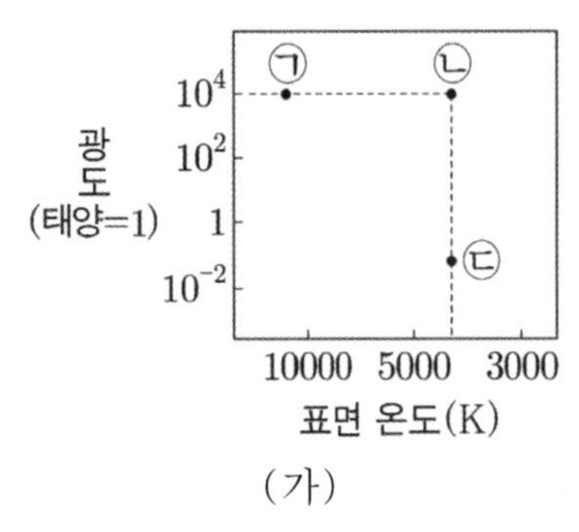

(가)

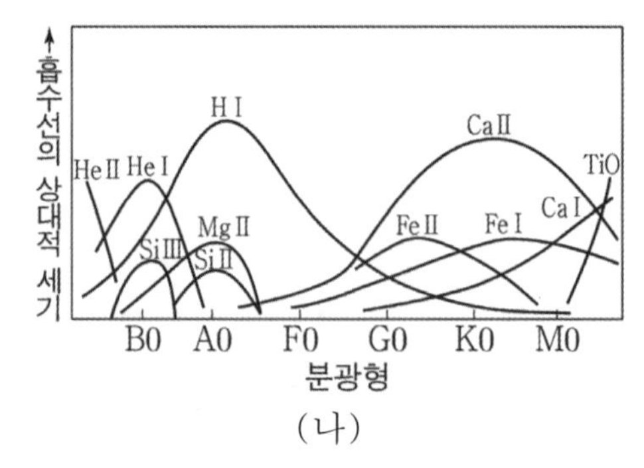

(나)

이에 대한 설명으로 옳은 것만을 <보기>에서 있는 대로 고른 것은?

<보 기>

ㄱ. 반지름은 ㉠이 ㉡보다 작다.
ㄴ. 광도 계급은 ㉡과 ㉢이 같다.
ㄷ. ㉢에서는 H I흡수선이 Ca II 흡수선보다 강하게 나타난다.

① ㄱ ② ㄴ ③ ㄱ, ㄷ ④ ㄴ, ㄷ ⑤ ㄱ, ㄴ, ㄷ

27 2023학년도 9월 모의평가 10번

그림 (가)는 현재 우주 구성 요소의 비율을, (나)는 은하에 의한 중력 렌즈 현상을 나타낸 것이다. A, B, C는 각각 암흑 물질, 암흑 에너지, 보통 물질 중 하나이다.

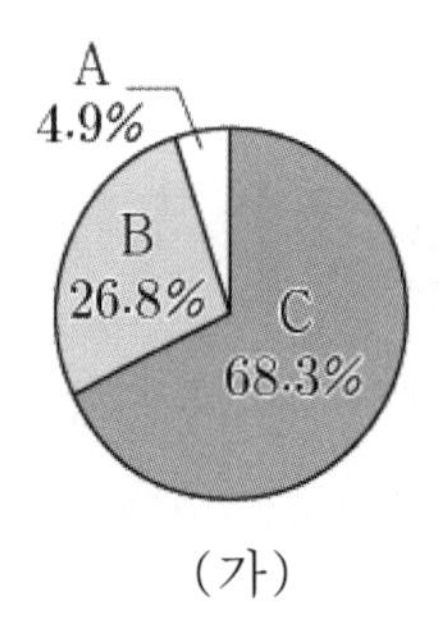

(가)

(나)

이에 대한 설명으로 옳은 것만을 <보기>에서 있는 대로 고른 것은? [3점]

<보 기>

ㄱ. A는 암흑 에너지이다.
ㄴ. 현재 이후 우주가 팽창하는 동안 $\frac{\text{B의 비율}}{\text{C의 비율}}$은 감소한다.
ㄷ. (나)를 이용하여 B가 존재함을 추정할 수 있다.

① ㄱ ② ㄴ ③ ㄷ ④ ㄱ, ㄴ ⑤ ㄴ, ㄷ

28 2023학년도 9월 모의평가 12번

그림은 질량이 태양 정도인 별이 진화하는 과정에서 주계열 단계가 끝난 이후 어느 시기에 나타나는 별의 내부 구조이다.

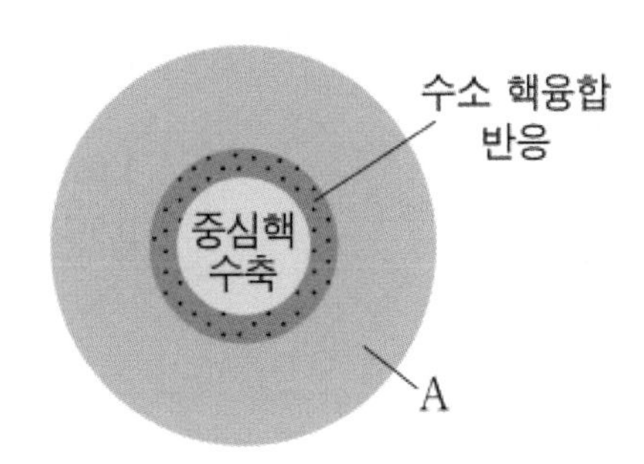

이 시기의 별에 대한 설명으로 옳은 것만을 <보기>에서 있는 대로 고른 것은?

<보 기>

ㄱ. 중심핵의 온도는 주계열 단계일 때보다 높다.

ㄴ. 표면에서 단위 면적당 단위 시간에 방출하는 에너지양은 주계열 단계일 때보다 많다.

ㄷ. 수소 함량 비율(%)은 중심핵이 A 영역보다 높다.

① ㄱ ② ㄴ ③ ㄷ ④ ㄱ, ㄴ ⑤ ㄱ, ㄷ

29 2023학년도 9월 모의평가 14번

표는 별 ㉠, ㉡, ㉢의 표면 온도, 광도, 반지름을 나타낸 것이다. ㉠, ㉡, ㉢은 각각 주계열성, 거성, 백색 왜성 중 하나이다.

별	표면 온도(태양=1)	광도 (태양=1)	반지름 (태양=1)
㉠	$\sqrt{10}$	( )	0.01
㉡	( )	100	2.5
㉢	0.75	81	( )

이에 대한 설명으로 옳은 것만을 <보기>에서 있는 대로 고른 것은?

<보 기>

ㄱ. 복사 에너지를 최대로 방출하는 파장은 ㉠이 ㉡보다 길다.

ㄴ. (㉠의 절대 등급 − ㉡의 절대 등급) 값은 10이다.

ㄷ. 별의 질량은 ㉡이 ㉢보다 크다.

① ㄱ ② ㄴ ③ ㄷ ④ ㄱ, ㄷ ⑤ ㄴ, ㄷ

30 2023학년도 9월 모의평가 18번

그림 (가)는 중심별이 주계열성인 어느 외계 행성계의 생명 가능 지대와 행성의 공전 궤도를, (나)는 (가)의 행성이 식 현상을 일으킬 때 중심별의 상대적 밝기 변화를 시간에 따라 나타낸 것이다.

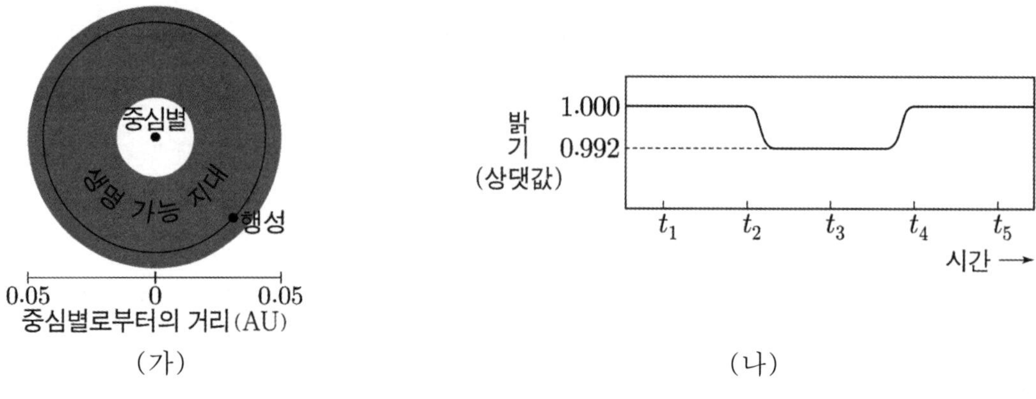

(가) (나)

이 자료에 대한 설명으로 옳은 것만을 <보기>에서 있는 대로 고른 것은? (단, 중심별의 시선 속도 변화는 행성과의 공통 질량 중심에 대한 공전에 의해서만 나타나고, 해성은 원 궤도를 따라 공전하며, 행성의 공전 궤도면은 관측자의 시선 방향과 나란하다.) [3점]

<보 기>

ㄱ. 생명 가능 지대의 폭은 이 외계 행성계가 태양계보다 좁다.

ㄴ. $\frac{\text{행성의 반지름}}{\text{중심별의 반지름}}$은 $\frac{1}{125}$이다.

ㄷ. 중심별의 흡수선 파장은 t_2가 t_1보다 짧다.

① ㄱ ② ㄴ ③ ㄷ ④ ㄱ, ㄴ ⑤ ㄱ, ㄷ

31 2023학년도 9월 모의평가 20번

그림 (가)는 어느 우주 모형에서 시간에 따른 우주의 상대적 크기를 나타낸 것이고, (나)는 120억 년 전 은하 P에서 방출된 파장 λ인 빛이 80억 년 전 은하 Q를 지나 현재의 관측자에게 도달하는 상황을 가정하여 나타낸 것이다. 우주 공간을 진행하는 빛의 파장은 우주의 크기에 비례하여 증가한다.

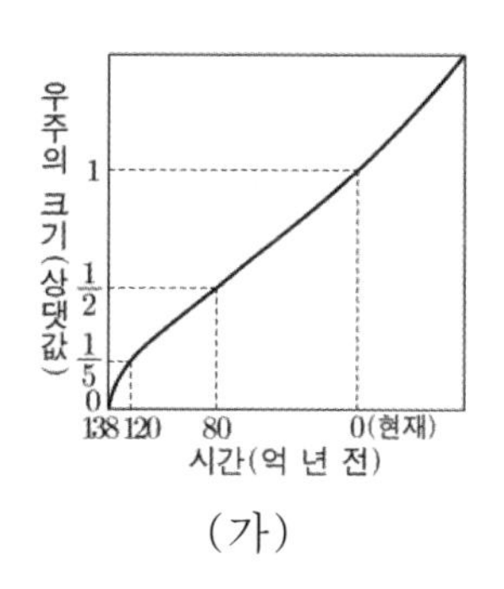

(가)

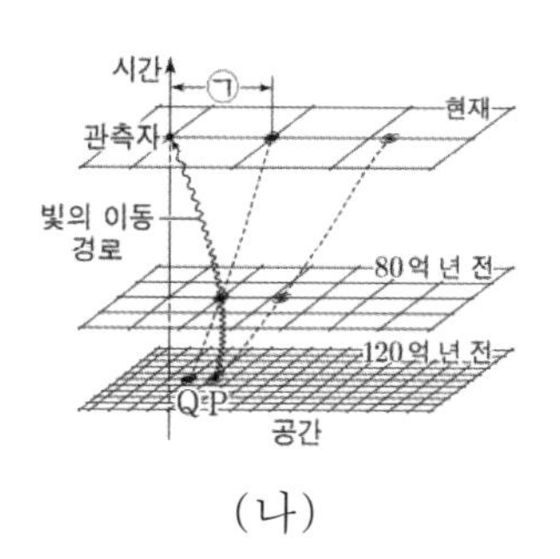

(나)

이 자료에 대한 설명으로 옳은 것만을 <보기>에서 있는 대로 고른 것은? (단, P와 Q는 관측자의 시선과 동일한 방향에 위치한다.)

<보 기>

ㄱ. 120억 년 전에 우주는 가속 팽창하였다.
ㄴ. P에서 방출된 파장이 λ인 빛이 Q에 도달할 때 파장은 2.5λ이다.
ㄷ. (나)에서 현재 관측자로부터 Q까지의 거리 ㉠은 80억 광년이다.

① ㄱ ② ㄴ ③ ㄷ ④ ㄱ, ㄷ ⑤ ㄴ, ㄷ

32 2023학년도 대학수학능력시험 3번

그림 (가)와 (나)는 어느 은하를 각각 가시광선과 전파로 관측한 영상이며, ㉠은 제트이다.

(가)

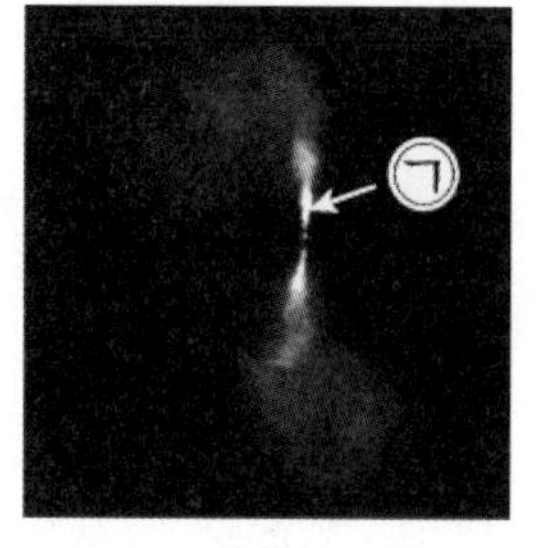

(나)

이 은하에 대한 설명으로 옳은 것만을 <보기>에서 있는 대로 고른 것은? [3점]

<보 기>

ㄱ. 나선팔을 가지고 있다.
ㄴ. 대부분의 별은 분광형이 A0인 별보다 표면 온도가 낮다.
ㄷ. ㉠은 암흑 물질이 분출되는 모습이다.

① ㄱ ② ㄴ ③ ㄷ ④ ㄱ, ㄷ ⑤ ㄴ, ㄷ

33 2023학년도 대학수학능력시험 5번

표는 주계열성 A와 B의 질량, 생명 가능 지대에 위치한 행성의 공전 궤도 반지름, 생면 가능 지대의 폭을 나타낸 것이다.

주계열성	질량 (태양=1)	행성의 공전 궤도 반지름 (AU)	생명 가능 지대의 폭 (AU)
A	5	(㉠)	(㉢)
B	0.5	(㉡)	(㉣)

이에 대한 설명으로 옳은 것만을 <보기>에서 있는 대로 고른 것은?

<보 기>

ㄱ. 광도는 A가 B보다 크다.
ㄴ. ㉠은 ㉡보다 크다.
ㄷ. ㉢은 ㉣보다 크다.

① ㄱ ② ㄷ ③ ㄱ, ㄴ ④ ㄴ, ㄷ ⑤ ㄱ, ㄴ, ㄷ

34 2023학년도 대학수학능력시험 11번

그림 (가)와 (나)는 우주의 나이가 각각 10만 년과 100만 년일 때에 빛이 우주 공간을 진행하는 모습을 순서 없이 나타낸 것이다.

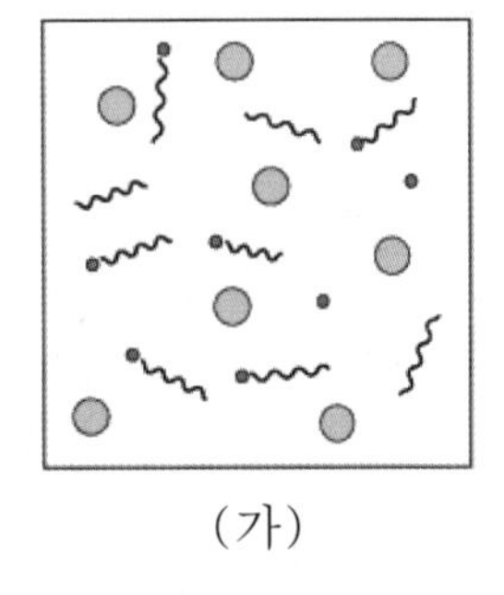
(가)

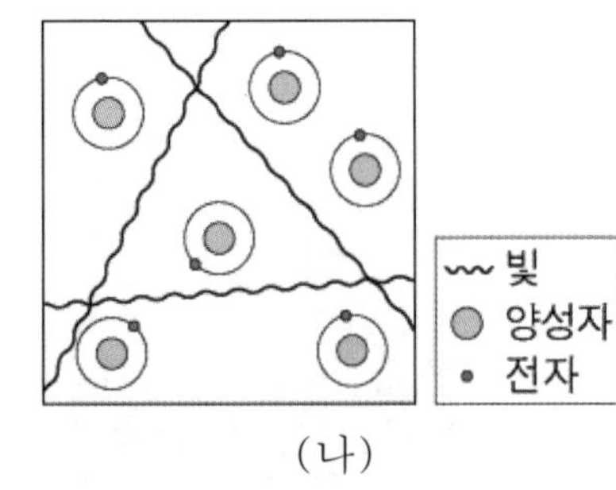

(나)

이에 대한 설명으로 옳은 것만을 <보기>에서 있는 대로 고른 것은?

<보 기>

ㄱ. (가) 시기 우주의 나이는 10만 년이다.
ㄴ. (나) 시기에 우주 배경 복사의 온도는 2.7K이다.
ㄷ. 수소 원자핵에 대한 헬륨 원자핵의 함량비는 (가) 시기가 (나) 시기보다 크다.

① ㄱ ② ㄴ ③ ㄷ ④ ㄱ, ㄴ ⑤ ㄱ, ㄷ

35 2023학년도 대학수학능력시험 13번

그림은 질량이 태양 정도인 어느 별이 원시별에서 주계열 단계 전까지 진화하는 동안의 반지름과 광도 변화를 나타낸 것이다. A, B, C는 이 원시별이 진화하는 동안의 서로 다른 시기이다.

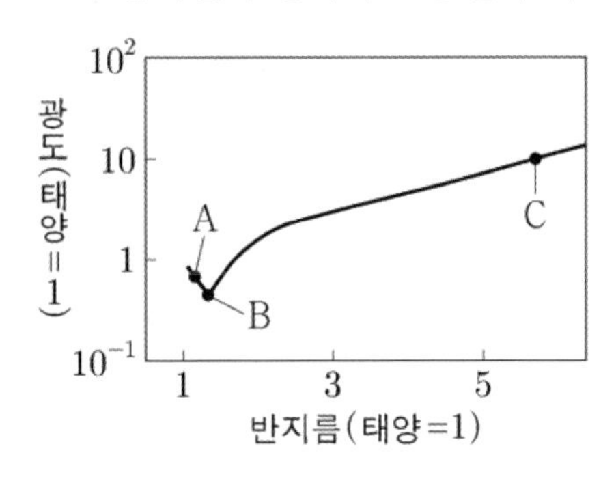

이 원시별에 대한 설명으로 옳은 것만을 <보기>에서 있는 대로 고른 것은? [3점]

<보 기>

ㄱ. 평균 밀도는 C가 A보다 작다.
ㄴ. 표면 온도는 A가 B보다 낮다.
ㄷ. 중심부의 온도는 B가 C보다 높다.

① ㄱ ② ㄴ ③ ㄱ, ㄷ ④ ㄴ, ㄷ ⑤ ㄱ, ㄴ, ㄷ

36 2023학년도 대학수학능력시험 16번

표는 태양과 별 (가), (나), (다)의 물리량을 나타낸 것이다. (가), (나), (다) 중 주계열성은 2개이고, (나)와 (다)의 겉보기 밝기는 같다.

별	복사 에너지를 최대로 방출하는 파장(μm)	절대 등급	반지름 (태양=1)
태양	0.50	+4.8	1
(가)	(㉠)	−0.2	2.5
(나)	0.10	( )	4
(다)	0.25	+9.8	( )

이 자료에 대한 설명으로 옳은 것만을 <보기>에서 있는 대로 고른 것은?

<보 기>

ㄱ. ㉠은 0.125이다.
ㄴ. 중심핵에서의 $\frac{\text{p−p반응에 의한 에너지 생성량}}{\text{CNO 순환 반응에 의한 에너지 생성량}}$은 (나)가 태양보다 작다.
ㄷ. 지구로부터의 거리는 (나)가 (다)의 1000배이다.

① ㄱ ② ㄴ ③ ㄷ ④ ㄱ, ㄴ ⑤ ㄴ, ㄷ

37 2023학년도 대학수학능력시험 18번

표 (가)는 외부 은하 A와 B의 스펙트럼 관측 결과를, (나)는 우주 구성 요소의 상대적 비율을 T_1, T_2 시기에 따라 나타낸 것이다. T_1, T_2 는 관측된 A, B의 빛이 각각 출발한 시기 중 하나이고, a, b, c는 각각 보통 물질, 암흑 물질, 암흑 에너지 중 하나이다.

은하	기준 파장	관측 파장
A	120	132
B	150	600

(단위 : nm)

(가)

우주 구성 요소	T_1	T_2
a	62.7	3.4
b	31.4	81.1
c	5.9	15.3

(단위 : %)

(나)

이 자료에 대한 설명으로 옳은 것만을 <보기>에서 있는 대로 고른 것은?
(단, 빛의 속도는 3×10^5 km/s이다.)

<보 기>

ㄱ. 우리 은하에서 관측한 A의 후퇴 속도는 3000km/s이다.
ㄴ. B는 T_2 시기의 천체이다.
ㄷ. 우주를 가속 팽창시키는 요소는 b이다.

① ㄱ ② ㄴ ③ ㄷ ④ ㄱ, ㄴ ⑤ ㄴ, ㄷ

38 2023학년도 대학수학능력시험 20번

그림은 어느 외계 행성계에서 식 현상을 일으키는 행성에 의한 중심별의 상대적 밝기 변화를 일정한 시간 간격에 따라 나타낸 것이다. 중심별의 반지름에 대하여 행성 반지름은 $\frac{1}{20}$배, 행성의 중심과 중심별의 중심 사이의 거리는 4.2배이다. A는 식 현상이 끝난 직후이다.

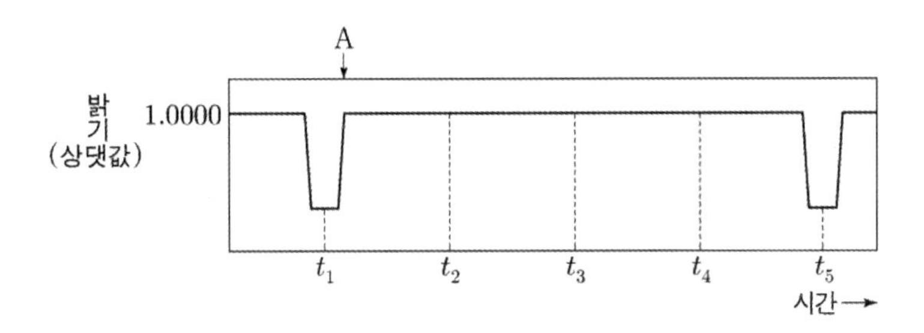

이 자료에 대한 설명으로 옳은 것만을 <보기>에서 있는 대로 고른 것은? (단, 행성은 원 궤도를 따라 공전하며, t_1, t_5일 때 행성의 중심과 중심별의 중심은 관측자의 시선과 동일한 방향에 위치하고, 중심별의 시선 속도 변화는 행성과의 공통 질량 중심에 대한 공전에 의해서만 나타난다.) [3점]

<보 기>

ㄱ. t_1일 때, 중심별의 상대적 밝기는 원래 광도의 99.75%이다.

ㄴ. $t_2 \rightarrow t_3$ 동안 중심별의 스펙트럼에서 흡수선의 파장은 점차 길어진다.

ㄷ. 중심별의 시선 속도는 A일 때가 t_2일 때의 $\frac{1}{4}$배이다.

① ㄱ ② ㄷ ③ ㄱ, ㄴ ④ ㄴ, ㄷ ⑤ ㄱ, ㄴ, ㄷ

[2023년 교육청 기출 문항 모음]

39 2023년 3월 학력평가 10번

표는 별의 종류 (가), (나), (다)에 해당하는 별들의 절대 등급과 분광형을 나타낸 것이다. (가), (나), (다)는 각각 거성, 백색 왜성, 주계열성 중 하나이다.

별의 종류	별	절대 등급	분광형
(가)	㉠	+0.5	A0
	㉡	−0.6	B7
(나)	㉢	+1.1	K0
	㉣	−0.7	G2
(다)	㉤	+13.3	F5
	㉥	+11.5	B1

이에 대한 설명으로 옳은 것만을 <보기>에서 있는 대로 고른 것은?

<보 기>

ㄱ. (가)는 주계열성이다.
ㄴ. 평균 밀도는 (나)가 (다)보다 작다.
ㄷ. 단위 시간당 단위 면적에서 방출하는 에너지양은 ㉠~㉥ 중 ㉣이 가장 많다.

① ㄱ ② ㄷ ③ ㄱ, ㄴ ④ ㄴ, ㄷ ⑤ ㄱ, ㄴ, ㄷ

40 2023년 3월 학력평가 20번

그림은 태양 중심으로부터의 거리에 따른 밀도와 온도의 변화를 나타낸 것이다.

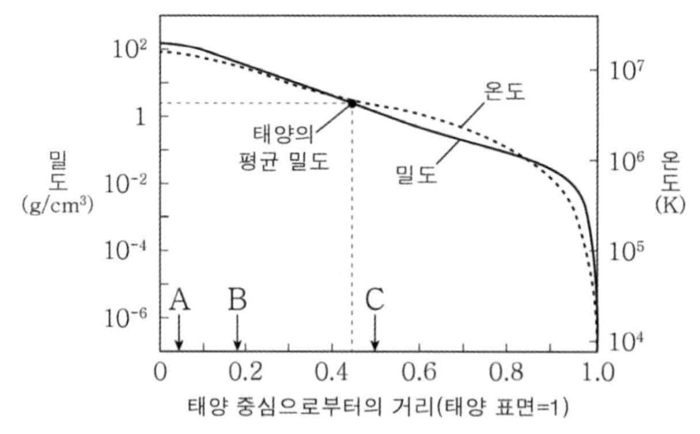

이에 대한 설명으로 옳은 것만을 <보기>에서 있는 대로 고른 것은? [3점]

<보 기>

ㄱ. p−p 반응에 의한 에너지 생성량은 A 지점이 B 지점보다 많다.
ㄴ. C 지점에서는 주로 대류에 의해 에너지가 전달된다.
ㄷ. 태양 내부에서 밀도가 평균 밀도보다 큰 영역의 부피는 태양 전체 부피의 40%보다 크다.

① ㄱ ② ㄴ ③ ㄱ, ㄷ ④ ㄴ, ㄷ ⑤ ㄱ, ㄴ, ㄷ

41 2023년 4월 학력평가 13번

그림은 서로 다른 별의 스펙트럼, 최대 복사 에너지 방출 파장(λ_{max}), 반지름을 나타낸 것이다. (가), (나), (다)의 분광형은 각각 A0 V, G0 V, K0 V 중 하나이다.

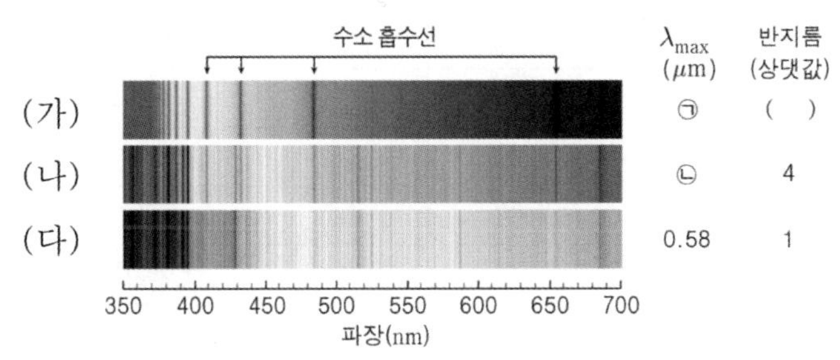

이에 대한 설명으로 옳은 것만을 <보기>에서 있는 대로 고른 것은?

<보 기>

ㄱ. (가)의 분광형은 A0 V 이다.
ㄴ. ㉠은 ㉡보다 짧다.
ㄷ. 광도는 (나)가 (다)의 16배이다.

① ㄱ ② ㄷ ③ ㄱ, ㄴ ④ ㄴ, ㄷ ⑤ ㄱ, ㄴ, ㄷ

42 2023년 4월 학력평가 16번

그림 (가)는 태양의 나이에 따른 광도 변화를, (나)는 A와 B 중 한 시기의 내부 구조와 수소 핵융합 반응이 일어나는 영역을 나타낸 것이다.

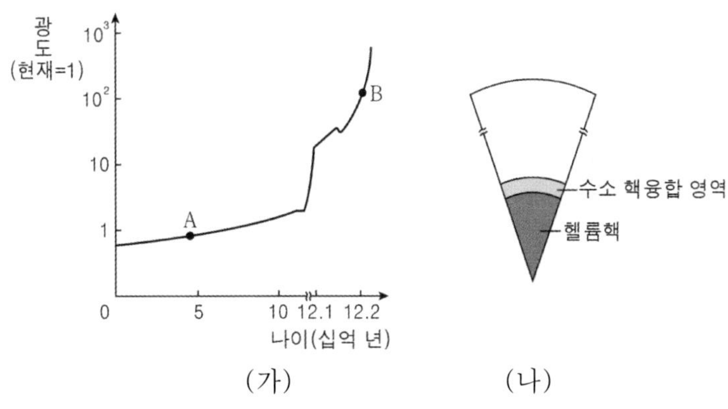

이에 대한 설명으로 옳은 것만을 <보기>에서 있는 대로 고른 것은? [3점]

<보 기>

ㄱ. 태양의 절대 등급은 A 시기보다 B 시기에 크다.
ㄴ. (나)는 B 시기이다.
ㄷ. B 시기 이후 태양의 주요 에너지원은 탄소 핵융합 반응이다.

① ㄱ ② ㄴ ③ ㄱ, ㄷ ④ ㄴ, ㄷ ⑤ ㄱ, ㄴ, ㄷ

43 2023년 7월 학력평가 15번

표는 별 S_1~S_6의 광도 계급, 분광형, 절대 등급을 나타낸 것이다. (가)와 (나)는 각각 광도 계급 Ib(초거성)와 V(주계열성) 중 하나이다.

별	광도 계급	분광형	절대 등급
S_1	(가)	A0	(㉠)
S_2		K2	(㉡)
S_3		M1	−5.2
S_4	(나)	A0	(㉢)
S_5		K2	(㉣)
S_6		M1	9.4

이에 대한 설명으로 옳은 것만을 <보기>에서 있는 대로 고른 것은? [3점]

<보 기>

ㄱ. (가)는 Ib(초거성)이다.
ㄴ. 광도는 S_4가 S_5보다 작다.
ㄷ. |㉠−㉢| < |㉡−㉣|이다.

① ㄱ　② ㄴ　③ ㄱ, ㄷ　④ ㄴ, ㄷ　⑤ ㄱ, ㄴ, ㄷ

44 2023년 7월 학력평가 19번

그림은 주계열성의 내부에서 대류가 일어나는 영역의 질량을 별의 질량에 따라 나타낸 것이다.

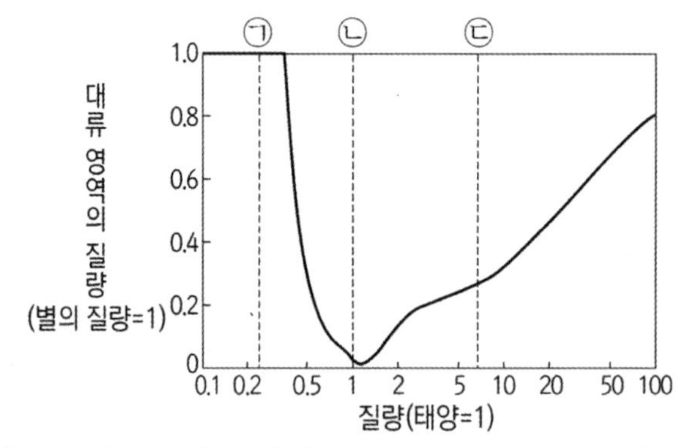

주계열성 ㉠, ㉡, ㉢에 대한 설명으로 옳은 것만을 <보기>에서 있는 대로 고른 것은? [3점]

<보 기>

ㄱ. 별 내부의 $\frac{\text{주계열 단계가 끝난 직후 수소량}}{\text{주계열 단계에 도달한 직후 수소량}}$은 ㉡이 ㉠보다 작다.
ㄴ. ㉢의 중심핵에서는 p−p 반응이 CNO 순환 반응보다 우세하다.
ㄷ. 중심부에서 에너지 생성량은 ㉢이 ㉠보다 크다.

① ㄱ　② ㄷ　③ ㄱ, ㄴ　④ ㄴ, ㄷ　⑤ ㄱ, ㄴ, ㄷ

45 2023년 10월 학력평가 12번

그림은 별 ㉠~㉣의 반지름과 광도를 나타낸 것이다. A는 표면 온도가 T인 별의 반지름과 광도의 관계이다.

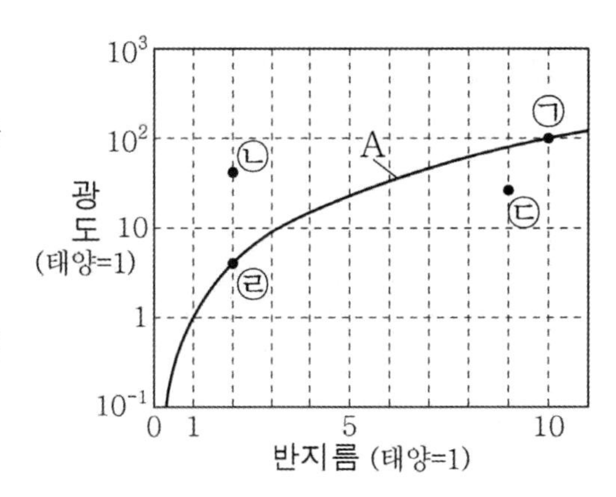

이 자료에 대한 설명으로 옳은 것만을 <보기>에서 있는 대로 고른 것은? (단, 태양의 절대 등급은 4.8이다.) [3점]

<보 기>

ㄱ. ㉠의 절대 등급은 0보다 작다.
ㄴ. ㉢의 표면 온도는 T보다 높다.
ㄷ. CaII 흡수선의 상대적 세기는 ㉡이 ㉣보다 강하다.

① ㄱ ② ㄷ ③ ㄱ, ㄴ ④ ㄴ, ㄷ ⑤ ㄱ, ㄴ, ㄷ

46 2023년 10월 학력평가 19번

그림은 질량이 서로 다른 별 A와 B의 진화에 따른 중심부에서의 밀도와 온도 변화를 나타낸 것이다. ㉠, ㉡, ㉢은 각각 별의 중심부에서 수소 핵융합, 탄소 핵융합, 헬륨 핵융합 반응이 시작되는 밀도 - 온도 조건 중 하나이다.

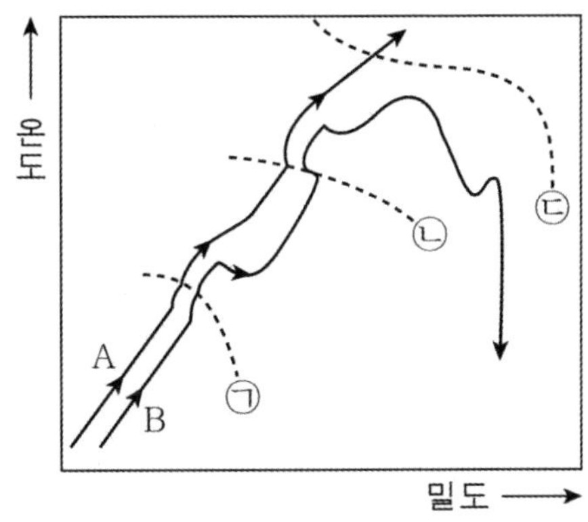

이 자료에 대한 설명으로 옳은 것만을 <보기>에서 있는 대로 고른 것은? [3점]

<보 기>

ㄱ. 별의 중심부에서 헬륨 핵융합 반응이 시작되는 밀도-온도 조건은 ㉠이다.
ㄴ. 별의 중심부에서 수소 핵융합 반응이 시작될 때, 중심부의 밀도는 A가 B보다 작다.
ㄷ. 별의 탄생 이후 별의 중심부에서 밀도와 온도가 ㉡에 도달할 때까지 걸리는 시간은 A가 B보다 길다.

① ㄱ ② ㄴ ③ ㄱ, ㄷ ④ ㄴ, ㄷ ⑤ ㄱ, ㄴ, ㄷ

47 2023년 3월 학력평가 14번

그림 (가)와 (나)는 두 외계 행성계의 생명 가능 지대를 나타낸 것이다. 중심별 A와 B는 모두 주계열성이다.

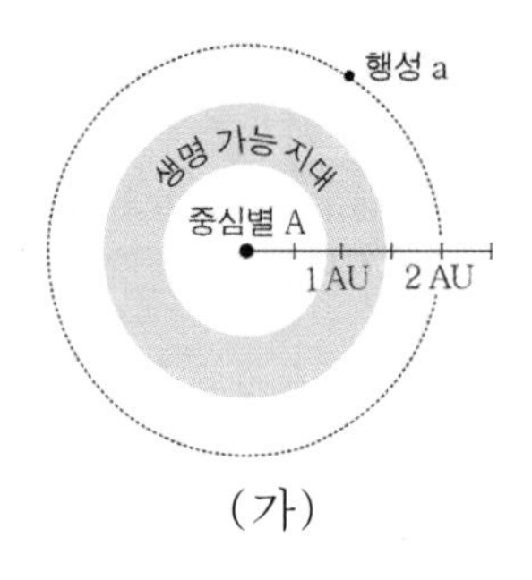

(가)

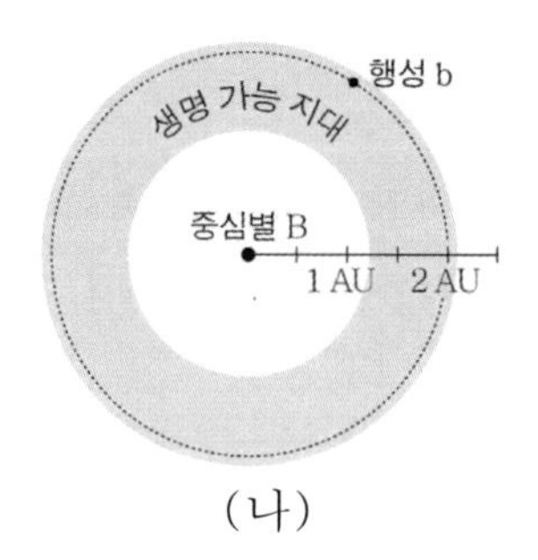

(나)

이에 대한 설명으로 옳은 것만을 <보기>에서 있는 대로 고른 것은? (단, 행성의 대기에 의한 효과는 무시한다.)

<보 기>

ㄱ. 광도는 A가 B보다 크다.

ㄴ. 행성의 표면 온도는 a가 b보다 높다.

ㄷ. 주계열 단계에 머무르는 기간은 A가 B보다 길다.

① ㄱ ② ㄷ ③ ㄱ, ㄴ ④ ㄴ, ㄷ ⑤ ㄱ, ㄴ, ㄷ

48 2023년 3월 학력평가 19번

그림 (가)는 공전 궤도면이 시선 방향과 나란한 어느 외계 행성계에서 관측된 중심별의 시선 속도 변화를, (나)는 이 외계 행성계의 중심별과 행성이 공통 질량 중심을 중심으로 공전하는 모습을 나타낸 것이다.

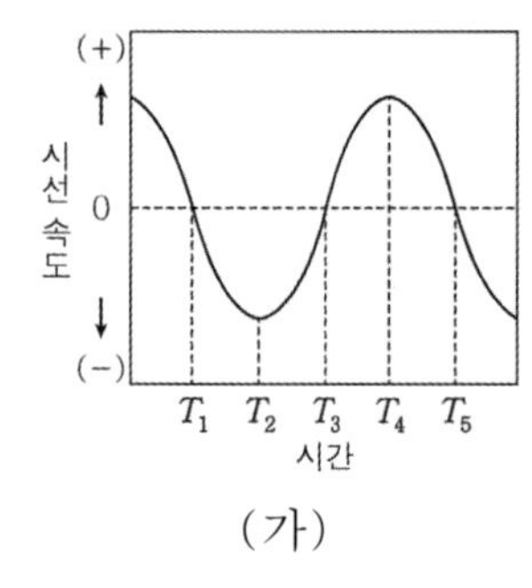

(가)

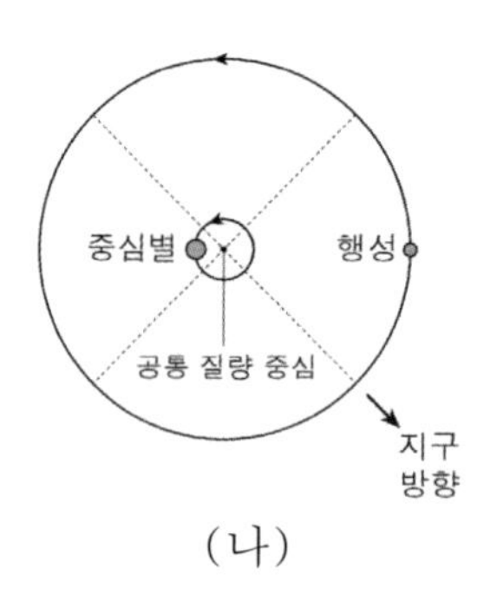

(나)

이에 대한 설명으로 옳은 것만을 <보기>에서 있는 대로 고른 것은? [3점]

<보 기>

ㄱ. 지구와 중심별 사이의 거리는 T_1일 때가 T_2일 때보다 크다.

ㄴ. 중심별과 행성이 (나)와 같이 위치한 시기는 $T_2 \sim T_3$에 해당한다.

ㄷ. T_5일 때 행성에 의한 식 현상이 나타난다.

① ㄱ ② ㄴ ③ ㄷ ④ ㄱ, ㄴ ⑤ ㄱ, ㄷ

49 2023년 4월 학력평가 19번

그림 (가)는 서로 다른 탐사 방법을 이용하여 발견한 외계 행성의 공전 궤도 반지름과 질량을, (나)는 A 또는 B를 이용한 방법으로 알아낸 어느 별 S의 밝기 변화를 나타낸 것이다. A와 B는 각각 식 현상과 미세 중력 렌즈 현상 중 하나이다.

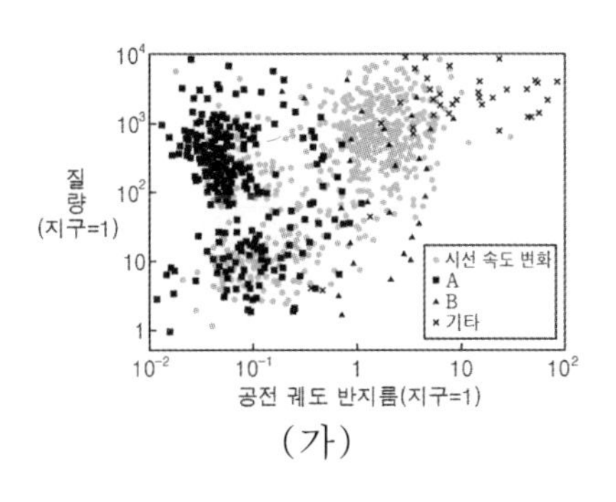

(가)

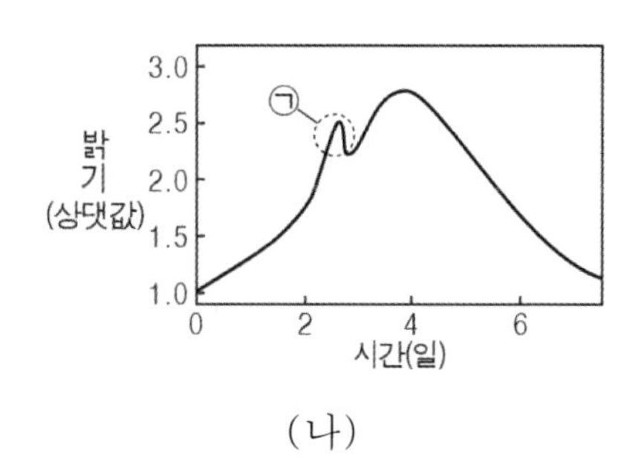

(나)

이 자료에 대한 설명으로 옳은 것만을 <보기>에서 있는 대로 고른 것은? [3점]

<보 기>

ㄱ. A를 이용한 방법으로 발견한 외계 행성의 공전 궤도 반지름은 대체로 1AU보다 작다.
ㄴ. (나)는 B를 이용한 방법으로 알아낸 것이다.
ㄷ. ㉠은 별 S를 공전하는 행성에 의해 나타난다.

① ㄱ ② ㄷ ③ ㄱ, ㄴ ④ ㄴ, ㄷ ⑤ ㄱ, ㄴ, ㄷ

50 2023년 4월 학력평가 20번

그림 (가)는 주계열성 A와 B의 중심으로부터 거리에 따른 생명 가능 지대의 지속 시간을, (나)는 A 또는 B가 주계열 단계에 머무는 동안 생명 가능 지대의 변화를 나타낸 것이다.

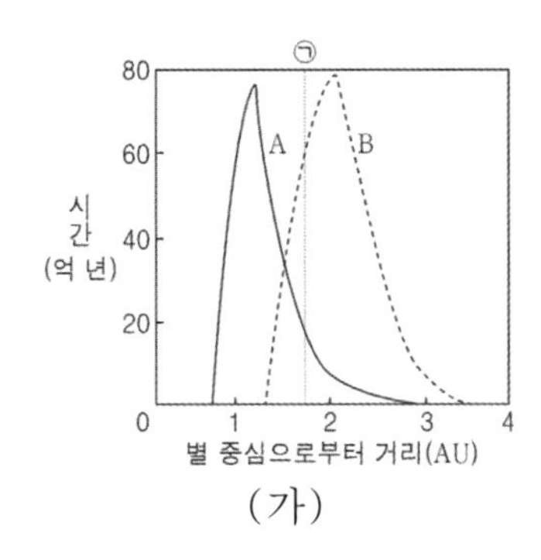

(가)

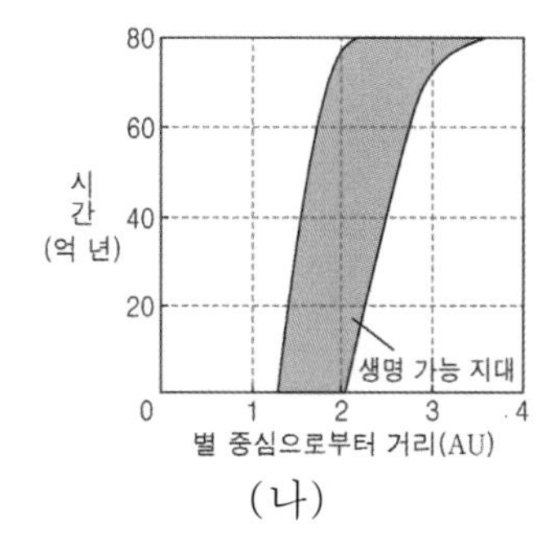

(나)

이 자료에 대한 설명으로 옳은 것만을 <보기>에서 있는 대로 고른 것은? [3점]

<보 기>

ㄱ. 별의 질량은 A보다 B가 작다.
ㄴ. ㉠에서 생명 가능 지대의 지속 시간은 A보다 B가 짧다.
ㄷ. (나)는 B의 자료이다.

① ㄱ ② ㄷ ③ ㄱ, ㄴ ④ ㄴ, ㄷ ⑤ ㄱ, ㄴ, ㄷ

51 2023년 7월 학력평가 12번

표는 중심별이 주계열성인 서로 다른 외계 행성계에 속한 행성 (가), (나), (다)에 대한 물리량을 나타낸 것이다. (가), (나), (다) 중 생명 가능 지대에 위치한 것은 2개이다.

외계 행성	중심별의 질량 (태양=1)	행성의 질량 (지구=1)	중심별로부터 행성까지의 거리(AU)
(가)	1	1	1
(나)	1	2	4
(다)	2	2	4

이에 대한 설명으로 옳은 것만을 <보기>에서 있는 대로 고른 것은? (단, 각각의 외계 행성계는 1개의 행성만 가지고 있으며, 행성 (가), (나), (다)는 중심별을 원 궤도로 공전한다.) [3점]

<보 기>

ㄱ. 별과 공통 질량 중심 사이의 거리는 (나)의 중심별에서가 (다)의 중심별에서보다 길다.
ㄴ. 중심별로부터 단위 시간당 단위 면적이 받는 복사 에너지양은 (나)가 (가)보다 많다.
ㄷ. (다)에는 물이 액체 상태로 존재할 수 있다.

① ㄱ ② ㄴ ③ ㄷ ④ ㄱ, ㄷ ⑤ ㄴ, ㄷ

52 2023년 7월 학력평가 17번

다음은 외계 행성 탐사 방법을 알아보기 위한 실험이다.

[실험 과정]

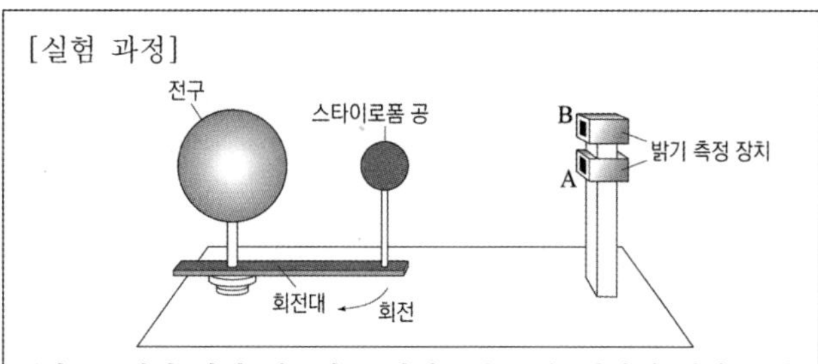

(가) 그림과 같이 전구와 스타이로폼 공을 회전대 위에 고정시키고 회전대를 일정한 속도로 회전시킨다.

(나) 회전대가 회전하는 동안 밝기 측정 장치 A와 B로 각각 측정한 밝기를 기록하고 최소 밝기가 나타나는 주기를 표시한다.

(다) 반지름이 $\frac{1}{2}$배인 스타이로폼 공으로 교체한 후 (나)의 과정을 반복한다.

[실험 결과]

구분	밝기 측정 장치	
	㉠	㉡
(나)의 결과	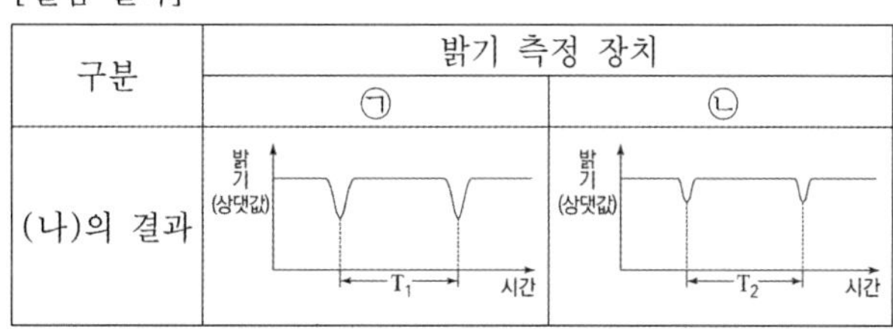	

이에 대한 설명으로 옳은 것만을 <보기>에서 있는 대로 고른 것은? [3점]

<보 기>

ㄱ. 최소 밝기가 나타나는 주기 T_1과 T_2는 같다.
ㄴ. ㉠은 B이다.
ㄷ. A로 측정한 밝기 감소 최대량은 (다) 결과가 (나) 결과의 2배이다.

① ㄱ ② ㄷ ③ ㄱ, ㄴ ④ ㄴ, ㄷ ⑤ ㄱ, ㄴ, ㄷ

53 2023년 10월 학력평가 6번

표는 주계열성 A, B, C의 생명 가능 지대 범위와 생명 가능 지대에 위치한 행성의 공전 궤도 반지름을 나타낸 것이다. A, B, C에는 각각 행성이 하나만 존재하고, 별의 연령은 모두 같다.

중심별	생명 가능 지대 범위(AU)	행성의 공전 궤도 반지름(AU)
A	0.61 ~ 0.83	0.78
B	(㉠) ~ 1.49	1.34
C	1.29 ~ 1.75	1.34

이에 대한 설명으로 옳은 것만을 <보기>에서 있는 대로 고른 것은?

<보 기>

ㄱ. A의 절대 등급은 태양보다 크다.

ㄴ. ㉠은 1.27보다 작다.

ㄷ. 생명 가능 지대에 머무르는 기간은 A의 행성이 C의 행성보다 짧다.

① ㄱ ② ㄷ ③ ㄱ, ㄴ ④ ㄴ, ㄷ ⑤ ㄱ, ㄴ, ㄷ

54 2023년 10월 학력평가 20번

그림 (가)는 어느 외계 행성과 중심별이 공통 질량 중심을 중심으로 공전할 때 중심별의 시선 속도 변화를, (나)는 t일 때 이 중심별과 행성의 위치 관계를 나타낸 것이다.

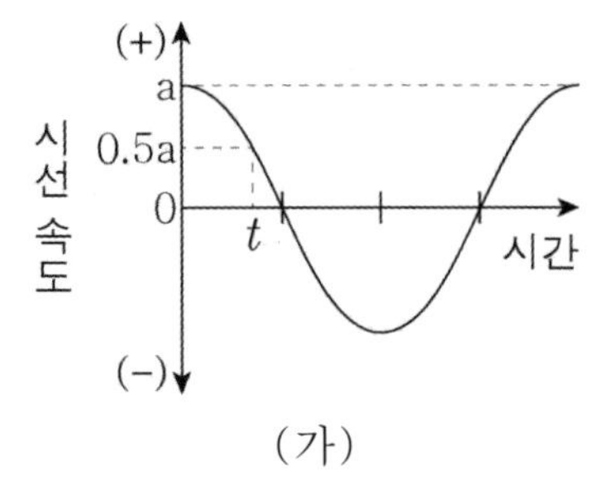

(가)

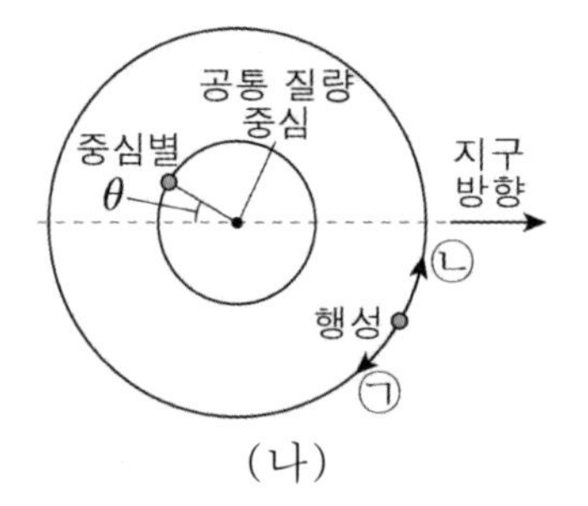

(나)

이에 대한 설명으로 옳은 것만을 <보기>에서 있는 대로 고른 것은? (단, 외계 행성은 원 궤도로 공전하며, 공전 궤도면은 관측자의 시선 방향과 나란하다.) [3점]

<보 기>

ㄱ. 공통 질량 중심에 대한 행성의 공전 방향은 ㉠이다.

ㄴ. θ의 크기는 30° 이다.

ㄷ. 행성의 공전 주기가 현재보다 길어지면 a는 증가한다.

① ㄱ ② ㄴ ③ ㄱ, ㄷ ④ ㄴ, ㄷ ⑤ ㄱ, ㄴ, ㄷ

55 2023년 3월 학력평가 6번

그림 (가)와 (나)는 나선 은하와 불규칙 은하를 순서 없이 나타낸 것이다.

(가)

(나)

이에 대한 설명으로 옳은 것만을 <보기>에서 있는 대로 고른 것은?

<보 기>

ㄱ. (가)는 불규칙 은하이다.
ㄴ. (나)에서 별은 주로 은하 중심부에서 생성된다.
ㄷ. 우리은하의 형태는 (나)보다 (가)에 가깝다.

① ㄱ ② ㄴ ③ ㄱ, ㄷ ④ ㄴ, ㄷ ⑤ ㄱ, ㄴ, ㄷ

56 2023년 3월 학력평가 13번

그림은 외부은하에서 관측한 외부 은하 A와 B의 거리와 후퇴 속도를 나타낸 것이다. A와 B는 허블 법칙을 만족한다.

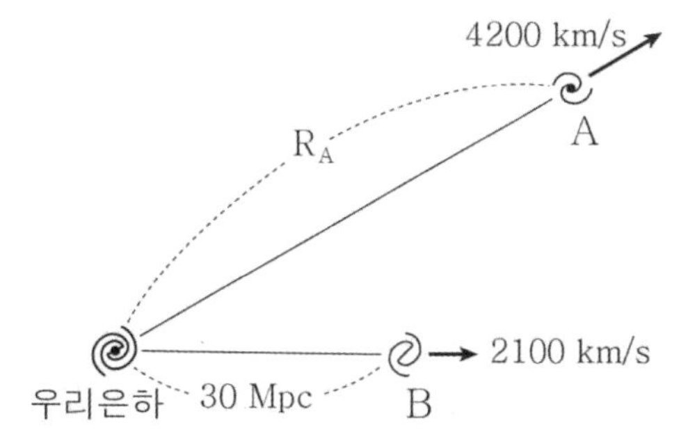

이에 대한 설명으로 옳은 것만을 <보기>에서 있는 대로 고른 것은? (단, 빛의 속도는 3×10^5km/s이다.) [3점]

<보 기>

ㄱ. R_A는 60Mpc이다.
ㄴ. 허블 상수는 70km/s/Mpc이다.
ㄷ. 우리은하에서 A를 관측했을 때 관측된 흡수선의 파장이 507nm라면 이 흡수선의 기준 파장은 500nm이다.

① ㄱ ② ㄷ ③ ㄱ, ㄴ ④ ㄴ, ㄷ ⑤ ㄱ, ㄴ, ㄷ

57 2023년 3월 학력평가 18번

다음은 우주의 팽창에 따른 우주 배경 복사의 파장 변화를 알아보기 위한 탐구이다.

[탐구 과정]

(가) 눈금자를 이용하여 탄성 밴드에 이웃한 점 사이의 간격(L)이 1 cm가 되도록 몇 개의 점을 찍는다.

(나) 그림과 같이 각 점이 파의 마루에 위치하도록 물결 모양의 곡선을 그린다. L은 우주 배경 복사 중 최대 복사 에너지 세기를 갖는 파장(λ_{max})이라고 가정한다.

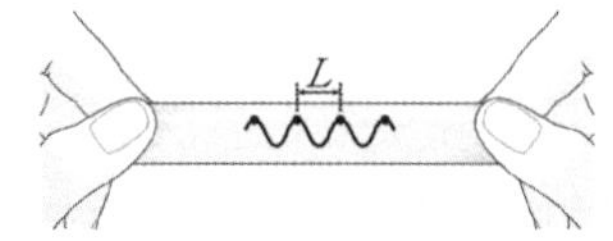

(다) 탄성 밴드를 조금 늘린 상태에서 L을 측정한다.

(라) 탄성 밴드를 (다)보다 늘린 상태에서 L을 측정한다.

(마) 측정값 1 cm를 파장 2 μm로 가정하고 λ_{max}에 해당하는 파장을 계산한다.

[탐구 결과]

과정	L(cm)	λ_{max}에 해당하는 파장(μm)
(나)	1.0	2
(다)	1.9	(　　)
(라)	2.8	(　　)

이에 대한 설명으로 옳은 것만을 <보기>에서 있는 대로 고른 것은? (단, 현재 우주의 λ_{max}은 약 1000 μm이다.) [3점]

<보 기>

ㄱ. 우주의 크기는 (다)일 때가 (라)일 때보다 작다.

ㄴ. 우주가 팽창함에 따라 λ_{max}은 길어진다.

ㄷ. 우주의 온도는 (라)일 때가 현재보다 높다.

① ㄱ ② ㄷ ③ ㄱ, ㄴ ④ ㄴ, ㄷ ⑤ ㄱ, ㄴ, ㄷ

58 2023년 4월 학력평가 12번

그림은 외부 은하까지의 거리와 후퇴 속도를 나타낸 것이다. A와 B는 각각 서로 다른 시기에 관측한 자료이다.

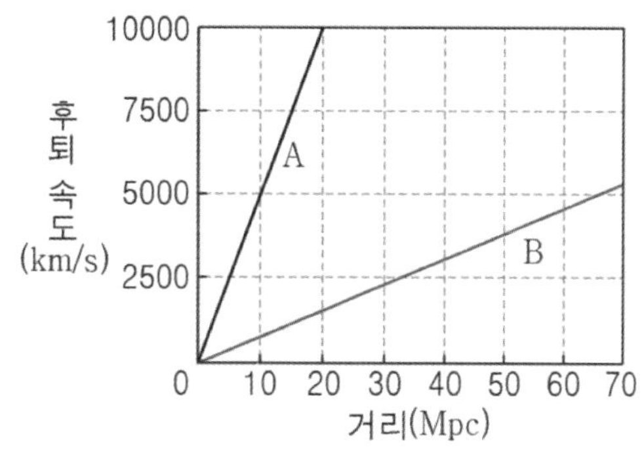

이에 대한 설명으로 옳은 것만을 <보기>에서 있는 대로 고른 것은?

<보 기>

ㄱ. A에서 허블 상수는 500km/s/Mpc이다.
ㄴ. 후퇴 속도가 5000km/s인 은하까지의 거리는 A보다 B에서 멀다.
ㄷ. 허블 법칙으로 계산한 우주의 나이는 A보다 B에서 많다.

① ㄱ ② ㄷ ③ ㄱ, ㄴ ④ ㄴ, ㄷ ⑤ ㄱ, ㄴ, ㄷ

59 2023년 4월 학력평가 17번

그림 (가)와 (나)는 나선 은하와 타원 은하를 순서 없이 나타낸 것이다.

(가)

(나)

이에 대한 설명으로 옳은 것만을 <보기>에서 있는 대로 고른 것은?

<보 기>

ㄱ. (가)는 타원 은하이다.
ㄴ. (나)에서 성간 물질은 주로 은하 중심부에 분포한다.
ㄷ. 은하는 (가)의 형태에서 (나)의 형태로 진화한다.

① ㄱ ② ㄴ ③ ㄱ, ㄷ ④ ㄴ, ㄷ ⑤ ㄱ, ㄴ, ㄷ

60 2023년 4월 학력평가 18번

그림은 우주를 구성하는 요소의 비율 변화를 시간에 따라 나타낸 것이다. A, B, C는 보통 물질, 암흑 물질, 암흑 에너지 중 하나이다.

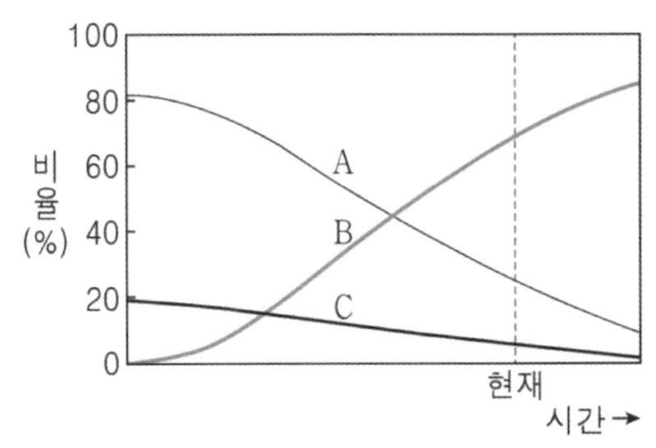

이에 대한 설명으로 옳은 것만을 <보기>에서 있는 대로 고른 것은?

<보 기>

ㄱ. 현재 우주를 구성하는 요소의 비율은 C < A < B이다.
ㄴ. A는 암흑 물질이다.
ㄷ. B는 현재 우주를 가속 팽창시키는 요소이다.

① ㄱ ② ㄷ ③ ㄱ, ㄴ ④ ㄴ, ㄷ ⑤ ㄱ, ㄴ, ㄷ

61 2023년 7월 학력평가 18번

그림 (가)와 (나)는 가시광선 영역에서 관측한 퀘이사와 나선 은하를 나타낸 것이다. A는 은하 중심부이고, B는 나선팔이다.

(가)

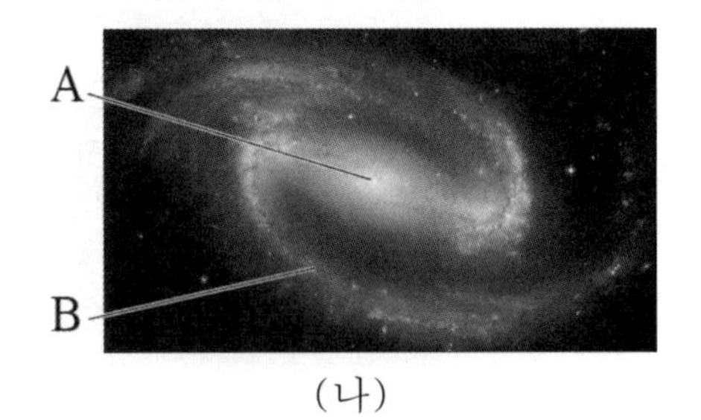

(나)

이에 대한 설명으로 옳은 것만을 <보기>에서 있는 대로 고른 것은?

<보 기>

ㄱ. (가)는 은하이다.
ㄴ. (나)에서 붉은 별의 비율은 A가 B보다 높다.
ㄷ. 후퇴 속도는 (가)가 (나)보다 크다.

① ㄱ ② ㄴ ③ ㄱ, ㄷ ④ ㄴ, ㄷ ⑤ ㄱ, ㄴ, ㄷ

62 2023년 7월 학력평가 20번

표는 우리은하에서 관측한 은하 A, B, C의 스펙트럼 관측 결과를 나타낸 것이다. B에서 관측할 때 A와 C의 시선 방향은 정반대이다. 우리은하와 A, B, C는 허블 법칙을 만족한다.

기준 파장 (nm)	관측 파장(nm)		
	A	B	C
300	307.5	㉠	307.5
600		612	

이에 대한 설명으로 옳은 것만을 <보기>에서 있는 대로 고른 것은? (단, 빛의 속도는 3×10^5 km/s이다.) [3점]

<보 기>

ㄱ. ㉠은 306이다.
ㄴ. B의 후퇴 속도는 6×10^3 km/s이다.
ㄷ. 우리은하, B, C 중 A에서 가장 멀리 있는 은하는 우리은하이다.

① ㄱ ② ㄷ ③ ㄱ, ㄴ ④ ㄴ, ㄷ ⑤ ㄱ, ㄴ, ㄷ

63 2023년 10월 학력평가 13번

표는 우리은하에서 외부 은하 A와 B를 관측한 결과이다. 우리은하에서 관측한 A와 B의 시선 방향은 90°를 이룬다.

은하	흡수선의 파장(nm)		거리(Mpc)
	기준 파장	관측 파장	
A	400	405.6	60
B	600	606.3	( )

이에 대한 설명으로 옳은 것만을 <보기>에서 있는 대로 고른 것은? (단, A와 B는 허블 법칙을 만족하고 빛의 속도는 3×10^5 km/s이다.) [3점]

<보 기>

ㄱ. 허블 상수는 70 km/s/Mpc이다.
ㄴ. 우리은하에서 A를 관측하면 기준 파장이 600nm인 흡수선의 관측 파장은 606.3nm보다 길다.
ㄷ. A에서 관측한 B의 후퇴 속도는 5250 km/s 이다.

① ㄱ ② ㄴ ③ ㄱ, ㄷ ④ ㄴ, ㄷ ⑤ ㄱ, ㄴ, ㄷ

64 2023년 10월 학력평가 15번

그림 (가)는 은하 ㉠과 ㉡의 모습을, (나)는 은하의 종류 A와 B가 탄생한 이후 시간에 따라 연간 생성된 별의 질량을 추정하여 나타낸 것이다. ㉠과 ㉡은 각각 A와 B 중 하나에 속한다.

(가)

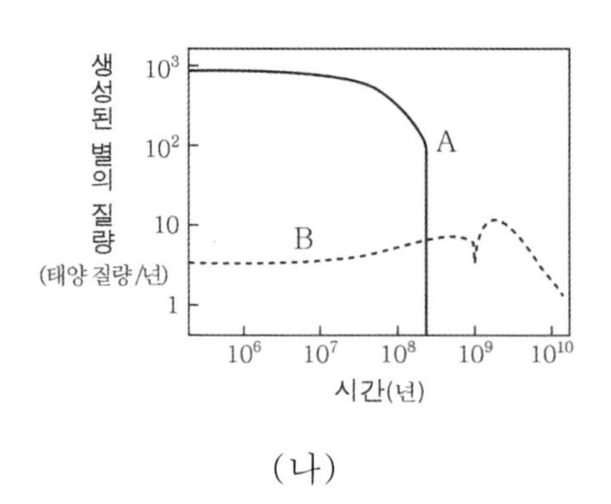

(나)

이 자료에 대한 설명으로 옳은 것만을 <보기>에서 있는 대로 고른 것은? [3점]

<보 기>

ㄱ. ㉠은 A에 속한다.

ㄴ. 은하의 질량 중 성간 물질이 차지하는 질량의 비율은 ㉠이 ㉡보다 크다.

ㄷ. 은하가 탄생한 이후 10^{10}년이 지났을 때 은하를 구성하는 별의 평균 표면 온도는 A가 B보다 높다.

① ㄱ ② ㄴ ③ ㄱ, ㄷ ④ ㄴ, ㄷ ⑤ ㄱ, ㄴ, ㄷ

65 2023년 10월 학력평가 18번

표는 우주 구성 요소의 상대적 비율을 T_1, T_2 시기에 따라 나타낸 것이고, 그림은 표준 우주 모형에 따른 빅뱅 이후 현재까지 우주의 팽창 속도를 나타낸 것이다. ㉠, ㉡, ㉢은 각각 보통 물질, 암흑 물질, 암흑 에너지 중 하나이다.

구성 요소	T_1	T_2
㉠	59.6	75.5
㉡	29.2	10.3
㉢	11.2	14.2

(단위 : %)

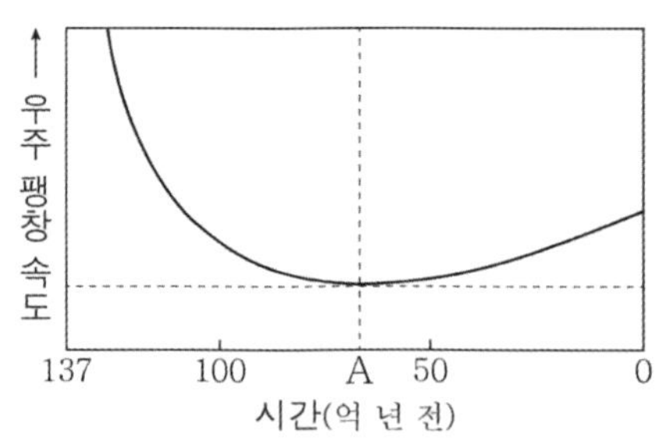

이에 대한 설명으로 옳은 것만을 <보기>에서 있는 대로 고른 것은? [3점]

<보 기>

ㄱ. ㉠은 질량을 가지고 있다.

ㄴ. T_2 시기는 A 시기보다 나중이다.

ㄷ. 우주 배경 복사는 A 시기 이전에 방출된 빛이다.

① ㄱ ② ㄴ ③ ㄱ, ㄷ ④ ㄴ, ㄷ ⑤ ㄱ, ㄴ, ㄷ

[2024학년도 평가원 기출 문항 모음]

66 2024학년도 6월 평가원 2번

그림 (가), (나), (다)는 타원 은하, 나선 은하, 불규칙 은하를 순서 없이 나타낸 것이다.

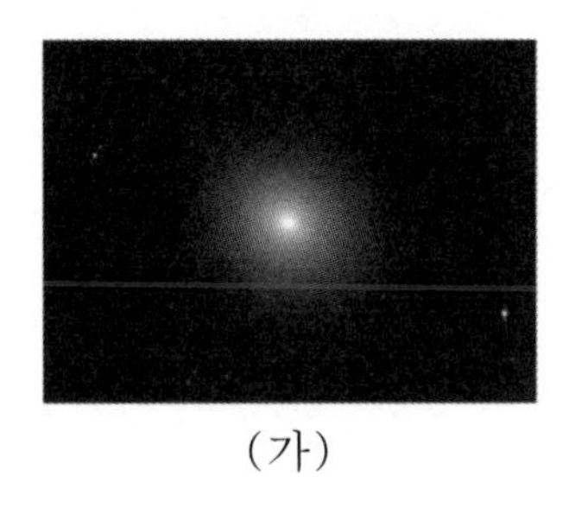
(가)

(나)

(다)

이에 대한 설명으로 옳은 것만을 <보기>에서 있는 대로 고른 것은?

<보 기>

ㄱ. (가)는 타원 은하이다.
ㄴ. 은하를 구성하는 별의 평균 나이는 (가)가 (나)보다 적다.
ㄷ. (가)는 (다)로 진화한다.

① ㄱ ② ㄷ ③ ㄱ, ㄴ ④ ㄱ, ㄷ ⑤ ㄴ, ㄷ

67 2024학년도 6월 평가원 12번

그림은 주계열성 (가)와 (나)의 내부 구조를 나타낸 것이다. (가)와 (나)의 질량은 각각 태양 질량의 1배와 5배 중 하나이다.

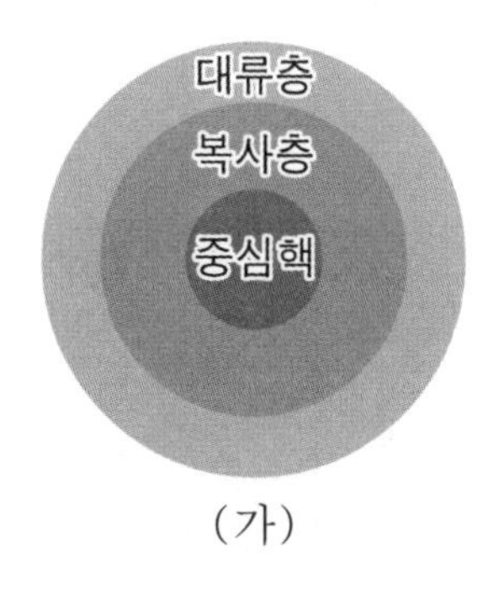

(가)

(나)

이에 대한 설명으로 옳은 것만을 <보기>에서 있는 대로 고른 것은?

<보 기>

ㄱ. 질량은 (가)가 (나)보다 작다.
ㄴ. (나)의 핵에서 $\frac{\text{p-p 반응에 의한 에너지 생성량}}{\text{CNO 순환 반응에 의한 에너지 생성량}}$은 1보다 작다.
ㄷ. 주계열 단계가 끝난 직후부터 핵에서 헬륨 연소가 일어나기 직전까지의 절대 등급의 변화 폭은 (가)가 (나)보다 작다.

① ㄱ ② ㄷ ③ ㄱ, ㄴ ④ ㄴ, ㄷ ⑤ ㄱ, ㄴ, ㄷ

68 2024학년도 6월 평가원 14번

그림은 어느 별의 시간에 따른 생명 가능 지대의 범위를 나타낸 것이다. 이 별은 현재 주계열성이다.

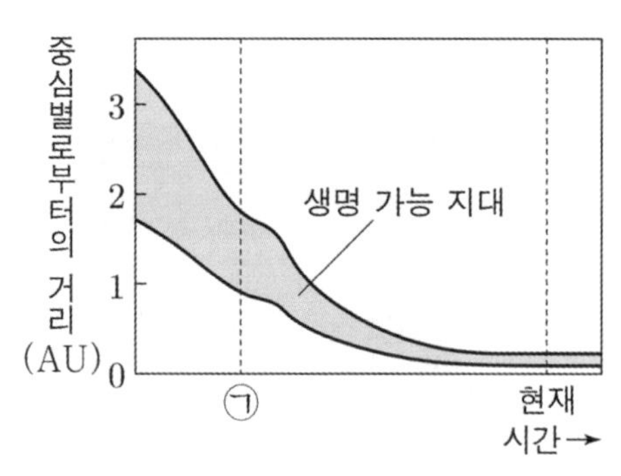

이 자료에 대한 설명으로 옳은 것만을 <보기>에서 있는 대로 고른 것은?

<보 기>

ㄱ. 이 별의 광도는 ㉠ 시기가 현재보다 작다.
ㄴ. 현재 중심별에서 생명 가능 지대까지의 거리는 이 별이 태양보다 가깝다.
ㄷ. 현재 표면에서 단위 면적당 단위 시간에 방출하는 에너지양은 이 별이 태양보다 적다.

① ㄱ ② ㄴ ③ ㄱ, ㄷ ④ ㄴ, ㄷ ⑤ ㄱ, ㄴ, ㄷ

69 2024학년도 6월 평가원 15번

그림 (가)는 은하에 의한 중력 렌즈 현상을, (나)는 T 시기 이후 우주 구성 요소의 밀도 변화를 나타낸 것이다. A, B, C는 각각 보통 물질, 암흑 물질, 암흑 에너지 중 하나이다.

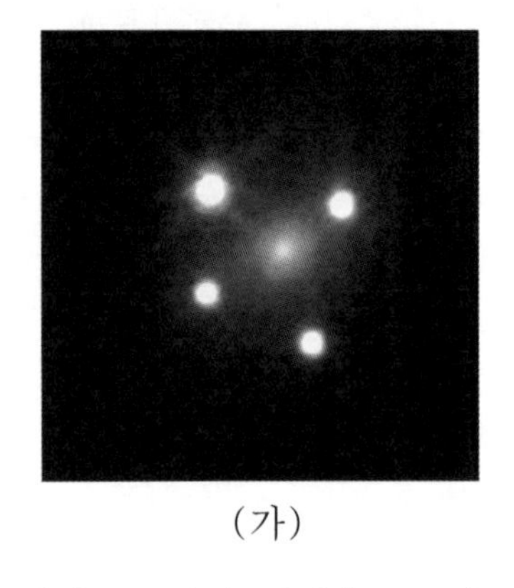

(가)

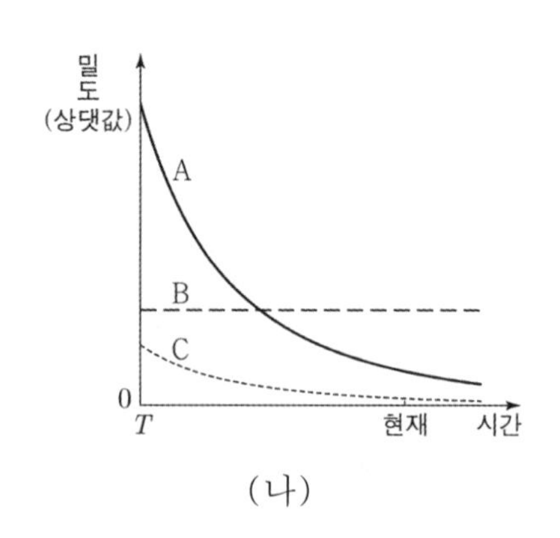

(나)

이에 대한 설명으로 옳은 것만을 <보기>에서 있는 대로 고른 것은?

<보 기>

ㄱ. (가)를 이용하여 A가 존재함을 추정할 수 있다.
ㄴ. B에서 가장 많은 양을 차지하는 것은 양성자이다.
ㄷ. T 시기부터 현재까지 우주의 팽창 속도는 계속 증가하였다.

① ㄱ ② ㄴ ③ ㄱ, ㄷ ④ ㄴ, ㄷ ⑤ ㄱ, ㄴ, ㄷ

70 2024학년도 6월 평가원 16번

그림은 별 ㉠과 ㉡의 물리량을 나타낸 것이다.

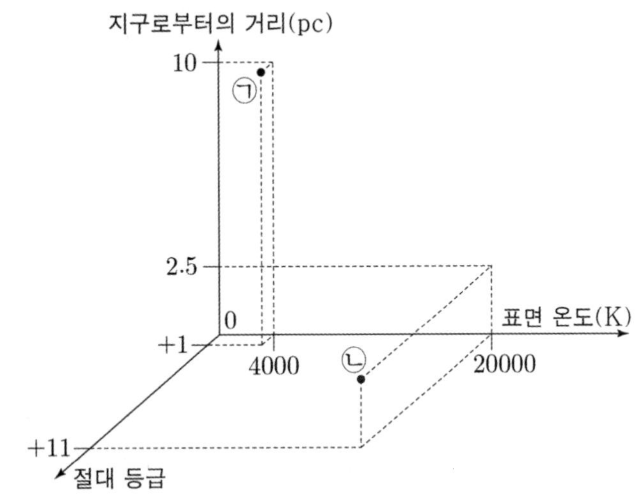

이 자료에 대한 설명으로 옳은 것만을 <보기>에서 있는 대로 고른 것은? [3점]

<보 기>

ㄱ. 복사 에너지를 최대로 방출하는 파장은 ㉠이 ㉡의 $\frac{1}{5}$배이다.

ㄴ. 별의 반지름은 ㉠이 ㉡의 2500배이다.

ㄷ. (㉡의 겉보기 등급 - ㉠의 겉보기 등급) 값은 6보다 크다.

① ㄱ ② ㄴ ③ ㄷ ④ ㄱ, ㄴ ⑤ ㄴ, ㄷ

71 2024학년도 6월 평가원 18번

그림 (가)는 어느 외계 행성계에서 중심별과 행성이 공통 질량 중심에 대하여 공전하는 원 궤도를 나타낸 것이고, (나)는 이 중심별의 시선 속도를 일정한 시간 간격에 따라 나타낸 것이다. t_1일 때 중심별의 위치는 ㉠과 ㉡ 중 하나이다.

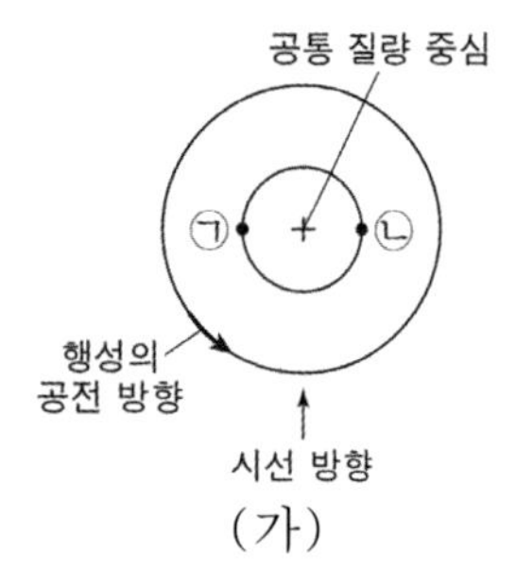

(가)

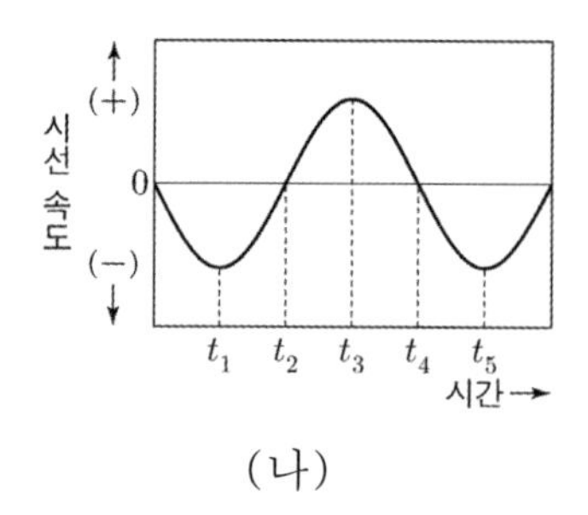

(나)

이 자료에 대한 설명으로 옳은 것만을 <보기>에서 있는 대로 고른 것은? (단, 행성의 공전 궤도면은 관측자의 시선 방향과 나란하고, 중심별의 겉보기 등급 변화는 행성의 식 현상에 의해서만 나타난다.) [3점]

<보 기>

ㄱ. t_1일 때 중심별의 위치는 ㉠이다.
ㄴ. 중심별의 겉보기 등급은 t_2가 t_4보다 작다.
ㄷ. $t_1 \rightarrow t_2$ 동안 중심별의 스펙트럼에서 흡수선의 파장은 점차 길어진다.

① ㄱ ② ㄷ ③ ㄱ, ㄴ ④ ㄴ, ㄷ ⑤ ㄱ, ㄴ, ㄷ

72 2024학년도 6월 평가원 20번

그림은 허블 법칙을 만족하는 외부 은하의 거리와 후퇴 속도의 관계 l과 우리은하에서 은하 A, B, C를 관측한 결과이고, 표는 이 은하들의 흡수선 관측 결과를 나타낸 것이다. B의 흡수선 관측 파장은 허블 법칙으로 예상되는 값보다 8nm 더 길다.

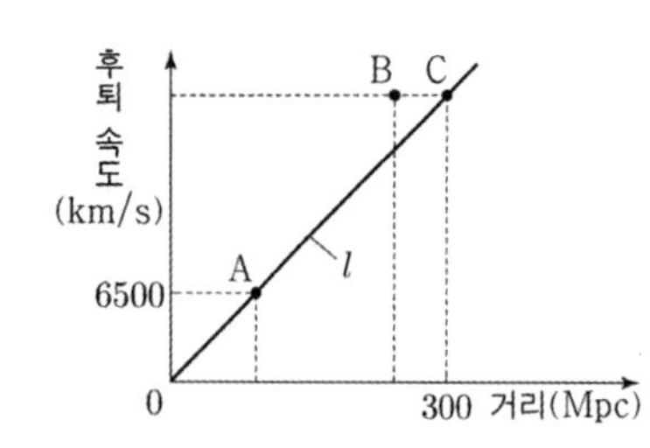

은하	기준 파장	관측 파장
A	400	㉠
B	600	( )
C	600	642

(단위 : nm)

이 자료에 대한 설명으로 옳은 것만을 <보기>에서 있는 대로 고른 것은? (단, 우리은하에서 관측했을 때 A, B, C는 동일한 시선 방향에 놓여있고, 빛의 속도는 3×10^5km/s이다.)

<보 기>

ㄱ. 허블 상수는 70km/s/Mpc이다.
ㄴ. ㉠은 410보다 작다.
ㄷ. A에서 B까지의 거리는 140Mpc보다 크다.

① ㄱ ② ㄷ ③ ㄱ, ㄴ ④ ㄴ, ㄷ ⑤ ㄱ, ㄴ, ㄷ

73 2024학년도 9월 평가원 2번

그림은 서로 다른 별의 집단 (가)~(라)를 H-R도에 나타낸 것이다. (가)~(라)는 각각 거성, 백색 왜성, 주계열성, 초거성 중 하나이다.

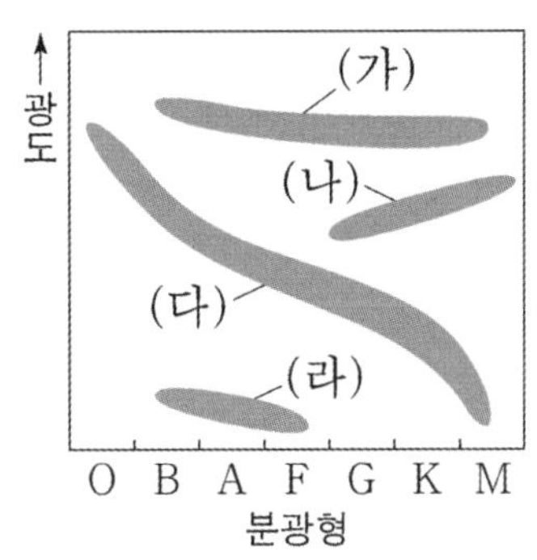

(가)~(라)에 대한 설명으로 옳은 것만을 <보기>에서 있는 대로 고른 것은?

<보 기>

ㄱ. 평균 광도는 (가)가 (라)보다 작다.
ㄴ. 평균 표면 온도는 (나)가 (라)보다 낮다.
ㄷ. 평균 밀도는 (라)가 가장 크다.

① ㄱ ② ㄴ ③ ㄷ ④ ㄱ, ㄴ ⑤ ㄴ, ㄷ

74 2024학년도 9월 평가원 5번

그림 (가)와 (나)는 정상 나선 은하와 타원 은하를 순서 없이 나타낸 것이다.

(가)

(나)

이에 대한 설명으로 옳은 것만을 <보기>에서 있는 대로 고른 것은? [3점]

<보 기>

ㄱ. 별의 평균 나이는 (가)가 (나)보다 많다.
ㄴ. 주계열성의 평균 질량은 (가)가 (나)보다 크다.
ㄷ. (나)에서 별의 평균 표면 온도는 분광형이 A0인 별보다 높다.

① ㄱ ② ㄴ ③ ㄷ ④ ㄱ, ㄴ ⑤ ㄴ, ㄷ

75 2024학년도 9월 평가원 11번

그림은 우주 구성 요소 A, B, C의 상대적 비율을 시간에 따라 나타낸 것이다. A, B, C는 각각 암흑 물질, 보통 물질, 암흑 에너지 중 하나이다.

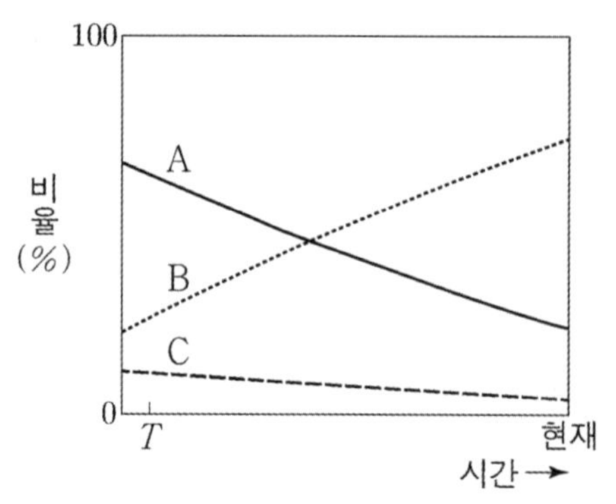

이에 대한 설명으로 옳은 것만을 <보기>에서 있는 대로 고른 것은?

<보 기>

ㄱ. 우주 배경 복사의 파장은 T시기가 현재보다 짧다.

ㄴ. T 시기부터 현재까지 $\frac{\text{A의 비율}}{\text{B의 비율}}$은 감소한다.

ㄷ. A, B, C 중 항성 질량의 대부분을 차지하는 것은 C이다.

① ㄱ　② ㄴ　③ ㄷ　④ ㄱ, ㄴ　⑤ ㄴ, ㄷ

76 2024학년도 9월 평가원 13번

그림은 주계열 단계가 시작한 직후부터 별 A와 B가 진화하는 동안의 표면 온도를 시간에 따라 나타낸 것이다. A와 B의 질량은 각각 태양 질량의 1배와 4배 중 하나이다.

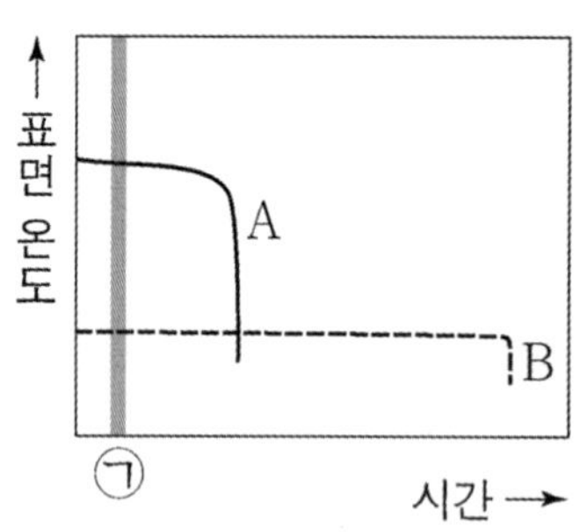

이 자료에 대한 설명으로 옳은 것만을 <보기>에서 있는 대로 고른 것은? [3점]

<보 기>

ㄱ. B는 중성자별로 진화한다.

ㄴ. ㉠ 시기일 때, 대류가 일어나는 영역의 평균 깊이는 A가 B보다 깊다.

ㄷ. ㉠ 시기일 때, 핵에서 $\frac{\text{p}-\text{p 반응에 의한 에너지 생성량}}{\text{CNO 순환 반응에 의한 에너지 생성량}}$은 A가 B보다 크다.

① ㄱ　② ㄴ　③ ㄷ　④ ㄱ, ㄴ　⑤ ㄴ, ㄷ

77 2024학년도 9월 평가원 14번

표는 태양과 별 (가), (나), (다)의 물리량을 나타낸 것이다.

별	표면 온도 (태양=1)	반지름 (태양=1)	절대 등급
태양	1	1	+4.8
(가)	0.5	(㉠)	−5.2
(나)	(　)	0.01	+9.8
(다)	$\sqrt{2}$	2	(　)

이 자료에 대한 설명으로 옳은 것만을 <보기>에서 있는 대로 고른 것은?

<보　기>

ㄱ. ㉠은 400이다.

ㄴ. 복사 에너지를 최대로 방출하는 파장은 (나)가 (다)의 $\frac{1}{2}$배보다 길다.

ㄷ. 절대 등급은 (다)가 태양보다 크다.

① ㄱ　② ㄴ　③ ㄷ　④ ㄱ, ㄴ　⑤ ㄱ, ㄷ

78 2024학년도 9월 평가원 18번

그림 (가)는 어느 외계 행성계에서 중심별과 행성이 공통 질량 중심에 대하여 원 궤도로 공전하는 모습을 나타낸 것이고, (나)는 행성이 ㉠, ㉡, ㉢에 위치할 때 지구에서 관측한 중심별의 스펙트럼을 A, B, C로 순서 없이 나타낸 것이다.

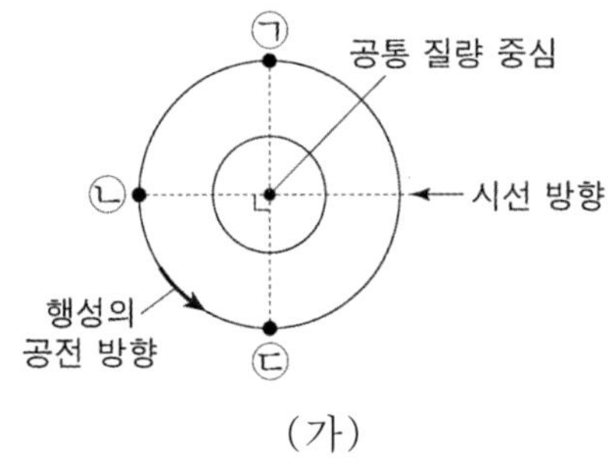

(가)

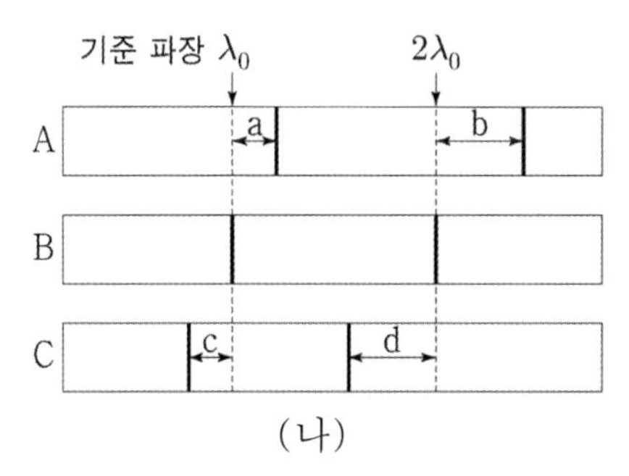

(나)

이에 대한 설명으로 옳은 것만을 <보기>에서 있는 대로 고른 것은? (단, 중심별의 시선 속도 변화는 행성과의 공통 질량 중심에 대한 공전에 의해서만 나타나고, 행성의 공전 궤도면은 관측자의 시선 방향과 나란하다.)

<보　기>

ㄱ. A는 행성이 ㉠에 위치할 때 관측한 결과이다.

ㄴ. 행성이 ㉡ →㉢으로 공전하는 동안 중심별의 시선 속도는 커진다.

ㄷ. $a \times b$는 $c \times d$보다 작다.

① ㄱ　② ㄴ　③ ㄷ　④ ㄱ, ㄴ　⑤ ㄴ, ㄷ

79 2024학년도 9월 평가원 19번

그림은 우리은하에서 외부 은하 A와 B를 관측한 결과를 나타낸 것이다. B에서 A를 관측할 때의 적색 편이량은 우리은하에서 A를 관측한 적색 편이량의 3배이다. 적색 편이량은 $\left(\frac{\text{관측 파장} - \text{기준 파장}}{\text{기준 파장}}\right)$이고, 세 은하는 허블 법칙을 만족한다.

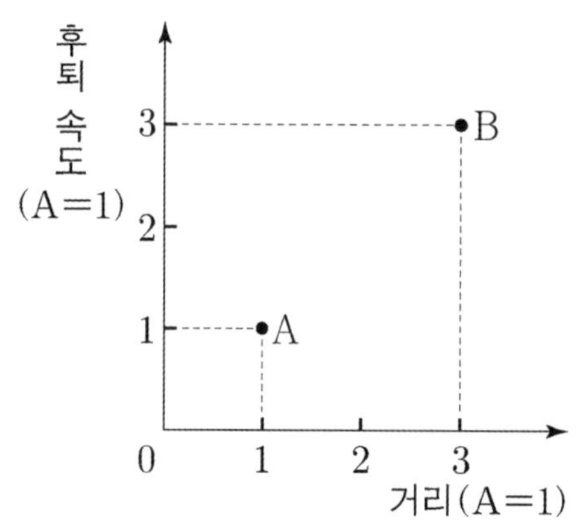

이 자료에 대한 설명으로 옳은 것만을 <보기>에서 있는 대로 고른 것은? [3점]

<보 기>

ㄱ. 우리은하에서 관측한 적색 편이량은 B가 A의 3배이다.
ㄴ. A에서 관측한 후퇴 속도는 B가 우리은하의 3배이다.
ㄷ. 우리은하에서 관측한 A와 B는 동일한 시선 방향에 위치한다.

① ㄱ ② ㄷ ③ ㄱ, ㄴ ④ ㄴ, ㄷ ⑤ ㄱ, ㄴ, ㄷ

80 2024학년도 대학수학능력시험 1번

다음은 생명 가능 지대에 대하여 학생 A, B, C가 나눈 대화를 나타낸 것이다.

제시한 내용이 옳은 학생만을 있는 대로 고른 것은?

① A ② B ③ C ④ A, B ⑤ A, C

81 2024학년도 대학수학능력시험 8번

표는 허블의 은하 분류 기준과 이에 따라 분류한 은하의 종류를 나타낸 것이다. (가), (나), (다)는 각각 막대 나선 은하, 불규칙 은하, 타원 은하 중 하나이다.

분류 기준	(가)	(나)	(다)
(　㉠　)	○	○	×
나선팔이 있는가?	○	×	×
편평도에 따라 세분할 수 있는가?	×	○	×

(○: 있다, ×: 없다)

이에 대한 설명으로 옳은 것만을 <보기>에서 있는 대로 고른 것은?

<보 기>

ㄱ. '중심부에 막대 구조가 있는가?'는 ㉠에 해당한다.
ㄴ. 주계열성의 평균 광도는 (가)가 (나)보다 크다.
ㄷ. 은하의 질량에 대한 성간 물질의 질량비는 (나)가 (다)보다 크다.

① ㄱ ② ㄴ ③ ㄷ ④ ㄱ, ㄴ ⑤ ㄴ, ㄷ

82 2024학년도 대학수학능력시험 12번

다음은 외부 은하 A, B, C에 대한 설명이다.

- A와 B 사이의 거리는 30Mpc이다.
- A에서 관측할 때 B와 C의 시선 방향은 90°를 이룬다.
- A에서 측정한 B와 C의 후퇴 속도는 각각 2100km/s와 2800km/s이다.

이 자료에 대한 설명으로 옳은 것만을 <보기>에서 있는 대로 고른 것은?
(단, 빛의 속도는 3×10^5km/s이고, 세 은하는 허블 법칙을 만족한다.) [3점]

<보 기>

ㄱ. 허블 상수는 70km/s/Mpc이다.
ㄴ. B에서 측정한 C의 후퇴 속도는 3500km/s이다.
ㄷ. B에서 측정한 A의 $\left(\frac{\text{관측 파장} - \text{기준 파장}}{\text{기준 파장}}\right)$은 0.07이다.

① ㄱ ② ㄷ ③ ㄱ, ㄴ ④ ㄴ, ㄷ ⑤ ㄱ, ㄴ, ㄷ

83 2024학년도 대학수학능력시험 14번

그림은 빅뱅 우주론에 따라 우주가 팽창하는 동안 우주 구성 요소 A와 B의 상대적 비율(%)을 시간에 따라 나타낸 것이다. A와 B는 각각 암흑 에너지와 물질(보통 물질 + 암흑 물질) 중 하나이다.

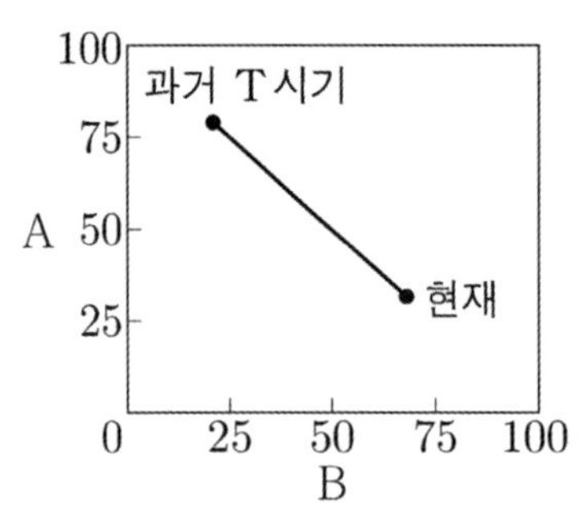

이에 대한 설명으로 옳은 것만을 <보기>에서 있는 대로 고른 것은?

<보 기>

ㄱ. A는 물질에 해당한다.
ㄴ. 우주 배경 복사의 온도는 과거 T시기가 현재보다 낮다.
ㄷ. 우주가 팽창하는 동안 B의 총량은 일정하다.

① ㄱ ② ㄴ ③ ㄷ ④ ㄱ, ㄴ ⑤ ㄱ, ㄷ

84 2024학년도 대학수학능력시험 16번

표는 중심핵에서 핵융합 반응이 일어나고 있는 별 (가), (나), (다)의 반지름, 질량, 광도 계급을 나타낸 것이다.

별	반지름 (태양=1)	질량 (태양=1)	광도 계급
(가)	50	1	(　　)
(나)	4	8	V
(다)	0.9	0.8	V

이 자료에 대한 설명으로 옳은 것만을 <보기>에서 있는 대로 고른 것은? [3점]

<보 기>

ㄱ. 중심핵의 온도는 (가)가 (나)보다 높다.
ㄴ. (다)의 핵융합 반응이 일어나는 영역에서, 별의 중심으로부터 거리에 따른 수소 함량비(%)는 일정하다.
ㄷ. 단위 시간 동안 방출하는 에너지양에 대한 별의 질량은 (나)가 (다)보다 작다.

① ㄱ ② ㄴ ③ ㄷ ④ ㄱ, ㄴ ⑤ ㄱ, ㄷ

85 2024학년도 대학수학능력시험 18번

표는 별 (가), (나), (다)의 물리량을 나타낸 것이다. 태양의 절대 등급은 +4.8등급이다.

별	단위 시간당 단위 면적에서 방출하는 복사 에너지 (태양=1)	겉보기 등급	지구로부터의 거리(pc)
(가)	16	( )	( )
(나)	$\frac{1}{16}$	+4.8	1000
(다)	( )	−2.2	5

이에 대한 설명으로 옳은 것만을 <보기>에서 있는 대로 고른 것은?

<보 기>

ㄱ. 복사 에너지를 최대로 방출하는 파장은 (가)가 (나)의 $\frac{1}{2}$배이다.

ㄴ. 반지름은 (나)가 태양의 400배이다.

ㄷ. $\frac{\text{(다)의 광도}}{\text{태양의 광도}}$는 100보다 작다.

① ㄱ ② ㄴ ③ ㄷ ④ ㄱ, ㄴ ⑤ ㄴ, ㄷ

86 2024학년도 대학수학능력시험 19번

그림은 어느 외계 행성과 중심별이 공통 질량 중심을 중심으로 공전하는 원 궤도를, 표는 행성이 A, B, C에 위치할 때 중심별의 어느 흡수선 관측 결과를 나타낸 것이다. 행성의 공전 궤도면은 관측자의 시선 방향과 나란하다.

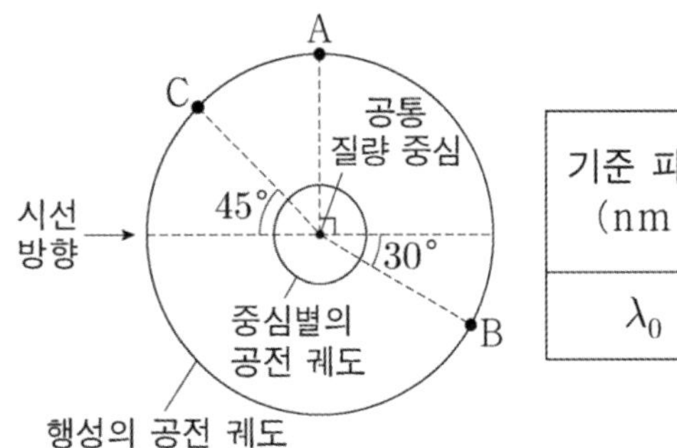

기준 파장 (nm)	관측 파장(nm)		
	A	B	C
λ_0	499.990	500.005	(㉠)

이 자료에 대한 설명으로 옳은 것만을 <보기>에서 있는 대로 고른 것은? (단, 빛의 속도는 3×10^5km/s이고, 중심별의 시선 속도 변화는 행성과 공통 질량 중심에 대한 공전에 의해서만 나타난다.) [3점]

<보 기>

ㄱ. 행성이 B에 위치할 때, 중심별의 스펙트럼에서 적색 편이가 나타난다.
ㄴ. ㉠은 499.995보다 작다.
ㄷ. 중심별의 공전 속도는 6km/s이다.

① ㄱ ② ㄷ ③ ㄱ, ㄴ ④ ㄴ, ㄷ ⑤ ㄱ, ㄴ, ㄷ

부록

교과서로 알아보는 (O,X)
개념 정리

▎교과서로 알아보는 (O,X) 개념 정리

1. 흑체는 흡수, 방출하는 에너지의 양이 같다. (O,X)

YBM p.155

2. 플랑크 곡선은 흑체의 온도와 흑체 표면에서 방출되는 복사 에너지의 파장별 에너지 분포를 나타낸 자료이다. (O,X)

YBM p.155

3. U 필터는 보라색 빛을, B 필터는 푸른색 빛을, V 필터는 노란색 빛을 관측했을 때 밝게 관측된다. (O,X)

YBM p.156

4. 고온의 별에서는 흡수선의 수가 많고, 저온의 별에서는 흡수선의 수가 적다. (O,X)

YBM p.157

5. 주계열성에서 거성 단계로 넘어가면서 중심부는 (수축/팽창)하고, 표면은 (수축/팽창)한다.

YBM p.165

6. 수소 핵융합 반응이 일어나기 시작하는 온도는 약 1,000만K이다. (O,X)

YBM p.165

7. 이론적으로 수소 핵융합 반응은 수소 원자핵 6개가 헬륨 원자핵 1개로 변하는 과정이다. (O,X)

YBM p.165

8. 양성자 - 양성자 반응(p－p반응)은 질량이 작은 주계열성에서 주로 일어나는 핵융합 반응이다. (O,X)

YBM p.165

9. CNO 순환 반응은 질량이 큰 주계열성에서 주로 일어나는 핵융합 반응이다. (O,X)

YBM p.165

10. p－p반응과 CNO 순환 반응의 에너지 생성 비율이 같아지는 주계열성의 중심부 온도는 약 6,000만K이다. (O,X)

YBM p.165

11. 헬륨 핵융합 반응이 일어나는 온도는 약 1억K이다. (O,X)

YBM p.165

12. 이론적으로 헬륨 핵융합 반응은 헬륨 원자핵 3개가 탄소 원자핵 1개로 변하는 과정이다. (O,X)

YBM p.165

13. 초신성 잔해는 초신성의 바깥층을 이루고 있던 대부분 물질이 초신성 폭발 때문에 우주 공간으로 흩어진 물질이다. (O,X)

YBM p.167

14. 태양은 매초 약 6억 톤의 수소를 헬륨으로 전환 시키고 있다. (O,X)

YBM p.169

15. 원자핵의 질량수가 커질수록 핵 사이에 작용하는 전기적 반발력이 커지므로 핵융합 반응에 필요한 온도가 감소한다. (O,X)

YBM p.170

1. O

흑체는 입사한 모든 에너지를 완전히 흡수하고 흡수한 모든 에너지를 완전히 방출하는 이상적인 물체를 말한다.

2. O

플랑크 곡선은 흑체의 온도와 그에 따라 흑체 표면에서 방출되는 복사 에너지의 파장별 에너지 분포를 나타낸 것이다.

3. O

U 필터는 파장이 짧은 보라색의 빛을, B 필터는 푸른색의 빛을, V 필터는 우리 눈에 예민한 노란색의 빛을 잘 통과시킨다. B 등급은 사진 등급과 비슷하고, V 등급은 안시 등급과 비슷하므로 보통 B-V를 색지수로 활용한다

4. X

고온의 별에서는 흡수선의 수가 비교적 적으나, 저온의 별에서는 흡수선의 수가 증가하여 스펙트럼이 복잡하게 나타난다.

5. 수축/팽창

주계열성이 적색 거성이나 초거성이 되면 바깥층은 팽창하지만, 중심부는 계속 수축한다.

6. O

수소 핵융합 반응이 일어나기 시작하는 온도는 약 1,000만K이다.

7. X

이론적으로 수소 핵융합 반응은 수소 원자핵 4개가 헬륨 원자핵 1개로 변하는 과정이다.

8. O

태양처럼 질량이 작은 주계열성의 중심핵에서는 양성자 - 양성자 반응($\mathrm{p-p}$반응)이 우세하게 일어난다.

9. O

태양보다 질량이 큰 주계열성의 중심핵에서는 CNO 순환 반응이 우세하게 일어난다.

10. X

$\mathrm{p-p}$반응과 CNO 순환 반응의 에너지 생성 비율이 같아지는 주계열성의 중심부 온도는 약 1,800만K이다.

11. O

중심 온도가 1억 K 이상으로 상승하면 헬륨 원자핵 3개가 탄소 원자핵 1개로 융합하면서 에너지가 발생한다.

12. O

중심 온도가 1억 K 이상으로 상승하면 헬륨 원자핵 3개가 탄소 원자핵 1개로 융합하면서 에너지가 발생한다.

13. O

초신성이 폭발하면 중심부가 중성자로 이루어진 중성자별이 만들어지고, 초신성의 바깥층을 이루고 있던 대부분의 물질은 우주 공간으로 흩어진다. 이렇게 흩어진 물질을 초신성 잔해라고 하는데, 초신성 잔해 속에는 별 내부에서 만들 어진 무거운 원소와 초신성 폭발 때 만들어진 무거운 원소들이 포함되어 있다.

14. O

수소 1g이 헬륨 핵으로 전환될 때마다 6.4×10^{11}J의 핵융합 에너지가 방출된다. 태양은 매초 약 4×10^{26}J의 에너지를 우주 공간으로 방출하므로 매초 약 6억 톤의 수소를 헬륨으로 전환시키고 있다고 할 수 있다.

15. X

별의 중심부에서 수소 핵융합 반응으로 수소가 모두 헬륨으로 바뀌면 더이상 에너지가 생성되지 않기 때문에 헬륨핵은 중력 수축을 하고, 이에 따라 중심부 온도가 점차 상승한다. 중심부 온도가 1억K 정도에 도달하게 되면 이번에는 3개의 헬륨 핵이 융합하여 1개의 탄소 핵을 만드는 헬륨 핵융합 반응이 일어난다. 이를 통해 별의 중심부에는 탄소로 된 새로운 핵이 점점 커진다. 이후에도 여러 가지 무거운 원자핵을 만드는 핵융합 반응이 일어나는데, 원자핵이 무거울수록 핵 사이에 작용하는 전기적 반발력이 더 커서 핵융합 반응에 필요한 온도도 증가한다.

16. 별의 표면에서 중심부로 갈수록 별 내부의 압력은 감소한다. (O,X)

YBM p.172

17. 중심부에서 헬륨 핵융합이 일어나는 거성에서는 수소 핵융합 반응이 일어나지 않는다. (O,X)

YBM p.172

18. 미세 중력 렌즈 현상을 이용한 행성 탐사 방법은 공전 궤도의 장반경이 큰 행성을 탐사할 때 유리하다. (O,X)

YBM p.176

19. 행성의 질량이 커지면 행성의 표면에 작용하는 중력도 크다. (O,X)

YBM p.178

20. 행성의 질량이 커지면 온실 효과가 작게 나타날 것이다. (O,X)

YBM p.178

21. 행성의 질량이 커지면 식물이 광합성하기 힘들 것이다. (O,X)

YBM p.178

22. 액체 상태의 물은 생명체가 생존하기 위한 필수조건이다. (O,X)

YBM p.181

23. 질량이 매우 작은 별의 생명 가능 지대를 공전하는 행성에서는 생명체가 진화하기에 용이한다. (O,X)

YBM p.181

24. SETI(Search for Extra-Terrestrial Intelligence) 프로젝트는 지구에서 우주로 전자기파를 송신 혹은 수신하여 외계 지적 생명체를 찾아내는 탐사 활동이다. (O,X)

YBM p.183

25. 우주에서 관측되는 은하 중 나선은하는 약 77%, 타원 은하는 약 20%, 불규칙 은하는 약 3%이다. (O,X)

YBM p.194

26. 전파 은하는 은하 내부의 강력한 폭발이나 은하 중심부의 강한 충돌로 강력한 전파를 발생시키는 것으로 추정하고 있다. (O,X)

YBM p.194

27. 로브는 전파 은하의 중심에서 방출되는 제트가 양 끝에 대칭적인 구조로 뭉친 것을 의미한다. (O,X)

YBM p.195

28. 제트와 로브에서는 강력한 가시광선이 방출된다. (O,X)

YBM p.195

29. 퀘이사는 우주 생성 초기에 형성된 은하이다. (O,X)

YBM p.196

30. 퀘이사가 에너지를 방출하는 영역의 크기는 태양계 정도의 크기이다. (O,X)

YBM p.196

16. X

별의 표면에서 중심부로 갈수록 별 내부의 압력은 증가한다.

17. X

별의 진화 모형에 의하면, 헬륨으로 이루어진 별의 중심부에서는 중력 수축이 일어나고, 중심부의 바로 바깥에서는 수소각 연소가 나타난다.

18. O

미세 중력 렌즈 현상을 이용한 행성 탐사 방법은 공전 궤도 긴반지름이 큰 행성을 탐사할 때 유리하다. 그 이유는 행성의 공전 궤도 긴반지름이 크면 언제 식 현상이 일어날지 몰라 식 현상을 이용한 탐사 방법을 쓰기 어렵고, 행성과 별의 공전 속도가 너무 느리기 때문에 별빛의 스펙트럼 편이량이 매우 작게 나타나 도플러 현상을 이용하기도 어렵기 때문이다.

19. O

행성의 질량이 너무 크면 중력도 그만큼 커진다.

20. X

대기도 지금보다 두꺼워져 온실 효과가 크게 나타났을 것이다.

21. O

만약 지구 중력이 지금보다 훨씬 컸다면 대기 중으로 물이 증발되기 어려웠을 것이고 식물이 잎까지 물을 끌어올리기 힘들어 광합성을 하기도 어려웠을 것이다.

22. O

물은 비열이 매우 크므로 생명체의 항상성을 유지하기 위한 필수적인 조건이다.

23. X

중심별의 질량이 작으면 생명 가능 지대가 별에서 가까워지게 되는데, 이렇게 행성이 중심별에 가까이 있으면 행성이 받는 기조력이 커져서 자전 속도가 급격하게 느려져 행성의 공전 주기와 자전 주기가 같아지게 된다. 이때 행성은 항상 같은 면만 별 쪽을 향하게 되므로 항상 낮인 곳은 너무 가열되고 항상 밤인 곳은 너무 냉각되어 생명체가 살기에 부적합한 환경이 된다.

24. O

SETI 프로젝트는 우주로부터 오는 전파를 수신하고 분석하여 외계 지적 생명체를 찾아내는 탐사 활동을 말한다. 처음에는 미국 정부와 NASA의 지원을 받으며 큰 주목을 받았으나 현재는 민간 중심으로 진행되고 있다.

25. O

관측되는 은하 중 나선 은하는 약 77%, 타원 은하는 약 20%, 불규칙 은하는 약 3%를 차지한다.

26. O

전파은하는 은하 내부의 강력한 폭발이나 은하 중심부의 강한 충돌로 강력한 전파를 발생하는 것으로 생각되고 있다.

27. O

전파은하는 중심에서 뻗어나 온 제트가 양 끝에 뭉쳐서 로브를 형성하는 대칭적인 구조로 이루어져 있으며

28. X

제트와 로브에서는 강한 X선이 방출된다.

29. O

퀘이사는 적색 편이량이 매우 크게 관측되므로 우주 생성 초기에 형성된 은하이다.

30. O

퀘이사는 엄청난 에너지를 내고 있음에도 불구하고 빛이 나오는 영역의 크기가 태양계 정도의 크기로 매우 작다.

31. 1Mpc은 100만pc 약 326광년이다. (O,X)

YBM p.199

32. 빅뱅 우주론에 따르면 우주 배경 복사는 완벽하게 균일해서는 안 된다. (O,X)

YBM p.207

33. Ia형 초신성은 일정한 질량을 넘는 순간 폭발하므로 폭발할 때의 밝기가 모두 같다. (O,X)

YBM p.210

34. Ia형 초신성의 밝기가 일정한 것을 이용하여 초신성까지의 거리를 계산할 수 있다. (O,X)

YBM p.210

35. 나선은하의 질량은 대부분 중심부에 위치한다. (O,X)

YBM p.212

36. 나선은하의 중심부와 나선팔 부분의 회전 속도 관측값을 이용하여 암흑 물질의 존재를 추정할 수 있다. (O,X)

YBM p.212

37. 우주 배경 복사 온도가 0K에 가까워지면 더 이상 새로운 별이 탄생하지 못할 것이다. (O,X)

YBM p.213

38. 분광형은 별을 여러 가지 흡수선의 세기를 가지고 분류한 것으로 별의 표면 온도와 관련이 없다. (O,X)

비상 p.244

39. 분광형은 O,B,A,F,G,K,M형으로 분류되고, M형으로 갈수록 별의 표면 온도가 낮다. (O,X)

비상 p.244

40. 각 분광형은 다시 0~9까지 숫자로 분류되는데 분광형 뒤에 붙는 숫자가 클수록 별의 표면 온도가 높다. (O,X)

비상 p.244

41. 광도는 단위 시간당 전체 면적에서 별이 방출하는 에너지의 양을 의미한다. (O,X)

비상 p.244

42. 별의 광도는 별의 절대 등급과 같은 의미라고 볼 수 없다. (O,X)

비상 p.244

43. 슈테판 • 볼츠만 법칙은 단위 시간당 단위 면적에서 별이 방출하는 에너지의 양을 의미한다. (O,X)

비상 p.244

44. H-R도는 가로축에 표면 온도, 분광형 등의 물리량이 들어갈 수 있다. (O,X)

비상 p.250

45. H-R도는 세로축에 광도, 절대 등급 등의 물리량이 들어갈 수 있다. (O,X)

비상 p.250

31. O

1Mpc은 100만pc 약 326광년이다.

32. O

빅뱅 우주론에 따르면 우주 배경 복사는 전체적으로 균일하지만 아주 완벽히 균일해서는 안 된다. 그 이유는 아주 미세한 온도 차이가 있어야만 밀도의 불균형이 생겨 은하나 별이 만들어질 수 있기 때문이다.

33. O

Ia형 초신성은 일정한 질량을 넘는 순간에 폭발하기 때문에 폭발할 때의 밝기가 모두 같다.

34. O

이 초신성이 가장 밝을 때의 겉보기 밝기를 측정하면 초신성까지의 거리를 알 수 있다. 게다가 밝기도 아주 밝아 멀리 있어도 관측이 가능하기 때문에 멀리 떨어져 있는 천체들의 거리를 측정할 때 사용한다.

35. O

나선 은하는 은하의 중심부에 질량의 대부분이 모여 있다.

36. O

나선 은하는 은하의 중심부에 질량의 대부분이 모여 있기 때문에 별들의 회전 속도는 은하의 중심에서 멀어질수록 느려져야 한다. 하지만 우리 은하의 중심에서 멀리 있는 별들의 회전 속도가 그림 VI-21과 같이 중심부 쪽에 있는 별들의 회전 속도와 비슷하거나 더 빠르다는 것이 관측되었다.

37. O

우주가 서서히 가속 팽창한다면 은하와 은하단은 매우 먼 미래에도 중력에 의해 묶여 있을 수 있다. 하지만 팽창이 지속되면 우주의 밀도가 낮아지고, 우주의 온도는 절대 온도 0K에 가깝게 식으면서 더이상 새로운 별이 탄생하지 못할 것이다.

38. X

별을 여러 흡수선의 세기에 따라 분류한 것. 별은 분광형에 따라 표면 온도가 높은 것부터 순서대로 O, B, A, F, G, K, M형으로 분류하고

39. O

별을 여러 흡수선의 세기에 따라 분류한 것. 별은 분광형에 따라 표면 온도가 높은 것부터 순서대로 O, B, A, F, G, K, M형으로 분류하고

40. X

각 분광형은 다시 0~9까지 분류하는데 숫자가 작을수록 표면 온도가 높다.

41. O

단위시간당 별이 방출하는 총 에너지양으로 나타내는 별의 실제 밝기

42. X

절대 등급은 관측하는 별을 10pc거리에 있다고 가정하고 보는 겉보기 등급이므로 절대 등급과 광도는 같은 의미라고 볼 수 있다.

43. O

흑체가 단위시간에 단위넓이당 방출하는 총 복사 에너지양은 절대 온도의 네 제곱에 비례한다는 법칙($E = \sigma T^4$)

44. O

분광형은 표면 온도에 따라서 분류되므로 H-R도의 가로축에는 별의 표면 온도와 관련된 물리량들이 들어갈 수 있다.

45. O

광도는 절대 등급과 같은 의미이므로 H-R도의 세로축에는 별의 광도와 관련된 물리량들이 들어갈 수 있다.

46. 원시별은 성운 내부에서 생성된 기체 덩어리다. (O,X)

비상 p.256

47. 원시별이 빛을 방출하는 순간부터 주계열성으로 분류된다. (O,X)

비상 p.256

48. 주계열성에서 적색 거성으로 진화한 별은 표면 온도가 증가하고, 반지름이 감소한다. (O,X)

비상 p.256

49. 태양보다 질량이 매우 큰 주계열성의 최종 진화 단계는 백색 왜성이다. (O,X)

비상 p.256

50. 태양의 최종 진화단계는 중성자 별이거나 블랙홀이다. (O,X)

비상 p.256

51. 별이 핵융합을 하기 위해서는 높은 온도가 필요하므로 온도가 높은 성운에서 별이 많이 탄생한다. (O,X)

비상 p.257

52. 질량이 작은 별일수록 수명이 길다. (O,X)

비상 p.258

53. 정역학적 평형 상태의 별은 일정한 크기를 유지한다. (O,X)

비상 p.261

54. 태양과 질량이 비슷한 주계열성의 내부 구조는 (중심핵→복사층→대류층)이다. (O,X)

비상 p.261

55. 태양보다 질량이 큰 주계열성의 내부 구조는 (대류핵→복사층)이다. (O,X)

비상 p.261

56. 질량이 태양보다 매우 작은 별의 경우 복사층을 가지지 못해 별 전체에서 대류가 일어난다. (O,X)

비상 p.265

46. O

원시별은 성간 물질이 수축할 때 고온, 고밀도인 성운 내부에서 생성된 기체 덩어리이다.

47. X

별의 중심부에서 수소 핵융합이 일어나는 순간부터 주계열성으로 분류된다.

48. X

주계열성은 수소 핵융합으로 별의 중심부에 있던 수소가 모두 소비된 후 별이 팽창하면서 크기가 커지고 표면 온도가 낮아져 붉게 보이는 천체이다.

49. X

태양보다 질량이 매우 큰 주계열성의 최종 진화단계는 중성자별이나 블랙홀이다.

50. X

태양의 최종 진화단계는 백색 왜성이다.

51. X

학생들은 높은 온도의 성운에서 별이 탄생하기 쉽다고 잘못 생각할 수 있다. 핵융합 반응을 일으킬 수 있을 만큼 온도가 상승해야 하는 것은 맞지만 처음부터 성운의 온도가 높으면 기압 또한 높아서 중력 수축하기 어려워진다. 저온의 성운은 밀도가 높아 중력 수축하기 쉬우므로 별이 탄생하기 좋다.

52. O

별의 수명은 질량에 반비례하므로 질량이 작은 별일수록 수명이 길고, 질량이 큰 별일수록 수명이 짧다.

53. O

정역학적 평형 상태는 별의 내부에서 압력 차로 발생한 힘과 별의 중력이 평형을 이루어 별이 일정한 크기를 유지하는 상태이다.

54. O

태양과 질량이 비슷한 주계열성의 내부 구조는 (중심핵→복사층→대류층)이다.

55. O

태양보다 질량이 큰 주계열성의 내부 구조는 (대류핵→복사층)이다.

56. O

질량이 태양보다 매우 작은 별의 경우 복사층을 가지지 못해 별 전체에서 대류가 일어난다.

61. 생명 가능 지대는 액체 상태의 물이 존재할 수 있는 영역이다. (O,X)

비상 p.274

62. 물은 비열이 작기 때문에 생명체가 생존하는데 필수적인 요소이다. (O,X)

비상 p.274

63. 타원 은하는 매끄러운 타원 모양으로 나선팔이 없는 은하이다. (O,X)

비상 p.290

64. 나선 은하는 나선팔이 구 또는 막대 모양의 은하 중심부를 감싸고 있는 은하로, 중심부의 모양에 따라 정상 나선 은하와 막대 나선 은하로 구분된다. (O,X)

비상 p.290

65. 불규칙 은하는 규칙적인 형태가 없거나 구조가 명확하지 않은 은하이다. (O,X)

비상 p.290

66. 특이 은하는 허블의 은하 분류 체계로 분류되지 않는 새로운 유형의 은하이다. (O,X)

비상 p.290

67. 허블 법칙은 외부 은하의 후퇴속도는 외부 은하까지 거리의 제곱에 비례한다는 법칙이다. (O,X)

비상 p.296

68. 대폭발 우주론은 온도와 밀도가 매우 높은 한 점에서 대폭발(빅뱅)이 일어나 우주가 형성되었다고 설명하는 이론이다. (O,X)

비상 p.296

69. 급팽창 이론은 우주 탄생 직후 특정한 시기에는 빛보다 빠른 속도로 팽창하였다고 설명하는 이론이다. (O,X)

비상 p.296

70. 가속 팽창 우주는 먼 과거의 우주보다 현재의 우주가 더 빠르게 팽창하고 있다고 설명하는 이론이다. (O,X)

비상 p.296

71. 우주 배경 복사는 초고온 상태의 초기 우주에서 방출된 빛이 현재까지 냉각되어 형성된 복사이다. (O,X)

비상 p.296

72. 우리 은하는 우주의 중심이다. (O,X)

비상 p.300

73. 우주의 나이는 허블상수의 역수이다. (O,X)

비상 p.301

74. 우주 공간에 분포하는 수소와 헬륨의 질량비는 1:3이다. (O,X)

비상 p.303

75. 우주 공간에 분포하는 수소와 헬륨의 개수비는 4:1이다. (O,X)

비상 p.250

61. O

생명 가능 지대는 생명체에게 중요한 물이 액체 상태로 존재할 수 있는 적당한 온도를 나타내는 별 주위의 궤도 영역이다.

62. X

물은 비열이 크기 때문에 생명체가 생존하는데 필수적인 요소이다.

63. O

타원 은하는 매끄러운 타원 모양으로 나선팔이 없는 은하이다.

64. O

나선 은하는 나선팔이 구 또는 막대 모양의 은하 중심부를 감싸고 있는 은하로, 중심부의 모양에 따라 정상 나선 은하와 막대 나선 은하로 구분된다.

65. O

불규칙 은하는 규칙적인 형태가 없거나 구조가 명확하지 않은 은하이다.

66. O

특이 은하는 허블의 은하 분류 체계로 분류되지 않는 새로운 유형의 은하이다.

67. X

허블 법칙은 외부 은하의 후퇴속도는 외부 은하까지 거리에 비례한다는 법칙이다.($v = H \times r$)

68. O

대폭발 우주론은 온도와 밀도가 매우 높은 한 점에서 대폭발(빅뱅)이 일어나 우주가 형성되었다고 설명하는 이론이다.

69. O

급팽창 이론은 우주 탄생 직후 특정한 시기에는 빛보다 빠른 속도로 팽창하였다고 설명하는 이론이다.

70. O

가속 팽창 우주는 먼 과거의 우주보다 현재의 우주가 더 빠르게 팽창하고 있다고 설명하는 이론이다.

71. O

우주 배경 복사는 초고온 상태의 초기 우주에서 방출된 빛이 현재까지 냉각되어 형성된 복사이다.

72. X

우리은하를 우주의 중심이라고 생각하는 경우가 많다. 하지만 우주의 중심은 없다. 우주 팽창으로 공간이 늘어나면서 은하들 사이의 거리가 멀어지는 것이므로 어떤 은하에서 관측하더라도 외부 은하들은 서로 멀어진다.

73. O

$\text{시간} = \frac{\text{거리}}{\text{속력}}$이므로 허블 법칙($v = H \times r$)에 따라 $\frac{1}{H} = \frac{r}{v}$이므로 허블 상수의 역수는 우주의 나이와 같다.

74. X

초기 우주에는 양성자와 중성자의 수가 거의 같았다. 이후 우주의 온도가 낮아지면서 중성자가 양성자와 전자로 붕괴되어 양성자와 중성자의 개수비가 약 7:1이 되었을 때 헬륨 원자핵이 만들어지기 시작하였다. 그러면서 수소와 헬륨의 질량비는 약 3:1이 되었다.

75. X

우주 공간에서 수소와 헬륨의 질량비가 3:1이므로 수소 원자핵과 헬륨 원자핵의 개수비는 12:1이다.

76. 우리가 관측 가능한 우주의 크기는 (우주의 나이 × 광속)까지이다. (O,X)

비상 p.304

77. 암흑 물질을 전자기파를 통해서 관측할 수 있다. (O,X)

비상 p.306

78. 암흑 에너지는 우주의 팽창 속도를 감소시키는 역할을 한다. (O,X)

비상 p.306

79. 암흑 물질, 암흑 에너지에서 '암흑'은 '미지의', '알 수 없는'의 뜻을 가지고 있다. (O,X)

비상 p.307

80. 태양의 표면 온도는 약 12,000K이다. (O,X)

천재 p.234

81. 행성의 자전 주기는 중심별의 영향을 받지 않는다. (O,X)

천재 p.6

82. 중심별에서 방출되는 빛의 파장 변화를 관측해서 행성의 질량을 추정할 수 있다. (O,X)

천재 p.281

83. 태양은 약 73%가 수소, 25%는 헬륨, 나머지 2%는 무거운 원소들로 구성되어 있다. (O,X)

교학사 p.135

84. H Ⅰ, He Ⅰ 등의 로마 숫자 I은 중성 상태를 뜻하고, H Ⅱ, He Ⅱ 등은 +1가의 이온화 상태를 뜻한다. (O,X)

교학사 p.137

85. 모든 원시별은 주계열성의 단계를 거친다. (O,X)

교학사 p.144

86. 태양의 분광형은 G2형이고, 수명은 약 100억 년이다. (O,X)

교학사 p.144

87. 팽창과 수축을 반복하면서 별의 밝기가 변화하는 별을 맥동 변광성이라고 한다. (O,X)

교학사 p.145

88. 태양 중심핵 질량에 약 1.5배인 중심핵을 가지고 있는 주계열성의 최종 진화단계는 블랙홀이다. (O,X)

교학사 p.146

89. 정역학적 평형 상태인 주계열성은 기체 압력 차에 의한 힘과 중력이 평형을 이루고 있는 상태이다. (O,X)

교학사 p.148

90. 별이 빛을 방출하더라도 별의 질량은 일정하다. (O,X)

교학사 p.149

76. O

초기 우주가 초광속으로 팽창한 이후 우주의 지평선 바깥에 있는 영역에서 방출된 빛은 지구에서 관측할 수 없다. 즉, 전체 우주의 영역 중에서도 일부만이 우리에게 관측될 수 있다는 뜻이다.

77. X

암흑 물질은 전자기파(빛)와 상호 작용하지 않으나 질량을 가지고 있는 물질이므로 전자기파를 통해서 관측할 수 없다.

78. X

암흑 에너지는 우주 공간에서 척력으로 작용하여 우주를 가속 팽창시키고 있는 요인이다.

79. O

암흑은 눈에 보이는 색깔이 아닌 아직까지 정체가 알려지지 않았기에 쓰는 형용사이다.

80. X

태양의 표면 온도는 약 5,800K이다.

81. X

중심별의 영향 때문에 일반적으로 행성들의 자전 주기는 조금씩 길어지는 경향이 있다.

82. O

행성에 의한 중심별의 떨림 현상을 관측할 수는 있다. 별은 행성에 비해 질량이 매우 크기 때문에 중심별의 떨림은 아주 미세하지만, 별의 스펙트럼을 분석하면 도플러 효과에 의한 이동 정도를 알기에는 충분하다. 이때 파장 변화는 행성의 질량에 비례하므로 이를 통해 행성의 질량을 추정하게 된다.

83. O

태양의 스펙트럼 분석을 통해 태양은 약 73%가 수소, 25%는 헬륨, 나머지 2%는 무거운 원소들임이 밝혀졌다.

84. O

H I, He I 등의 로마 숫자 I 은 중성 상태를 뜻하고, H II, He II 등은 +1가의 이온화 상태를 뜻한다.

85. X

질량이 아주 작은 별은 중심부의 온도가 핵반응을 일으킬 만큼 높아지지 않는다. 이러한 별은 오랫동안 수축만을 계속하여 결국은 밀도가 극히 높아져서 갈색 왜성이 된다. 주계열에 이르는 별의 가장 작은 한계 질량은 태양 질량의 약 0.08배이다.

86. O

태양의 분광형은 G2형이고, 수명은 약 100억 년이다.

87. O

밝기가 변하는 별을 변광성이라고 하는데, 특히 별이 팽창과 수축을 반복하면서 밝기가 변하는 별을 맥동 변광성이라고 한다.

88. X

중심핵의 질량이 태양 질량의 약 3배 이상인 별이 수축하여 형성되며, 표면 중력이 너무 커서 빛조차도 빠져나오지 못한다.

89. O

정역학적 평형 상태는 기체 압력 차에 의한 힘과 중력이 평형을 이루고 있는 상태이다.

90. X

별에서 빛이 방출되면 질량-에너지 등가 원리($E = \Delta m \times C^2$)에 따라서 질량이 감소한다.

91.	파동 발생원이 관측자에게 가까워지면 도플러 효과는 스펙트럼의 파장이 짧아지는 형태로 나타난다.	(O,X)

교학사 p.153

92.	파동 발생원이 관측자에게서 멀어지면 도플러 효과는 스펙트럼의 파장이 길어지는 형태로 나타난다.	(O,X)

교학사 p.153

93.	태양계에서 태양에서부터 생명 가능 지대까지 거리는 약 2AU이다.	(O,X)

교학사 p.160

94.	성간 물질은 항성 사이에 존재하는 가스와 먼지, 티끌을 말한다.	(O,X)

교학사 p.166

95.	허블 법칙에 따라 은하의 후퇴속도는 은하 사이 거리에 비례한다.	(O,X)

교학사 p.170

96.	허블 법칙에 따라 은하의 후퇴속도는 은하의 적색 편이량에 반비례한다.	(O,X)

교학사 p.170

97.	현재 우주의 나이는 대략 138억 년이다.	(O,X)

교학사 p.171

98.	화학적 구성을 알고 있는 천체의 대부분은 그 구성 물질의 23%~27%가 헬륨으로 구성되어 있으므로, 우주의 약 25%가 헬륨으로 되어 있다고 할 수 있다.	(O,X)

교학사 p.173

99.	임계 밀도는 열린 우주와 닫힌 우주의 경곗값이다.	(O,X)

교학사 p.176

100.	중력 렌즈 현상은 질량에 의해 공간이 왜곡되어 나타나는 현상이다.	(O,X)

교학사 p.177

101.	중력 렌즈 현상은 중심별의 밝기 변화를 측정하는 방법이다.	(O,X)

교학사 p.177

102.	광도를 통해서 절대 등급을 나타낼 수 있다.	(O,X)

금성 p.150

103.	중심별의 시선 속도는 중심별의 공전 속도보다 빠르다.	(O,X)

금성 p.165

104.	현재 우주를 구성하는 물질(보통 물질+암흑 물질)과 암흑 에너지의 비율은 3:7이다.	(O,X)

금성 p.193

105.	나선은하는 나중에 타원 은하로 진화한다.	(O,X)

미래엔 p.185

91. O

파동 발생원(중심별)이 관측자에게 가까워지면 청색 편이가 나타나므로 중심별의 스펙트럼의 파장은 짧아진다.

92. O

파동 발생원(중심별)이 관측자에게 멀어지면 적색 편이가 나타나므로 중심별의 스펙트럼의 파장은 길어진다.

93. X

태양계에서 생명 가능 지대는, 태양으로부터 거리뿐만 아니라 대기의 성분과 두께 등의 조건에 따라 차이가 있지만, 태양으로부터 0.95AU~1.15 AU 사이이다. 따라서 태양계에서 이러한 거리 범위, 즉 생명 가능 지대에 있는 행성은 오로지 지구뿐이다.

94. O

성간 물질은 항성 사이에 존재하는 가스와 티끌을 말한다.

95. O

$v = H \times r$이므로 은하의 후퇴속도는 은하 사이 거리에 비례한다.

96. X

$v = c \times z$이므로 은하의 후퇴속도는 은하의 적색 편이량에 비례한다.

97. O

가장 최근의 관측결과와 최신 이론에 의하면 우주의 나이는 137.98±0.37억 년이다.

98. O

화학적 구성을 알고 있는 천체의 대부분은 그 구성 물질의 23%~27%가 헬륨으로 구성되어 있으므로, 우주의 약 25%가 헬륨으로 되어 있다고 할 수 있다.

99. O

임계 밀도는 열린 우주와 닫힌 우주의 경곗값으로 약 $10^{-29}\mathrm{g/cm^3}$이다. 우주의 물질과 에너지 밀도를 임계 밀도로 나눈 값을 밀도 변수라고 하며, Ω(오메가)로 표시한다.

100. O

질량을 가진 물체는 공간을 왜곡시키므로 중력 렌즈 현상은 질량에 의해 공간이 왜곡되어 배경별에서 나온빛이 왜곡된 공간을 따라서 관측자에게 관측되는 현상이다.

101. X

중력 렌즈 현상은 배경별의 밝기 변화를 측정하는 방법이다.

102. O

절대 등급은 광도에 로그를 취한 것으로 광도를 표현하는 방법 중 하나이므로 광도를 통해서 절대 등급을 나타낼 수 있다.

103. X

중심별의 시선 속도는 $v \times \cos\theta$ or $v \times \sin\theta$이므로 중심별의 시선 속도는 중심별의 공전 속도보다 느리거나 같다.

104. O

현재 우주론의 표준 모형에서 우주를 구성하는 요소는 3가지이다. 일반적인 물질이 약 5%, 암흑물질이 약 25%, 암흑 에너지가 약 70%이다.

105. X

은하의 모양은 시간의 흐름에 따른 진화와는 큰 관계가 없다는 것을 알게 되었다.